軍事史とは何か

Was ist Militärgeschichte?

トーマス・キューネ／ベンヤミン・ツィーマン 編著

中島浩貴、今井宏昌、柳原伸洋、伊藤智央、小堤盾、大井知範
新谷卓、齋藤正樹、斉藤恵太、鈴木健雄 訳

原書房

軍事史とは何か

目次

叢書「歴史の中での戦争」への序文

伊藤智央訳

「戦争とは異なった手段をもってする政治的努力の継続以外の何ものでもない。(…) この根本原則を通して全戦史が理解可能となる。この原則なしにはすべては全くばかげたものである」。この文章によってカール・フォン・クラウゼヴィッツは一八二七年に、歴史的な現象としての戦争という理解を素描した。これによってクラウゼヴィッツは、戦争の歴史は第一に軍事作戦、補給、大小の戦闘、戦略と戦術の原則からなっているという、彼の時代、そして残念なことに後の時代にも広く共有された見解に立ち向かった。その見解とは反対にクラウゼヴィッツにとって戦争とは、つねにそしてあらゆる時代において、それを生み出した政治の発露であった。その見解によれば戦争はそれぞれの政治的な状況からのみ理解が可能であり、戦争にはせいぜい独自の方法は確かにあるとしても、しかし独自の論理は決してありはしないのである。

叢書『歴史の中での戦争』では、戦争と政治の関係に関するこの評価に準ずる必要性が基本的に意識されている。すなわち編者は、戦争の歴史を研究するに際し、いわゆる軍事内在的な観察方法を用いることで視野が狭まることがないようにすることを重視している。しかし、政治的なものの概念はクラウゼヴィッツの時代から著しい拡大を経験した。近代的な歴史叙述は外交・内政について取り組むだけではなく、社会、経済、技術、文化・心性史、そしてとくにジェンダー間の関係史に取り組んでいる。これらさまざまな領域に固有のありとあらゆる観点は、戦争の歴史に決定的な影響を与えた。それゆえ近代的な歴史叙述が戦争という現象へ取り組む際、現代歴史学が有する多様な方法論を利用することは不可避となる。この意味で、歴史的なテーマへ取り組む際のさまざまな切り口が叢書「歴史の中での戦争」に対して開かれている。

しかし方法論的にこのように開かれていることは、狭義の意味での戦争が本叢書の唯一のテーマではありえないということをも意味している。軍と社会の複合体全体と同様、戦争の準備、および後からの「消化」〔作業〕も本叢書のテーマに含まれる。軍事的な暴力の使用という心性・文化史から兵士と文民の日常史に到るまで、近代的な軍事史のあらゆる領域が扱われなければならない。それゆえ叢書『歴史の中での戦争』は〔その対象として〕平時における軍と社会をも含む。

我々が理解するところの歴史とは、歴史学の方法で把握できる限り、過去の現実におけるすべての領域を含んでいる。この意味で叢書『歴史の中での戦争』（省略された引用の仕方としてはKRiG）は基本的にあらゆる歴史の時代、古代から始まり、現代の直前までに関する研究に開かれている。さらに、歴史は我々にとって、いわゆる西洋の過去の現実だけではない。叢書『歴史の中での戦争』は、あらゆる歴史的な時代やすべての大陸における現象やつながりと係わる。このように方法論とテーマの面において開かれていることで、本書は特徴を得ることができると願っている。

シュティーク・フェルスター
ベルンハルト・R・クレーナー
ベルント・ヴェーグナー

序文

伊藤智央訳

この論文集への寄稿論文はその大部分において、一九九八年一一月にボーフムでルール大学ボーフム社会運動研究所（Institut für soziale Bewegungen）との協力の下で開催された「軍事史研究会（Arbeitskreis Militärgeschichte）」の学会講演が基礎となっている。大会の目的は、軍事史において現在支配的な研究方向が有するさまざまな――そして部分的には対立する――立場や視点に関する議論に着手し、それがもつ理論的、観念的、方法的な前提、概念、そして研究目的を明らかにすることであった。その際に検討されたものには、すでに確立した研究の伝統〔的手法〕とともに、この数年になってようやく追求されるようになった新たな切り口もあった。

この学会の多元的なコンセプトは本書の基本にもなっている。本書の意図は、社会的現象として〔捉えられる〕戦争における暴力に関してや、政治機関または文化的な規定要素としての軍隊に関する歴史学の議論を総括することで締めくくるのではなく、この議論を前進させることにある。その際、軍事史研究に関してここで提示された現状報告の内容的な重点は一九・二〇世紀の歴史におかれている。

我々は軍事史研究会の役員に学会準備の際の支援を、そして一〇〇人を超える学会の参加者には刺激的な議論を、そして本書の著者には編者による要望に対する寛容さを感謝したい。さらに、彼の支援によってボーフムでの学会の実施が可能となったクラウス・テンフェルデに心から感謝の意を表したい。シュティーク・フェルスター、ベルンハルト・R・クレーナー、ベルント・ヴェーグナーには、本書が叢書「歴史の中での戦争」の一部として刊行されたことを、ミヒャエル・ヴェルナーには出版社との支障のない共同作業を感謝する。フリッツ・テュッセン財団からは、寛大かつ形式張らない方法でこの学会に経済的な支援をいただいた。手配や編集の点で編者は、アーニャ・クルーケ、アレクサンダー・シュヴィタンスキー、そしてマリオン・ヴァッフェンシュミットにみごとに手伝っていただいた。

二〇〇〇年一月、ロッテンブルク・アム・ネッカーおよびボーフムにて

トーマス・キューネ
ベンヤミン・ツィーマン

第一章　拡大のなかにある軍事史——流行、解釈、構想

トーマス・キューネ、ベンヤミン・ツィーマン　中島浩貴訳

総力戦の世紀の終焉に際して、軍事的な力（Gewalt は文意に合わせて力と暴力を訳し分けている。）はドイツや西欧先進社会のたいていの人々にとって疎遠なものとなったかのようであった。だがそれは再び身近なものとなってきている。戦争が意図的にもたらされ、政治の手段という運命として受け入れられることもこれまで以上に評価が分かれており、軍事的な力の当事者であり、象徴である軍人（Soldaten も文意に合わせて軍人と兵士を訳し分けている。）にもあてはまる。軍事的な力が正当性を失っていることは、兵役義務をめぐる議論や、クルト・トゥホルスキーのいうところの「人殺し」、歴史上、とくに第二次世界大戦の「脱走兵」の役割をめぐる論争に見てとれる[1]。こうしたことは、二〇世紀前半に比べ精神的に大きな転換があったことが影響しており、ドイツでは他の先進諸国以上におよそ可能な限りはっきりと打ち出されるものとなった。だが同時によくいわれるように、戦争はヨーロッパに戻ってきた[2]。東西対立の終焉がグローバルな平和の到来を告げることはなく、ヨーロッパ、戦争の精神に別れを告げたかの諸国民の門前でさえ、戦争はむしろ再び可能となった。ひとつの世界、戦争のないただひとつのヨーロッパ——こうしたビジョンは二〇世紀の終わりになって幻想であることが明らかとなった[3]。

このアンビバレンスに直面して、かつて軍事的な力の歴史には世論と同様に無関心であった専門の学問は大きく転換した。戦争と軍人は、一九九〇年代以降、男性ばかりか女性の歴史家の関心をも以前には考えられなかったほどに引き付けた。軍事史の研究グループの発展はこうした状況をよく示している。この研究グループは、一九九四年のライプチヒ歴史家会議の主導で生まれ、翌年に正式に発足し、さらに数年のちには数百名を超える会員を擁するに至った。一九九五年から九九年の間に出版されたこの研究グループのニューズレターの初めから一〇号までは、多様な歴史的な時期とテーマに関する一〇〇を超える研究計画に関する短い報告が掲載されている[4]。博士号請求論文プロジェクトが主となる一方で、教授資格論文、修士研究、史資料、編集出版、書誌および展示会の計画もそのなかには見受けられる。

本書は、軍事史の研究が方法論上や構想の上で立場を確定するべく新しい刺激を与えるひとつの試みである[5]。歴史学の他領域における問題設定、理論や議論といったものに、軍事史は一層通じることが求められる。次の導入部では、関係性を考えるために三つの問題のまとまりを検討する。**第一**に、軍事史のなかで経験研究が活発な状況と、概念が明らかになっていない関係性が概略される。**第二**に、軍についての二つの「大きな物語」が紹介される。このなかには物語の構造に関する暗黙の前提が広い意味で隠れている。**第三**に、方法論の上で多様な試みへの問いがなされており、それらを統合する可能性が議論されることになる。

経験と理論——軍事への関心の高まり

一九九五年にはまだ、オマー・バートフはドイツ連邦共和国の軍事史研究局（ＭＧＦＡ）のうちに制度化された研究に対し、多くの関心を集めた論争で次のように口火を切ることができた。つまり軍事史は「とくに第二次世界大戦の終結以来、およそいかがわしい企てであるという評価がなされ、軍事史の従事者は、真剣な歴史研究というより英雄的な戦闘叙述をなすものとして、二流の学者としてさえ扱われなかったことはまれではない」と。軍事史の需給関係はこうした「偏見」と一致する[6]。戦争に批判的な第二次世界大戦以降の「雰囲気」は、軍事史という歴史の部分領域にほとんど関心がなかった。一般人も学識者集団も、軍事史には関心がなかった。双方とも軍事にかかわるだけでなく、それを研究することを「好ましくない」と感じていた[7]。軍事史は、戦争に将来勝つために過去の戦争から学ぶ、学問ではない軍の残り物とみなされるか、戦争を賛美する若者や頑固な戦争経験者のなかの救いようのない軍国主義者から成り立っているものとみなされるかのいずれかであった。武器、戦車、戦闘機のおびただしい数の写真集、将帥を偉大なものに仕立てる伝記――軍事的業績や人間の情熱をめぐる――無数の戦闘叙述は、こうした判断がけっして誤りでないことを証明している。そして、とくにこの見解は、総じて近代歴史学と同等の歴史をもつある研究の分業が継続している。軍――プロイセン・ドイツでは参謀本部――は戦争を指導し、歴史の解釈に関しても自律的、独占的な決定をもたらす主張を導き出している。このような戦史は普通の歴史学の歴史的批判的な方法論をとらず、軍事的な専門教育を説明する道具として、伝説を作り出す実際の手段として「応用」的に行われた。両者は真っ向から対立した。ハンス・デルブリュックのような歴史家は、ランケとドロイゼンによって体系化された専門の学問としての方法論的原則に従って戦史を書こうとしたが、大学の同僚からも軍からも評価されなかった[8]。

戦争と軍人が近代社会を形成した本質的な要因であるという認識は、頑強な抵抗に対しても部分的に価値が認められていた。戦争の原因、戦争の勃発、休戦や講和の締結といったものは、確かに古来大学で記述される歴史の基準となるテーマであった。「民間の」戦争の前と後の歴史は視野に入っていたとしても、戦争そのものはそうではなかった[9]。そして、もちろん軍国主義の問題が歴史叙述の中心にあった。これは一九世紀と二〇世紀においてドイツに「特有の道」があって、ナチスにつながる長い前史として解釈するものであった。しかしまさにドイツ特有の道テーゼこそ、近代化理論が明らかにした特徴的なものであり、一九六〇、七〇年代の政治的社会史を支配し、そのなかで戦争と軍を伝統のはみ出しものとしてわきに追いやり、とりわけ軍事史自体を研究する価値があるとはほとんど見なさなかったものなのである[10]。軍事史と「一般の歴史」は別のものであり、それは根本的に何も関係のないもののように見えた。一般の歴史は大学の歴史家が担当し、軍事史は専門家の事柄として制度上囲い込まれた。西ドイツで軍事史は基本的にドイツ連邦軍の二つの機関である、ドイツ軍事史研究局および社会科学研究所（かつてはミュンヘン、現在はストラウスベルク）に集められた[11]。東ドイツ[12]やアメリカ[13]に代表される他国では、この関係は程度差はあっても本質的な違いはなかった[14]。逆に向かっていく傾向が――両側で――五〇年代以降たびたび認識されていたにもかかわらず、八〇年代に至るまで十分に行われることはなかった。一九五七年に創設された軍事史研究局は、少なくとも基本法によって保障された研究の自由によって守られていることに立脚していたため、普通の歴史学との接点を見出し、その下位分野として認識される努力を行っていた。その間に歴史批判的な方法論をよりどころにして、参謀本部の歴史との関係を断ったのだった。

　こうした努力はたとえば歴史学の下位分野としての新しい名――「軍事史（Militärgeschichte）」という用語――に表現されている。一九四五年以前には、この言葉はドイツ語では一般的ではなかった。代わって伝統的に「行動規範となる経験の教え」として、戦史（Kriegsgeschichte）といわれてきた[15]。これは、過去の戦争理論、出来事、実践の知識を伝えるものであった。このやり方では戦史は軍の専門教育の主な構成要素であり、歴史学分野の周辺にあるに過ぎなかった。一九五〇年代にこの用語は、社会の文化的な軍事化という役割を完全にもった歴史学を設立するべくナチのなかで形成された「国防史（Wehrgeschichte）」と並んで一般によく使われていた。つまり、事件と状況を中心とする「戦史」とは異なり、「国防史」はナチイデオロギー（「国防思想」）の構成要素として、第一線の新米将校にではなく、「民族共同体」全体に向けられていた。五〇年代中頃になってやっと「軍事史」概念が出現した。それは大学の歴史学において有力な政治史・制度史的アプローチに応じる形で、今や「武力の歴史を、ある国家の枠内で制度化された社会生活上のひとつの要素の歴史として」研究するよう求められた[16]。ライナー・ヴォールファイルの有名な定義によれば、軍事史は「政治の道具としての武装勢力を問題とし、平時および戦時におけるこの勢力の管理という問題に取り組む。しかし軍事史は戦時の場合、純粋に軍事に関する懸案のみを観察するだけではなく、戦争を一般の歴史の中に組み入れる。（…）軍事史は加えて軍隊を道具として扱うだけではなく、経済生活、社会生活そして全公共生活の要素として研究する。しかし軍事史は、とりわけ政治勢力としての武装勢力に向き合う。だが、軍事史の中心にあるのは──一般の歴史学の目的と同じく人間とその影響範囲を解釈するために──全生活領域における兵士である[17]」

とくに一九七〇年代末以降、軍事史研究局は一連の研究を出版し、大学の歴史学との接続という要求を満たし、国内外の評価を得た。ここで「ナチ国家の国防軍」[18]に関するマンフレート・メッサーシュミットの草分けの研究や、軍事史研究局が体系的に進んだ観点というよりも史料上のものではあったが、比較的早くから軍事史において女性に目を向けていたことも指摘しておきたい[19]。ナチの戦争とその前史を主題として、七〇年代に何人かの軍事史研究局の歴史家は、ドイツの歴史的平和研究の基礎に決定的に貢献する批判的軍事史を発展させた。それは、戦争を一層適切に指導するべく研究するのではなく、二度と戦争をしないための研究として古い「戦史」とは対極をなしていた[20]。

大学の歴史学の側でも、一九七〇年代以降目立たなかった動きが感じられるようになった。テーマ的にそれは第一次世界大戦に集中し、構想としては社会史の理論的枠組みに負っていた。関心の背景には、戦争によって引き起こされた社会的・経済的ゆがみ、戦時経済と戦時社会との関係性があった。ジェラルド・フェルトマンの『ドイツにおける軍隊、産業、労働者──一九一四～一八年』とユルゲン・コッカの『戦争における階級社会』は、卓越した例といえよう[21]。とはいえ、コッカと同じくフェルトマンは、経済理論と階級分析という、いわば民間の社会上のカテゴリーをもちいて戦史を書いた。それゆえ戦時状況の特殊性は視野の外に置かれる恐れがあった。軍そのもの、前線、塹壕、兵員は、このような研究のなかでほとんど周辺にも浮かび上がらなかった。

ドイツの研究よりもずっと前から、アングロサクソンの研究は、第一次世界大戦の「銃後」だけでなく、塹壕、つまり軍の社会も視界に入れていた。その際に文学的・歴史学的な観点を結びつけていたし、文化人類学や心性史の試みを受容し、八〇年代にドイツでも「戦争の日常」として研究されたものに取り組んでいた[22]。「日常史」はドイツで七〇年代末に外国、とくにアメリカでの研究を手本にして研究され定着した。「日常史」はイデオロギーの歴史、制度史、とりわけ社会史と対極をなすものとして理解された。「日常史」はこれらを、人間を介さない歴史を書いており、よくても卓越した個人としての姿――偉人――か、人間を数で扱っていると責めたのである[23]。

民主主義的な激しさと個人に着目した視点は、日常史が「名もなき人々」(「名もなき女性」もなかに含まれている)を夢見るなかで、しばしばロマンチックに同一視する傾向があった。それでもなお一九九〇年代の軍事史の勃興と発展は――「言語論的転回」、および知識社会学や民族学を受け入れる提案と結びつくなかで、普通の歴史学の経験史的・文化史上の刷新を導いた[24]――きっかけなくして考察することはできない。日常史の軍事史的な意義は、研究関心を全体として「下から」の戦争の観点に向けたところにだけではなく[25]、そのような観点にとっての二つの史料的基盤を用意したことにある。「ただの」兵士がまさに時折家に毎日書いていた(そして家から受け取っていた)野戦郵便でもって、市民層と同等の下層市民層の雰囲気、考え、行動にとってのユニークで主観的な同時代の史料の類――回想のなかで政治的に損なわれるものがないとは言えないが[26]、長期間忘れられていたもの――が、大量の史料として(再び)見出された[27]。同時に戦争経験は回想インタビューの中で何よりもとびぬけて記憶に残っている境目であり、オーラルヒストリーへの流れで生じたものとして特別な役割を占めた[28]。日常史の試みを地域的に限定された形で実行したマルティン・ブロシャートとルッツ・ニートハマーによって形成された二つの最も重要なプロジェクトには、社会史に代わって戦争がもつ境目の意味への問いに研究関心を向けさせた功績がある[29]。このプロジェクトでは、民間の社会が前面に出ていたとしても、それが――ここでは軍事史の対象としての戦争、「社会」が一般の歴史の対象としての「社会」という――区分思考を克服するうえでやはり貢献したのである[30]。

一般的に日常史の大部分と同じように、とくに「下からの軍事史」も最初は圧倒的に性差に関心をもたずに進められた。旧来の上からの軍事史の刷新と拡大に関する新たなきっかけは、女性史として構成されたジェンダー史を起点としていた[31]。そこでは男たち、つまり軍人にではなく、男たち——そして「男たちの」戦争——によって抑圧されていた女たちが問題となった。それは「見えざる」性としての女性を可視化する動きとかかわっていた。女性史は、女たちの経験と歴史が埋没しないことを望み、それを示すことができた。つまり、人間学・精神科学・社会科学は近代的・排他的な男性的なものとして一八〇〇年頃に作られてのちに「男を」人間として見出したと信じており、このなかで男たちと人間一般をあまりにも性急に、十分に考えることなく同じく扱ってきたことを証明した。戦争がもたらした男の世界と女の世界との区分は、まさしく性差の歴史的影響力への問題を浮上させた。戦争が性別秩序へともたらす短期・長期の影響の問題は、まず二つの世界大戦のもとで女性がついた仕事の質と量の観点で調査され、戦争が条件となって男女同権の推進力になったとする古くからの伝説に疑問を投げかけたのである[32]。女性の部分的な自立の獲得と、戦争での欠乏と従属の経験、とくに戦後の性別差への政治的傾向が復活する状況が対立することになった。ジェンダー史が男性と男らしさに関して関心をもつほど[33]、一層はっきりとしてきたのは、当初研究関心の前面にあった二〇世紀の戦争においてまさに、男の力は強化されたのではなく、常に脅かされていたことであった[34]。

ドイツでは、軍事史研究局で組織化された旧来の軍事史が、一般の歴史学の方法論的基準を受けいれ、七〇年代には社会学が理論化するなかで拡大していく傾向が見られた。およそ一九八〇年以降、旧来の軍事史は大学の外で形成されたふたつの挑戦者に出くわすことになった。ひとつは文章を残さないと思われていた「名もなき人」に語りを与えた日常史であり、もうひとつは歴史のなかで「見えざる」女性を可視化したジェンダー史である。

第二次世界大戦に関してとくに重要な貢献をいくつもしたにもかかわらず、日常史は軍事史が方法論や概念的に拡大していく傾向のなかで目立つことはなかった。軍事史が鍛錬を積んでいく場を提供したのが、とりわけ第一次世界大戦、ドイツ帝国の軍国主義、あるいは三十年戦争、近世社会の研究であった[35]。一九九〇年ごろようやく、これまで新しい試みから放置されてきた第二次世界大戦――とくにホロコースト研究――が、ようやく概念的な論争の中心に出てきたのである。その関心がナチの戦争に向かうことを一般的に強めたのは、大衆メディア市場のメカニズムに対応した、いわば一九八九年以降に自然に始まった「戦争五〇周年記念」と関係していたからである。これは一九三九年の開戦、一九四一年のロシア（ソ連）への攻撃、一九四二・四三年のスターリングラードをめぐる戦い、最終的に一九四五年の終戦が重視され、これまで回想の政治のなかでテーマとなっていたナチの「平和な時代」から世論と学問の関心を引き離すことになった。

しかしながら、こうした出来事への回帰は、戦争を経験した世代が人口統計上の「退場」や、第二次世界大戦、つまりこの時代の先祖の行為や思考に対し、若い世代の強い関心をはっきりと呼び起こしたことと関係している。世代間の争いに満ちた「対話」は、公のメディアのなかに限定されず、ハンブルク社会研究所の国防軍犯罪展をめぐる論争が家庭の私的領域にまでに入り込むなかで最高潮に達した[36]。この論争はナチの戦争犯罪の特徴にかかわっており、個々人の関与の問題であり、祖父や父として親しみ深い兵士が罪を犯したのかという問題とも関係していた。国防軍犯罪展では現在と過去の境界が霞むことになったし、歴史と政治の境界さえあいまいなことになった。つまり、展覧会を見た人々に過去のテロ体制での個々人の行動の自由という問題を示し、くわえて軍隊と戦争との関係を新たに定義する必要のある現在の民間社会の問題と結びつけたのである。

日常史、文化史、ジェンダー史の勃興と現在の人口動態の変化、文化や政治の変化を背景として、九〇年代には大学の歴史学と軍事史とのかつての距離感は解消された。歴史的事件としての戦争、社会的・文化的実践としての戦時暴力、政治・社会・経済的形態としての軍隊、大衆イデオロギーとしての軍国主義、こういったすべてのものは各大学の講義やゼミナール、試験課題、博士論文、教授資格論文のテーマとしてこの間に当然で欠かせないものとなっている[37]。『歴史と社会』のような学界をリードする専門誌は、新しい軍事史にその特集号を割き[38]、『現代社会史研究会』のような名声ある研究グループは「軍事と社会」と二つの世界大戦との関係性について一連の大会を主催し[39]、そしてここ数年はドイツ研究振興協会さえ真の特別研究領域を求めており、そこでは近代欧米の「戦争経験」に取り組んでいるのである[40]。

だが、このように軍事史研究が強い関心を引き付けている状況は、ドイツでは近年の体系的な試みがわずか二〇年にも満たないこともあり、方法論や理論面での問題意識と目的設定の考察によって新たに補われるべきであるし、誤りを正していかねばならない[41]。というのも、ドイツの軍事史叙述では今なおある方法論的理解の名残が感じ取れるからである。これは方法論的概念を最終的に「歴史批判的メソッド」に限定してしまう。歴史主義とは「対極」にある歴史学では、史料を取り扱うテクニックから離れた相対的に抽象的な型以上のものはおそらくわからない[42]。だがこれは歴史家が作り出す仕事のごく小さな一部分である。つまり歴史家はすでに史料に取り組む以前に、自分の仕事の概念や構想での前提条件の前にあるものやそこに含まれている意味について説明しなければならないし、研究対象の複合性をつかみ損ねないために、研究対象を選んだ理論的理解におけるモデルを探す必要があるからである。

これとは反対に軍事史において歴史的方法論としてかねてより行われてきた厳密な解釈のなかに、専門家が当たり前のこととみなしてきたことのデメリットがあることが明らかとなった。これは学術的な「客観性」という規制をもたらす考え方ができるだけたくさんの史料を積み重ねることに繋がっており、おまけに長いこと公の、なかでも軍の組織が出元である文献に特権を与えていたのである[43]。この実際は軍隊の階層秩序の周りにあった公文書実証主義の変種は、今では当事者の語りに関心を持つ「下からの」軍事史によって覆されることになった。

もっともここで初めてずっと以前から語られてきた呪縛、つまり決定的な史料という形だけが現実を証明する力強さを持っており、現実を把握しているとする考えが別のものに置き換えられたのだった。やっとここ数年段階的に、野戦郵便でも戦争経験と兵士の感覚が「現実」にどうだったのかという状態が探究されるだけでなく、野戦郵便というテキストが複雑で、その都度のさまざまな方法論的観点で読まれる必要があることがわかってきた。たとえば兵士が打ち解けた意味内容の世界にいたり、接したりする期待が言語的なコードになっていると読むことができるし、さらに兵士が主体的に生きている物語としてアイデンティティを作るものとしても読める。または兵士が社会のことを知っている存在であるところからその時々で受け入れられるものや適用できるものを選んでいる意味が反映されているものとして読まれる必要もある[44]。このような解釈に至る理解の途上で、たとえば概念史や知識社会学、心理学による理論提案が援用される。まったく別の事案であっても、（文書による）言語で表現される限り、主体というものの構造を適切に理解するやり方を方法論の上で提案しようとしていることは共通している。同時にこの研究では、社会関係を建設的な特徴でもってとらえる方法論的意識が表明されており、そしてそれとともに社会構造理論がここ二〇年で強力に打ち出してきた重要な論争との関連が模索されている[45]。

方法論や理論上の原則的な問題を反映しているこの例は、これまでそして今なお続く好ましい例外であり、この例外は文化史の地位や形式をめぐるアクチュアルな論争との緊密な関係のなかにも見られる[46]。それは、軍事史がここ二〇年の歴史学に影響を与えた徹底的な理論をめぐる論争から受けた衝撃に対しとった反応であるところの、執拗な拒絶やよく言って受け入れが遅れたことからすると、典型的とはいえないのである。

理論の受容の遅れに、軍事史だけに内在する問題、つまり軍事史研究局によって行われている研究が量的に優位にあるという組織的な要因や、軍事史というこの研究領域が政治的に保守的な傾向が強いという二次的な理由で説明することは、むろん誤りであろう。決定的な要因のひとつはこのようなつながりのなかに社会学の基本的な概念的方向づけがなされていたことである。およそ社会学は、第二次世界大戦以降、歴史家のあらゆる方法論を議論するに際して社会理論的試みを包含したものとして中心軸をなした。その一方で、もはや国民経済学は――

世紀の転換点で果たした役割とはうってかわって――その役割を果たすことはなく、心理学と文化人類学がやっと最近になって再び対話可能な相手として役割を果たすことになったにすぎない[47]。

この際、社会学研究の二つの面を区別する必要がある。狭義の軍事社会学は、その創設以来経験的な社会研究による第二次世界大戦中の「アメリカ兵」の分析に主に関心があり、軍事的利用の必要性のための組織社会学的な最適化の試みのためにもちいられた。そのときドイツ連邦共和国では軍事社会学の研究は理論的考察においてほぼ完全に放棄され、軍指揮の「勤務上の必要性に基づくための」同意の社会学に零落したのである[48]。だが一方で、第二次世界大戦後に国際的に議論された、もっとも重要なマクロ社会学による理論の構想でさえ、社会組織やその転換の要因としての国家・軍事の暴力組織や力の行使についての体系的考慮がないことで際立っている。これはとくに、マルクス主義と並んで、おそらく今日の社会学で今なお最も影響力ある流れである構造的機能主義、近代化理論的試みをなす主張をするほとんどに当てはまる[49]。戦争と軍事的暴力はこの理論的伝統のなかで、近代以前への逆行として長く体系的に置き去りにされた。そこで継続して行われた論証の形態は、軍と軍事攻撃を、現実の歴史のさまざまな国民国家の発展段階を分析的に区別するなかで、残った出来事として分析の外に置くことになった。それに従えば、「軍国主義」はとくに歴史的なものとして防衛的な近代化圧力にさらされたプロイセン・ドイツや日本といった国に固有のものとされたのである[50]。

現代の社会学が戦争現象や暴力現象を体系的に扱えなかった責任を近代化理論にのみ帰するのはあまりに単純すぎるといえるかもしれない。というのも、ピエール・ブルデューの文化社会学やニクラス・ルーマンのシステム理論のような、別の影響力のある、およそ現代社会の分析に焦点を合わせたここ三〇年の理論構想でさえこの点を欠いているからである。もちろんこの流れには抜きんでた例外もあった。たとえばノルベルト・エリアスは第一次世界大戦の塹壕で、個々人の価値が急激に失われていった自らの経験から社会学的考察を行うきっかけを得た。エリアスは社会的な束縛が相互依存によって段階的に進行することや、独占的な組織が作り出されることで、暴力の感情や暴力手段が囲い込まれる問題にその生涯の仕事をささげたのである。しかし文明化のプロセスが逆転する可能性があるとの指摘は、その研究の受け入れにほとんど影響せず、エリアス自身、ナチス・ドイツに由来する野蛮に関する歴史社会的理論の枠組みで、ドイツ特有の道を当てはめることになったのである[51]。ミシェル・フーコーの仕事も論争の提案をすでに長らくなしており、とりわけ軍の規律の力に関する理論的理解を推進させうるものであるといえる。この理論的手法の現実の検証は軍事史においても社会学者によってのみ行われたにすぎず、歴史学者には試みられてはいない。これはとくにドイツの歴史家の古い世代のなかで、フーコーの研究と人格に対して、留保が続いたことや拒絶反応があったことからも説明できる[52]。

二〇世紀の終わりになってやっと、歴史に合わせた社会学のさらなる発展とともに、戦争、軍隊、暴力が社会学理論の議論上に再び戻ってきたことについてここでは事実理解につながる最低限の要因をいくつか挙げておきたい。とりわけ、ナチのジェノサイド政策の構造や推進力、ナチの強制収容所の権力構造をシステムとして捉えようという試みは、歴史学がおそらくこれまで民間の社会学の「先入観」に継続的な影響をほとんど与えなかったことからすると、重大な衝撃を与えた[53]。しかし、本書で取り上げられたいくつかの論考にこの議論との結びつきがすでになされている[54]。

軍事史のさまざまな試みやテーマ領域、研究思潮の間にある概念的論争のなかで「ばらつきがあるもの」をならし、軍事史の全分野にとってよく知られた「理論の必要性」を強く主張することが——本書はここに貢献したい——大事である[55]。本書は、軍事史がそれぞれ試みている仮定条件を概念的に明らかにする仕事と、体系化する仕事を関連づけている。ドイツの軍事史の理論的方向性は、先に述べたように、これまでふつうの兵士の野戦郵便についてのメンタリティーの歴史研究の例が証明しているように、個々の研究の内側の問題であった。これはその研究や問題設定に対応した独特の問題に「ぴったり合う」試みを探し、適合させるものであった。こうしたやり方は明らかに正しいばかりか、有意義でさえある。というのは、理論に基づく問題は、専門家によって投げかけられた抽象的なものよりも、常に具体的な問題設定があった場合にうまく議論されるからである。つまり理論に基づく問題には、経験的な方法に基づく研究やその多様性から来る計り知れない物事に付随する結びつきをしばしば欠いている。だが、方法論を反映した叙述やモノグラフが増えるにつれて、軍事史のさまざまな試みやテーマにおいて体系的なものを打ち立てる必要性が増しており、特定の理論構想の固有の利点と欠点を越えた一般化を目的とした検討をなすものである。ここで示された当面のまとめの試みは、これまでよりも明確に概念的な欠落を見抜き、将来の研究のための方法論的な視座を与えることを同時になしとげるものである。

二　軍事史の「大きな物語」とその問題

決定的な理論上の試みに対して単にどれほど緻密な方向付けがなされたとしても、概念を明確にしたり、方法論に反映したりすることには寄与しない。というのも、軍隊に関する歴史学の取り組みにとってまさに、そのときどきに論争となったテーマや、一般的な方法論上の試みに影響されずに登場し、ドイツの研究をまさにずっと作り出してきた、暗黙のうちにある仮の前提や物語の本質が確認できるからである。この「大きな物語」では、軍のイメージが、国外の強い影響力や国内で書かれてきたものを越えて、その成立過程で一般的な神話化と極めて密接に関係し、語りつがれてきたものとして、歴史的に束ねられている。こうした研究を方向付ける前提は、明確に表現されることは極めてまれであったし、詳しく論述されることはなかった。この場合、歴史的・政治的論争のなかでとくにはっきりと表れる、むしろ軍事史家の「意識の前にあるもの」が問題である。この「支配的な物語」のなかでは、軍の複雑さは単純な形に限定される。少なくとも二つの事柄をここで例として紹介することになる。これは軍事史がとてもよく知られている関係性とは違っているものであるという見方から学ぶことができるものである[56]。

まず第一の「大きな物語」は一八七一年から一九四五年の時期における「プロイセン・ドイツ軍国主義」を扱っている。この「大きな物語」は、ひとつの国全体を民間社会のもとにある正常な状態から逸脱した道に向かわせるという、ある根源的な堕落の罪を描いている[57]。強力な外国からの軍事的介入があって初めて、ようやくこうした災厄からの持続的救済がもたらされたのである[58]。こうした軍事的・社会的な構成物の発展と没落の歴史は、第三者の観察する限り、その始まりと終わりにある二重の起源を有している[59]。一八六〇年代のプロイセン軍制改革と三つの戦争で勝ちとられたドイツ帝国の建設は、新しい一般兵役義務の軍隊の潜在的動員力を「軍国主義」概念として特徴づける、カトリック、自由主義、社会主義の批判者をここではっきりと登場させることになる。軍国主義という近代的な言葉の使い方でただ唯一の中心的な社会分析的な概念をめぐって、ここでは政治的運動あるいは社会的運動の代表者によってではなく、その敵対者によって特徴づけがなされたことが問題となる[60]。攻撃的な辛辣さをともなうなかで、敵対者ははじめから意味上わかりやすいもの、分離不可能なものの多くをもちこみ、それは同時代・歴史叙述において歴史的基盤となる均整と構造を常に少なからず恣意的に偏ったものにした。特徴的な例は、一九〇六年一〇月一六日に借りた大尉の軍服を着てベルリンの郊外にあったケペニック市の市役所を占拠し、市長を逮捕した靴職人ヴィルヘルム・フォイクトの有名な話である。当時の反応を詳細に分析すると、この事件はドイツ帝国で軍国主義的な臣民精神が、社会でゆるぎない影響力をもっていたという象徴としては、まさに理解できないことを示している。この事件は、当時の世論で軍国主義批判が、さまざまな形で有効であったものとして解釈される。二次的な意味でとらえた人々の層では、事件の中核として一般的な芝居演出が浮かび上がってくるのであり、それは肯定的ではなく、風刺的な特徴を示していたのであった[61]。

とりわけ、第一次世界大戦の間に行われた戦争責任に関する激しい責任転嫁の後に、軍事に批判的な「軍国主義」に対する外部のイメージは、ドイツの政治＝軍事エリートが自らを見る像として戻ってくる形で機能した。一九四五年のドイツ国防軍の敗北の後に、アングロサクソンの観察者や勝者である連合国は、この軍国主義イメージを一貫した、いまや歴史的に完結した「固有の」プロイセン・ドイツ軍国主義という事実へと凝縮した[62]。それによりプロイセン・ドイツ軍国主義の組織的特徴とその「プロトタイプ」としての立場が前提となった。これは、次のような命題を含んでいる。つまり、このプロイセン・ドイツ軍国主義という概念は、分析上万能の役割を果たすものとして、第二次世界大戦にいたるまでドイツ人が行ってきた暴力からの解放を解釈するうえで問題なく有益なものになる。プロイセン軍国主義という大きな物語の成功は、ナチの起源を説明しようとする「ドイツ特有の道」の命題と不可分に結びついている。ドイツ特有の道テーゼが他の多くの研究領域でとうの昔に後退したのちにも、この「軍国主義」は現在では特有の道テーゼの最後の極めて安定した稜堡をなしている[63]。

ドイツ帝国のなかに軍国主義的な考え方があって、それに付随する行動様式があり、軍事的な社会的コンテクストがあった現実をまさに疑うことは、今やまったく意味がない。プロイセン軍国主義に関して広く行われている記述の特徴は、たいていは静的なものとみなされる「軍国主義」という名の複合物とさまざまなミリタリズムの間にある無数の要素からなる軍事化の過程との間の分析上の差異がないことであり、多様な理由や発展の論理を単純で一体のものと想定されたシンドロームに解消していることである。シュティーク・フェルスターによる画期的な研究は、少なくともヴィルヘルム二世時代のドイツ帝国の軍国主義的政治の領域について思潮としての「新」「旧」の軍国主義を区別した。しかしながらフェルスター自身は過剰な細分化や現象の「分解」に抵抗し、二つの主要な潮流の間にある流動的な過渡性と最終的にありうる収束を新たに強調している[64]。

だが、ドイツ帝国に関してはまさに、「プロイセン・ドイツ軍国主義」という「大きな物語」は、社会的特殊性あるいは国際的な比較のなかであきらかな相対化を示す、細分化の方向性を経験的に証明しようとするあらゆる試みに対して、今日まで広範にわたって抵抗しつづけた[65]。というのも、同時代人も歴史家も、概念を用いる戦略的な意味と利点は、市民社会の「他者」に名前をつける根拠となる言葉を与え、アイデンティティをもたらすしうるところにあったし、あるのである。多くの歴史叙述のなかで、このようなプロセスの結果は、全く異なる出来事の形でも最終的に同じものにまで具体化されることになる[66]。

これに代わって、以下のすべての傾向の軍国主義研究、つまり政治史的な試みと並んで、社会史、文化史、ジェンダー史の試みにとって、軍国主義や軍事化の過程を構造主義的な展望のなかで分析することや、差異の一般化や象徴的な名づけに、軍隊、たとえばより正確には、軍と「民間」の組織モデルの違いを利用することが、重要となったといえる。その際、ジェンダーや社会的階級、政党と政治思潮、軍内部の派閥の間の出来事、さらには国民国家間の競争や、一八六六年の敗者に関すること、つまりドイツ内部の連邦主義について確認しうる出来事が問題となる。軍国主義研究は、方法論に関する考察を今後取り上げるべきであり、社会的領域が静止的で、自ら構成し、説明のつく社会的実在からなるのではなく、区分された距離や強度による諸関係のネットワークからも成り立っている。それは、社会的領域を定義するメルクマールの総体としてではなく、社会的諸関係の類別や自ら区分するところで、自らの行動領域を切り開くために、アクターが永続的になす仕事である[67]。このような諸関係のネットワークのなかで、たとえばプロイセンの予備役の将校は、バイエルンの予備役の将校や、フランスの政治家、自由主義的なジャーナリストや社会主義的傾向をもった軍の批判者との関係のなかではじめて、それぞれさまざまな方法で「軍国主義者」になった。こうした理解でもって、概念史的な調査結果や「そこに含まれている」軍国主義の構造についての理解が、ようやくはじめて真摯に受け入れられるといえる[68]。それと同時に、「軍国主義」と「反軍国主義」の対立という同時代の論争からこれまで持ち込まれた道徳上のコード化を克服することも可能となろう。道徳的なコード化は「まっとうな」「潔白のなかで迫害された」「まさしく真実を語っている」軍国主義の批判者と平和主義者が、繰り返し容易に再生産しているものである[69]。というのも、この意味の付与も軍国主義現象の論理に従っているだけであり、象徴的資本を蓄積する戦略として解読されねばならない。「軍国主義」について語ることは、ある意味でひとつの記号として理解される。このなかで民間という歴史的アクターは、ともかく軍隊の組織的モデルに対して無力であったはっきりしない感覚をコード化したのである。このような軍隊の外との境界に置かれた区別は、さまざまな観点において別の「大きな物語」と似たものを有している。この別の「大きな物語」は、軍隊や兵士、戦争を行っている社会を苦難の歴史というかたちで扱っている。しかし、軍国主義の歴史とは違って、それはその起源を軍への社会主義的、平和主義的批判に負っていない。それは、むしろ軍のもつ政治的、象徴的秩序自体に、つまり戦争による暴力の道徳的な基礎やそれを担った人々の階層構造、簡単にいえば、自己犠牲という神話や、命令と服従の原則に従っているのである。

仲間同士の集まりでお互いに披露されるものや、学問上でテープに録音されたものといった老軍人の戦争の語りに耳を傾けるならば、戦争体験についての無邪気さや、時おりの笑い声があることさえ驚くことではない[70]。そこではあらゆる可能性が語られるが、軍人の本来の職務、とくに殺人についてはしぶしぶ語られるにすぎない。戦時暴力、その所産としての屍の山について語られたとしても、受け身で語られる。これはまったく理解できる。軍隊においてまさにそうなのだ。戦争では、命令、時に強制でなされることは、特権でもあるが、民間の社会では現世と来世の、刑法上にも宗教的にも定められた最も重い処罰が科されるものである。それゆえ、戦争で殺すという行為について——述べられたとしても——間接的あるいは虚構によって距離を取る形でしか述べられない。戦争での殺人を隠ぺいし、正当化するために意味を作り出す多大な労力は、どれほど民間人の道徳規範が重きを占めているかを示している。殺人はとくにテーマとならないこと、つまり、形式にそって反論されるのではなく、何か別のことについて語られることで隠蔽される。戦争の語りは、「戦争の喜び」[71]ではなく、まして殺人の喜びでもなく、戦争の苦しみを題材にすることになる。

しかし発言が殺人そのものに及ぶならば、関係者はその意志から解放される[72]。殺人は、一方では軍人の命令と服従という縦の原則、もしくは自身にとって全体を見渡すことのできない伝導装置のただの小さな歯車にすぎないという、職務倫理を持ち出すことで正当化される。「我々は自らの義務を果たした」。この「義務」は、——これは服従が拡散した、内面化したものである——個人的な責任や大きな政治や戦争での自分の立場についてよく考えることから解放することになる。他方では、同じように一般的なのが、この使命感はいわば彼か自分かという並行の状況を引き合いにだすことである。これは、生死にかかわる正当防衛として、あるいは（同等のチャンスとリスクを持ち合わせた）対等の権利をもった敵との騎士としての闘いという装いをもって、全国家機構と同様にひとりひとりの軍人によって用いられる。殺人を犯した当事者は、常に強制された状況の犠牲者として無実を主張する。年老いた（国防軍や連邦軍の）軍人の言葉によれば、「古典的戦争で戦った軍人に、殺人や虐殺を問うことは間違いだ。なぜなら、前線にいるものは絶え間なる正当防衛の状態で生きているんだ。殺すか殺されるかなんだ[73]」

軍人の存在を道徳的に正当化するために、殺すことと殺されることの間にある対立はぼかされる。この対立、あるいはより一般的に、軍事的な暴力と無力の間にあるこうした対立を解決するという課題は、近代的な軍隊で、時代を問わず、キリスト教の伝統に根づいた無私の価値という構築物をともなった兵士の美徳リストによって果たされる。そこには、義務の遂行、祖国への奉仕、そして――すべてを包括し、あらゆる未来及び回顧的な戦争論議において存在する解釈基準として――犠牲の神話が含まれる。犠牲の神話が持つ論争上の影響力は、能動的または受動的な社会実践の象徴的なジンテーゼ、つまり二つの異なる犠牲概念、生け贄（Sacrificium）と犠牲者（Victima）の融合物に負っている。両者はキリスト教の伝統のもとに生贄行為の神聖性と犠牲者の無罪性の観念によって結びつけられる。犠牲の神話は力を無力に、積極性を受動性に、攻撃性を防御性に変える[74]。

とはいえ、多くの軍人たち――一般兵役義務の時代におそらく大多数――が実際にただ強制的に軍隊という組織に隷属させられ、徴兵期間のいじめのもと、死を目前にしたときの無力の際の物資の不自由に苦しんだことを疑うことは無意味であろう。それはもしかしたら適切に言葉で表現することはまったくできないかもしれない。例外としては、戦闘の心理学が――殺すという完全な力と死の恐怖という完全な無力性が並列し絡み合っていること[75]――実際に困難にも解きほぐしている。犠牲の神話の流動的な特徴、その生活世界への定着、そして潜在的にあらゆる責任を排除する軍隊の命令構造は、もちろん魅力的であり、自発的に従事しているものにとって喜んでそれを引き合いに出さないわけにはいかない。軍事的言説にとって犠牲の神話の重要性は、一般の軍人たち[76]の行為の可能性や、軍事的暴力そのものの能動的な側面をまったく識別できなくすることにある。それは「死について語る」ことのない「戦史」、正確には能動的な殺人を口外しない戦史という構造をなしている[77]。

回顧では、「戦争に覆いかぶさる、血の歓喜」を常に少数のものしか告白しない[78]。エルンスト・ユンガーはとくに傑出した有名な例である。それよりも戦闘的でなく、率直でない例は、まったく異なった水準にある大量の戦争文学や戦争小説を横断するように存在している。しかし、そうした告白のどれも、戦争への冒険心の誓いのどれも、そして軍事的英雄行為の礼賛のどれもが、より上位の、責任から解放する権威――つまりそれは自然であったり、生物学ないし運命であったりするが――との関連なしには出てこない。それから、攻撃と防御を取り替えることで、軍人による殺人を最も人間を軽蔑する形で正当化するモデル――人種差別的なそれ――が作用するのである。ナチの殲滅戦争では、その敵は「劣等人種」してだけでなく、常に卑劣な攻撃者として不信を持たれた――「ユダヤ人」は「パルチザン」や「謀略者」として扱われ、こうしたものたちに対して、国防軍の部隊ばかりか、行動部隊や絶滅収容所での大量殺人者も防衛的立場から行動した[79]。

死体の山が大きいほど、犠牲という立場や、受動的に、あるいは単に反応したに過ぎないという、とにかく罪なき「犠牲者」であるという役割の主張をいっそう断固としてとる。このルールは最も強烈にナチの戦争に対するドイツ人の回想を説明する。これはよく知られているので、ここでさらに詳説する必要はない[80]。ここで重要なことは、ドイツ人が回想の政治ばかりか、歴史学、とくに軍事史で、かの戦争とジェノサイドにまつわる一九三九年から四五年のドイツを嚆矢とする侵略や、テロ装置の代表者と見なされるかの人物を受け身で耐えたもの、苦しんだ者、犠牲者として姿を現すことである。回想の政治と同様、歴史学でも被害者化する言説は、積極的にみずから実行した軍事的侵略、あるいは単なる象徴的な関与がもつ精神的、社会的、文化的次元を隠ぺいする役割を果たしている[81]。

たとえば、軍事史研究局に基礎を置く批判的国防軍研究は、論文集『ドイツ国と第二次世界大戦』でとくに、東部での戦争の犯罪的な特徴の証明をめぐって大きな業績をあげた。東部の戦争での独立した行為者として、ヒトラーがもちろんまずあつかわれ、国防軍指導部は二次的にしか考察の対象とならなかった。国防軍指導部に対して少なからずヒトラーとの大きな「合意」が証明されたが、独自のジェノサイドの動因と行為は証明されなかった[82]。ヒトラーと（高級）軍人との関係について、好んで（人格や価値、とくに軍人の美徳が）濫用され、誘惑され、巻き添いにされた、悲劇のレトリックのなかで、語られている。ユルゲン・フェルスターは、省庁や専門家内部の抵抗に対しても国防軍研究の批判的な転換を断固として公に主張した歴史家に数えられるが、これに関連する論文集第四巻の終章で「伝統とナチの考えの融合」にまで到達することになった、イデオロギー上の「軍人、経済人、外交官とヒトラーとの合意」の流れのなかで、「軍人にとって極めて重要であった忠誠、服従、義務遂行といった価値概念が消耗させられ、意識的に濫用された」のだと嘆いている[83]。絶滅政策の現実の実行に著しい数の軍人の参加をもたらした精神的な前提に、こうした価値判断がどれほど関係したのかは、ここでは考察外に置かれている。だが、国防軍のエリートたちが回顧録のなかで一九四五年以後に主張した犠牲者の立場は、部分的にはともかく、原則的には問われることはなかった。

とくに犠牲者として語る態度が軍人の伝記のなかで広がっている。たとえば、ヴィルヘルム・カイテルは、ニュルンベルクの監獄のなかで書いた自叙伝において、自身を自己の意志をもたない、軍事的な服従の伝統のなかにいたヒトラーの追従者にした。カイテルがヒトラーを魅力的な「悪魔」[84]として登場させたことは、驚くべきことではない。ヒトラーの将軍たちは戦後、全員がヒトラーの犠牲者として現れた。注目すべきなのは、まったく粗雑なものとはいえない学術的な伝記のなかでどの程度犠牲者化の戦略が継続しているのかである。カイテルは、たとえば批判的な叙述のなかにおいても、ヒトラーや軍の宣誓の犠牲者としてのみならず、彼を「軽蔑していた」思いやりのない「同僚」や、彼に農家にならせなかった野心的な妻、そして常に過剰な負担につながった劣悪な健康状態、そして「ヒトラーと議論すること」ができない、彼のそもそもの「性格」の犠牲者として紹介されたのである[85]。

犠牲と苦難の歴史としての軍事史は、もちろん軍のエリートや第二次世界大戦に限定されるものでもない。だから「下からの軍事史」も、まず軍人をほとんど加害者としてではなく、それ以上に犠牲者としてとらえてきたのである。これはナチの戦争に関する歴史研究に限らない。ヴェトナム戦争に関するアメリカの歴史研究にも「ヴェトナムの古参兵が酷使され、軽蔑されてきたという神話」が長くあった。いかにしてアメリカの「下からの軍事史」がヴェトナム戦争の結果をめぐる政治的な論争のなかで、ヴェトナムの古参兵の要求を金銭面の保証と象徴的な賠償に根拠づけるために生まれたのかが的確に論証されている[86]。

ドイツでの「戦争の日常」の歴史は、とくに第二次世界大戦との関連で意識的に軍法会議の犠牲者として国防軍の脱走兵の名誉を象徴的・物質的に回復する議論と結びつけられ、犠牲者としての観点を意識的に再生産した[87]。だが一方で、「下からの軍事史」は「名もなき人」に味方する民主主義的な支持による犠牲者化の戦略に屈服した。この名もなき人は、主観的な史料のなかで自らを決して加害者とすることはなく、逆に熱心に、不十分な食事、劣悪な宿泊、乏しい衛生、心情的な不自由、とくに軍隊の抑圧・規律体系、そして魅力的なプロパガンダ（つまりヒトラー神話や民族共同体の約束）の犠牲者として姿を現したのであった[88]。この点で、五〇年代から六〇年代に国家に援助された三つの大プロジェクトによって基礎がおかれていた「戦争世代」の学問的に裏づけされた犠牲者化が、八〇年代から九〇年代初頭に完結した。これは「ドイツの戦争被害資料」（一九五八～一九六四年）、テオドール・シーダー（一九五三～一九六一年）の指揮責任のもと担当された「東・中欧からのドイツ人追放資料」と最後のものはマシュケ委員会（マシュケ一九六二～一九七四年）による「第二次世界大戦のドイツ戦争捕虜の歴史」の資料整備のことを指している[89]。この三つの資料整備は、故郷の住民、避難民や非追放者、及び戦争の捕虜の苦しみの学問的な証拠を得ようとするものであった。同様のことを八〇年代以降の野戦郵便の編集出版や証言資料整備が意識的ないし無意識的に軍人のために行われたのである。

しかし――これははっきりといわねばならないが――まさに日常史は逆の傾向も発展させた。日常史から一九九二／九三年のスターリングラード記念という時間環境のなかで、犠牲者としての軍事史への不満が形成されたのである。ヴォルフラム・ヴェッテは、加害者と犠牲者の複合的な構造を視野に入れることを求めた。ヴェッテによれば、「下からの軍事史はどのようにしてこの『名もない人』が加害者と犠牲者の二重の視点で軍隊と戦争を体験し、苦しんだのかを」示す必要があるという[90]。しかし、この要求が初めて真剣に考慮されることになったのは、九〇年代末のクラウス・ラッツェルとマーティン・フムブルクの基礎的研究のなかである[91]。両者はミヒャエル・ガイヤーの「暴力の社会化」への問いを出発点とし、国防軍の野蛮化についてのオマー・バートフの研究を受け継いだ[92]。両者は国防軍の犯罪行為と国防軍犯罪展をめぐる議論のなかで書き上げられ出版された[93]。

国防軍犯罪展が引きおこした渦は、ホロコーストへの国防軍の関与を裏付ける史資料に起因しただけではなく、歴史学、回想文化、そして軍によって一致して繰り返し作られてきた自らは犠牲者であるという言説に疑いを抱いた結果から生じた[94]。この点に関して国防軍の犯罪をめぐる論争は、一方でゴールドハーゲン論争と、他方でヴィクトール・クレンペラーの日記と密接な関係にあった。全体主義的体制のなかでの個々人の行動の自由についての問題が常に問われたのである。国防軍犯罪展は、この問題を扱う際に有名な写真を手段として挑発的に打ち出した。この写真は単に精神的に異常な例外的人物ではなく、「ふつうの」兵士が犯罪的戦争のもとでただ苦しんでいただけではなく、喜びをそこに見いだしていた――または見いだすことができたということを、具体的に個々人を見せながら示していた。この写真は来展者に日常の正常性と戦争犯罪の関係を問題とし、より具体的には、夫、兄弟、父そして祖父が戦争で演じた役割への問いを突きつけ、もしかしたら自分自身がその場で果たした役割に対する問いを突きつけたのである。つまり「戦争の暴力はここでは見知らぬもののこととしてではなく、わがものとして、はるか遠くのものとしてではなく、まったく近場のものとして現れる[95]」
　当惑させるような、問題を投げかけるだけで答えを返さない国防軍犯罪展の写真のメッセージは、歴史学によって創造的に実行に移されることも、認識されることさえほとんどなかった。個々の写真の「真実性」をめぐる論争が避けられなかったとしても、研究のための潜在性を遮る危険を冒していた。写真から簡潔なメッセージを導きだす試みも、最初から失敗する運命にあった。国防軍の兵士の多数に一貫した「殲滅の道徳[96]」があるというようなテーゼは、まさに「絶滅戦争」における「一般」兵士の行為がもつ社会的、心理的、精神的条件構造の複雑さと矛盾を捉えていない。ミヒャエル・ガイヤーは「クラウス・テーヴェライトが描いたランボーのような義勇軍の粗野な兵士（…）だけで、戦争における行動形態から制限がなくなるという広範な現象を説明できない」と、当然にも気づいていた。「国防軍は一般兵役義務の軍隊であり、そこで共通の基盤として軍事的な男らしさというあらゆるステレオタイプ化のもとで、ありとあらゆる人々が武器をとっていた[97]」。だが、戦争における殺人について沈黙しない軍事史の研究の問題は、一般兵役義務の軍隊のばらばらな人的構成ばかりか、個々人の同質でない心理的、道徳的気質の結果として生じたのである。

　懐疑の姿勢は、それゆえにあらゆる他の試み、とりわけ二〇世紀における「ふつうの」、制約を外された軍事的暴力を邪悪なもの、あるいは悪魔的なものとする解釈パターンに無理やり押し込むような試みに対しても望ましいものである[98]。軍事史を犠牲者の立場から扱う言説に、対極として兵士が殺人の欲求をもっている歴史を対抗させ、トゥホルスキーが述べた非常に有名な酷評（「すべての兵士は殺人者であるか、そんなもんだ」）を歴史的に描き出すことは、研究の上での政治的行動としては正しいかもしれない[99]。しかし最終的に、そのような歴史は、軍国主義の『大きな物語」、市民の近代や民間の社会の「他方」の歴史をドイツとナチに特化した形や、またドイツ特有の道の構造から抽出された形で急進化させる傾向がある。軍事史が犠牲者の立場を主張する状況を批判的にとらえることは、その対極にあるもの——悪魔的なものを描く軍事史——の台頭を目的としない。軍事史は体系化された暴力の歴史的な文化社会学の観点から、把握されることが求められており、それは軍隊の象徴的な秩序に基づくディスクールの重荷からも、暴力のない市民社会という自らを型にはめることからも解放されるものである。軍事史はこうしたものに代えて「正常性」と暴力の緊張に満ちた条件構造とあいまいな境界をあきらかにする必要がある。

三　方法論上の試みの多様性と軍事史の対象物についての問題

いささか厳密さを欠くけれど、本書の成果のひとつは、軍事史の試みのうちの概念的な前提条件をめぐる議論が最も広範に進展していることが確認されたことである。軍事史のこのような議論は相対的に遅れているか、最近になってやっとはじまったのであり、軍隊の歴史に関する独自路線として構築できるものである。歴史・批判的な作戦史叙述、たんに軍隊の概念を使って追体験するのとは違う戦場の出来事を研究する方法論的基盤さえ、いまなおあらゆる前提を欠いている。政治史の理解にはずっと以前から用いられているルーティーンが確かに存在するが、政治史の中心的概念が理論面で集中的に反映されることがこれまで一般になかったことに気づかされる[100]。文化史やジェンダー史の研究が当初から軍事史概念の刷新に向かっているのに対して、社会史的試みはここである意味中心的位置を占めている。

近年の目に見えて多様な展望がある状況は、部分的でまったくばらばらな試みからなる多様性のなかでなおも軍事史の統合要因、いわゆる「中心的展望」がありうるのかという問題を投げかけている。これにはそもそも答えがあるのかわからないし、文化史やジェンダー史の側から論じられたように設問の正当性自体がすでに疑われる根拠がある。とくにジェンダー史は「一般史」の理論的枠組みや、必然的な綜合課題という「一般史」の主張を激しく問うている。つまり「一般史」と結びつく重要性の配分は、常にとくに影響力が強いものに——（男の）政治のように——特定の対象領域の特権化に帰着するからである。それゆえ、普通の物語のモデルを用いて特定の問題提起を論じる、包摂と排除にともなう費用は、定義の明確さや学術・戦略上の明確さといった得られるものよりもはるかに過大なものになってしまう[101]。

そのため、別の質問をすることがもっと有望である。場合によっては軍事史は誰とあるいは何と体系的に結びつけられるのだろうか。むしろ、この質問はこの〔軍事史という〕歴史の部分領域に互いに関連性があり、あらゆる試みや潮流に共通する対象とみなしうるものがそもそもあるのかを問わねばならない。この問いには、本書において最も重要な答えをもたらすたくさんの可能性がある。今答えが見いだせないこととまったく同じように、軍の複合性を適切に記述しうるいかなる理論的モデルがすでにあるのかという方法論の論証が問われる必要がある。したがって、ライナー・ヴォールファイルに倣って、現象学的な意味で軍事史は、まず武力とその構造と影響の歴史として記述され、兵士が中心におかれる歴史である。だが、この定義は影響と構造をいかにして叙述するのか、そして分析の次元で軍隊をほかの社会上の大きな団体、たとえば教会――近年の教会史の研究でも信者が分析の中心に位置するようになった――のようなものと何を区別するのか、ということに関する回答を与えるものではない[102]。

右の問いには、戦争こそが存在意義であり、軍事組織の特別な中核であるという、古典的軍事理論が回答できる。これによれば、軍事史は戦争の準備、実行、後処理の歴史である。このような軍事史は政治的なプロセスの中枢にあり、そこに社会的な制約と社会的帰結が蓄積されたものである[103]。一九世紀末、二〇世紀の「総力」戦を見ると、総力戦の定義は社会史的な展望へと拡大できる。社会史的な展望には、戦争の社会生活のあらゆる分野や次元への広範囲な影響が視界にあるからである。近世初期のヨーロッパに関する研究の展望から補足できるのは、この時期の戦争でさえすでに社会と距離がなく、社会のなかでの軍隊の分析が求められるということであり、広範囲におよぶ社会的影響力をもっていたということである[104]。

戦争の社会史として軍事史を理解することは、政治的に特定の信念をもっていたり、社会構造史の意図があろうとも、多くの重要な利点がある。これについては、このような理解の範囲においてやっと、旧来の軍事史的研究の自己理解や概念上のやり方が継続して影響を及ぼしてきたところの、二分法で配置されてきたの多くのことがらの克服を見込めるのである。ここには、たとえば軍事と社会、男性と女性、前線と「故郷」の対置が含まれ、そうした場合には、常に前者の軍事、男性、前線が軍事史の中心領域にあげられ、一方で後者の社会、女性、「故郷」は「実際の」主題に対してのただ外的な結果として生じるものとして置かれている。この区分を克服することによって、軍隊はこれまでのマージナルなテーマを前面に出すだけでなく、歴史学が把握する体系のなかで周辺的な組織であったところから社会関係や相互作用を見ていく際の中心的な場になることがはじめて可能になる。さらにこのような概念のなかで、戦争遂行の社会的推進力と動員の影響は長期的な歴史的展望のなかでの発見を導き出すことになろう。それは戦争遂行のなかで増大する「全体主義化」の体系的基準が議論されるし、経験上の分析にとっても有益なものとなりうる。軍事史はこのようなやり方で近世初期と現代の社会の転換に関する分析に本質的な貢献を果たすことができる[105]。

だが、戦争の歴史、あるいは「総力」戦の全体史としての軍事史の定義を招来する、一連の概念上の困難も認識されるのである。たとえば二つの世界大戦が著しい社会的影響をもたらしたことについて、今日の議論のレベルではおそらくもはや疑問が呈されることはない。しかしながら、こうした確認事項に隣接する多くの問いに対する回答はまだ出されていない。たとえば問われるべきなのは、どのような社会的領域で、この影響がとくに集中的かつ大きな影響をもちえたのかということである。戦争状態にある社会の理解にとって、たとえば家庭、性別ごとの政治、食料品の支給や抗議のように、社会生活の再生産に関する関連構造が危機にあることが、物資や破壊のための手段の生産に関する関連構造よりも、はるかに重要であるとはいえないのではないか[106]。総力戦の結果、社会の部分領域や下層体系の内部構造だけが変化したのであろうか、社会構造全体の行動領域と社会的構成の間の前提構造も変化しなかったのだろうか。というのもたとえば、二つの世界大戦が「社会的な階級」に対し「世代」という社会構造次元の相対的重要性を著しく高めたということが、多方面で確認されるからである[107]。

あるいは、本質的な戦争の結果は、むしろ無法状態に向けられた懸念や、ことのほか激しく性や犯罪を政治的にとらえるディスクールのなかで見られるところから生じた「道徳的パニック」だったのではないか。これは社会が転換するひとつの形であり、社会の行動領域も社会的グループのレベルも地域化しうるばかりでなく、社会秩序自体を周縁部から疑うものである。そうならば、総力戦の本質的な結果は、「社会構造」に作用する点に見いだされるのではなく、これまでよりはるかに「社会構造」の概念や理解を流布することを疑わしいものにするといえよう[108]。

さらにまた、総力戦の影響が戦争に限定されていたのか、あるいは広範な社会の転換を引き起こしたのか、遅らせたのか、促進したのであろうかということは、時間的な展望のなかで問われよう。これは既に戦争の間に起こったことなのか、あるいは戦争の結果、体系的な状況が変化したことによってはじめて起こったことなのかを、さらに分析して詳述しなくてはならない[109]。結局は、各々の戦争の中核としての事実を考慮して問われているのは、そこで明確になった物理的な暴力が例外的な特徴を備えているのかである。あるいはその暴力の独特の形態や、それにともなう社会的行為、戦争の経験とその象徴化が比較的長期の社会プロセスに蓄積されたのかである。同時に物理的な暴力それ自体が社会を転換する要素となりえたのかも問われている[110]。

このような更なる問題が複合性をもって詳細に議論されることは、ミクロヒストリーの視点では研究領域が緻密に書き直されることによって内部の一貫性と構造化が想定されているように見えるだけだ、という見解を転換することになる。というのも、ミクロヒストリーはそれが一目のもとにわかるばかりか、微細な社会の行動論理と影響論理がきわめて正確に叙述・分析できる研究であるため、対象なくしては研究できないのである。だがとくに、マクロヒストリー、というよりむしろマクロ社会学的な考察方法が見落としたあるもの、ここで別の構造化が視界に含まれるのである[111]。

戦史としての軍事史が軍隊を「永続的な社会構造上のイベント」として体系的に表すことができていないばか

りか、軍隊がとりわけ市民社会の領域において社会的、文化的にさまざまに放射しているものを体系的に十分に映し出せているかは、さらに議論の余地ある問題である[112]。軍隊自身が認められるねらいから常に戦争が迫っている緊急事態を指摘するとき、これは戦争の事前準備、事後の対応に分類される題目としてだけではもはや解釈できないのである。ほかにも軍隊は階層的なジェンダー秩序を安定化させることにおいて、中心的で持続的な重要性を疑いなくもっている[113]。最終的に、軍事史のいわゆる対象の確定において、戦争のまったく本質的な実態は不思議なことにはっきりしないままであるか、「残酷なもの」として即座に道徳的なレベルの話にされてしまう。すなわち、戦争は第一に大量の、人間が人間によって行う死である、というように。

こうした理由のすべてから、軍事史は歴史的な社会学として組織的な暴力関係を把握し、戦争と同じく「平和」のなかで軍隊の特殊性を明確にすることは、意義深いように思われる[114]。そのときには、「暴力」の概念を、はっきりと物理的に行使される暴力と事件にともなう事象に限定されたものとして、常に想定することができる。「構造的暴力」概念では、「暴力」事象はいたるところに存在すると考えられているが、近年分析上の厳密さを欠いているというもっともな根拠でもって批判されている。これは、物理的暴力が特別な正当性を持っているという問題を考慮するときにもまさにあてはまる問題である[115]。この意味で、軍隊という暴力組織を特徴づけ、その展望のなかで追及しうる、一連の特有性をここではごくわずかな形ではあるが、挙げなくてはならない。

軍隊に特有の力の行使という権能は、平時の軍隊の歴史の支点であり、中心点をなす。これに対して警察が同じくもっている力の行使の権限という現実がすぐに対置されるかもしれない。だが、そのときに、国家的な暴力の独占が達成されるなかで近代の警察機構の組織的分化の歴史、つまり警察が社会的な紛争に対応していくようになっていったことが、歴史的な長期的展望のなかで困難で、多くの後退をともなう過程であったことを忘れてはならない。イギリスとドイツでは、二〇世紀初頭にようやく、ストライキや大衆デモといった国内の社会的紛争の管理から軍隊を公に排除するにいたるまで、警察を安定化させることに成功した[116]。むろん、これはすぐに後退を秘めた過程であり、たとえば、一九一四年から一八年の戒厳状態における軍隊の多岐にわたる警察権限や、ワイマール共和国初期のハイパーインフレーションの危機や蜂起の試みにおける国防軍の徹底的な活動が証明している[117]。警察による力の権能の歴史は、したがってその象徴と機能において常に存在する軍事的な選択肢を分析的に考慮することがなければ、適切な理解をなすことは決してできないのである[118]。

軍事史は、軍隊の力の権能との関係のなかでとくにそれと結びついている正当性、もしくは偽装された戦略や偽装されたディスクールを分析し、「民間の」社会との関係性の対極として力の暗黙の脅迫があることや、あるいは力の明白な脅迫があることを把握する必要がある。たとえば軍隊の政治史は、軍事的な脅威のシナリオが組織内部で発生したことをあとづけたり、それが政治システムと軍隊の内部構造に組み込まれることに限定されるべきではない。軍事的・政治的な秩序概念の分析は、むしろ概念分析より前に意味上の戦略を始める必要がある。それを用いて国家にとっての中心的な脅威の形やそれに適合した構造がカテゴリー化されることになるだろうし、その結果として軍事的な「手段」のみがこの課題を十分に扱い、解決を約束するように見えるのである[119]。その際に、この行為領域に輪郭を与える「安全保障」や「防衛」のような中心的概念が関係者の平凡な「虚構」であると片づけるのは無意味である[120]。むしろ文化的な背景な根拠や、それが成立した根拠はこの秩序のモデルを解明しなければならない。そこからその概念の内にあるものが正当性と関係し、力の権限を初めて導き出されるものであるはずだからである。それこそ、「国土を守るという精神」の伝統や一九四五年以降に共産主義者が攻撃してくるという脅威のシナリオの転換がなかったとしたら、スイスの「防御を堅持する」自国理解にかかわる民兵の軍隊が引き続いて重要性を持つことを理解することはできない。――軍事化のプロセスは、その背景以前にすでに、平和研究の制度化の要求を「敗北主義と国家反逆罪」として解釈させうるものである[121]。

軍事史は、殺人という文化的に禁じられている潜在的な抑圧から兵士や将校を解放する組織的仕上げを、軍隊内部の組織・コントロール形成の中核要因として理解しながらも、その形態、正当化との関連性、実施方法、獲得した結果、認識される抵抗といったものを記述することになるだろう[122]。その際に、軍隊が個人や集団に強制し、力で押し通すことができただけではなく、同時に成功した社会化のモデルでもあることは、これまで以上に分析的にもっと強く考慮されるべきであろう。戦友という社会的調和としての理念、あるいは将校の「自分の」部隊に対する家父長的な保護はそのような提供物の重要な例であり、文化的な構造や象徴的な実践として軍隊の指揮下にある人間にとって大きな魅力を示しうるものであった[123]。軍隊の内部には、それゆえに組織的仕上げの部門と実施方法が、極端――平和的でも暴力的にでもある――に対する安全性と自由の余地と常に並列して存在している。両方のモデルが独自に結びついて初めて、軍隊の暴力組織としての特徴が形づくられる。それによれば、軍隊の分析にとっては、監獄や精神病施設を例にして発展してきた「全体的装置」概念が現実に適合しうるかどうかは、疑問である。というのは、こうした施設では〔心神喪失による〕禁治産の宣告や身体的なコントロールの範囲は〔軍隊よりも〕さらに大きかったし、自由裁量と肯定的な統合モデルをまったく欠いていたからである[124]。

もちろん陸軍が、とくに一九世紀末から二〇世紀の兵舎に入れられた一般兵役義務の軍隊が、その構造の結合力と社会的領域への影響において比類の無いものであったことは重要である。これを確認することは、組織的な暴力関係の歴史社会学としての軍事史が、現代社会で暴力が到るところに存在するぞとつぶやく呪縛のなかで分析をするところから、さらに距離があることをはっきりさせる。軍事史は、軍隊の特定の力の形態から軍隊の組織モデルに向かう機能の分類や象徴的な分類をむしろ常に前提としている。一九世紀のルール鉱山業の鉱員が「鉱山軍国主義」と言われたことに始まり、ドイツ帝国のカトリック教徒全国大会で自己の姿を公に軍事的なハビトゥスで表現したことや、そして商業の見習い教育での考え方にまでいたるまで、長いリストは民間社会の行為の場でも見られるし、軍部の枠内で発展した組織のモデルや組織のイメージを引き合いに出したのである[125]。これは、外に対しては極めて閉鎖的なものであるのと同時に、おそらく内に対してはさまざまな区分の可能性があった。これは軍隊というモデルが権威主義的に〔構成員を〕操り、コントロールできるあらゆる試みにとって非常に魅力的なものであるだけでなく、内部構造の形成や組織化にとっても、進歩的に理解される社会運動としての役割を果たしうるものである。これについては、こうした社会関係の閉鎖性に基づく理解が、本来は軍隊の力の権能を正当なものと認めない組織化された平和主義者においてさえも多方面で見られるところからとくに証明されよう[126]。

その一方で、「平時」の近代的な軍隊の歴史は、民間人が軍隊の組織原理を身につけ政治的な参加を達成する手段として使うことで、軍隊のもっている特別な力の正当性を獲得しようとする努力の中心として理解されるべきものである。ここで具体的に示される軍隊の規範モデルや組織モデルを考慮して、民間人が投影したもの、意味を付け加えたもの、習得していったモデルの分析は、軍隊と市民社会の関係の第二の極みを示している。これは他の領域にはないような方法論として比較介入が求められている軍事史の一領域であり、そこには、軍隊が持っている力の権能という象徴的・政治的な形態が近代において国民国家の特別な発展の道と密接に結びついていたのであった[127]。もっともこの立場でもドイツ「特有の道」という連続性の主張のなかで習得した形式を用いることが、どんな説明の文脈よりもふさわしいものであり、およそ間違いないのだというドイツの発展につきもののいくばくかの見方があるにすぎない。

市民軍が武器を求める要求は、一八世紀の末から一八四八年の革命にかけて、市民層が試みた文脈のなか、つまり後期絶対主義的、立憲主義的君主国家に対して政治的な**自治**を達成するところにあった[128]。この努力が失敗し、軍隊が唯一の軍事力として拡充され、新しく作られたことは、深刻な階級的緊張が刻みこまれたドイツ帝国の社会で軍隊を、下層階級に属する人々が自己**主張**を行うための表現手段とした。一般兵役義務は、彼らを社会で正当であると認めるひとつの言葉であった。この言葉は、どうやら常に手段にとどまり——たとえばドイツ国防協会の市民的軍国主義者のおよそマニ教的な〔二元主義的〕世界像とは異なり——、イデオロギー上の自己目的にはならなかったようではあるが[129]。政治的参加やまさに選挙権の観点からの国家公民の平等への要求にとってさえ、一般兵役義務のディスクールと実践との結びつきは――ドイツ帝国にとどまらず――特別な意味があったのである[130]。

ヴァイマル共和国の準軍事的団体の暴力文化や、そこから生まれたファシストによる大衆動員は、このようなモデルとおよそ結びついてはいない。むしろヴァイマル共和国の暴力文化は、戦争のトラウマが残っていたなかで自らを**確認**しようとした社会の関心をまとめたものであり、それは疑似宗教の演出のなかで消えさった。これは、記念碑の死者崇拝のなかで無私をつらぬいた犠牲者として大きな意味を与えられ、英雄化することで人々の膨大な死を消し去り、それどころか膨大な死を将来の軍人を動員する手段のモデルとして呼び起こしたのである[131]。ヴィルヘルム時代のいわゆる「心情としての軍国主義」との重要な違いは、「ミリタリスト」の団体の暴力礼賛のイデオロギーと社会的な実践の間に深刻な溝がもはやなく、「鋼鉄」の男たちのまぼろしが集団文化とその社会の行為をなすうえで欠かせない構成要素となっていたことである[132]。こうした関係をすべて理解するためには、軍隊はここで軍事化の主体としての役割を果たしたのではなく、特別な暴力の権能に基づき政治的に意味を付与する対象であり、期待される地位が得られる手段であったという理解が重要である。

組織的な暴力関係を理解する歴史社会学としての軍事史は、戦争という状況を考慮するなかで軍事的行動の中核としての暴力の実践をさらに叙述し、分析するものである。それは、行為者の類型やイデオロギー、構造的前提だけに注意する、抽象的かつ非歴史的＝一般化された動機の研究に限定されない。これは暴力がエスカレーションする形式を考慮する場合でも暴力を拒否する形式でも当てはまる。まさに殺すことから逃れた脱走兵、自傷者、反乱者に関して歴史学上で書かれたものが、ふさわしい道徳的評価をめぐる一部の激しい政治的議論に結論づけられてきたところの方法論上の限界をはじめて部分的に脱することができた。というのは、この論争は常に肯定であれ否定であれ、例外者として認識されてきた個人に焦点を合わせていた。脱走の社会条件や実際の条件、そして軍法会議の判事が犯罪の構造を決定する行為のコンテクストを作る仕事をなすということが、その際に注意の外におかれていた[133]。暴力行為の詳細な記述に関して含意されていたり、明確になっている規則に踏み込むことが、それに続いて一般に試みられるべきであった。この関係においては、暴力のエスカレーションの規則も暴力を制限する規則も確認できるし、とくに双方がともに機能的に結びついていることをも確認できるのである[134]。

この点ではっきりと識別できることは、軍事史が一致した試みをなすにあたりこの方法論的理解に寄与するどのような挑戦がありうるのかである。そこでは作戦史の遅きに失した新しい方向づけ、あるいは新しい設立も、作戦行動の政治＝支配的な次元に認識関心を向けるだけではなく、まさにそこに含意されている力への下地や、軍エリートの専門家としての自己像や行為にも認識関心を向けることに左右されるのである[135]。さらに軍事史は、力の行為を考察するなかで規範をなす技術力や、それと同時に平行して出現した「プロメテウスの墜落」(ギュンター・アンダース)、つまり技術的手段による倫理的な知覚の変化にも、これまで以上にはるかに集中して考慮をはらう必要があるだろう[136]。

力を取り扱う分析方法に関連して、ある類型学が歴史的に見出されてきた力のモデルからの発展を可能にする。これは、力の再生産にとって必要な社会的、文化的、経済的動員にともなう負担や正当化の努力ともかかわる力を生み出す特別な結びつきに着目するものである。力の再生産のプロセスが成り立つところの、社会的な区分モデルと社会的構成にとりわけ注意を払うことになろう[137]。結局のところ、軍事的な力の行使の実践や、その再生産に隣接している軍事史は、社会的に自らの考えを知らしめる独自の場としての軍隊と力の象徴的な表象(Repräsentation)や、創作されたもの(Verdichtung)、文化的なコード化をも分析する視野をもつべきである[138]。その際に、力のイメージは「とくに脅迫的で、強圧的な」ものであり、力からの解放を促進できるものと考えられる[139]。軍事的に組織された力を想像する歴史は、それゆえ特別な注意を必要としている。近年集中的に行われている力を文化的な象徴形態としてとらえる研究は、実際に研究を行っていくところから当面は避けられないにしても、概念的に力が社会的に再生産される諸条件と対極のものとして完全に独立したものになることは許されないのである。

このような傾向は、たとえば第二次世界大戦に関する研究のなかではっきりと認識できる。ここでは象徴形態の分析が部分的に民間と軍隊の社会構造の叙述と並列しており結びついていない。重要な例外が、オマー・バートフの国防軍に関する研究である。というのもこの研究では、生きていく状況での「近代的ではないもの」と、東部戦線での第一次集団の破滅、国防軍とナチのプロパガンダの決定的な解釈モデルにとっての兵士の感受性との間にある分析的なつながりを確立することをまさに試みている[140]。さらに別の例を示すならば、ふたつの世界大戦で多くの兵士が野戦郵便で妻や家族に故郷に戻るという懇願を続けていたことを、主体的なアイデンティティ構築として分析したことは確かに適切であった。それは極めて強い意味をもった塹壕戦の世界以上に調和的な理想像や対抗像を請うべきものであったためである[141]。しかしそのような解釈は、内容を細分化していくと、兵士が前線と場合によっては故郷においてさえ組み込まれていた、社会的な文脈と野戦郵便の意味上の分析を仲介しない限り不完全なままである。この場合考慮されるのが、二つの世界大戦で農民出身の兵士が故郷への一時休暇や他の状況で優遇されていたことであり、「兵士が頭のなかで」作り出したものを定期的に裏づけることができ、それと結びついた生きている物語によってアイデンティティ作りを続けていく特別な機会があったことである。遅くとも兵士が帰郷した後に、ただ自分で作り出したものとしての「故郷」と、戦争から離れた正常性のしるしとして社会的に繰り返し再生産された「故郷」との間の不一致は、まさに現実の実践や行為の帰結のなかであきらかとなったのである。これはとりわけ民間社会のさまざまな力の準備のなかに示されており、ここには帰郷の際に遅くとも「疎外」を感じた市民階層出身の若い兵士や最前線の将校と、農民の間に著しい違いがあった[142]。

ここでスケッチされた方法論上の展望が体系的に発展していくことによって、軍事史はおそらく構想上の「概念努力」のあゆみのなかで、軍隊という暴力組織が支えられ、再生される社会的、経済的関係に対する道徳＝政治的な脱正当化や、シンボルの解読、脱構築に貢献できる存在に発展することができるだろう[143]。そのような軍事史には、この本に代表されている試みのすべてが等しく寄与できる。その際、軍隊を方法論としてさまざまな観点や現象形態のなかでとらえ、決定的、分析的に理解できる形のなかでまさしく見いだされる、所与の対象として想定しないということがとくに必要である。それに代わって、軍隊がその構造の特定の事実性と、その行為と力の権能の正当性のなかで存在できるということに配慮し、常にこのプロセスを視野に入れておくことが重要である。とりわけ軍隊を構築し、軍隊によって構成されてきた諸関係を研究する道においては、これまでジェンダー史、文化史、技術史の試みが最も先に進んでいる。このようなやり方で、将来おそらく、歴史的平和研究に寄与する――これはさまざまな観点のなかで、歴史学内で軍事史が学問分野として認められるのかという問題よりもはるかに重要である――軍事史が生じるかもしれない。しかしこの目的は反軍国主義や、平和の政治的な価値を述べる月並みな誓いによってすでに行われていると理解されるべきではなく、むしろ「軍」という対象の複合性を持続的にとらえようとする要請として理解されるべきものなのである。

1 Michael Hepp/Victor Otto (Hrsg.), „Soldaten sind Mörder“. Dokumentation einer Debatte, Berlin 1995; Dieter Knippschild, Deserteure im Zweiten Weltkrieg: Der Stand der Debatte, in: Ulrich Bröckling/Michael Sikora (Hrsg.), Armeen und ihre Deserteure. Vernachlässigte Kapitel einer Militärgeschichte der Neuzeit, Göttingen 1998, S. 222-252 のみを参照。一般的なものとして、Thomas Kühne, Der Soldat, in: Ute Frevert/Heinz-Gerhard Haupt (Hrsg.), Der Mensch des 20. Jahrhunderts, Frankfurt/New York 1999, S. 344-371. 本書のテーマに関する編者の新しい業績としては：Thomas Kühne, The Rise and Fall of Comradeship: Hitler's Soldiers, Male Bonding and Mass Violence in the 20th Century, Cambridge: Cambridge University Press, 2017; Thomas Kühne, Belonging and Genocide. Hitler's Community, 1918-1945, New Haven: Yale University Press, 2010; Thomas Kühne (ed.), Männergeschichte - Geschlechtergeschichte. Männlichkeit im Wandel der Moderne [Men's History—Gender History: Masculinities in Modern History], Frankfurt/New York: Campus, 1996（トー

マス・キューネ編、星乃治彦訳『男の歴史―市民社会と「男らしさ」の神話』柏書房、一九九七年); Benjamin Ziemann, Contested Commemorations. Republican War Veterans and Weimar Political Culture, Cambridge: Cambridge University Press 2013; Benjamin Ziemann, Violence and the German Soldier in the Great War. Killing, Dying, Surviving, London: Bloomsbury, 2017. この導入における文献指示は例を示すものだけである。

2 たとえば、Herfried Münkler, Gewalt und Ordnung. Das Bild des Krieges im politischen Denken, Frankfurt/M. 1992, S. 10を参照。

3 これに関して多くの証拠の代わりに以下の刺激的長文エッセイを参照。Cora Stephan, Das Handwerk des Krieges, Reinbek 1998.

4 Newsletter AKM, Nr. 1 (1995) – Nr. 10 (1999).

5 ボーフム会議のディスカッションに関する会議報告を参照。Klaus Latzel, in: Newsletter AKM 8 (1998), S. 49-56; Thomas Kühne/Benjamin Ziemann, in: MGM 57 (1998), 631-639.

6 Omer Bartov, Wem gehört die Geschichte? Wehrmacht und Geschichtswissenschaft, in: Hannes Heer/Klaus Naumann (Hrsg.), Vernichtungskrieg. Verbrechen der Wehrmacht 1941-1944, Hamburg 1995, S. 601-619, auch zum Folgenden, hier S. 601.

7 Manfred Messerschmidt, der langjährige leitende Historiker des MGFA, in einer bei Ulrich Raulff, Bewegliche Zonen. Schriftsteller, Historiker und die Geschichte der Gegenwart, in: Frankfurter Allgemeine Zeitung vom 26. April 1999, S. 49, zitierten Äußerung.

8 これに関しては、本書のヴィルヘルム・ダイスト、ヴォルフラム・ヴェッテ、ベルント・ヴェーグナーの論文、加えてWilhelm Deist, Hans Delbrück. Militärhistoriker und Publizist, in: MGM 57 (1998), S. 371-384.

9 本書のヨスト・デュルファーの論文を参照。

10 これに関しては導入以下。

11 これに関しては、本書のヴォルフラム・ヴェッテの論文を参照。

12 これに関しては、本書のヴォルフラム・ヴェッテおよびユルゲン・アンゲロウの論文を参照。

13 並びに、以下を参照のこと。Peter Paret, The History of War and the New Military History, in: ders., Understanding War. Essays on Clausewitz and the History of Military Power, Princeton 1992, S. 209-226, und John Whiteclay Chambers II, The New Military History: Myth and Reality, in: The Journal of Military History 55 (1991), S. 395-406, 本書のデニス・

E・ショウォルター論文を参照。

14　いずれにせよ戦争と平和の歴史に関する大部の、一般的な古典は、現在に至るまでほとんど例外なくアングロサクソン圏やフランスの著者によるものであり、その大部分はドイツ語に翻訳されているとはいっても、いずれにせよほとんどドイツの著者によるものではない。たとえば、Raymond Aron, Frieden und Krieg. Eine Theorie der Staatenwelt, Frankfurt/M. 1986; Gordon A. Craig/Alexander L. George, Zwischen Krieg und Frieden. Konfliktlösung in Geschichte und Gegenwart, München 1984; William McNeill, Krieg und Macht. Militär, Wirtschaft und Gesellschaft vom Altertum bis heute, München 1984; John Keegan, Die Kultur des Krieges, Berlin 1993を参照。なおも堅実な概観である Karl-Volker Neugebauer (Hrsg.), Grundzüge der deutschen Militärgeschichte, Bd. 1: Historischer Überblick, Bd. 2: Arbeits- und Quellenbuch, Freiburg 1993 のようなドイツ軍事史に関する概観的叙述は、独占的にMGFAのなかで生みだされており、「軍事史の授業」のための「教本」として推薦されている。Bd. I, S. 10.「新歴史学辞典」ないし「ドイツ史エンサイクロペディア」のような近世史についての事項が体系的に区分された複数巻のハンドブックでは、近代史研究のすべての部分領域が代表されているが、軍隊と戦争の歴史は含まれていない。これは最近の代表的な概説である Hans-Jürgen Goertz (Hrsg.), Geschichte. Ein Grundkurs, Reinbek 1998, でも、軍事史に関する論考が含まれていないことにもあらわれている。これに対しては、Gerd Krumeich, Militärgeschichte für eine zivile Gesellschaft, in: Christoph Cornelißen (Hrsg.), Geschichtswissenschaften. Eine Einführung, Frankfurt/M. 2000, S. 178-193 を参照。

15　Rainer Wohlfeil, Militärgeschichte. Zu Geschichte und Problemen einer Disziplin der Geschichtswissenschaft (1952-1967), in: MGM 52 (1993), S. 323-344, また以下を引用、S. 329. この論文では、軍事史の概念に関するより古い論文も紹介されている。概念史と研究発展の詳細については、Reinhard Brühl, Militärgeschichte und Kriegspolitik. Zur Militärgeschichtsschreibung des preußischdeutschen Generalstabes 1816-1945, Berlin 1973.

16　Ebd. S. 330.

17　Rainer Wohlfeil, Wehr-, Kriegs- oder Militärgeschichte?, in: MGM 1 (1967), S. 21-29, S. 28 f.; gl. Zielsetzung und Methode der Militärgeschichtsschreibung, in: MGFA (Hrsg.), Militärgeschichte.Probleme – Thesen – Wege, Stuttgart 1982, S. 48-59, S. 54.

18　Manfred Messerschmidt, Die Wehrmacht im NS-Staat. Zeit der Indoktrination, Hamburg 1969.

19　Ursula von Gersdorff, Frauen im Kriegsdienst. 1914-1945, Stuttgart 1969.

20　Wolfram Wette, Friedensforschung, Militärgeschichtsforschung, Geschichtswissenschaft.Aspekte einer Kooperation, in:

Manfred Funke (Hrsg.), Friedensforschung – Entscheidungshilfe egen Gewalt, Bonn 1975, S. 133-166.

21 Gerald D. Feldman, Armee, Industrie und Arbeiterschaft in Deutschland 1914 bis 1918, Berlin/Bonn 1985 (zuerst amerikanisch 1966); Jürgen Kocka, Klassengesellschaft im Krieg. Deutsche Sozialgeschichte 1914-1918, 2. Aufl., Göttingen 1978 (zuerst 1973). フェルトマンとコッカは、その際世界大戦の社会的、経済的結果に関してカーネギー財団がイニシアチブをとったプロジェクトで一九二〇年代になしとげた、たくさんのモノグラフィーのなかにあった包括的な過去の研究の系譜に自らを位置づけることができた。このプロジェクトはさらに一九一一年以来既に計画され、ついで一九一四年に新たな現実に適応したものとなった。社会政策、食糧経済、犯罪、神学、そしてそのほかの多くとかかわった体系的な学問分野で、過去の世紀の総力戦についての研究がすでに第一次世界大戦以前に始まっていた。Gunther Mai, Kriegswirtschaft und Arbeiterbewegung in Württemberg 1914-1918, Stuttgart 1983, S. 13-25を参照。

22 Eric J. Leed, No Man's Land. Combat and Identity in World War I, Cambridge 1979; Tony Ashworth, Trench Warfare 1914-1918. The Live and Let Live System, London 1980; Paul Fussell, The Great War and Modern Memory, 2. Aufl. London/Oxford/New York 1977. Vgl. Gerd Krumeich, Kriegsgeschichte im Wandel, in: Gerhard Hirschfeld/ Gerd Krumeich/Irina Renz (Hrsg.), Keiner fühlt sich hier mehr als Mensch ... Erlebnis und Wirkung des Ersten Weltkriegs, Essen 1993, S. 11-24.

23 成果としては、Alf Lüdtke (Hrsg.), Alltagsgeschichte. Zur Rekonstruktion historischer Erfahrungen und Lebensweisen, Frankfurt/New York 1989, sowie Winfried Schulze (Hrsg.), Sozialgeschichte, Alltagsgeschichte, Mikro-Historie. Eine Diskussion, Göttingen 1994を参照。

24 Ute Daniel, Clio unter Kulturschock. Zu den aktuellen Debatten der Geschichtswissenschaft, in: GWU 48 (1997), S. 195-218, 259-278. Thomas Mergel/Thomas Welskopp (Hrsg.), Geschichte zwischen Kultur und Gesellschaft. Beiträge zur Theoriedebatte, München 1997. 詳しくは、本書のアンネ・リップの章を参照。

25 ドイツでの最初の研究総括：Wolfram Wette, Militärgeschichte von unten. Die Perspektive des „kleinen Mannes", in: Wolfram Wette (Hrsg.), Der Krieg des kleinen Mannes. Eine Militärgeschichte von unten, München 1992, S. 9-47.

26 Bernd Ulrich, „Militärgeschichte von unten". Anmerkungen zu ihrem Ursprüngen, Quellen und Perspektiven im 20. Jahrhundert, in: GG 22 (1996), S. 473-503.

27 Peter Knoch, Feldpost – eine unentdeckte Quellengattung, in: Geschichtsdidaktik 11 (1986), S. 154-171; ders. (Hrsg.), Kriegsalltag. Die Rekonstruktion des Kriegsalltags als Aufgabe der historischen Forschung und der Friedenserziehung,

Stuttgart 1989. Vgl. jetzt Detlef Vogel/ Wolfram Wette (Hrsg.), Andere Helme – andere Menschen? Heimaterfahrung und Frontalltag im Zweiten Weltkrieg. Ein internationaler Vergleich, Essen 1995.

28　Albrecht Lehmann, Erzählstruktur und Lebenslauf. Autobiographische Untersuchungen, Frankfurt/New York 1983; Hans Joachim Schröder, Die Vergegenwärtigung des Zweiten Weltkriegs in biographischen Interviewerzählungen, in: MGM 49 (1991), Heft 1, S. 9-37; ders., Kasernenzeit. Arbeiter erzählen von der Militärausbildung im Dritten Reich, Frankfurt/New York 1985; ders., Die gestohlenen Jahre. Erzählgeschichten und Geschichtserzählung: Der Zweite Weltkrieg aus der Sicht ehemaliger Mannschaftssoldaten, Tübingen 1992; vgl. 記憶心理学の文脈に関して、Jay Winter/ Emmanuel Sivan, Setting the framework, in: dies. (Hrsg.), War and Remembrance in the Twentieth Century, Cambridge 1998, S. 6-39, S. 11 ff.

29　とくにLutz Niethammer, Fragen – Antworten – Fragen. Methodische Erfahrungen und Erwägungen zur Oral History, in: Lutz Niethammer/Alexander von Plato (Hrsg.), „Wir kriegen jetzt andere Zeiten“. Auf der Suche nach der Erfahrung des Volkes in nachfaschistischen Ländern (Lebensgeschichte und Sozialkultur im Ruhrgebiet 1930 bis 1960, Bd.3), Berlin/ Bonn 1985, S. 392-445, sowie die Einleitung in: Martin Broszat/Klaus-Dietmar Henke/Hans Woller (Hrsg.), Von Stalingrad zur Währungsreform. Zur Sozialgeschichte des Umbruchs in Deutschland, 3. Aufl. München 1990, S. XXV-XLIXを参照。

30　日常史の試みの最初期の論文としては以下がある。Volker Ullrich, Die Hamburger Arbeiterbewegung vom Vorabend des Ersten Weltkrieges bis zur Revolution 1918/19, Phil. Diss. Hamburg 1976 bzw. ders., Kriegsalltag. Hamburg im 1. Weltkrieg, Köln 1982.

31　Bilanzen: Karin Hausen/Heide Wunder (Hrsg.), Frauengeschichte – Geschlechtergeschichte, Fankfurt/New York 1992; Hanna Schissler (Hrsg.), Geschlechterverhältnisse im historischen andel, Frankfurt/New York 1993

32　ドイツにとって指標となるのは、Ute Daniel, Arbeiterfrauen in der Kriegsgesellschaft. Beruf, Familie und Politik im Ersten Weltkrieg, Göttingen 1989. Grundlegender Sammelband: Margaret Randolph Higonnet u.a. (Hrsg.), Behind the Lines. Gender and the Two World Wars, New Haven/London 1987; 今とくにKaren Hagemann/Ralf Pröve (Hrsg.), Landsknechte,Soldatenfrauen und Nationalkrieger. Militär, Krieg und Geschlechterordnung im historischen Wandel, Frankfurt/New York 1998を参照。

33　Thomas Kühne (Hrsg.), Männergeschichte – Geschlechtergeschichte. Männlichkeit im Wandel der Moderne, Frankfurt/ New York 1996.

34 このすべての問題に関する詳細については本書のクリスタ・ヘメルレの論文を参照。

35 これについては、本書のベルンハルト・R・クレーナーの論文。

36 これに関しては Thomas Kühne, Der nationalsozialistische Vernichtungskrieg und die „ganz normalen“ Deutschen. Forschungsprobleme und Forschungstendenzen der Gesellschaftsgeschichte des Zweiten Weltkriegs. Erster Teil, in: AfS 39 (1999), S. 580-662. Zweiter Teil ebd. 40 (2000), (im Druck) の研究報告を参照。

37 Gerhard Hirschfeld u.a. (Hrsg.), Kriegserfahrungen. Studien zur Sozial- und Mentalitätsgeschichte des Ersten Weltkrieges, Essen 1997 を参照。

38 GG 22 (1996), Heft 4, hrsg. v. Dieter Langewiesche を参照。

39 この研究グループの会議に由来する論文集は：Ute Frevert (Hrsg.), Militär und Gesellschaft im 19. und 20. Jahrhundert, Stuttgart 1997; Hans Mommsen (Hrsg.), Der Große Krieg und die Nachkriegsordnung: Politischer und kultureller Wandel in Europa 1914-1924 (im Druck). を参照。

40 ＳＦＢ〔訳注：Sonderforschungsbereich（特別研究領域）〕「戦争経験　近世の戦争と社会」は、一九九九年初めにチュービンゲン大学で設立された。

41 MGFA, Militärgeschichte.

42 こうした形態については Peter Borowsky/Barbara Vogel/Heide Wunder, Einführung in die Geschichtswissenschaft I: Grundprobleme, Arbeitsorganisation, Hilfsmittel (5. Aufl.), Opladen 1989, S. 157-160 を参照。

43 Bartov, Geschichtswissenschaft, S. 607 ff を参照。

44 Martin Humburg, Das Gesicht des Krieges. Feldpostbriefe von Wehrmachtssoldaten aus der Sowjetunion 1941-1944, Opladen. Wiesbaden 1998; Klaus Latzel, Deutsche Soldaten-nationalsozialistischer Krieg? Kriegserlebnis-Kriegserfahrung 1939-1945, Paderborn 1998 (Krieg in der Geschichte, Bd. 1); Christa Hämmerle, „...wirf ihnen alles hin und schau, daß du fort kommst.“ Die Feldpost eines Paares in der Geschlechter(un)ordnung des Ersten Weltkrieges,in: Historische Anthropologie 6 (1998), S. 431-458.

45 問題提起型の導入としては、Kathleen Canning, Feminist History after the Linguistic Turn: Historizing Discourse and Experience, in: Signs 19 (1994), S. 368-404; Peter Schöttler, Wer hat Angst vor dem linguistic turn?, in: GG 23 (1997), S. 134-151 を参照。

46 本書のアンネ・リップ（Anne Lipp）の論文を参照。

47　経済史の困難な状況については、本書のステファニー・ヴァン・デ・ケルクホーフの論文を参照。

48　Samuel A. Stouffer u.a., The American Soldier. Studies in Social Psychology in World War II, 4 Bde., Princeton 1949/50. Als historischer Abriß: Klaus Roghmann/Rolf Ziegler, Militärsoziologie, in: Handbuch der Empirischen Sozialforschung, Bd. 9, Stuttgart 1977, S. 142-227; Lippert, Ekkehart/Günther Wachtler, Militärsoziologie – eine Soziologie „nur für den Dienstgebrauch"?, in: Ulrich Beck (Hrsg.), Soziologie und Praxis, Göttingen 1982, S. 335-355. Ekkehart Lippert, Verzögerte Aufklärung. Zur jämmerlichen Lage der deutschen Militärsoziologie, in: Mittelweg 36 4 (1995), H. 3, S. 18-31.

49　比較的十分吟味された評価については、Thomas Mergel, Geht es weiter voran? Die Modernisierungstheorie auf dem Weg zu einer Theorie der Moderne, in: ders./Welskopp, Geschichte, S. 203-232を参照。

50　Hans Joas, Die Modernität des Krieges. Die Modernisierungstheorie und das Problem der Gewalt, in: Leviathan 24 (1996), S. 13-27; Wolfgang Knöbl/Gunnar Schmidt, Einleitung: Warum brauchen wir eine Soziologie des Krieges?, in: dies. (Hrsg.), Die Gegenwart des Krieges. Staatliche Gewalt in der Moderne, Frankfurt/M. 2000, S. 7-22; Martin Shaw, Ideen über Krieg und Militarisierung in der Gesellschaftstheorie des späten zwanzigsten Jahrhunderts, in: Hans Joas/Helmut Steiner (Hrsg.), Machtpolitischer Realismus und pazifistische Utopie. Krieg und Frieden in der Geschichte der Sozialwissenschaften, Frankfurt/M.1987, S. 283-308を参照。

51　Norbert Elias, Über sich selbst, Frankfurt/M. 1990, S. 32 ff., 132; ders., Studien über die Deutschen. Machtkämpfe und Habitusentwicklung im 19. und 20. Jahrhundert, Frankfurt/M. 1989（ノルベルト・エリアス、ミヒャエル・シュレーター編、青木隆嘉訳『ドイツ人論―文明化と暴力』法政大学出版局、一九九六年）；vgl. zur Einordnung Martin Dinges, Gewalt und Zivilisationsprozeß, in: Traverse 2 (1995), Heft 1, S. 70-82.

52　歴史的展望のこの問題設定の転換の革新的試みとしてUlrich Bröckling, Disziplin. Soziologie und Geschichte militärischer Gehorsamsproduktion, München 1997; Hans-Ulrich Wehler, Michel Foucault, in: ders., Die Herausforderung der Kulturgeschichte, München 1998, S. 45-95を参照。引き続き留保がなされている例としては、加えてMartin Dinges, Michel Foucault und die Historiker – ein Gespräch, in: ÖZG 4 (1993), S. 620-641を参照。

53　たとえば、Zygmunt Bauman, Dialektik der Ordnung. Die Moderne und der Holocaust, Hamburg 1992 (zuerst engl. 1989)（ジークムント・バウマン、森田典正訳『近代とホロコースト』大月書店、二〇〇六年）；Wolfgang Sofsky, Die Ordnung des Terrors: Das Konzentrationslager, Frankfurt/M. 1993; ders., Traktat über die Gewalt, Frankfurt/M. 1996; zusammenfassende Diskussion: Mihran Dabag/Kristin Platt (Hrsg.), Strukturen kollektiver Gewalt im 20. Jahrhundert,

Opladen1998; als knapper, konziser Aufriß: Stefan Kaufmann: Der neue Blick der Soziologie auf Gewalt, Militär und Krieg, in: Newsletter AKM 7 (1998), S. 9-12 を参照。

54 カウフマン、リップ、ヘメルレの論文を参照。

55 アメリカの文脈でのまとまりのない理論志向の結果を思い切って叙述しているものとして、John A. Lynn, The Embattled Future of Academic Military History, in: Journal of Military History 61 (1997), S. 777-789.

56 Ulrich Bröckling, Am Ende der großen Kriegserzählungen? Zur Genealogie der humanitären Intervention, in: Ästhetik & Kommunikation 30 (1999), Heft 107, S. 95-101 も参照。

57 第二次世界大戦後すぐに国内外で、長い連続性の線が引かれることとなったが、それは一八七〇／七一年のドイツ帝国の創設以降の時期に集中する中で退いた。以下を参照。Gordon A. Craig, The Politics of the Prussian Army 1640-1945, Oxford 1955; Otto Büsch, Militärsystem und Sozialleben im alten Preußen 1713- 1807. Die Anfänge der sozialen Militarisierung der preußisch-deutschen Gesellschaft, Berlin 1962; 加えて、本書のベルンハルト・フォン・クレーナーの論文を参照。

58 とくに、Hans-Ulrich Wehler, Deutsche Gesellschaftsgeschichte, Bd. 3: 1848/49-1914, München 1995, S. 880-885, 1125-1129; ferner: Emilio Willems, Der preußisch-deutsche Militarismus. Ein Kulturkomplex im sozialen Wandel, Köln 1984; Ingomar Klein/Wolfgang Triebel, „Helm ab zum Gebet". Militarismus und Militarisierung – ein deutsches Schicksal?, Berlin 1998; Wolfram Wette, Für eine Belebung der Militarismusforschung, in: ders. (Hrsg.), Militarismus in Deutschland 1871 bis 1945. Zeitgenössische Analysen und Kritik, Münster 1999, S. 13-37 を参照。

59 とくに、Werner Conze/Michael Geyer/Reinhard Stumpf, Militarismus, in: Otto Brunner/Werner Conze/Reinhart Koselleck (Hrsg.), Geschichtliche Grundbegriffe, Bd. 4, Stuttgart 1978, S. 1-47 を参照。よく引用されるテキストではあるが、その射程の広い示唆はこれまで適切に考慮されたことはどこでもなかった。たとえば、Detlef Vogel, Militarismus – unzeitgemäßer Begriff oder modernes historisches Hilfsmittel, in: MGM 39 (1986), S. 9-35.

60 「帝国主義」でさえ、外部の名称がただ概念史の一部をなしているにすぎない。Jörg Fisch/Dieter Groh/Rudolf Walther, Imperialismus, in: Brunner/Conze/Koselleck, Grundbegriffe, Bd. 3, Stuttgart 1982, S. 171-236.

61 Benjamin Ziemann, Der „Hauptmann von Köpenick" – Symbol für den Sozialmilitarismus im wilhelminischen Deutschland?, in: Vilém Prečan unter Mitarbeit von Milena Janišová und Matthias Roeser (Hrsg.), Grenzüberschreitungen oder der Vermittler Bedrich Loewenstein. Festschrift zum 70. Geburtstag eines europäischen Historikers, Prag/Brünn 1999, S. 252-264 を参照。

62 初期のドイツの自己批判として、Friedrich Meinecke, Die deutsche Katastrophe, Wiesbaden 1946（マイネッケ、矢田俊隆訳『ドイツの悲劇』中央公論社、一九七四年）、このテキストは、マイネッケの方法論上の位置を無視した奇妙な形で、繰り返し軍国主義論の文脈のなかで賛同するように引用されている。たとえば、Wehler, Gesellschaftsgeschichte, Bd. 3, S. 885を参照。

63 Wehler, Gesellschaftsgeschichte, Bd. 3, S. 1080 f., 1250-1299, bes. S. 1285 f., 1290; Jürgen Kocka Nach dem Ende des Sonderwegs. Zur Tragfähigkeit eines Konzepts, in: Arndt Bauerkämper/Martin Sabrow/Bernd Stöver (Hrsg.), Doppelte Zeitgeschichte. Deutsch-deutsche Beziehungen 1945-1990, Bonn 1998, S. 364-375, S. 370.

64 Stig Förster, Militär und Militarismus im Deutschen Kaiserreich – Versuch einer differenzierten Betrachtung, in: Wette, Militarismus, S. 63-80, hier S. 67; vgl. ders., Der doppelte Militarismus. Die deutsche Heeresrüstungspolitik zwischen Status-Quo-Sicherung und Aggression 1890-1913, Wiesbaden 1985.

65 Robert von Friedeburg, Klassen-, Geschlechter- oder Nationalidentität? Handwerker und Tagelöhner in den Kriegervereinen der neupreußischen Provinz Hessen-Nassau 1890-1914, in: Frevert, Militär, S. 229-244; Jakob Vogel, Nationen im Gleichschritt. Der Kult der ‚Nation in Waffen' in Deutschland und Frankreich 1871-1914, Göttingen 1997; ders., Der ‚Folkloremilitarismus' und seine zeitgenössische Kritik – Deutschland und Frankreich 1871-1914, in: Wette, Militarismus, S. 277-292; Christoph Jahr, British Prussianism – Überlegungen zu einem europäischen Militarismus im 19. und frühen 20. Jahrhundert, in: ebd., S. 293-309.

66 注五八を参照。

67 ここでの階級理論の例としては、Pierre Bourdieu, Sozialer Raum und ‚Klassen', in: ders., Sozialer Raum und ‚Klassen'. Leçon sur la leçon. Zwei Vorlesungen, Frankfurt/M. 1985, S. 9-46; ders., Die feinen Unterschiede. Kritik der gesellschaftlichen Urteilskraft, Frankfurt/M. 1987, bes. S. 171 ffの論述を参照。

68 「構造的」社会構成の「現実性」の相違として、Hartmut Kaelble, Les divergences entre les sociétés française et allemande, 1880-1930, in: Le Mouvement Social 185 (1998), S. 11-22, hier S. 16 f. は、フランスとプロイセンの軍国主義の間の相違を理解しているが、そこではさまざまなコミュニケーションに結びつく観察が内容的に問題となる。

69 たとえば、Lothar Wieland, Als Gegner des Militarismus in der praktischen Politik – der Sozialdemokrat Heinrich Strobel, in: Wette, Militarismus, S. 255-274; Helmut Donat, Rüstungsexperte und Pazifist – Der ehemalige Reichswehroffizier Carl Mertens (1902-1932), in: Wolfram Wette unter Mitwirkung von Helmut Donat (Hrsg.), Pazifistische Offiziere in

Deutschland 1871-1933, Bremen 1999, S. 247-271; Lothar Wieland, Wahrheit in der Kriegsschuldfrage und „geistige" Revolution 1918/1919 – Hauptmann im Generalstab Hans-Georg von Beerfelde (1877-1960), in: ebd., S. 147-167を参照。

70 たとえば、Konrad Köstlin, Krieg als Reise, in: Margit Berwing/Konrad Köstlin (Hrsg.), Reisefieber, Regensburg 1984, S. 100-114; ders., Erzählen vom Krieg – Krieg als Reise II, in: BIOS 2 (1989), Heft 2, S. 173-182を参照。その他一般的なものとして以下。Kühne, Soldat, S. 357 ff.

71 Klaus Horn, Dossier: Die insgeheime Lust am Krieg, den keiner ernsthaft wollen kann. Aspekte einer Soziopsychodynamik phantastischer Beziehungen zur Gewalt, in: Klaus Horn/Eva Senghaas-Knobloch (Hrsg.), Friedensbewegung – Persönliches und Politisches, Frankfurt/M. 1983, S. 268-339. Vgl. Stavros Mentzos, Der Krieg und seine psychosozialen Funktionen, Frankfurt/M. 1993.

72 以下を参照。Lehmann, Erzählstruktur, S. 120-146を典拠。

73 Gerd Schmückle, Krieger, Wehrmann, Söldner, Partisan, in: Die Zeit Nr. 8 vom 17. Februar 1995, S. 56.

74 Kühne, Soldat, S. 361-364. 犠牲の神話の伝統と顕在化については、たとえばGeorg Baudler, Töten oder Lieben. Gewalt und Gewaltlosigkeit in Religion und Christentum, München 1994; René Girard, Das Heilige und die Gewalt, Frankfurt 1992; Hildegard Cancik- Lindemaier, Opfer. Religionswissenschaftliche Bemerkungen zur Nutzbarkeit eines religiösen Ausdrucks, in: Hans-Joachim Althaus u.a. (Hrsg.), Der Krieg in den Köpfen. Beiträge zum Tübinger Friedenskongreß „Krieg Kultur – Wissenschaft", Tübingen 1988, S. 109-120; Barbara Ehrenreich, Blutrituale. Ursprung und Geschichte der Lust am Krieg, München 1997; George L. Mosse, Gefallen für das Vaterland. Nationales Heldentum und namenloses Sterben, Stuttgart 1993（ジョージ・L・モッセ、宮武実知子訳『英霊―創られた世界大戦の記憶』柏書房、二〇〇二年）; Reinhart Koselleck/Michael Jeismann (Hrsg.), Der politische Totenkult. Kriegerdenkmäler in der Moderne, München 1994; Sabine Behrenbeck, Heldenkult und Opfermythos. Mechanismen der Kriegsbegeisterung 1918-1945, in: Marcel van der Linden/Gottfried Mergener (Hrsg.), Kriegsbegeisterung und mentale Kriegsvorbereitung. Interdisziplinäre Studien, Berlin 1991, S. 143-159; Jürgen Habermas, Täter und Opfer. Über den falschen Gebrauch eines richtigen Arguments, in: Vorgänge 84 (1986), S. 79-81を参照。

75 Heinrich Popitz, Phänomene der Macht, Tübingen 1986, S. 78 ff. Elias Canetti, Masse und Macht, Hamburg 1964, S. 259 ffを参照。

76 加えて内容及び方法論上の革新的研究を参照。Leonard V. Smith, Between Mutiny and Obedience. The Case of the

French 5th Infantry Division during World War I, Princeton 1994.

77 Michael Geyer, Eine Kriegsgeschichte, die vom Tod spricht, in: Thomas Lindenberger/ Alf Lüdtke (Hrsg.), Physische Gewalt. Studien zur Geschichte der Neuzeit, Frankfurt/M. 1995, S. 136-162, S. 137を引用。

78 Ernst Jünger, Der Kampf als inneres Erlebnis, Berlin 1922, S. 9.

79 Kühne, Soldat, S. 362. Heer/Naumann, Vernichtungskrieg を参照。

80 要約されているのは、Aleida Assmann/Ute Frevert, Geschichtsvergessenheit -Geschichtsversessenheit. Vom Umgang mit deutschen Vergangenheiten nach 1945, Stuttgart 1999, S. 158 ff. 異なる視点に光を与えるのは：Omer Bartov, Hitlers Wehrmacht. Soldaten, Fanatismus und die Brutalisierung des Krieges, Reinbek 1995, S. 267 ff.; James M. Diehl, The Thanks of the Fatherland. German Veterans after the Second World War, Chapel Hill/London 1993; Traugott Wulfhorst, Soziale Entschädigung – Politik und Gesellschaft. Rechtssoziologisches zur Versorgung der Kriegs-, Wehr- und Zivildienst-, Impfschadens- und Gewalttaten-Opfer Baden-Baden 1994; Robert G. Moeller, War Stories: The Search for a Usable Past in the Federal Republic of Germany, in: AHR 101 (1996), S. 1008-1048; Elizabeth Heinemann, The Hour of the Woman: Memories of Germany's „Crisis Years" and West German Identity, in: AHR 101 (1996), S. 354-395; Michael Kumpfmüller, Die Schlacht um Stalingrad. Metamorphosen eines deutschen Mythos, München 1995; Peter Reichel, Politik mit der Erinnerung. Gedächtnisorte im Streit um die nationalsozialistische Vergangenheit, München 1995; Klaus Naumann, Der Krieg als Text. Das Jahr 1945 im kulturellen Gedächtnis der Presse, Hamburg 1998; そして以下 Kühne, Vernichtungskrieg II, passim を参照。

81 加えて、Thomas Kühne, Die Viktimisierungsfalle. Wehrmachtverbrechen, Geschichtswissenschaft und symbolische Ordnung des Militärs, in: Michael Th. Greven/Oliver von Wrochem (Hrsg.), Der Krieg in der Nachkriegszeit. Der Zweite Weltkrieg in Politik und Gesellschaft der Bundesrepublik, Opladen 2000, S. 183-196.

82 この点で批判もある Bartov, Geschichtswissenschaft, S. 610 ff.

83 Jürgen Förster, Das Unternehmen „Barbarossa" – eine historische Ortsbestimmung, in: Horst Boog u.a., Der Angriff auf die Sowjetunion, Stuttgart 1983 (=DRZW, Bd. IV), S. 1079-1088, hier S. 1080.

84 Wilhelm Keitel, Mein Leben. Pflichterfüllung bis zum Untergang. Hitlers Generalfeldmarschall und Chef des Oberkommandos der Wehrmacht in Selbstzeugnissen. Hrsg. v. Werner Maser, Berlin 1998, S. 211.

85 Samuel W. Mitchum, Generalfeldmarschall Wilhelm Keitel, in: Gerd R. Ueberschär (Hrsg.), Hitlers militärische Elite, Bd.

1: Von den Anfängen des Regimes bis Kriegsbeginn, Darmstadt 1998, S. 112-120, hier S. 114-116 u. 118. 主旨において類似しているのは、 Gene Mueller, Wilhelm Keitel – Der gehorsame Soldat, in: Ronald Smelser/Enrico Syring (Hrsg.), Die Militärelite des Dritten Reichs. 27 biographische Skizzen, Berlin 1995, S. 251-269.

86 Eric T. Dean, The Myth of the Troubled and Scorned Vietnam Veteran, in: Journal of American Studies 26 (1992), S. 59-74; vgl. ders., Shook Over Hell: Post-Traumatic Stress, Vietnam, and the Civil War, Cambridge/Mass. 1997.

87 脱走兵研究の批判的視点については Benjamin Ziemann, Fluchten aus dem Konsens zum Durchhalten. Ergebnisse, Probleme und Perspektiven der Erforschung soldatischer Verweigerungsformen in der Wehrmacht 1939-1945, in: Rolf-Dieter Müller/Hans-Erich Volkmann (Hrsg.), Die Wehrmacht. Mythos und Realität, München 1999, S. 589-613, zudem Kühne, Vernichtungskrieg I, S. 630 ff を参照。

88 詳細は Kühne, Vernichtungskrieg I, S. 628 f. und 634 ff. 11の実例： Schröder, Jahre, S. 318-921; Anatoly Golovchansky u.a. (Hrsg.), „Ich will raus aus diesem Wahnsinn“. Deutsche Briefe von der Ostfront 1941 – 1945. Aus sowjetischen Archiven, Wuppertal/Moskau 1991, だがこれに加えて史料批判の注釈 Ute Daniel u. Jürgen Reulecke, ebd. S. 301 ff.

89 Theodor Schieder u.a. (Hrsg.), Dokumentation der Vertreibung der Deutschen aus Ost- Mitteleuropa. Hrsg. v. Bundesministerium für Vertriebene, Flüchtlinge und Kriegsgeschädigte. 5 Bde. in 9 Teilen u. 3 Beihefte, Bonn 1953-1961; Erich Maschke (Hrsg.), Zur Geschichte der deutschen Kriegsgefangenen des Zweiten Weltkrieges, 15 Bände in 20 Teilen u. 2 Beihefte, München/Bielefeld 1962-1974; Dokumente deutscher Kriegsschäden. Evakuierte, Kriegssachgeschädigte, Währungsgeschädigte. Die geschichtliche und rechtliche Entwicklung. Hrsg. v. Bundesministerium für Vertriebene, Flüchtlinge und Kriegsgeschädigte, 5 Bände in 8 Teilen und 2 Beihefte, Bonn 1958-1964; vgl. Mathias Beer, Der „Neuanfang“ der Zeitgeschichte nach 1945. Zum Verhältnis von nationalsozialistischer Umsiedlungs- und Vernichtungspolitik und der Vertreibung der Deutschen aus Ostmitteleuropa, in: Winfried Schulze/Otto Gerhard Oexle (Hrsg.), Deutsche Historiker im Nationalsozialismus, Frankfurt/M. 1999, S. 274-301.

90 Wette, Militärgeschichte, S. 24; Manfred Hettling, Täter oder Opfer? Die deutschen Soldaten in Stalingrad, in: AfS 35 (1995), S. 515-531 の考察も参照。

91 Latzel, Soldaten; Humburg, Gesicht.

92 Michael Geyer, Der zur Organisation erhobene Burgfrieden. Heeresrüstung und das Problem des Militarismus in der Weimarer Republik, in: Klaus-Jürgen Müller/Eckhardt Opitz (Hrsg.), Militär und Militarismus in der Weimarer Republik,

Düsseldorf 1978, S. 15-100; ders., Krieg als Gesellschaftspolitik. Anmerkungen zu neueren Arbeiten über das Dritte Reich im Zweiten Weltkrieg, in: AfS 26 (1986), S. 557-601; ders., Das Stigma der Gewalt und das Problem der nationalen Identität in Deutschland, in: Christian Jansen/Lutz Niethammer/Bernd Weisbrod (Hrsg.), Von der Aufgabe der Freiheit. Politische Verantwortung und bürgerliche Gesellschaft im 19. und 20. Jahrhundert, Berlin 1995, S. 673-698; ders., Gewalt und Gewalterfahrung im 20. Jahrhundert. Der Erste Weltkrieg, in: Rolf Spilker/Bernd Ulrich (Hrsg.), Der Tod als Maschinist. Der industrialisierte Krieg 1914-1918, Bramsche 1998, S. 240-257; Geyer, Kriegsgeschichte; Bartov, Hitlers Wehrmacht; ders., The Eastern Front, 1941-1945. German Troops and the Barbarisation of Warfare, Houndmills u.a. 1985 を参照。

93 Heer/Naumann, Vernichtungskrieg; Vernichtungskrieg. Verbrechen der Wehrmacht 1941 bis 1944. Ausstellungskatalog. Hrsg. v. Hamburger Institut für Sozialforschung, Hamburg 1996; Heribert Prantl (Hrsg.), Wehrmachtsverbrechen. Eine deutsche Kontroverse, Hamburg 1997; für die weitere Literatur Kühne, Vernichtungskrieg I, S. 640-662 を参照。

94 Kühne, Viktimisierungsfalle も参照。

95 Geyer, Gewalt und Gewalterfahrung, S. 242. Vgl. Sibylle Tönnies, Die scheußliche Lust, in: Prantl, Wehrmachtsverbrechen, S. 178-180.

96 加えてHannes Heer/Klaus Naumann, Einleitung, in: dies., Vernichtungskrieg, S. 25-36, bes. S. 30 f., Hannes Heer, Bittere Pflicht. Der Rassenkrieg der Wehrmacht und seine Voraussetzungen, in: Walter Manoschek (Hrsg.), Die Wehrmacht im Rassenkrieg. Der Vernichtungskrieg hinter der Front, Wien 1996, S. 116-141, Zitat S. 133 ff を参照。

97 Geyer, Stigma, S. 690. Vgl. auch Hans-Ulrich Thamer, Wehrmacht und Vernichtungskrieg. Vom Umgang mit einem schwierigen Kapitel deutscher Geschichte, in: FAZ Nr. 93 v. 22. April 1997, S. 10.

98 ホロコースト研究について、Christopher R. Browning, Ganz normale Männer. Das Reserve-Polizeibataillon 101 und die „Endlösung" in Polen, Reinbek 1993（クリストファー・ブラウニング、谷喬夫訳『普通の人びと―ホロコーストと第101警察予備大隊』筑摩書房、一九九七年。）, S. 16f を参照。

99 アングロサクソンの展望から第一次世界大戦と第二次世界大戦、そしてヴェトナム戦争に関する多くの全く印象深い論拠で、これは行われている。Joanna Bourke, An Intimate History of Killing. Face-to-face Killing in Twentieth-century Britain, London 1999. 加えて以下の論評を参照。Benjamin Ziemann, in: Mittelweg 38 9 (2000), Heft 1, S. 58 f.

100 本書のベルント・ヴェーグナー、ヨスト・デュルファー、トーマス・メルゲルの論文を参照。

101 Karin Hausen, Die Nicht-Einheit der Geschichte als historiographische Herausforderung. Zur historischen Relevanz und

Anstößigkeit der Geschlechtergeschichte, in: Hans Medick/Anne-Charlott Trepp (Hrsg.), Geschlechtergeschichte und Allgemeine Geschichte. Herausforderungen und Perspektiven, Göttingen 1998, S. 17-55.

102 たとえば、Urs Altermatt, Kirchengeschichte im Wandel: Von den kirchlichen Institutionen zum katholischen Alltag, in: Zeitschrift für schweizerische Kirchengeschichte 87 (1993), S. 9-31 を参照。

103 本書のシュティーク・フェルスターの論文を参照。

104 本書のベルンハルト・R・クレーナー、ロジャー・チカリングの論文を参照。

105 本書のベルンハルト・R・クレーナー、マルクス・フンク、ステファニー・ヴァン・デ・ケルクホーフの論文を参照。Stig Förster, Das Zeitalter des totalen Kriegs, 1861-1945. Konzeptionelle Überlegungen für einen historischen Strukturvergleich, in: Mittelweg 36 8 (1999), Heft 6, S. 12-29; Heinrich Haferkamp, Kriegsfolgen und gesellschaftliche Wandlungsprozesse, in: Knöbl/Schmidt, Gegenwart des Krieges, S. 102-124; Bruno Thoß, Militärische Entscheidung und politisch-gesellschaftlicher Umbruch. Das Jahr 1918 in der neueren Weltkriegsforschung, in: Jörg Duppler/Gerhard P. Groß (Hrsg.), Kriegsende 1918. Ereignis – Wirkung – Nachwirkung, München 1999, S. 17-37.

106 今日まで第一次世界大戦について、こうした方法を良く考える価値のある概念上の論述はすでに Elisabeth Domansky, Der Erste Weltkrieg, in: Lutz Niethammer u.a., Bürgerliche Gesellschaft in Deutschland. Historische Einblicke, Fragen, Perspektiven, Frankfurt/M. 1990, S. 285-319 に見られる。このなかでのこうしたテーゼの急進化に従うことができないものとして、dies., Militarization and Reproduction in World War I Germany, in: Geoff Eley (Hrsg.), Society, Culture and the State in Germany, 1870-1930, Ann Arbor 1996, S. 427-463.

107 広範囲な文献のアプローチとして、Elisabeth Domansky, Politische Dimensionen von Jugendprotest und Generationenkonflikt in der Zwischenkriegszeit in Deutschland, in: Dieter Dowe (Hrsg.), Jugendprotest und Generationenkonflikt in Europa im 20. Jahrhundert, Bonn 1986, S. 113-137; Bernhard R. Kroener, Generationserfahrungen und Elitenwandel. Strukturveränderungen im deutschen Offizierskorps 1933-1945, in: Rainer Hudemann/Georges-Henri Soutou (Hrsg.), Eliten in Deutschland und Frankreich im 19. und 20. Jahrhundert, Bd. 1, München 1994, S. 219-233.

108 これに関して、Frank Kebbedies, Außer Kontrolle. Jugendkriminalpolitik in der NS-Zeit und in der frühen Nachkriegszeit, Essen 2000 を参照。

109 これに関してイギリスの例に即した簡潔な概念上の論述及び内容的な実践として、Michael Prinz, „Explosion der Gesellschaft"? Zum Epochencharakter des Ersten Weltkrieges in der englischen Sozialgeschichte und ihrer

Historiographie, in: Mommsen, Der Große Krieg. ミヒャエル・プリンツに対して我々にこの原稿を見せてくれたことを感謝する。

110　これに関して、Benjamin Ziemann, Das „Fronterlebnis" des Ersten Weltkrieges – eine sozialhistorische Zäsur? Deutungen und Wirkungen in Deutschland und Frankreich, in: Mommsen, Der Große Krieg を参照。

111　この区分に関しては、Jürgen Schlumbohm (Hrsg.), Mikrogeschichte und Makrogeschichte: komplementär oder inkommensurabel?, Göttingen 1998; Thomas Mergel, Geschichte und Soziologie, in: Goertz, Geschichte, S. 621-651, hier S. 637 ff を参照。

112　Ute Frevert, Gesellschaft und Militär im 19. und 20. Jahrhundert: Sozial-, kultur- und geschlechtergeschichtliche Annäherungen, in: dies., Militär, S. 7-14, S. 10 を引用。本書のアンネ・リップとマルクス・フンクの論文、そしてさらに下記を参照。

113　本書のクリスタ・ヘメルレの論文を参照。

114　ミヒャエル・ガイヤーの注七七、九二に言及された研究を参照。

115　Dirk Schumann, Gewalt als Grenzüberschreitung. Überlegungen zur Sozialgeschichte der Gewalt im 19. und 20. Jahrhundert, in: AfS 37 (1997), S. 366-386, hier S. 373-375; Bedrich Loewenstein, Problemfelder der Moderne. Elemente politischer Kultur, Darmstadt 1990, S. 6 ff.

116　Ralph Jessen, Polizei im Industrierevier. Modernisierung und Herrschaftspraxis im westfälischen Ruhrgebiet 1848-1914, Göttingen 1991; Wolfgang Knöbl, Polizei und Herrschaft im Modernisierungsprozeß. Staatsbildung und innere Sicherheit in Preußen, England und Amerika 1700-1914, Frankfurt/M. New York 1998 を参照。

117　Wilhelm Deist (Bearb.), Militär und Innenpolitik im Weltkrieg 1914-1918, 2 Teile, Düsseldorf 1970; Heinz Hürten, Reichswehr und Ausnahmezustand. Ein Beitrag zur Verfassungsproblematik der Weimarer Republik in ihrem ersten Jahrfünft, Opladen 1977 を参照。

118　それゆえに、歴史的展望においては、内戦および軍事独裁のなかでだけ両組織の機能分割を取り上げるのでは、決して十分ではない。M. Rainer Lepsius, Militärwesen und zivile Gesellschaft, in: Frevert, Militär, S. 359-370, hier S. 360.

119　Jakob Tanner, Militär und Gesellschaft in der Schweiz nach 1945, in: Frevert, Militär, S. 314-341, bes. S. 322 を参照。

120　すでにタイトルにおいて、強烈な見出しとなっているのは、Lothar Wieland, Die Verteidigungslüge. Pazifisten in der deutschen Sozialdemokratie 1914-1918, Bremen 1998.

121 Tanner, Militär, S. 322; zum Kontext: Josef Mooser, Die „Geistige Landesverteidigung“ in den 1930er Jahren. Profile und Kontexte eines vielschichtigen Phänomens der schweizerischen politischen Kultur in der Zwischenkriegszeit, in: Schweizerische Zeitschrift für Geschichte 47 (1997), S. 685-708 を引用。

122 Heinrich von Stietencron, Töten im Krieg: Grundlagen und Entwicklungen, in: ders./Jörg Rüpke (Hrsg.), Töten im Krieg, Freiburg, München 1995, S. 17-56; Chaim F. Shatan, Zivile und militärische Realitätswahrnehmung. Über die Folgen einer Absurdität, in: Psyche 35 (1981), S. 557-572.

123 Thomas Kühne, Kameradschaft – „das Beste im Leben des Mannes.“ Die deutschen Soldaten des Zweiten Weltkrieges in erfahrungs- und geschlechtergeschichtlicher Perspektive: GG 22 (1996), S. 504-529; Joanna Bourke, Dismembering the Male: Men's Bodies, Britain & the Great War, Chicago, London 1996, S. 123-170.

124 この概念については、Erving Goffman, Asyle. Über die soziale Situation psychiatrischer Patienten und anderer Insassen, Frankfurt/M. 1973(アーヴィング・ゴッフマン、石黒毅訳『アサイラム―施設被収容者の日常世界』誠信書房、一九八四年), S. 13 ff.; Hubert Treiber, Wie man Soldaten macht. Sozialisation in „kasernierter Vergesellschaftung“, Düsseldorf 1973; Roghmann/ Ziegler, Militärsoziologie, S. 170 ff.; zur Psychiatrie vgl. z.B. Dirk Blasius, „Einfache Seelenstörung“. Geschichte der deutschen Psychiatrie 1800-1945, Frankfurt/M. 1994 を参照。

125 Klaus Tenfelde, Sozialgeschichte der Bergarbeiterschaft an der Ruhr im 19. Jahrhundert, Bonn 1981 (2. Aufl.), S. 278 f.; Josef Mooser, Volk, Arbeiter und Bürger in der katholischen Öffentlichkeit des Kaiserreichs. Zur Sozial- und Funktionsgeschichte der deutschen Katholikentage 1871-1913, in: Hans-Jürgen Puhle (Hrsg.), Bürger in der Gesellschaft der Neuzeit. Wirtschaft-Politik-Kultur, Göttingen 1991, S. 259-273 を参照。 Ekkehart Krippendorff, Friedensforschung als Entmilitarisierungsforschung, in: Wette, Militarismus, S. 313-324, hier S. 320 の一覧を参照。

126 加えて、たとえば Wette, Pazifistische Offiziere のなかに多くの例がある。

127 本書のマルクス・フンクとアンネ・リップの論文を参照。経験的手法で実践しているものとして、Vogel, Nation in Waffen; Frevert, Militär, Teil I.

128 Ralf Pröve, Politische Partizipation und soziale Ordnung. Das Konzept der ‚Volksbewaffnung‘ und die Funktion der Bürgerwehren 1848/49, in: Wolfgang Hardtwig (Hrsg.), Revolution in Deutschland und Europa 1848/49, Göttingen 1998, S. 109-132; Sabrina Müller, Soldaten in der deutschen Revolution von 1848/49, Paderborn 1999 (Krieg in der Geschichte, Bd. 3).

129 Friedeburg, Handwerker und Tagelöhner; Vogel, Nation in Waffen, bes. Kap. V を参照。この観点の組織的分析はまだ欠如している。

130 本書のアンネ・リップの論文を参照。Ute Frevert, Soldaten, Staatsbürger. Überlegungen zur historischen Konstruktion von Männlichkeit, in: Kühne, Männergeschichte, S. 69- 87; Manfred Berg, Soldaten und Bürger: Zum Zusammenhang von Krieg und Wahlrecht in der amerikanischen Geschichte, in: Knöbl/Schmidt, Gegenwart des Krieges, S. 147-173.

131 Sabine Behrenbeck, Der Kult um die toten Helden. Nationalsozialistische Mythen, Riten und Symbole 1923 bis 1945, Vierow 1996; Benjamin Ziemann, Die Eskalation des Tötens in zwei Weltkriegen, in: Richard van Dülmen (Hrsg.), Die Erfindung des Menschen. Schöpfungsträume und Körperbilder 1500-2000, Wien/Köln/Weimar 1998, S. 411-429; Latzel, Soldaten, S. 313 を参照。戦間期を考慮した「軍国主義」概念が分析的に不足しているものとみなされている。

132 Sven Reichardt, Faschistische Kampfbünde in Italien und Deutschland. Ein Vergleich der Ursachen, Formen und Funktionen politischer Gewalt in der Aufstiegsphase faschistischer Bewegungen, phil. Diss. FU Berlin 2000.

133 しかし、現在方法論上の革新的研究として、Christoph Jahr, Gewöhnliche Soldaten. Desertion und Deserteure im deutschen und britischen Heer 1914-1918, Göttingen 1998 を参照。旧来の研究を批判しているものとして、Ziemann, Fluchten.

134 この観点ではいまだなお模範的なものとして Ashworth, Warfare がある。社会学的展望からであり、歴史的ディティールにおいては論争があるが、方法論的に指標となる本として、Sofsky, Ordnung des Terrors; ders., Zivilisation, Ordnung, Gewalt, in: Mittelweg 36 3 (1994), Heft 1, S. 57-67. 以下も参照。Alf Lüdtke, Thesen zur Wiederholbarkeit. „Normalität" und Massenhaftigkeit von Tötungsgewalt im 20. Jahrhundert, in: Rolf-Peter Sieferle/Helga Breuninger (Hrsg.), Kulturen der Gewalt. Ritualisierung und Symbolisierung von Gewalt in der Geschichte, Frankfurt/M. New York 1998, S. 280-289.

135 Christian Gerlach, Verbrechen deutscher Fronttruppen in Weißrußland 1941-1944. Eine Annäherung, in: Karl-Heinrich Pohl (Hrsg.), Wehrmacht und Vernichtungspolitik. Militär im nationalsozialistischen System, Göttingen 1999, S. 89-114, hier S. 107 での示唆を参照。

136 本書のシュテファン・カウフマンの論文を参照。

137 本書のマルクス・フンクの論文を参照。

138 この観点で刺激的な事例研究および概念上の試みは、Markus Meumann/Dirk Niefanger (Hrsg.), Ein Schauplatz herber Angst. Wahrnehmung und Darstellung von Gewalt im 17. Jahrhundert, Göttingen 1997; Omer Bartov, Murder in Our

Midst: The Holocaust, Industrial Killing, and Representation, New York, Oxford 1996; 一九世紀、二〇世紀に関する広範な学派横断的な分析や史料については、Thomas F. Schneider (Hrsg.), Kriegserlebnis und Legendenbildung. Das Bild des ‚modernen' Krieges in Literatur, Theater, Photographie und Film, 3 Bde., Osnabrück 1999. 大学院講座プロジェクト「メディア転換の暴力のコード化」を参照。 www2.rz.hu-berlin.de/inside/literatur/projekte/gewdar.htm.

139 Popitz, Phänomene, S. 77.

140 Bartov, Hitlers Wehrmacht; 右記の傾向については以下の研究概観を参照。Kühne, Vernichtungskrieg, I und II, dort aber in Teil I, S. 626 f. またバートフ・テーゼによる十分根拠のある批判的議論も参照。

141 Humburg, Gesicht, bes. S. 208 ff.; Latzel, Soldaten, S. 131, 328 ff を参照。

142 Benjamin Ziemann, Front und Heimat. Ländliche Kriegserfahrungen im südlichen Bayern 1914-1923, Essen 1997, S. 84 ff., 372 ff を参照。

143 Popitz, Phänomene, S. 68-106 を参照。

第一部 手段としての利用

第二章　学問と政治のあいだの軍事史

ヴォルフラム・ヴェッテ　今井宏昌訳

新しい世代の歴史家の問題

オーストリア人ジャーナリスト、ギュンター・ネニングは、軍事史をめぐる問題状況を次のように把握している。「どれほど好感のもてる歴史であろうと、すべての歴史は軍事史だ。軍隊はあらゆる国家的なもの、そしてあらゆる政治の気まずい根源であったし、今もそうであるし、これからもそうであり続けるだろう。その意義は今後さらに増すものと思われる。『え？ 君は軍隊のことなんて研究しているのか』と平和を愛する人が口にするとき、その言葉は多少なりとも共感を呼ぶだろうが、やはり無知と言わざるをえない。まさに平和を望む者こそ、全力で、必死に、かつ希望をもって、軍事学に取り組まねばならない。純粋な学問は、物事の本質を見抜くために営まれるのであって、自己を粉飾する（Selbstvernebelung）ためのものではない[1]」

一観察者である私はしかし、こうした認識はいささか不十分ではないだろうかと考える。もちろん私は、ネニングが近年のドイツ軍事史研究における徹底した実証的展開について、十分な情報を得ているかどうかを知ることはできないのだが。

学問としての軍事史とは何か、あるいは何であるべきで、何でありうるのか、という問いに対しては、一昔前とは異なり、今やはっきりと答えることができる[2]。なぜなら、一九六〇年以降に生まれた新しい世代の歴史家たちは、軍事史に偏見をもつことなく、従来ドイツで営まれてきたのとは異なる形で、その学問領域に取り組んでいるからである。彼らは軍事史の価値を、最近のヨーロッパ史とのかかわりの中で認識し、その知見を自らの課題として引き受けたのだ。

この若手世代の歴史家たちは、年長者世代のかなりの部分と区別される。年長者世代の歴史家たちは一九四五年以降、軍事史というテーマを忌避し、はっきりとした釈明もないままに、無難だと思われる研究対象へと鞍替えした。だが、軍隊の役割を考慮することなしに、ドイツ国民国家の歴史を理解することなど不可能である。そうした認識は、軍事史離れが起きた当時ですら自明だった。戦争はドイツ国民国家の歴史を徹頭徹尾特徴づけていたのだから、当然といえば当然である[3]。

さらにわれわれは、こうした戦史がより大きな社会的現象の中に埋め込まれてきたことを知っている。それは軍隊にその名を与えた現象、つまりはプロイセン・ドイツの軍国主義である。ドイツ国民国家が存続しているあいだ、軍隊、とくに職業的な軍事エリートは、好戦的な政治を遂行するうえでの従順な道具として機能するにとどまらず、影響力のある指導的な社会階層をなし、他の階層の上に君臨した。将校はナショナルな権力国家への奉仕者にして、その支柱としての自覚をもつのみならず、自分たちが国家そのものを体現していると思い込んでいた。軍隊は対外的な戦闘のための国家権力の一部をなし、それを戦争の中で行使した。その政治的影響力ゆえ、軍隊は今世紀〔二〇世紀〕の巨大な破局に対し、多大なる共同責任を負っていたのである。

前述した若手世代の歴史家たちには、軍事史という分野のもつ歴史的な重荷に対する理解もまた、当然ながら求められる。この分野が国際的な言語使用にしたがって軍事史と呼ばれるようになるのは、一九五〇年代に入ってからのことである。一九世紀初頭から第二次世界大戦の終わりまで、ドイツでは「戦史」が営まれた。それは

「参謀本部の歴史（Generalstabshistorie）」という形で、軍そのものによって占有されていた。ナチ時代には軍事的な「国防史（Wehrgeschichte）」への改変が行われた。そこでは近代的な総力戦の理論が反映され、多かれ少なかれ、社会的、経済的、政治的、そして軍事的な営みのすべてがその対象として説明された。そして連邦共和国では東ドイツとは異なり、第二次世界大戦後に初めて、一般的な歴史学の一部と理解されうる軍事史への端緒が開かれたのである。

しかしながら、「戦史」と「国防史」が純粋に軍の手で営まれてきた過去は、一九四五年という画期をもって突如終わりを迎えたわけではない。それは少なくとも、潜在的な影響力を保持し続けた。このことを容易にしたのは、制度上の確固たる決断であった。すなわち、連邦共和国でも東ドイツでも、軍事史が大学の自由でアカデミックな環境に委ねられることはなかったし、それどころか、国家はそこかしこに大学外の研究機関を設立し、それを軍事的ヒエラルキーのもとに置いたのである。

私は一九七一年から一九九五年までの長期にわたり、フライブルクの軍事史研究局（ＭＧＦＡ）の研究員を務めた関係から、少なくともこうした機関の内実を知っている。いわば私には、学問的要求と政治的期待がせめぎあう場をじっくりと考察するうえで必要な、確固たるミリュー経験があるのだ。

部外者は折にふれて、ＭＧＦＡで営まれる軍事史研究、とりわけその高い水準と自立性への称賛を口にする。たとえばウィーンの陸軍史博物館研究課のミヒャエル・ホヒェトリンガーは、オーストリアの軍事史研究をめぐる状況と比較したうえで、ＭＧＦＡでの研究が「直接的な実用性による縛りから解放されている」との見解を示している[4]。このことはしかし、部分的にしかあてはまらない。

それとは反対に、学問と政治のあいだの緊張関係に関するいくつかのコメントは、それぞれ見解の差はあれど、おそらく的を射ている。つまり若手世代の歴史家たちは、こうした特殊な緊張関係について身を持って知ることはないのである。というのも、彼らの軍事史への関心を呼び覚ました文民の大学教員は、当然ながら、自らをアカデミックな領域の研究者として規定していたし、たいていの場合は、軍への忠誠をめぐる葛藤を経験したことのない人びとだからである。

政治的なせめぎあいの場で――それをどう考えるか

近代的軍事史がもつ学問上の理論的基盤については、今さら議論するまでもない[5]。客観的歴史学の目的、可能性、そして限界についての方法論上の論争は、徹底的にやりつくされたといえる。知識の社会的制約性と立場拘束性(Standortgebundenheit)という問題は、一九二〇年代の段階ですでにカール・マンハイムら知識社会学者の手により検討されていた。認識と関心とのつながりをめぐる〔ハーバーマスの〕議論[6]は、騒乱の一九六〇年代に交わされ、これを機に軍事史にとっても実り多きものとなった[7]。そして、遅くともその〔ハーバーマスの〕議論以降、社会的、政治的な利害関心と価値観が、人文社会科学に多大なる影響を及ぼすことが、われわれの共通認識となった。

ここで重要なのは、そうした利害関心と価値観をはっきりと自覚し、包み隠さず公表することである。むろん、歴史学的かつ批判的な方法を用いた、実践的かつ学問的な研究活動それ自体は、学問的客観性を最大限に担保するうえで適切である。だが、研究対象を選択する場合には、認識関心(Erkenntnisinteresse)を表明する必要がある。なぜならそうした選択行為は、常に価値判断を前提としているからである[8]。

軍事史とその前身となる歴史学は、かつて政治的なせめぎあいの場に身を置き、そして今なおその片脚を残している。が、そうした場がすぐさま方法論上の問題として立ち現れてくるわけではない。それはまた別の構造をもっているのだ。ウルズラ・フォン・ゲルスドルフは一九七四年、軍事史が「これまで以上に政治的な問題」であることを力強く断言した。このとき、彼女は果たして何を考えていたのだろうか。

元「国防史家」であるゲルスドルフは、軍による学問への干渉を認知していたにもかかわらず、そうした干渉に目を向けようとしなかった。むしろ彼女は、専ら軍事史研究の「主題」に注目した。そして彼女にとっては、その「主題」こそが政治的な問題であった。現代にひきつけて考えた場合、それは「高度な軍備をもつ核兵器保有国同士の対立と局地戦」によって規定された現実を理解する行為にほかならない、とゲルスドルフはいう[9]。これを妥当な議論として受け止めるのなら、軍隊が過去において組織し行使した暴力こそが、軍事史上における本当の意味での政治的な問題だということになる。

軍事史がその身を置く学問と政治との緊張関係について検討する際、われわれは暴力に続く第二の政治的問題として、軍指導部がかつて戦史・国防史に影響力を行使した点、また一部では最近の軍事史研究においてすら、そのような状態が依然として続いている点に注目せねばならない[10]。さらに第三の政治的問題は、第二の政治的問題と密接にかかわる。それは軍人と政治家が自らの利害のため、戦史・国防史研究の成果を利用するといった状況に由来している。すなわち、軍人はまず自らの社会的な威信を満たすために、軍隊と戦争に関する歴史叙述を幾度となく、間接的な軍事プロパガンダとして動員しようとしたし、またそうした研究成果を次なる戦争のための教訓として、つまりは自らの職業上の利害のために利用しようと努めた。そしてその試みは、今なお続いているのだ。したがって、史学史の観点から戦史・国防史に取り組む者は、戦史家がその時代ごとの国家を代表する依頼人や資金提供者に依存してきた事実に目を向けねばならない。

歴史的背景——戦史の政治的従属化

こうしてみると、かつての戦史と今日の軍事史とのあいだには、明確な違いが認められる。プロイセンおよびその後のプロイセン・ドイツ国民国家において、戦史上の経験を実践に応用することは、自明の目的であった。プロイセン参謀本部では、一八一六年の時点ですでに戦史専門の部門が設立されていた。そこではいわゆる「官製の」戦史が叙述されたが、それは歴史家ではなく、将校によって担われた[11]。その目的は、戦争の経験を生かし、愛国意識を高めることにあった[12]。ひょっとするとこの手の歴史叙述は、ある種の戦争学〔Kriegskunde〕といったほうが適切かもしれない。

またその担い手としての軍隊は、大学の歴史学とあまり立ち入った議論をする必要はなかった。財政面、組織面において支配されている者〔つまり大学の歴史学〕は、内容でも言いなりのままだった。参謀本部、そしていわゆる参謀本部の歴史の成立過程に戦史が組み込まれたことは、決して特殊ドイツ的な事情ではなかった。この点についても引き続き付言されねばならない。そうした現象は、他の国々の軍隊にもあまねく見られたことであり、今日においてなお、大部分がそうなのである。

もちろん、大学の歴史家ツンフトに関していえば、この間の国際比較を通じて各国の本質的な違いが明らかになっている。アメリカの科学史家ゲオルク・G・イッガースが論じているように、ドイツの歴史家は他の国々の歴史家とは異なり、「国家と結びついたナショナリズム」という特殊な伝統を形作った[13]。彼らが順応したのは、権力国家を歴史過程における中心的な原動力ないし主体とみなすような歴史像だった。ドイツの政治家や軍人は歴史家に対し、自分たちの利害に合致するような歴史叙述を期待した。といっても、政治家や軍人にとっては歴史家に圧力をかける必要はなかったし、ましてや矯正などまったく不要だった。というのも、一九世紀ドイツの歴史家ツンフトは、ナショナリスティックで権力国家的な歴史解釈を自ら進んで提供したからである。このような特徴をもつドイツの歴史学は、政治的な基本方針の枠内にその身を置きながら、結局のところ、官製の戦史叙述がもつ政治的前提と齟齬をきたすことなく、むしろそれと一致団結した。このことはまさに、政治史をめぐる役割分業と関係している。すなわち、大学の歴史家が一般的な政治史に取り組む一方で、政治史の秘蘊（Arkanbereich）たる戦史に関しては、参謀将校が担ったのである。

例外的な存在は、首都ベルリンで教鞭を執った歴史家ハンス・デルブリュック（一八四八～一九二九）であった。彼は『政治史的枠組みの中における戦争術の歴史』[14]という大著を著し、さらに戦史に関する一連の論文を発表した。デルブリュックはその意味で、学問的方向性をもつ軍事史の創始者と見なされうる[15]。彼がいなければ、アカデミックな歴史家は戦史から距離をとったままだったろう。一九世紀と二〇世紀の最初の数十年間について総じて言えるのは、官製の戦史叙述が「全体として、歴史科学におけるその他の分野とのかなりの隔たり」を有していたことである[16]。

原因のひとつはおそらく、当時の信条の中に見いだされる。戦争と軍隊に関する取り組みについては、職業柄「戦争術」に精通していると自称する人びとに引き続き委ねよう、という信条である。こうしたトポスは、今日に至るまでその影響力を発揮し続けている。すなわち、秘密のベールに包まれた作戦指導上の失敗が、無数の兵士と一般市民の命を犠牲とする凄惨な帰結をもたらしたにもかかわらず、歴史家はその失敗を批判的に解明する作業を、今の今まで怠ってきたのである。例外はイギリスの軍事史家ジェフリー・リーガンであり、彼は最近の研究の中で、何人かの「間抜けな大量殺戮者」を研究対象としながら、軍事上の過失責任を一度として公式に負うことのなかった人間と、その実態に肉薄している[17]。

軍隊批判者の締め出し

ブルジョワ歴史家のうち、国民的な権力・軍事国家の不文律に従わなかったのはごくわずかだった。そのうちのひとりが、歴史家にして軍隊批判者であるルートヴィヒ・クヴィデ（一八五八〜一九四一）である[18]。彼は一八九三年、『今日のドイツ帝国における軍国主義』という告発書により、大きな反響を呼んだ。また、あわせて三四回も版を重ねるほど普及した[19]一八九四年の単著『カリグラ――ローマ皇帝の狂気に関する一考察』[20]は、軍国主義の精神に満ちた皇帝ヴィルヘルム二世を痛烈に批判したものであり、クヴィデはそれゆえ、ドイツで歴史学の教授職を得る見通しを自ら絶ってしまった[21]。

これに匹敵する経験をした歴史家は、ヴァイマル期の若き俊才エッカート・ケーアである。帝国海軍の記録にもとづいた博士論文『戦艦建造と政党政治』(一九二七年)[22]において、彼はヴィルヘルム期ドイツの軍事史という領域に着手した。ドイツの歴史家の伝統的思考からすれば、一九一四年以前の海軍の軍備は、国家間の覇権争いの結果として扱われるべきものだった。だが、ケーアはそれをドイツの内政の所産として解釈した。ドイツ艦隊政策、ドイツ帝国主義に関する彼の優れた分析は、ドイツの歴史家ツンフトから広く黙殺をもって罰せられた[23]。

それでもなお、ケーアは軍事史をテーマとする一連の学術論文を執筆した。たとえば、「プロイセン王国軍予備役将校の起源について」、あるいは「ヴァイマル共和国軍に関する社会学について」といった傑作が挙げられる[24]。しかしながら、自身の指導教官にして『史学雑誌』の権威ある編集者、フリードリヒ・マイネッケの庇護をもってしても、ケーアは「ツンフトの一致団結した激しい抵抗」に直面せざるをえなかったし、またそれゆえに彼は、自らのアカデミシャンとしての見通しが「最低の状態にまで落ち込んでしまった」ことを、一九三一年には認めねばならなかった[25]。ケーアがこの世を去ったのは一九三三年、わずか三〇歳の夭逝であった。

ここで挙げた以外にも、ドイツの歴史家ツンフトから締め出された歴史家は何人も存在する。それは彼らが国粋主義的かつ軍国主義的な考えに追従しなかったがためであった。とくに注目に値するのは、アルトゥーア・ローゼンベルク、アルフレート・ファークツ、ジョージ・W・F・ハルガルテン、アウグスト・ジームゼン、アドルフ・グローテ、アドルフ・ガッサー、マックス・レーマン、そしてファイト・ファレンティンといった面々である[26]。一九六〇年代のフィッシャー論争を経てようやく明らかとなったのは、ドイツ・ナショナリズムを基準とした歴史解釈に反し、それゆえ好ましくないとされたテーゼを黙殺し排除することが、政治的な諸条件の変化にしたがって、もはや不可能となったことである[27]。歴史政策をめぐる論争はそれ以降、公的な場で徹底的に交わされるようになった。

「威信を守る」——軍事プロパガンダとしての戦史叙述

大学の歴史家にとって、戦史は学術的に見ていかがわしいものであった。それは主に、参謀本部の歴史家が軍隊内の命令指揮系統に組み込まれていたからであり、またそうした中で軍指導部が研究の内容にも影響を及ぼしていたからである。プロイセン・ドイツの戦史家たちが、他の将校と同じように期待されたのは、国家の担い手たる将校層の名声を、自身が得意とする手法で高めることだった。まったくもって、それは平然と行われた。プロイセン陸軍元帥、大モルトケの考えにしたがえば、そうした行為は「敬虔さと祖国愛の義務であり、わが軍の勝利を通じて特定の人物に与えられた確固たる威信を、損なわせることなく保つ」ためのものであった[28]。フライブルク大学の軍事史家ヴィルヘルム・ダイストは、適確にも次のように述べている。「参謀本部で戦史に従事していた全ての将校にとって、戦史が国家と社会における軍隊の威信を高めるための道具だということは、至極当然のことだった。モルトケはそれを、はっきりと言い表した過ぎない」[29]。実際、プロイセン軍の軍団精神は、軍隊の名声を損なうことのない振る舞いを、すべての将校に要求していた。またその一方で輿論に対しては「清廉潔白な」軍隊組織のイメージが示された。そこでは、将校が国王、祖国、そして栄誉に忠実であるがゆえに、その内部では深刻な対立や軋轢は存在しないとされたのである。

軍人こそが卓越した社会階層であり、その名声が守られて然るべきだという原則は、各時代の軍隊で戦史に従事してきた将校により、徹底的に内面化され、ヴァイマル共和国においてなお尊重された。確かに、戦勝国はヴェルサイユ講和条約において、ドイツ参謀本部だけでなく、その戦史部門も解体されるべきとの主張を貫いた。しかし実際には、国防省の管轄下にはない、内務省の下に新設された国立公文書館においてさえ、古い精神がなお幅を利かせていた。もちろん、文民の歴史家から構成される歴史家委員会[30]は、戦史の旧態然とした孤立状態から抜けだそうと試みていたし、また若干名ではあれ、マルティン・ホーボームのような歴史家たちが、軍隊を社会史的に考察することで新たな手法を切り開いたのも確かである[31]。だが、にもかかわらず、古い精神は生き残ったのだ。

参謀本部の元将校たちは、戦闘史を全シリーズにわたって執筆した。戦史部門のかつての部長であり、今や国立公文書館の館長となったフォン・ヘフテン退役少将は、この機関に「旧軍の偉大なる歴史伝承の番人」としての役割を期待した。その伝承は「より良き未来へと生かし続ける」に値するものとされた[32]。ナチ時代においては、「国防史」がナチズムのプロパガンダと歩みをともにした。

しかしながら、第二次世界大戦の終結をもってしても、こうした原則に終わりが告げられることはなかった。この点を物語るのが、かつての国防軍元帥ゲオルク・フォン・キュヒラー[33]の事例である。一九四七年、戦争捕虜であった彼は、アメリカ軍の歴史部門において、捕虜となったその他のドイツ軍将校を監督する役目を与えられた。アメリカ軍が彼らを拘留したのは、第二次世界大戦中の作戦に関する戦史研究を完成させるためだった。キュヒラーは配下の将校に対して、呆れるほど露骨な指示を行った。つまり、『ドイツの』行動に関しては、ドイツの立場から究明され確定される。そうして、我が軍は歴史に残る偉業を成し遂げるのだ」[34]と。歴史叙述に関する一九四七年三月の基本方針において、彼はなお明確に「指導原理に対するいかなる批判も」許されないと命じた。「上官であれ、隣人であれ、部下であれ、誰がしか指導的な人物が、何らかの形で不利益をこうむる」ことは、是が非でも回避すべきであり、その他の点では、「我が軍の功績が（…）しかるべき形で評価され、強調されるべき」とされた[35]。

見てのとおり、こうした指示は無力化され戦争捕虜となった国防軍エリートのための完璧なPRプログラムとなった。それは伝統的かつ歴史政策的な思考と、日々の構想の産物だった[36]。およそ三五〇人の旧国防軍将校のうち、そのほとんどが将官クラスに属していた。彼らはアメリカの戦争捕虜となりながら、その後の歴史叙述のための下準備を行っていた[37]。ハンブルク大学の軍事史家ベルント・ヴェーグナーの表現を借りるなら、そうした行為は全体として「ドイツ参謀本部の精神において」遂行されたのである[38]。

古い軍団精神は、今日においてもなお、そこかしこに残っている。それはたとえば、連邦文書館軍事史分館の館長にして、博士号取得者であり、かつて連邦軍大佐を務めたある歴史家の、物議をかもした意思表示にも見て取れる。軍隊的ミリューの中で社会化された彼は、一九九五年に次のような主張をもって、国防軍の元将軍たちをあからさまに擁護した。すなわち、ソ連赤軍の前線指揮官たちが犯したような、「国際法の規定に抵触する過ちを、ドイツ軍の前線指揮官たちも同様に犯したのか否かという点については、いかなる証言からも明らかでない」と[39]。連邦文書館に保管される軍事史史料から明らかなのは、この歴史家の主張が良識に反するものであることは明白である。つまりそれは、こうした見解とはまったく異なる実態である。国防軍のエリートの威信、ひいてはドイツ軍の威信を保つことに、敢えて加担しようという試みなのだ。

軍隊が軍事史家に寄せた期待は学問的エートスと対立し、両者のあいだには今なお緊張関係が生じている。MGFA出身のとある文民の歴史家は、かつて深い溜息をつきながら、そうした緊張関係を言葉で表現した。そこでの表現が人口に膾炙するほどの名言へと登りつめたのは、決して偶然ではない。つまり彼は、「教皇の控えの間で教会史を書くのは、とにもかくにも簡単なことではない!」と考えたのである。こうした表現は同時に、この手の問題が歴史学の他分野にとっても、決して縁遠いものではないということを示唆している。

またさらに言えば、制度化された軍事史の国際比較に従事する者は、イギリス（帝国戦争博物館）、フランス（陸軍史料編纂部）、旧ソ連（軍事史研究所）、そしてその他の国々においても、軍事的ヒエラルキーとの密接なつながりと、むしろそうした実態にそぐわない学問的な自己理解が、厳然たる事実として存在することを認めざるを得ないだろう。このことは批判的な研究を遂行するうえで、疑いようもなく有害である。以下で叙述する一九四五年以降の〔ドイツ軍事史研究における〕再出発は、プロイセン・ドイツの軍国主義に対する反動としても解釈されるが、国際的にみても類を見ない事例である。

一九四五年以降の再出発：基本的権利としての研究の自由

一九四九年に可決されたドイツ連邦共和国基本法は、研究と教育の自由を第一に保障しており、それは基本権第五条という形で憲法の特別な保護下にある。大学および大学外の研究施設における研究の実践と教育が、実際にこうした基本権にふさわしい形で展開したのかどうかは、ここでは論じない。本論の文脈でより重要なのは、第二次世界大戦以降、まさに一九八〇年代にいたるまで、大学において軍事史というテーマに関心を寄せる歴史家が、またしてもごくわずかにとどまったという前述の分析結果である。かつて短期間ではあるものの、指導的な歴史家としてMGFAでの研究に従事したライナー・ヴォールファイルは、軍事史に対するある種の「嫌悪感」について語っている[40]。

そうした拒絶的態度の理由については、これまで詳細に検討されることがなかった。何人かの歴史家は、軍国主義に染まった国防史研究に自発的に関与した自らの戦前を、別のテーマを研究することで払拭しようとしたのかもしれない。またその他の歴史家にとっては、軍隊と戦争の歴史に取り組まないことが、清廉潔白な政治的態度を表明すること、つまりは、軍国主義的なドイツ特有の道からの回避の表明だったのかもしれない[41]。またさらに別の歴史家は、新たな状況下においては、確固たる信条を表立って示さないほうが得策であると考えたのかもしれない。しかしながら、すべての歴史家がこうした〔軍事史への〕嫌悪感を共有していたわけではない。たとえばゲルハルト・リッター、アンドレアス・ヒルグルーバー、ハンス＝アドルフ・ヤコブセン、フォルカー・B・ベルクハーン、そしてヴェルナー・ハールヴェークは例外的な存在である。

ハールヴェークは「軍事史および国防学の正教授」として、ミュンスターのヴェストファーレン・ヴィルヘルム大学で教鞭をとっていた[42]。彼は西ドイツの歴史上、そうした教育・研究領域での肩書きをもつ唯一の大学教員だった。ハールヴェークは主に「陸軍学」としての軍事史に取り組んだ。彼は軍事兵器の歴史に関する専門家だったが、クラウゼヴィッツの『戦争論』の新版も編纂した。近代以降のドイツ軍事史、とくに第二次世界大戦の歴史から十分に距離を取るという彼の決断は、ドイツ軍における彼の名声[43]をむしろ高めたように思われる。

ドイツ連邦共和国の大学が軍事史にほとんど取り組まなかった結果、一九五〇年代には連邦国防省の前身にあたるブランク局において、軍事史に従事するための国家機関を新設すべきという意見が立ち上がった。その際実行に移されたのは、ハンス・マイヤー＝ヴェルカー大佐[44]の改革案であった。彼は参謀本部の歴史という伝統と決別し、軍事史を学問へと昇華しようと試みた。こうした「再出発」は、一九五七年一月一日に設立された「軍事史研究局」（ＭＧＦＡ）においても、ある程度の規模で実施された[45]。ＭＧＦＡの外部でなされた軍事史関連の研究もまた、ドイツ連邦共和国における軍事史研究の中心へと発展していった。ＭＧＦＡは一九六〇年代以降、ドイツ連邦共和国の多くが公的資金の投入を受けた軍事史研究局叢書の一部として刊行されている[46]。

学問的研究の基礎に関して、その後複数の国防大臣と事務次官によって表明されたのは、基本法による〈研究と教育の自由の〉保障が、ＭＧＦＡの研究者による軍事史研究に対しても、全面的に適用されるということであった。ＭＧＦＡは、過去の戦史・国防史から明白に距離を取るという意味で「官製」ではなく、軍隊の命令や影響力から自由だとされた。にもかかわらず、この当時においても軍事史のための研究機関の設立が実現されることはなく、軍隊に組み込まれた「研究局」がやっとであった。このようなさまざまな利害の産物は、当初から問題含みだった。というのも、研究の自由という要請は、所轄の省庁の組織構成としがらみの中では、十分に実現されなかったからである。この点については、今なお道半ばの状態にある。

そうした意味で、研究は矛盾だらけの調整システムの中で遂行された。研究の自由は公式に保障されていたものの、公的機関のもつ官僚的性格がそれを台無しにした。研究所は初めから将校によって運営されていた。彼らは自身の軍隊内における社会化経験と職業理解にもとづく形で、その運営課題を、まずもって軍隊的な指導課題として定義した。それはたとえば、大学教授が運営に携わった場合とは、とにかく本質的に異なる形でとり行われた。

ただ、軍人が研究の自由に公然と疑問を投げかけるまでには至らなかった。なぜなら、そうした過失は裁判の対象となり、それゆえ彼らの経歴を傷つける危険性を孕んでいたからである。しかしながら、軍人はそれでもなお、軍事的ミリューの代弁者であり続けた。このことは第一に、彼らが伝統的軍隊的な軍団精神への義務を自覚していたことを意味しており、また第二に、ずっと以前から将校団において支配的だった保守的な立場を、彼らが体現していたことを意味している。

フランツ・カール・エントレス[47]とエッカート・ケーア[48]は、一九二〇年代の時点ですでに、ヴァイマル共和国軍の将校団がひどく閉鎖的で、民族的かつ保守的な色に染め上げられている点を指摘した。こうした事態は、ドイツ連邦軍の将校団においても、多少ましになった程度である。社会科学者たちが突き止めたように、連邦軍の八割は明確に政治的右翼の側に立っていた[49]。つまり連邦軍は、ドイツ社会全体と比較して右に傾いているのである。

連邦軍には多様性の担保という点で問題があり、それは当然ながら、軍の勢力範囲において営まれた学術研究に対しても、悪しき影響をもたらしている。政治的に中道左派の立場をとる者はみな、こうしたミリューの内部ではすぐさま脇へと追いやられ、批判され、そして場合によっては「戦友愛がない」とされて排除される。たとえば、一九四一年から一九四四年までの絶滅戦争における国防軍の評価をめぐっての、目下の重要な論争からもわかるように、市民社会においてはすでに過激な右翼とみなされている立場が、連邦軍の内部では保守にとどまり、しかも国家を担う立場として誤解されることが少なくないのである。

ＭＧＦＡのもつ軍隊的な組織構成は、学問上の要求と軍事上の要求とのあいだに、絶えず激しい軋轢を生み出した。双方の陣営が、相異なる中心的な価値を守るべく、そうした摩擦を引き起こしたのである。大多数の研究員は、こうした対立状況に「人間らしく」反応した。すなわち彼らは、ＭＧＦＡの構造上、常に軍人が主導権を握る「より強い大隊」の方になびいていき、「世話になった人間のことは悪く言わない！」という古めかしい格言を好んで利用したのである。結果としてこうした権力関係は、一部の研究員のあいだで従順なメンタリティを育み、それと同時に、率直かつ自己批判的な言説を拒否する態度を助長した。

軍事史研究局の軍人所長たちは、学者に対して再三再四「忠誠」を要求した。その環境を知る人びとは、こうした不当な要求のもつ意味をすぐさま理解することができるだろう。それはつまり、一九四五以降著しく損なわれた職業軍人の威信がこれ以上傷つくことのないよう、軍事史研究を通じてそれを可能な限り支えるためのものだった。

その他の点について言えば、軍人たる上司にとって、事実関係中心の軍事的作戦史のほうが、批判的な研究よりも常に歓迎すべきものだった。ここでいう批判的な研究とは、国防軍の犯罪、国防軍の監獄における戦争捕虜の大量殺戮の責任、ナチに忠実だった軍事法廷、軍事的抵抗、命令拒否の形態と国防軍脱走兵、ドイツ軍における反ユダヤ主義、ないしはプロイセン・ドイツの軍国主義との連続性という問題についての研究のことである。これらのテーマは、第二次世界大戦後にすぐさま採用された「過去（の）政策」[50]のやり方とはあまり相容れることがなかったようだ。周知のように、そうした想起の政治は、国防軍をナチズムの不法体制から切り離し、ナチによって悪用された犠牲者のように見せかけることに、その最大の目的を有していたのである。

ＭＧＦＡの移動歴史展示会に向けたテーマ選択も、明白な歴史政策的意図にもとづいてとり行われた。そこでは国防軍の歴史の中から、伝統的な価値を有するごくわずかな部分だけが切り取られた。それはつまり、一九四四年七月二〇日における軍人の抵抗であり、その展示には「良心の蜂起」というタイトルが意識的に選択され、冠せられた[51]。そこで叙述されたのは、もっぱら将校の抵抗であり、脱走を通じてとくに表面化したような、軍服を着た「名もなき人」の抵抗は無視された。ヨーロッパ・ユダヤ人の絶滅に対する国防軍の関与をよりよく明らかにするべく、ドイツ軍内部における反ユダヤ主義の広がりが実証的に検討されることもなく[52]、その代わりに「ドイツ系ユダヤ人兵士」の展示[53]が紹介された。その展示内容は、多くのユダヤ人男性がドイツ軍兵士として勤務していたという事実に焦点を当てたものであったが、それはある面で異論の余地がないうえに、その他の点でもあまり驚くに値しないような事実であった。だが同時にそこで、ユダヤ人はドイツ軍で難なく過ごしていたとの印象が潜在意識の次元でもたらされたとしても、何ら不思議ではない。そしてそのようなテーゼは、現実とはほとんど合致しないものである。

批判的軍事史研究の段階

ＭＧＦＡ内部における支配関係と、それに対応する多くの職員の心性に関する指摘は、しかしながら他の問題に対する回答とはなっていない。それはつまり、すでに述べた一九六〇年代末以降の締めつけにもかかわらず、こうした「軍人の職場」において、批判的軍事史研究の進展が可能となったことをいかに説明すべきか、という問題である。ドイツの軍事的伝統を背景として、こうした進展は国内外においてセンセーショナルな、もっといえば革命的な事態として受け止められた[54]。少なくともある段階において、この進展はＭＧＦＡに対する国内外からの肯定的評価をもたらしたのである。

なぜこのような進展がもたらされたのか。根本的な理由をすぐさま挙げるとすれば、それは次の点に求められる。すなわち、国防軍の伝統からもはや自由であった戦後第一世代のうち、代表的な歴史家の何人かが、自らの職業理解にもとづく形で、軍隊的な階級利害ではなく、正真正銘の学問の自由の方を重視したという点である。その際、彼らはいわゆる〈ＭＧＦＡの研究部門のトップである〉「指導的歴史家」からの支持を得た。ここではとくに、マンフレート・メッサーシュミットの名を挙げるのが適切だろう。彼は「懐疑的な」高射砲補助員の世代に属し[55]、一九七〇年から一九八三年までの長期間にわたって、「指導的歴史家」としての職務に従事した[56]。

若手歴史家たちがごく普通の学術的な研究業績とみなしたものは、連邦軍軍人内部の伝統主義者や在郷軍人会の構成員から激しく弾劾された。彼らが用いたのは、こうした研究業績を「粗雑」で「バランスを欠いた」ものであり、「一面的」かつ「非学問的」だと批判するという、おなじみの手段だった。さらに彼らは、官僚主義的な手段、つまりは上司の介入を通じて、研究内容にまで影響を及ぼそうとした。伝統主義者は批判的研究者に対し、兜のヴァイザーを下ろしながら、「軍隊の敵」あるいは「身内の悪口を言う輩」といったような、自分たちがとりわけシビアだと考える非難の言葉を容赦なく投げかけた。それでも誰もが認めるように、批判的軍事史研究は少なくとも一定期間、こうした機関がもつアンビヴァレンスな構造「ゆえに」ではなく、それ「にもかかわらず」遂行されえたのであった。

学術的観点から見た場合、何十年にもわたる経験については、次のように要約せざるをえない。すなわち、MGFAという組織は、軍事的構造をもつ研究機関としての真価を「発揮しなかった」のだ、と。言ってしまえば、その試みは失敗に終わった。一九九三年にポツダムへと移転した〔MGFA〕当局[57]においても、比較可能かつ批判的な軍事史のあり方が、引き続き営まれうるのかどうか、そうだとしたらどの程度そうなのかという点は、確かに外部からだと十分に確認できない。しかしながら、フライブルクの連邦文書館軍事史分館に所蔵される、基礎研究に欠かせない軍事史関連史料へのアクセスが空間的な意味で困難になったことは、明白な事実である。

学問の自由が制限されることについては、幾度となく懸念が表明された[58]。『フランクフルター・ルントシャウ』誌は、内情に通じたヴィルヘルム・ダイストの批判的論説に次のような表題をつけている。「軍事史がふたたび軍隊の手中に――第二次世界大戦に関する望ましい研究の萌芽と改革は、官僚主義的な方法で見事に一掃されるだろう」[59]。さらなる兆候も見られる。たとえばポツダムのMGFAの職員たちが国防軍に関する批判的歴史叙述からきわめて明白に距離をとっていること[60]も、同様にそうした〔学問の自由を制限するという〕方向を指し示しているのだ。

東ドイツの軍事史叙述

今日のドイツにおいて軍事史に従事している者には、東ドイツの軍事史を無視するようなことは許されないし、またそれを、イデオロギーにもとづく十把一絡げの誹謗中傷によって議論から遠ざけることも許されない。

論ずるにあたってより適切なのは、冷静かつきめ細かな分析である。近年、そうした分野の成立[61]と発展に対する初の回顧録を、東ドイツの軍事史叙述の重要な内部関係者が発表し[62]、それによって連邦共和国との比較が可能となった。

旧東ドイツにおける軍事史叙述は、国家政党である社会主義統一党があらかじめ定めた政治的な枠組の内部でのみ営まれた[63]。一九四五年から一九五五年までの再出発の局面において、「ファシズムと戦争に抗した」かつての活動的な闘士という、東ドイツの指導的な共産主義政治家たちの自己理解は、そこでの歴史叙述をも規定することとなった。もう二度とドイツの地から戦争をおこしてはならない！　というスローガンが響き渡り、その結果軍事的なものは軍事史叙述も含めてすべていかがわしいものとされた[64]。この点についてハンス＝ヨアヒム・ベートは次のように述べている。「ナチ独裁と第二次世界大戦という凄惨な体験のあと、若き新世代の軍事史家たちにとって明らかだったのは、自分たちの学問分野が過去と同じように、新たな戦争の準備のために利用されてはならず、むしろ歴史的経験を仲介させることで、戦争の阻止に寄与するようなものでなければならない、ということだった」[65]。

そうした「戦争はもうゴメンだ！」、あるいはさらに「軍隊はもうゴメンだ！」といった雰囲気は、終戦から数年のあいだ、ドイツの西部においても存在していた。そこでは、カルロ・シュミットからフランツ・ヨーゼフ・シュトラウスをも含めた〔左右両翼の〕政治家たちが、そうした発言とともに登場した[66]。一度、以下のような問題を追求してみるのも面白いだろう。つまり、東ドイツの軍事史において現れた、戦争阻止への方向づけという、先述したパラダイム転換が、研究の実践においても効果を発揮したのかどうか、したとすればどの程度そうだったのか、ないしはそれが冷戦前夜の段階でまたしても即座に放棄されたのかどうか、ということを。

いずれにせよ、東ドイツの軍事史に関する叙述の中にも、再出発が存在していたことは確かである。その再出発は多くの点において、連邦共和国における展開と徹底的に比較されうる。一九五〇年代にそこかしこで議論されたのは、「戦史」と「国防史」という概念の歴史的・政治的な意味内容についてである。結論は似通ったものだった。「戦史」と「国防史」は、軍事的なドイツ特有の道の構成要素であるとの政治的かつ学問的な理由から、東ドイツと連邦共和国の双方から忌避され、その代わりに今後は、多くの諸外国で一般に使用される中立的な「軍事史」の概念を用いねばならないとされた[67]。その際、ドイツ連邦共和国においては、軍隊と戦争についての歴史叙述を軍隊の呪縛から解放し、学問的観点の中で自由に泳がせるという試みがなされたのに対し、東ドイツの政治的条件のもとでは、そうした試みが成功することはなかった。明らかに、その努力すらまったくなされなかったのである。それどころか、むしろ社会主義統一党は歴史学の方向性に対して前もって指示を与えていたし、かつての軍国主義国ドイツと同じく、研究成果を自らの政治的正当性のために利用するよう努めたのである[68]。

こうした努力は構造上、東ドイツの国家人民軍との軍事史の組織的結合において表出した[69]。それはつまり、連邦共和国において見られた解決策と比較可能なものである。東ドイツの軍事史学史においても、連邦共和国と同様の対立状況をともなう「有益な」議論が存在していた。その結果はしかしながら、連邦共和国における結果とは異なり、むしろ保守的でさえあり、また完全に軍隊の実践的な必要性に沿うものだった。東ドイツにおける軍事史は、国家人民軍の軍事史研究機関で長年にわたり長官を務めたラインハルト・ブリュールが報告しているように、「軍隊の記憶として、ならびにその軍事的思考と判断力を訓練する手段として」機能したのである[70]。それはさらに、「愛国主義と防衛のための準備態勢を教育するうえでの重要な手段」としても利用され、つまりは公然と、軍事的伝統を育むという歴史政策的課題のために使われたのである。こうした文脈において、軍事史家たちは東ドイツの歴史学と全般的に平行する形で、いわゆる遺産継承をめぐる議論を交わした[71]。そこでは、東ドイツという国家とその兵力が、いかなる歴史的遺産を継承したのかが問題とされたのである。

学問としての軍事史の自由な発展は、東ドイツにおいてはさらに、社会科学における党派性のマルクス＝レーニン主義的理解によって拘束されていた。それは実践面において、歴史が「ワルシャワ条約の枠内で東ドイツの軍事政策を正当化するための道具として」機能せざるをえなかったほど、影響力をもっていた[72]。歴史における法則性に関する、前もって与えられた特定の見解や、進歩についての特殊な理解、そしてとくに場当たり的な日々の政治は、東ドイツにおける軍事史叙述に影響を及ぼし、歴史家を「無批判に、そして骨抜きに」させていった。これは好ましいことに、ブリュールが率直に回顧しつつ伝えていることである[73]。

連邦共和国と東ドイツにおける軍事史をこのように比較してみると、結局は次のように断言できる。すなわち、ボン共和国におけるＭＧＦＡでの軍事史研究が、激しい闘争の中でいくらかの学問的自由を手に入れることができたのに対し、東ドイツの場合、軍事史研究の国家および軍隊とのむすびつきはますます密なものになっていった、と。こうした干渉、「志向性」、そして道具化は、軍事史家たちに対して時折、「望ましからざる歴史的事実の黙秘」[74]や、歴史的真実の極端な歪曲[75]を要求した。もっとも、東ドイツの軍事史を対象とする史学史がこの先じっくりと検討せねばならないのは、これまで見てきたような政治的な基礎事実ではなく、正しい知見の獲得がいかなる研究において達成されえたのかという点である。

歴史的平和研究への道

連邦共和国では一九六〇年代、軍事史が将兵の戦闘技術にとって実践的な面で有益たりうるのか、有益であるべきなのかどうか、あるいは、その成果が直接的な目標をもたない歴史的・政治的な教養財として理解されうるのかどうか、という問いを軸に、軍事史のもつ新たな方向性についての議論が徹底的に交わされた[76]。その際、史学史研究が軍事的かつ政治的な権力というカテゴリーに、あるいは敵と味方という連綿と続く伝統的思考に強い関心を向けていたことは、まだそれほど注目されなかった。結局のところ、当時の軍事史は冷戦一色に塗りつぶされていたのである。敵が存在し、そこでは偶然にも第二次世界大戦と同じことが問題となった。その他の点でいうと、核兵器の存在が結果としてどのような変化をもたらしたかについては、東西両ドイツ国家において数十年経ってもなお、ごくわずかしか把握されなかったように思われる[77]。

世界における二つの大国、すなわちアメリカと、〔西ドイツの〕社会＝リベラル連立政権が一九六九年以降「東方政策」をもって国交を取り結んだソ連とのあいだの緊張緩和は、戦争よりも平和維持を重視する軍事史のための前提をようやく生み出した。いずれにせよ、連邦共和国においては、戦争阻止と平和維持という政治目標を見据えながら、軍事史のもつ新たな方向性をはっきりと打ち出すという思想上の端緒が、一九七〇年代に初めて登場した。ただ、それはまだ、新たなコースを意味するものではなかった。たとえばMGFAは一九七二年から七三年にかけての段階でもなお、平和研究と軍事史研究の協力という可能性に関する私の論文を『軍事史報(Militärgeschichtliche Mitteilungen)』誌上で発表できる状況にはなかったように思われる。この論考はその後一九七四年に中立的な文脈において、つまりは週刊紙『ダス・パーラメント』[78]の付録および連邦政治教育センター(Bundeszentrale für politische Bildung)が編集した平和研究のための論集[79]において発表された。

様変わりした外政環境は数年後、MGFAの学術政策に関する興味深いドキュメントにおいて現れた。それは「軍事史の目的設定と方法」という綱領的文書である[80]。今や核の脅威というリスクが現実主義にもとづいて分析され、平和維持は軍事史研究にも有効な政治的方向性として正当に評価されることとなった。『ドイツ国と第二次世界大戦(Das Deutsche Reich und der Zweite Weltkrieg)』という論文集の第一巻は、軍事史家たちの自らの分野に対する反省を反映したものだった。こうした関連から、ボン大学の歴史家アネッテ・クーンは、視点の転換と「軍事史研究内部の基本的な新しい方向性」について論じた[81]。今振り返ってみて言えるのは、少なくとも学問的方向性をもつ軍事史の一部が、一九七〇年代以降、歴史的平和研究の方向へと展開していったということである[82]。この点で注目すべきは、MGFAと歴史的平和研究の研究会が、一七〇〇年から一九七〇年までのドイツにおける軍備の議会主義的統制という問題について、共同で会議録を編纂したことである[83]。

もちろん、別の力点もまた存在していた。東西対立の終焉、ドイツ統一、そして一九九二年に新たに公式化された連邦軍の課題とともに、国防省の管轄下にある軍事史研究機関にとっての基本的条件もまた同時に変化した。戦史研究、作戦研究への関心が、世界規模の戦争動員の可能性を考慮する形で新たに増大した。同時に連邦軍指導部は、軍事史上重要なテーマである「国防軍の犯罪」に関する公的論争に対しては、かたくななまでに拒絶的な態度をとった。こうした現象が一般的傾向を反映しているかどうかは疑わしい[84]。この分野の専門家は、それでもなお、ドイツが統一され、MGFAがフライブルクからポツダムへと移設されて以降、「軍隊自身による軍事史の道具化という終わりなき歴史」[85]において、新たな章が開かれたという印象を受け取った。フライブルクに残る史料の分割が、不自然にも意識的に受け入れられたことは、ひとつの危険性を示唆している。すなわち、ここ数十年にわたる改革の兆しが、官僚的な道の上で一掃されるとともに、連邦軍に親和的な委託研究が、主人たる連邦国防省からの求めに応じて新たに取り組まれるかもしれないのである。

大学における軍事史への関心の新たな芽生え

これまでの叙述は主に、ドイツ連邦共和国の軍事史研究局（MGFA）ならびに東独の軍事史研究所（MGI）といった、両義的な組織構造と、まさにそうした自己理解をもつ二つの国立の研究機関に目を向けてきた。これら当局に対する関心の集中は、それらがその時々の国家において同様に軍事史研究の中心をなす限り、正当性を有している。とはいえ、MGIは解体され、同時に東ドイツの軍事史も消滅してしまったのだが。

連邦共和国の諸大学において、若き学者たちが軍事史に集中して関心を寄せる傾向については、すでに一九七〇年代にその端緒がみられながら[86]、やはり一九九〇年代初頭から明らかに強まっていった。大学では今日、少なからずの現代史家たちが、ためらうことなく軍事史のテーマに取り組んでいる。いくつかの財団は軍事史の研究プロジェクトを振興している。MGFAには公刊を目的として、軍事史の内容をもつ、かつてないほどの量の論文が寄せられた。それは現時点で利用可能な出版方法を考慮しても、全体のうちの約一割しか採用できなかったほどである。軍事史のテーマに対して増大する大学側の関心が、この間どれほど広がっているのかは、次のデータからも実感することができる。つまり、一九九五年にフライブルクの連邦文書館軍事史分館を利用した人々のうち、ポツダムに移転したMGFAからの来館者はたった五パーセントほどであり、したがって残りの約九五パーセントは、国内外におけるその他の領域からの来館者だったのである[87]。「絶滅戦争――一九四一年から一九四四年までの国防軍の犯罪」という展示には、軍事史研究がかつてのMGFAという所在地から転出したことのさらなる例をみてとることができる[88]。ハンブルク社会研究所出身の部外者たちは、来訪者数と公的議論の広がりを基礎に置きながら――一九九五年から一九九九年までの数年間におよそ八〇万人がこの展示を見たことになる[89]――、ナチ国家における国防軍の解明に対し、これまで軍事史研究の中心的機関がなし得たことよりもさらに多くの貢献を果たした[90]。国防軍というテーマの取り扱いに際し、MGFAが長年慎重な態度をとってきたことの背景を、かの学問と政治との緊張関係という、研究所が存する関係の中に見いだすのは不適切だろうか[91]。

いわゆる国防軍展の例として、批判的軍事史と輿論との新たな関係についても、何がしか学ぶことができるだろう。旧国防軍兵士であり、その後TVジャーナリストとなったリュディガー・プロスケ[92]は、ある人びとを誹謗中傷する内容のパンフレットを作成した。それは研究機関を経た長い行軍ののちに、「国防軍に対する戦争」[93]を指揮するようになった軍事史家たちに対するものであり、批判されたのはそのうち六八年世代に属する左翼であった。しかしながら、そうしたパンフレットや展示会の責任者たちに対するその他の誹謗中傷ですら、輿論の関心を鎮めることはできなかった。確かに今や、こうした方法での論戦は、在郷軍人会で、ひょっとするとまた連邦軍の一部でも、賛同を呼んだのかもしれない。しかし公共の場における言説の推移が全体として明らかにしたのは、軍隊的ミリューが輿論を巻き込んだ形での論争を誘導することができるような時代が、ついに過ぎ去ってしまったということである。プロイセン・ドイツの軍事国家とは異なり、今日の連邦共和国の市民社会における批判的軍事史研究は、大多数の輿論の保護下にあるといえよう。

軍事史に関心をもつ若手の同僚たちが、大学所属の、ないしは大学外における民間の研究施設で働いている。彼らはもはや、先人たちのように戦中世代ないしは戦後世代としての自己規定をもつことなく、市民社会的かつ国際的な関連から自己を規定している。第二次世界大戦は彼らにとって、ポジティヴな意味でもネガティヴな意味でも、第一に政治的で感情的な座標軸をなしているとは、到底いえないのである。二つの世界大戦の歴史化は、彼らにとってまったく当たり前の学問的課題である。これに対し、戦後第一世代の歴史家たちが全力で取り組んでいるのは、軍事史を取り返しのつかない結果を招いたプロイセン・ドイツの伝統から解放し、軍隊と政治による新たな従属化から守り、歴史学の体系に属する分野としてしっかりと定着させ、研究の質によって国内および国際的に認知させ、平和学への方向へ道を開くという課題である。

後続の世代はその限りにおいて、きれいに整備された領域を目の当たりにする。彼らは新たな目標に関心を振り向けることができる。それと同時に、こうした若手たちは、かつてとは比較にならないほど恵まれた環境に置かれている。多元的かつ学問の自由を義務づけられたアカデミックな情況を背景として、真に自由な軍事史研究の発展を邪魔するものはもはや何一つない。こうした実態は、この分野のかつての局面とは比べようもない。ある国外の観察者はそれゆえ、ドイツ連邦共和国の軍事史研究局について次のような賛辞を口にした。MGFAはその批判的な研究への貢献[94]とともに「軍事史が大学へと『帰還する』道を拓いたのだ」と[95]。このような断言に対しては、次のような問いが投げかけられよう。すなわち、プロイセン・ドイツにおける軍事史は、そもそもかつて大学に馴染んだものだったのだろうか、と。デルブリュック、ヒンツェ、そしてケーアのような歴史家たちは、きっとどちらかと言えば例外的な存在だったのであり、加えて敵視されてもいた。それゆえ、現在のドイツの大学が軍事史に対してもっている広範な関心は、実際に「新たな」展開にかかわることであると、ある種の条件つきで言うことができよう。アングロサクソン諸国ではそのような関心は、はるか以前から自明のことだった。

第二次世界大戦の終結から数十年のうちに、少なくともドイツ連邦共和国では一歩ずつ、一九六八年の改革の推進力により速度を増しながら、市民社会が形成されていき、好戦的な野心はますます縁遠いものになっていった。冷戦終結と、冷戦によって構築された敵対関係の消失、そして戦争参加者から孫世代へといった、歴史学におけるさらなる世代交代ののち、軍事史と大学の学問との関係が改善に向けて歩みを進めるうえでの機は熟した。近代的軍事史の問題設定は今日、ほとんどの場合批判的解明を義務づけられている。それは自国および他国の戦争の歴史について、構造的な原因と前提を解明することを意味する。現時点で観察する限り、こうした新たな、そして束縛のない軍事史にとって、軍国主義的傾向は疎遠なもののように思われる。

1 Günther Nenning, Aus der Militärwissenschaft. Über Krieg und Frieden, Ritter und Generäle und worauf der Staat gründet, in: DIE ZEIT Nr. 47 v. 12.11.1998.

2 この点に関する示唆と批判については、デートレフ・バルト博士（ビーレフェルト大学）、トーマス・キューネ博士（ビーレフェルト大学）、教授パウル・ハイダー博士（ポツダム大学）、ミヒャエル・ホヒェトリンガー博士（ウィーン大学）、ゲルト・R・ユーベルシェール博士（フライブルク大学）、教授ライナー・ヴォールファイル博士（ハンブルク大学）、そしてベンヤミン・ツィーマン博士（ボーフム大学）ら同僚各氏に感謝したい。

3 Wilhelm Deist u. a., Ursachen und Voraussetzungen der deutschen Kriegspolitik, Stuttgart 1979（= DRZW, Bd. 1), S. 703を参照。

4 Michael Hochedlinger, Kriegsgeschichte – Heereskunde – Militärgeschichte? Zur Krise militärhistorischer Forschung in Österreich, in: Newsletter AKM 7 (1998), S. 44-47, ここではS. 46.

5 この点について、今なお一読の価値をもつのは、Heinz Hürten u. a., Zielsetzung und Methode der Militärgeschichtsschreibung (zuerst 1976), in: Militärgeschichtliches Forschungsamt (Hrsg.), Militärgeschichte. Probleme-Thesen-Wege, Stuttgart 1982, S. 48-59, ならびにさらに進んだ研究であるKlaus A. Maier, Überlegungen zur Zielsetzung und Methode der Militärgeschichtsschreibung im Militärgeschichtlichen Forschungsamt und die Forderung nach deren

Nutzen für die Bundeswehr seit Mitte der 70er Jahre, in: MGM 52 (1993), S. 359-370を参照。

6 Jürgen Habermas, Erkenntnis und Interesse, Frankfurt/M. 1968（ユルゲン・ハーバーマス著、奥山次良・八木橋貢・渡辺祐邦訳『認識と関心』未來社、復刊版、二〇〇一年；ders., Technik und Wissenschaft als ,Ideologie', Frankfurt/M. 1968 同著、長谷川宏訳『イデオロギーとしての技術と科学』平凡社、二〇〇〇年）.

7 Hürten u a., Zielsetzung; Wolfram Wette, Friedensforschung, Militärgeschichtsforschung, Geschichtswissenschaft. Aspekte einer Kooperation, in: Aus Politik und Zeitgeschichte B 7/1974, S. 3-31; ders., Geschichte und Frieden. Aufgaben historischer Friedensforschung, in: Lehren aus der Geschichte. Historische Friedensforschung, Frankfurt/M. 1990, S. 14-60を参照。

8 こうした知見をすでに含んでいるのは、Hürten u. a., Zielsetzung, S. 52である。

9 Ursula v. Gersdorff, Einführung, in: dies. (Hrsg.), Geschichte und Militärgeschichte. Wege der Forschung, Frankfurt/M. 1974, S. 8.

10 この点については、すでに挙げたMaier, Überlegungenを参照。

11 Hans Umbreit, Von der preußisch-deutschen Militärgeschichtsschreibung zur heutigen Militärgeschichte, in: Gersdorff, Geschichte, S. 17-54, hier S. 18.

12 もちろん、たとえば官房学（Kameralistik）のような他の学問分野もまた、国家との蜜月という点で傑出していた。

13 Georg G. Iggers, Deutsche Geschichtswissenschaft. Eine Kritik der traditionellen Geschichtsauffassung von Herder bis zur Gegenwart, München 1971, S. 7, 17 f., 43 ffを参照。

14 歴史家ハンス・デルブリュック（一八四八～一九二九）は、トライチュケとともに『プロイセン年報』（Preußischen Jahrbücher）の編集を務めた。デルブリュックの主著は、一九〇〇年から一九三六年までに刊行された、六巻組の『戦史』（Kriegsgeschichte）である。

15 こうした正当な評価は、Wilhelm Deist, Hans Delbrück. Militärhistoriker und Publizist, in: MGM 57 (1998), S. 371-383, ここではS. 375によるものである。

16 Heinz Hürten, Militärgeschichte in Deutschland. Zur Geschichte einer Disziplin in der Spannung von akademischer Freiheit und gesellschaftlichem Anspruch, in: Historisches Jahrbuch 95 (1975), S. 374-392, ここではS. 377 f.

17 Geoffrey Regan, Narren, Nulpen, Niedermacher. Militärische Blindgänger und ihre größten Schlachten, Lüneburg 1998.

18 クヴィデはアカデミックな歴史家ツンフトの中で高く評価されたひとりであった。彼は一八九〇年から一八九二年までローマのプロイセン歴史研究所で教鞭をとり、一八八九年から一八九六年まで『ドイツ歴史学雑誌』（Deutsche Zeitschrift für Geschichtswissenschaft）の編集を務めた。

19 Ludwig Quidde, Der Militarismus im heutigen Deutschen Reich. Eine Anklageschrift (1893), in: Hans-Ulrich Wehler (Hrsg.), Ludwig Quidde, Caligula. Schriften über Militarismus und Pazifismus, Frankfurt/M. 1977, S. 81-130.

20 Wehler, Einleitung, in: ders., Quidde, S. 7-18, hier S. 13; Ludwig Quidde, Caligula. Eine Studie über römischen Cäsarenwahnsinn (1894), in: ebd., S. 61-80.

21 Wehler, Einleitung, S. 13. ヴェーラーはここで、「政治的理由からの学問的ボイコット」について述べている。

22 Eckart Kehr, Schlachtflottenbau und Parteipolitik 1894 bis 1901. Versuch eines Querschnitts durch die innenpolitischen, sozialen und ideologischen Voraussetzungen des deutschen Imperialismus, Berlin 1930.

23 Eckart Kehr, Der Primat der Innenpolitik. Gesammelte Aufsätze zur preußisch-deutschen Sozialgeschichte im 19. und 20. Jahrhundert, hrsg. u. eingel. von Hans-Ulrich Wehler, Berlin 1965, Einleitung, S. 8 f. この本のへの反響に目を向けたとき、例外を形作っているのは、ジョージ・W・F・ハルガルテンの『フランクフルター・ツァイトゥング』（Frankfurter Zeitung）紙上における書評である。

24 Kehr, Primat, S. 53-63, 235-243 に再録。

25 Wehler, Einleitung, in: Kehr, Primat, S. 14 より引用。

26 Hans Schleier, Die bürgerliche deutsche Geschichtsschreibung der Weimarer Republik. Berlin 1975, ならびに Peter Thomas Walther, Von Meinecke zu Beard? Die nach 1933 in die USA emigrierten deutschen Neuhistoriker. Diss. State University of New York, Buffalo 1989 を参照。

27 Iggers, Geschichtswissenschaft, Kap. 8; Arnold Sywottek, Die Fischer-Kontroverse. Ein Beitrag zur Entwicklung des politisch-historischen Bewußtseins in der Bundesrepublik, in: Imanuel Geiss/Bernd Jürgen Wendt (Hrsg.), Deutschland in der Weltpolitik des 19. und 20. Jahrhunderts. Fritz Fischer zum 65. Geburtstag, Düsseldorf 1973, S. 19-47; Imanuel Geiss, Die Fischer-Kontroverse. Ein kritischer Beitrag zum Verhältnis zwischen Historiographie und Politik in der Bundesrepublik, in: ders., Studien über Geschichte und Geschichtswissenschaft, Frankfurt/M. 1972, S. 108-198 を参照（訳注：なお、ガイスは政治学者・篠原一の求めに応じ、すでに一九六六年、雑誌『思想』に長文を寄稿している。イマヌエル・ガイス、鹿毛達雄訳「第一次世界大戦におけるドイツの戦争目的（上・下）―「フィッシャー論争」と西ドイツの歴史学界」『思想』五〇三、五〇四（一九九六年）、三三～五六頁、一〇三～一一八頁）。

28 Wilhelm Deist, Die Militärgeschichte gerät erneut in den Griff der Armee. Die positiven Forschungsansätze und Reformen nach dem Zweiten Weltkrieg sollen offenbar auf dem bürokratischen Weg beseitigt werden, in: Frankfurter Rundschau v. 24.5.1994 より引用。

29 Ebd.

30 この詳細は、Hürten, Militärgeschichte, S. 380 f. を参照。

31 Das Werk des Untersuchungsausschusses der Verfassunggebenden Deutschen Nationalversammlung und des Deutschen Reichstages 1919-1930, 4. Reihe, II.Abteilung, Bd.11/1: Gutachten Martin Hobohm, Soziale Heeresmißstände als Teilursache des deutschen Zusammenbruchs von 1918, Berlin 1929 を参照。

32 H. v. Haeften, Neuzeitliche kriegsgeschichtliche Forschungsmethoden, in: Wissen und Wehr 16 (1935), S. 518 f., Hürten, Militärgeschichte, S. 382 より引用。

33 簡潔な自伝としては、John McCannon, Generalfeldmarschall Georg von Küchler, in: Gerd R. Ueberschär (Hrsg.), Hitlers militärische Elite, Bd. 1: Von den Anfängen des Regimes bis Kriegsbeginn, Darmstadt 1998, S. 138-145 を参照。

34 Generalfeldmarschall von Küchler, Weisung vom 7.3.1947, Bernd Wegner, Erschriebene Siege. Franz Halder, die ,Historical Division' und die Rekonstruktion des Zweiten Weltkrieges im Geiste des deutschen Generalstabes, in: Ernst Willi Hansen/Gerhard Schreiber/Bernd Wegner (Hrsg.), Politischer Wandel, organisierte Gewalt und nationale Sicherheit. Beiträge zur neueren Geschichte Deutschlands und Frankreichs. Festschrift für Klaus-Jürgen Müller, München 1995, S. 287-302, ここでは S. 294 より引用。

35 Ebd.

36 これに関しては Wolfram Wette, Das Bild der Wehrmacht-Elite nach 1945, in: Gerd R. Ueberschär (Hrsg.), Hitlers militärische Elite, Bd. 2: Vom Kriegsbeginn bis zum Kriegsende, Darmstadt 1998, S. 293-308 を参照。

37 ヴェーグナーはこうした元将校やアマチュア歴史家の研究を「戦史叙述」と定義している。Wegner, Erschriebene Siege, S. 291. 彼ら自身はおそらく、このような意図を持っていたわけではない。彼らは作戦史的な研究に取り組もうとしただけであるが、歴史家はその後、そこでの成果を歴史叙述のために利用することができた。

38 Wegner, Erschriebene Siege の副題。

39 Geleitwort von Dr. Manfred Kehrig, Leitender Archivdirektor, Bundesarchiv-Militärarchiv, Freiburg, in: Joachim Hoffmann, Stalins Vernichtungskrieg 1941-1945, München 1995, S. 9-11, ここでは S. 11 より引用。

40 Rainer Wohlfeil, Militärgeschichte. Zur Geschichte und Problemen einer Disziplin der Geschichtswissenschaft (1952-1967), in: MGM 52 (1993), S. 323-344. ここではS. 331. ここでいう「歴史的対象としての軍隊への嫌悪感」は、広く一九世紀における軍隊にまで及んでいる。

41 本質的な問題提起は、Meinecke, Die deutsche Katastrophe. Betrachtungen und Erinnerungen, Wiesbaden 1946（マイネッケ、矢田俊隆訳『ドイツの悲劇』中公文庫、一九七四年）。マイネッケはプロイセン＝ドイツの軍国主義に、ヒトラー国家の成立と近代以降のドイツ史が歩んだ「間違った道」の責任を負わせた。Ebd., S. 73（同邦訳、八一頁）。

42 Genauere Informationen in: Dermot Bradley/Ulrich Marwedel (Hrsg.), Militärgeschichte, Militärwissenschaft und Konfliktforschung. Eine Festschrift für Werner Hahlweg zur Vollendung seines 65. Geburtstages am 29. April 1977, Osnabrück 1977. ここではとくにブラッドレイによる導入のための論考を参照。

43 同右参照。このことは連邦ドイツの大学史において、多くの将校の名前とともに、およそ他に類を見ないほどのタブーであった。

44 Hans Meier-Welcker, Unterricht und Studium in der Kriegsgeschichte angesichts der radikalen Wandlung im Kriegswesen（初出は一九六〇年）, in: MGFA, Militärgeschichte, S. 18-26を参照。

45 Deist, Militärgeschichte.

46 毎年新たに出版される、軍事史研究局の公刊物の全目録を参照のこと。

47 Franz Carl Endres, Soziologische Struktur und ihr entsprechende Ideologien des deutschen Offizierkorps vor dem Weltkriege, in: Archiv für Sozialwissenschaften und Sozialpolitik 58 (1927), S. 282-319. エンドレスの生涯については、Simon Schaerer, Franz Carl Endres (1878-1954) – Kaiserlich-osmanischer Major, Pazifist, Journalist, Schriftsteller, in: Wolfram Wette unter Mitwirkung von Helmut Donat (Hrsg.), Pazifistische Offiziere in Deutschland 1871-1933, Bremen 1999, S. 231-246を参照。

48 Eckart Kehr, Zur Soziologie der Reichswehr（初出は一九三〇年）, in: ders., Primat, S. 235-243.

49 Elmar Wiesendahl, Rechtsextremismus in der Bundeswehr. Ein Beitrag zur Aufhellung eines tabuisierten Themas, in: S + F. Vierteljahresschrift für Sicherheit und Frieden 16 (1998), S. 239-246を参照。

50 Norbert Frei, Vergangenheitspolitik. Die Anfänge der Bundesrepublik und die NS-Vergangenheit, München 1996.

51 次のカタログを参照のこと。Militärgeschichtliches Forschungsamt (Hrsg.), Aufstand des Gewissens. Militärischer Widerstand gegen Hitler und das NS-Regime 1933-1945, Herford/Bonn 1994.

52 Wolfram Wette, Antisemitismus, Arierparagraph und militärischer Widerstand, in: Gerd R. Ueberschär (Hrsg.), Antisemitismus, NS-Verbrechen und der militärische Widerstand gegen Hitler, Darmstadt 1999を参照。

53 次のカタログを参照のこと。Militärgeschichtliches Forschungsamt (Hrsg.), Deutsche jüdische Soldaten 1914-1945, Freiburg 1981. 増補改訂版は、Deutsche jüdische Soldaten. Von der Epoche der Emanzipation bis zum Zeitalter der Weltkriege. Hamburg, Berlin, Bonn 1996. 本カタログにおいては、Manfred Messerschmidt, Juden im preußisch-deutschen Heer (Ausgabe 1981, S. 96-127) だけがドイツ陸軍における反ユダヤ主義の歴史を扱っている。

54 たとえば、「良心のグレーゾーン―なぜヒトラー支配下の軍隊は無力だったのか（„Grauzone des Gewissens. Warum die Militärs unter Hitler versagten"）」という表題で『ツァイト』誌に掲載された、カール＝ハインツ・ヤンセンによる『ドイツ国と第二次世界大戦』（Das Deutsche Reich und der Zweite Weltkrieg）第1巻の書評（DIE ZEIT Nr. 47 v. 16.11.1979, S. 23 f.）と、そこでの「軍事史研究上の偉大なる成果、ほとんど革命的な業績が発表される」という見出しを参照。

55 とくに Heinz Bude, Deutsche Karrieren. Lebenskonstruktionen sozialer Aufsteiger aus der Flakhelfer-Generation, Frankfurt/M. 1987を参照。

56 Wolfram Wette, Manfred Messerschmidt und die kritische Freiburger Militärgeschichtsforschung, in: Manfred Messerschmidt, Was damals Recht war... NS-Militär- und Strafjustiz im Vernichtungskrieg, Essen 1996 (hrsg. von Wolfram Wette), S. 7-13を参照。

57 Wolfram Wette, Ein Stück aus dem Tollhaus. Über den Abzug des Freiburger Militärgeschichtlichen Forschungsamtes nach Potsdam, in: Allmende 13 (1993), S. 239-259を参照。

58 Detlef Bald/Martin Kutz/Manfred Messerschmidt/Wolfram Wette, Zurück marsch marsch! Gilt an wissenschaftlichen Einrichtungen der Bundeswehr noch die Freiheit der Wissenschaft? Vier Wissenschaftler warnen in einem Manifest vor dem restaurativen Machtanspruch der Militärs, in: DIE ZEIT Nr. 19 v. 6.5.1994; dies., Bundeswehr, Wissenschaft und Gesellschaft – Ein labiler Konsens wird aufgekündigt, in: S + F. Vierteljahresschrift für Sicherheit und Frieden, 12 (1994), S. 18-26.

59 Deist, Militärgeschichte.

60 Rolf-Dieter Müller, Die Wehrmacht – Historische Last und Verantwortung. Die Historiographie im Spannungsfeld von Wissenschaft und Vergangenheitsbewältigung, in: Rolf-Dieter Müller/Hans-Erich Volkmann (Hrsg.), Die Wehrmacht. Mythos und Realität, München 1999, S. 3-35; ならびに、同著者のインタヴューである„Gegen Kritik immun", in: Der Spiegel

v. 7.6.1999, S. 60-62 を参照。

61 ここではとくに、国家人民軍の軍事史研究局で長年所長を務めたラインハルト・ブリュールの論考が参照される。Reinhard Brühl, Zum Neubeginn der Militärgeschichtsschreibung in der DDR, in: MGM 52 (1993), S. 303-322.

62 Hans-Joachim Beth, Reinhard Brühl, Dieter Dreetz (Hrsg.), Forschungen zur Militärgeschichte. Probleme und Ergebnisse der Arbeit am Militärgeschichtlichen Institut der DDR, Berlin 1998, ならびに、この論集の紹介であるHans-Joachim Beth, Nachdenken über den Weg der Militärgeschichtswissenschaft in der DDR, in: Newsletter AKM 7 (1998), S. 42-44 を参照。

63 この点については、本書収録のユルゲン・アンゲロウによる論考と、Ulrich Neuhäußer-Wespy, Die SED und die Historie. Die Etablierung der marxistisch-leninistischen Geschichtswissenschaft der DDR in den fünfziger und sechziger Jahren, Bonn 1996; Martin Sabrow (Hrsg.), Verwaltete Vergangenheit. Geschichtskultur und Herrschaftslegitimation in der DDR, Leipzig 1997 を参照。

64 Brühl, Neubeginn, S. 303.

65 Beth, Nachdenken, S. 42.

66 Wolfram Wette, Die deutsche militärische Führungsschicht in den Nachkriegszeiten, in: Gottfried Niedhart/Dieter Riesenberger (Hrsg.), Lernen aus dem Krieg? Deutsche Nachkriegszeiten 1918 und 1945. Beiträge zur historischen Friedensforschung, München 1992, S. 39-66, ここでは S. 40 を参照。

67 Brühl, Neubeginn, S. 306; Wohlfeil, Militärgeschichte, S. 329. を参照。ヴォールファイルは軍事史という概念が一九五四年に初めてドイツ語圏で利用されたと指摘している。

68 Beth, Nachdenken, S. 42.

69 一九五八年に「ドイツ軍事史研究所（Institut für Deutsche Militärgeschichte）」が創設され、一九七二年に「東独軍事史研究所」と改称された。制度的基盤についての詳細は、Brühl, Neubeginn, S. 305.

70 Ebd., S. 308.

71 Jürgen Angelow, Zur Rezeption der Erbediskussion durch die Militärgeschichtsschreibung der DDR, in: MGM 52 (1993), S. 345-359 を参照。

72 Brühl, Neubeginn, S. 308 f., ここでは S. 309 より引用。

73 Ebd., S. 316 f., ここでは S. 317 より引用。

74 Beth, Nachdenken, S. 44.

75 東独の軍事史家は間違いを自覚しながらも、たとえば国家人民軍の部隊が一九六八年にチェコスロヴァキア社会主義共和国へのワルシャワ条約機構軍の進軍に参加したと主張せねばならなかった。

76 史料によって部分的に裏づけられているのはGersdorff, Militärgeschichte, ならびにＭＧＦＡ, Militärgeschichte. Wohlfeil, Militärgeschichte は総括的分析を提供してくれている。

77 東ドイツについてこのことを確認しているのは、Brühl, Neubeginn, S. 307 f. 連邦共和国については、Detlef Bald, Die Atombewaffnung der Bundeswehr. Militär, Öffentlichkeit und Politik in der Ära Adenauer, Bremen 1994; Michael Salewski (Hrsg.), Das nukleare Zeitalter. Eine Zwischenbilanz. Stuttgart 1998, darin: Wolfram Wette, Von der Anti-Atombewegung zur Friedensbewegung (1958-1984), S. 174-187.

78 Wette, Friedensforschung.

79 Dass., in: Manfred Funke (Hrsg.), Friedensforschung – Entscheidungshilfe gegen Gewalt, München 1975, S. 133-166.

80 Hürten u.a., Zielsetzung und Methode; behutsam fortgeschrieben von: Maier, Überlegungen.

81 Anette Kuhn, 10 Jahre Friedensforschung und Friedenserziehung. Ein Rückblick aus fachdidaktischer Sicht, in: Geschichtsdidaktik 5 (1980), S. 9-22, ここではS. 16より引用。

82 たとえば、注七で挙げた一連の拙稿と、拙稿、Kann man aus der Geschichte lernen? Eine Bestandsaufnahme der historischen Friedensforschung, in: Ulrike C. Wasmuht (Hrsg.), Friedensforschung – Eine Zwischenbilanz. Darmstadt 1991, S. 85-101を参照。

83 Jost Dülffer (Hrsg.), Parlamentarische und öffentliche Kontrolle von Rüstung in Deutschland 1700-1970. Beiträge zur historischen Friedensforschung. Düsseldorf 1992.

84 Bald u. a., Bundeswehr.

85 Deist, Militärgeschichte.

86 たとえば、Christian Streit, Keine Kameraden. Die Wehrmacht und die sowjetischen Kriegsgefangenen 1941-1945, Bonn 1991（初版一九七八年）が挙げられる。

87 連邦文書館軍事史分館館長マンフレート・ケーリヒによる回答。

88 Hannes Heer/Klaus Naumann (Hrsg.), Vernichtungskrieg. Verbrechen der Wehrmacht 1941 bis 1944, Hamburg 1995の付属巻を参照。

89 口頭での記録としては、Am Abgrund der Erinnerung. Nach vier Jahren trennt sich das Hamburger Institut für

Sozialforschung jetzt von der Wehrmachtausstellung, in: DIE ZEIT Nr. 22 v. 27.5.1999がある。

90 次の文献では、公的論争が記録されている。Walter Manoschek (Hrsg.), Die Wehrmacht im Rassenkrieg. Der Vernichtungskrieg hinter der Front. Mit einem Vorwort von Johannes Mario Simmel, Wien 1996; Hans-Günther Thiele (Hrsg.), Die Wehrmachtausstellung. Dokumentation einer Kontroverse. Dokumentation der Fachtagung in Bremen am 26. Februar 1997 und der Bundestagsdebatten am 13. März und 24. April 1997, Bremen 1997; Helmut Donat/Arne Strohmeyer (Hrsg.), Befreiung von der Wehrmacht? Dokumentation der Auseinandersetzung über die Ausstellung „Vernichtungskrieg – Verbrechen der Wehrmacht 1941 bis 1944“ in Bremen 1996/97, Bremen 1997; Heribert Prantl (Hrsg.), Wehrmachtsverbrechen. Eine deutsche Kontroverse, Hamburg 1997; Landeshauptstadt München, Kulturreferat (Hrsg.), Bilanz einer Ausstellung. Dokumentation der Kontroverse um die Ausstellung „Vernichtungskrieg. Verbrechen der Wehrmacht 1941 bis 1944“ in München, München 1998; Hamburger Institut für Sozialforschung (Hrsg.), Krieg ist ein Gesellschaftszustand. Reden zur Eröffnung der Ausstellung „Vernichtungskrieg. Verbrechen der Wehrmacht 1941 bis 1944“, Hamburg 1998; Klaus Naumann, Der Krieg als Text. Das Jahr 1945 im kulturellen Gedächtnis der Presse. Hamburg 1998; Hamburger Institut für Sozialforschung (Hrsg.), Besucher einer Ausstellung. Die Ausstellung „Vernichtungskrieg. Verbrechen der Wehrmacht 1941 bis 1944“ in Interview und Gespräch, Hamburg 1998; Ruth Beckermann, Jenseits des Krieges. Ehemalige Wehrmachtsoldaten erinnern sich, Wien 1998.

91 これについては論考 „Jude gleich Partisan“, in: DIE ZEIT Nr. 19 v. 5. Mai 1995での拙文を参照。論集 Müller/Volkmann, Die Wehrmacht は、「絶滅戦争」展示の図録に対する軍事史研究局のひとつの回答である。もちろんその他の点でも、大学で活動する歴史家の論考のほとんどは、こうしたテーゼの有効性を立証するものではない。

92 Rüdiger Proske, Wider den Mißbrauch der Geschichte deutscher Soldaten zu politischen Zwecken. Eine Streitschrift, Mainz 1996; 増補版としては、ders., Vom Marsch durch die Institutionen zum Krieg gegen die Wehrmacht. Zweite Streitschrift wider den Mißbrauch der Geschichte deutscher Soldaten zu politischen Zwecken, Mainz 1997.

93 議論を呼んだプロスケの二番目の本のタイトル。

94 どうやら、主に一九七〇年代・八〇年代に取り組まれた、かの批判的軍事史研究のことを指しているらしい。

95 Hochedlinger, Kriegsgeschichte, S. 46.

第三章　息の詰まるような場所での研究
——東ドイツ時代の軍事史研究についてのコメント

ユルゲン・アンゲロウ　柳原伸洋訳

ドイツ民主共和国（以下、東ドイツまたは東独）が終焉しドイツが再統一された一九九〇年からの約一〇年間、東ドイツの軍事史研究に評価をくだすのは東ドイツの歴史家なのか、西ドイツの歴史家なのかという問題はおよそ議論に上らなかった[1]。なぜなら、東ドイツ人は、国民の過半数に建国当初はおおむね受け入れられ、生活の規範とされていた社会主義という構想の挫折に直面した際に、もはや批判的な距離を保てなくなっており、個人的にも社会的にも混乱状態に陥ったからである。私も同じ経験をしたひとりである。そして、この社会構想は、さまざまな思想やイデオロギーそして歴史像をも含んでいた。では、東ドイツの軍事史研究についての東独研究者の発言は、西ドイツの同業者の発言といったい何が違うというのだろうか。心の動揺を経験したかしないかの相違を別にすれば、それはおそらく組織内部者のもつ批判的視座ということになろう。ただし、私と同世代の歴史研究者が、その批判的な視座をもつのは難しい。というのも、「転換（ベルリンの壁崩壊とドイツの再統一）」前の研究キャリアのなかで、現役として内部を観察したり、経験を積んだりできた時間は、私の場合にはたった一年にすぎず、あまりに短いものであったからである。本論もまた、東ドイツ軍事史研究所（以下、ＭＧＩ）だけの言及にとどまり、軍事アカデミー、大学の講座、そして軍事博物館のように、東ドイツ時代に多かれ少なかれ軍事史に携わっていた施設には触れていない。また、内部事情の知見については、ほとんどそれをフォローしておらず、せいぜい批判的な省察について触れた程度である。

他方で、より高齢の世代の東ドイツの歴史家も、その種の知見をもはやもちあわせていないか、もしくはごく限られた情報をもっているかにすぎない[2]。そしてこれは軍事史家だけではなく、歴史家という職業集団そのものにもあてはまる[3]。彼らはほかの職業部門とほぼ同様に、徹底的に周辺に追いやられた。MGIとその所員に対して行われた、統一にともなう事後処理（Abwicklung）の具体的な手続きがそれを物語っている[4]。概して社会史研究者が社会転換の完遂の証だとみなし要求しているトップの交代は、MGIでも実行された。旧東ドイツの過去を克服することで、少なくともナチ時代の過去に対する取り組みの遅れは取り戻された。東ドイツ人に対する十把一絡げの責任のなすりつけや彼らの学術および政治的な過去についての徹底捜査は、西ドイツ人の良心の呵責や罪悪感コンプレックスを慰めるだけでは済まなかった。というのも、ナチ時代の過去の清算を、西ドイツ人もこれほどまでに徹底的には行ってはいなかったからだ[5]。一九九二年一月、MGI研究員たちのもとに近日中に解雇されるとの通知が届けられたとき、とある（西）ドイツ連邦軍の司令官は、「彼らは長年にわたって『赤色の光』にさらされていたわけで、そう思えば『かなり寛大』な処遇だといえる」とずけずけとコメントした[6]。多くの場合、MGI研究員は音もなくそっと去って行き、ほかの職業と比べても社会的には穏やかに解雇は実施された。にもかかわらず、このような統一のプロセスに付随したこの種の言動は苦々しい思い出を残し、それは今日でも自己反省を幾重にも邪魔している。加えて、批判することと統一のための事後処理とは重なり合っており、それが厄介だった。そこで、東ドイツの歴史叙述を批判的・軽蔑的に受け止めることもやむなしとする雰囲気もあった。つまりそれは、東ドイツ人の研究レベルの低さや重大な不足を指摘し、東ドイツで育ってきた後進の歴史研究者たちに職業的な達成や上昇の可能性を切り拓いてやるためだったのである。

これらの前提条件の下に、東ドイツ時代の歴史研究のいったい何が残されるのかという問い、よりよくいえば、その中で少しでも何かを残すのかという問いに即座に回答が与えられた。つまり、その資産や残存していた価値は何ひとつとして長く残りはしなかったのである。一九九〇年以降の統一のプロセスの中で、容赦のない発言が飛び交った[7]。これらの発言は、歴史家ギルドの中で指導者的立場にいて独占的に意見する者の多くに見受けられる。一九九二年のハノーファーでの歴史家大会に先立って、ハンス＝ウルリヒ・ヴェーラーは「ほんのわずかな例外を除いて、東ドイツの研究文献の多くは忘れ去ってもよい」と述べた[8]。東ドイツの歴史家の「圧倒的多数」は、後期スターリン主義政党の精神的奴隷として何十年にわたり身を売っており、「全くもって信頼するに足らない」とされたのだ[9]。このような意見は、そのほかの歴史家や著述家によって、嬉々として追認されていった。これらは政治的に好都合であったことから、予想通り抗議を呼び起こすことはほとんどなかった。しかしながら、慎重な意見も見受けられた。たとえば、一九九〇年一二月の歴史委員会コロキアムにおける、ユルゲン・コッカ、コンラート・ヤーラオシュ、ゲオルク・イッガース、そしてクリストフ・クレスマンの意見である[10]。

しかしその間にも、ドイツ全体の学術状況は、はっきりと不釣合いなやり方で沈静化に向かっていった。残しておく価値のある東ドイツ歴史学の部分移植はそもそも可能なのだろうかというコッカの提起した問い[11]に対する答えは、ドイツ統一を完了させる経過のなかで出された。たとえば、科学者統合プログラムのような「東の歴史家」に対する暫定的な受け皿は、しばらくすると打ち切られてしまった。そして、旧東ドイツで空いた研究ポストは割り振られることとなったが、そこで東ドイツの研究者はほんの一握りのポジションに残れたにすぎず、残った「東の教授たち」は両手の指で数えられるほどである[12]。マルクス主義的な解釈の独占状態はすっかり衰え、とくにその正統派解釈から派生した手法は凋落がとくに顕著であった。マルクス主義解釈の代わりに多元主義と競争が入り込み、そしてわずかに生き延びた東ドイツの研究者たちも、多様な方法論のなかで新たな研究の方向性を見いださねばならなかった。しかし、それらの研究手法も流行に飲まれ、硬直し、同業者間の申し合わせといった様相を呈している。しばしば見られることだが、その研究手法が学界での権力政治によって支援される場合にはとくに、だ。批判的に思考する者にとって、曖昧模糊とした「自由の幻想」が地平線に揺らぐ蜃気楼のごとく輝きを放っていた時期は短く、それはすでに過去のものとなっている。東ドイツにとっての「新しき」学問体系とは、連邦共和国では「旧き」学問体系なのだ。改革は期待外れで、学術政策を東西ドイツで統合するという試みは無駄に終わった。しかし、この失敗に対する冷めた感覚は、少なくとも問題意識を先鋭化し、その過程で生まれた成果の研究余地を新たに切り開いた。古きものが評価され、東ドイツの軍事史もまた同様であると意見できるかもしれない。

しかし、ここに大きな間違いがある。つまり、現在の無力さを、過去の業績を繕う、あるいは美化した見方に結びつけるべきではない。これは過去を認めよという要請だけではなく、事実、多数の東ドイツの歴史家が社会主義の側に立つ研究者だと自ら言明していたことが重要である。そして、さらにはその偏狭な言動までも認めていた。この言動はすでに幾重にも批判にさらされていたが、評価されるべきことは、東ドイツの歴史家は自己批判的に自らの問題に気づいていた点である[13]。確かに、歴史家は自分の政治信条を告白せねばならなかったし、幻想的ともいえる純粋な実証主義史料解釈に溺れることは許されなかった。疑念の余地なく、東ドイツの歴史家は、「精神と権力」とのせめぎあいの場に放り込まれた「社会的動物 zoon politikon」〔アリストテレスの概念〕であった。しかし、この事実を根拠にして、われわれは歪んだ相対関係を中心問題とすべきではない。ここで問題となってくるのは、学術的言説が常に政治性を帯びていたとしても、プロパガンダの要請にしたがった発言だと誤解してはならないということである。というのも、支配中枢における諸研究は致命的な知の一極集中効果を生んでいたからである。そこでは、客観性と党派性との緊張関係は歪められ、消し飛んでしまっていた。そうした緊張が、物事の真相を「冷静かつ客観的に（怒りも執着もなく sine ira et studio）」究明するという学問本来の志向をアプリオリに阻害するものではないにもかかわらず、である。とりわけ、対象との距離がうまくとれなかったり、イデオロギーに屈したりして、叙述が歪んでいる。主義信条は、歴史解釈の序や結の部分と結びついた。ここ最近しばしば例えられ、正当にも主張されているように、歴史家は、検察、判事、弁護士の役割を同時に果たすことはできないのだ。この東ドイツの歴史研究の構造は取り返しのつかない歴史意識の退化をもたらし、そして歴史の知見に対する深刻な制約を全般的にもたらし、当の歴史家たちには、自分の内面を閉ざし否定的な態度を取らせるようになった。もっとも、これはすでにして議論の余地がないものである。ただし、ここには以下の疑問が付け加えられるべきだろう。それは、全体主義的支配という条件下で、つまり広範に及ぶ社会主義統一党（以下、ＳＥＤ）体制側の要求が突きつけられるなかで、歴史家にそもそも学術的言説（ディスクルス）を述べる権利がしっかりと与えられていたのかという疑問だ。

しかし一方で、東ドイツの軍事史研究はかなり外界と隔絶した、狭い空間に押し込められた存在になってしまっていた。つまり、風通しの悪い部屋（息の詰まるような部屋）の中の存在であったということだ。このことは、あまり深く顧みられなかった問題だ。これは軍事史だけではなく、ほかの研究分野すべてにも当てはまる。この息の詰まるような空間に、全般的かつ今後にも影響する観点からメスが入れられつつある。その観点は、確かにすでにおおまかには言及されてきたが、委細にわたり、根本的に研究されてこなかった。息の詰まるような雰囲気がもたらしたものは、今まで十分に言及してきた政治的な道具化がもたらしたものに劣らず悲劇的である。明らかに両者は相互に影響を与えあっている。東ドイツ社会がもたらす不当な要求から離れ、真摯に研究を行う歴史家たちは、生活を重ねることで自閉的な行動様式を身につけるようになっていた。周縁的立場にいるので観察対象は制約されており、それゆえに研究の視野は、さらに強く制約されていく。というのも、ごく限られたトップ集団だけが、制限なく旅行することができ、「国際軍事史学会」や「軍事史博物館および武器博物館の国際学会」に参加し、西の研究仲間とも接触し、そして自身の学術的な研究テーマを相手に伝えることができた。東ドイツ時代には、史的唯物論という試験管の中での不毛な方法論上の議論や学術的に瑣末な議論による時間の浪費は、歴史研究者間の極めてシンボリックな差別構造を補完するものであった。当然ながら今日、当時用いられた表現形式は不適切だと考えられている。

ここから、四つの観点を提示しつつ、東ドイツの軍事史研究についてやや詳細に述べていきたい。さらに、これらの観点が含む発展可能性についても言及したい。この四つの観点は、構造的および個人的な限界を示してくれるだけはなく、今後の変化に関する指針をも示してくれるだろう。同時にそれらは、東ドイツでの軍事史研究という具体的な事例を超えて、新たな思考の出発点になりうるかもしれない。

第一の観点は、始まり方や見た目がよく似ているといっても、それら全てが互いに関連性があるわけではない、ということである。一見して両ドイツの軍事史研究の方法論的な区別をめぐる議論や制度上の流れがあまりにも似通っていたので、最初、人々はその点に惹きつけられた。東西ドイツ両方で、一九五〇年代半ば以降、つまり両ドイツ国家が別々の軍事ブロックに組み入れられて政治的な枠組みが固まった後に、いくつもの重要な決定が下された。すでに一九五四年の時点で、ドレスデンにおいては、かつての陸軍元帥フリードリヒ・パウルスの指導の下で「戦史研究所（Kriegsgeschichtliche Forschungsanstalt）」が設置されていた。そして、そこから一九五八年に「ドイツ軍事史研究所（Institut für Deutsche Militärgeschichte）」が生まれ、一九七二年にその名称は「東独軍事史研究所（Militärgeschichtliches Institut der DDR）」、つまりＭＧＩへと変更された[14]。連邦共和国（西ドイツ）では一九五六年に「軍事史研究部（Militärgeschichtliche Forschungsstelle）」が創設され、一九五八年一月から「軍事史研究局（Mlitärgeschichtliches Forschungsamt）」という名を冠するようになった[15]。

あきらかな時期的類似に加え、その後も東と西においてイデオロギー上の境界やその時代に結びつけられた論争以外にも、驚くほどの内容的な一致もみられた。この議論は以下の歴史家によって展開された。ドイツ語圏ではハンス・マイヤー＝ヴェルカー、ゲルハルト・パプケ、ライナー・ヴォールファイル、そしてヨハン・クリストフ・アルマイヤー＝ベック、また東ドイツではエルンスト・エンゲルベルクとハインツ・ヘルメルトといった歴史家である[16]。軍事史研究は歴史学のあらゆる研究手法を総合するような要素を含むものとみなすべきであり、そして歴史的・批判的な手法に従うべきであるという、統一的な見解が支配的であった。東ドイツの軍事事典に記載されている定義は、西でも受け入れられていたような項目で構成されている。事典には、作戦指揮、軍事政策、戦争と戦闘技術、軍隊、軍事思想、軍事技術、そして軍事史がまとめられていた。後にはさらに、軍事経済学も登場する[17]。

ライナー・ヴォールファイルが述べたように[18]、西側では少なくとも学問の自由の自律性が目指されていた一方で、東側では「学術および党の立場からの見解の統一」への要請が繰り返し掲げられていた。これは歴史的な社会構想のために、総合的かつ異論のないかたちで歴史を利用することを意味していた。これによれば、軍事史は一般的な史学研究に含まれるだけではなく、加えて――そしてそれは一種の独自性でもあったが――イデオロギー上の不変的な基盤としての史的唯物論と、階級闘争の連続としての歴史の教義に基づいていた。歴史は階級意識を高めるものであり、それははっきりと特定の目的に沿ったものであった。これは、唯一にして普遍的で真なる歴史像を所有しているという誤謬、そしてアジテーションによって効果的に伝播可能だという誤解に基づいていた。若きカール・マルクスは、理論が大衆を包み込むとしたら、理論が物質的な暴力へと転ずるだろうと示唆していたのではなかったのか[19]。この基本的な公理に関しては、東ドイツで所与とされた社会政治的な枠組み条件の下でも、根本的には何も変わらないはずであった。

しかし、プロパガンダの全能性を受け入れていたその裏では、ときおり期待を持たせるような可能性の余地が開かれていた。確かにあまりに現実的であることと、あまりに幻想的であることは等しい。それでも実際には、東西ドイツの飛躍的な歩み寄りによって、東ドイツの軍事史研究は一般史（Allgemeine Geschichte）へと接近し、同時にそれに対する問いを提示していた。永続的な緊張関係が生じていたことで、結果的に歴史研究者は一般史的な研究課題への関心を抱くようになっていた。というのも、それと比べて、政府の規約の下に進められる研究には、学術的には何の実りもないのに、多大な労力を要したのだ。加えて統制により、ドイツ労働運動史研究の「先駆的研究所」であるMGIは、さらに本質的な損失をこうむった。それは、法律によって規定されていた業務の一体性という名の下の検閲である。つまり、東ドイツ人民軍（NVA）の政治総局（Politische Hauptverwaltung）、そしてSED中央委員会（ZK）にある学術部門やZK付属のマルクス・レーニン主義研究所[20]のような党機関は、官僚主義的に監督や検閲を実行した。それらから自由な学術的研究の成果を出すためには、加えて無数の規則や服務規程に目を向ける必要があったので[21]、このごたごたの中で、そもそもどうやって何かを外に発信できるのだろうかと疑問に思える。このような特殊な状況の結果として、市民の研究機関と比較して日和見的なポジションや、理論上の議論や知見に対するはっきりと異なった受容が確認できるのである。

しかし、ただ単に構造的なハンディキャップを示すだけでは歪んだ像を提示するだけに終わり、ヴォルフラム・ヴェッテの言うように、具体的・学術的な異議を提出せずに結論を急げば、不毛な結論を生み出すだろう[22]。捕捉すると、実際には責任者の裁量次第であったし、評価の高い市井の歴史研究者の研究協力に依るところも大きかった。さまざまな方法で明らかになった事実は、『遺産と伝統』をめぐる論争において表出することになった。たとえば、エルンスト・エンゲルベルク、ハインリヒ・シェール、ヘルムート・ブライバーそしてヘルムート・ボックといったような研究仲間たちは、雑誌『軍事史』に論考を寄せた[23]。彼らによって、軍事史研究は、学術的な議論の上でも『遺産と伝統』をめぐる問題を引き受けることができたのである。同時に、さまざまな研究機関や大学機関といった研究所相互の協力や交流も常に存在していたが、MGIは軍事史研究のための「先駆的な研究所」だとみなされ、ヘルムート・オットー、カール・シュミーデル、ヘルムート・シュニッター、リヒャルト・ラコヴスキ、クラウス・ゲスナー、ノルベルト・ミュラー、そしてウヴェ・レーベルといった数人の研究者――ここではほんの数人だけの名を挙げたに過ぎない――は、真に専門的な知見の利用を享受できた。軍事史について何かを知りたければ、彼らの専門知による助言を受けることができた。

確かに、軍事史研究が発展するための条件も、東ドイツが終わりを迎えようとする時期が近づくにつれて良くなっていった。東ドイツの知識人の多くは、一九八〇年代半ば以降の自由化によって、遅かれ早かれ、より大きな可能性と発展のチャンスが到来することを読み取っていた。まさに「グラスノスチ」と「ペレストロイカ」によって、幾人かの有名な東ドイツの歴史家たちの自己理解もまた変化を遂げていった。一九七〇年代半ばに行われた「遺産と伝統論争」によって達成された歴史像の開放は、もはや再び門を閉ざすことはないかのように思われた。この議論の破壊的作用は、一九八〇年代終盤に出現した二つの大きな問題群によって明らかになった。つまり、国家的な問題の扱いが「責任共同体」に関するものへと変化してきたこと、そして従来はタブー視されていた研究分野へのアクセスが必要となってきたことにおいてである[24]。よって、『スプートニク』の禁止やクルト・ハーガーの「壁紙を張り替えたくない」という発言（「隣の家（ソ連）が壁紙を変えたからといって、自分の家も変えねばならないと思うのか」という発言を元にしたもの）に対して、多くの批判的意見が寄せられたことは驚くべきことではない。それらの批判的な意見は確かに公表されなかったが、周知のものであり、政治的な責任者に対する内側からの批判はさらに続けられていった。精神的な崩壊は、一九八九年の政治的な刷新に先行していたのである。その議論や取り組みは、非公式な社交サークルの中で行われ、歴史家もそれに参加協力した。当時交わされた議論を、オーラル・ヒストリーのプロジェクトによって再構築することは困難だが、価値のある仕事となるだろう。この希望に満ちた新たな始まりは、八〇年代後半に学んだ東ドイツの歴史家に多大な影響を与えた。多少の相違はあるだろうが、確実に何人かの軍事史研究者は有益な成果を得ることができたであろう。

第二の観点は、人が科学性について語るとき、誰もが同じことを意図しているわけではないということである。このような仕事を検証可能性と説得性という、もっともな基準ではかるのなら、残念ながら東ドイツの軍事史研究の学術的な成果は、今日、疑問に付されるべきだろう。ヴォルフガング・モムゼンによれば、関連資料が十分に検討でき、全ての歴史的データが納得できるように統合され、全ての説明が論理的に矛盾なく、そして一貫して叙述されている場合は、その歴史研究の成果と結論は、とくに間主観的に理解可能であり検証可能であるとされる[25]。だがこれに対して、東ドイツの軍事史研究では個々人の裁量が等閑視され、この時点ですでにその基本的な前提条件が欠けていた。このアクセスは表向きには可能とされていたが、実際は限定的なものであり続けた。情報流通の制限は[26]、情報収集に長時間を要するか、もしくは大きな困難があった。確かに各自は必要とする文献を入手することはできたが、気が遠くなるほどの期間、その文献の到着を待たねばならなかった。それに比べて、ソヴィエトの歴史研究の成果や、『党員』とか『統一』といった画一的なプロパガンダ雑誌は、それが必要か不要か、有益か無益かはともかく、すぐに手元に届いたのである。なぜなら、MGI職員の大多数は歴史家ではなく、実際はSED党員あるいはほかの社会科学者だったからである。しかしとくに重大な問題は、西側の公文書館へのアクセスが制限されていたことであり、若い歴史研究者は許可審査で待たされるか、旅行許可が下りずに苦しまねばならなかった。

公刊された諸研究に目を向けた場合、しばしばそこには、政治的な価値判断や信条への言及と比べて、史料批判の欠如や論理的論証の不十分さが見受けられる。プロパガンダのための「学術性と党派性の統一」はほとんどの場合、内容上かつ手法上の弱点を少なからず隠蔽している。ときにはあからさまに、ときには暗黙裡に、歴史研究は最高機関に対して配慮していた。つまり党中央委員会付属マルクス・レーニン主義研究所、権威ある委員会、そして権力者に対する配慮が研究に加えられていたのである。この恥ずべき事例は、とりわけ各論文の芝居がかった前書きもしくは要約に見られる。だが、『マルクス・レーニン主義大全』や過去の党大会決議からの引用は、独自の見解の隠れ蓑であったことも見過ごしてはいけない。だから、あまりにも多くの学術上の成果がしばしば導入の言い回しの後に隠されているのかを知れば、多くの人々は驚くことだろう。とくに一九四五年以前を扱った軍事史の出版物には、重要かつ国際的に注目すべき成果が含まれていることは注目すべきだろう。ハインツ・ヘルメルト[27]とジークフリート・ホイヤー[28]の両ライプツィヒ大学教授、そしてまたヘルムート・シュニッター[29]、ドロテア・シュミット[30]、クラウス・ゲスナー[31]、リヒャルト・ラコヴスキ[32]そしてノルベルト・ミュラー[33]といったMGI研究員たちの史料に基づいた研究が好例だといえる。

確かに、東ドイツで軍事史研究が始まって以来、軍事学的な問題は常に議論されており、これは価値ある成果といえる。この議論の牽引者たちは各部門の優れた専門家であった。だがしかし、多数の研究員の「不十分な研究成果」は無視できない。というのも、ごく一部の研究者だけ――つまりは一握りの大学教授たち――が十分な知見と包括的な知識を持ちえたからである。この人材不足は、たった数人の専門家だけでドイツ軍事史の用語事典が編まれたという事実に顕著に示されている[34]。また、軍事史のアマチュアが議事の中で研究に口出しするという混然とした、不幸で致命的な状況は、研究全体の信用を失墜させた。同様の現象は、東ドイツの歴史研究にも起こっていた。ヨアヒム・ペッツォルトは、ヴァルター・ウルブリヒトや彼の後継者のエーリヒ・ホーネッカーの個人的関心によって歴史学の重点や解釈が決められてしまっていたことをすでに指摘している。加えて、兼業歴史家であるかのように自認する影響力を持つ党の古参やプロパガンダの発信者も口出しをした。クルト・ハーガーの問題含みの業績についてはすでに触れた。ハンナ・ヴォルフもまた、政治的な音頭取りをした小集団の一員であった。この集団が存在したことで、歴史の専門家たちは教義に忠実であるように振る舞わねばならず、生きづらさを味わった[35]。

このような条件枠組みは、軍事史研究者にも当てはまった。しかし、軍事史研究の場合、ほかの専門研究とは異なった要素が付け加わった。とくに軍指導部は、さまざまな伝統準拠的な規則とはっきりとした利害関係によって歴史を道具化し、しばしば一定レベルに達していない論文を軍の内部出版物に寄稿していた。ここでは、彼らの特殊な利害を考慮する必要がある[36]。他方で、いわゆる「兵士による歴史研究」は、学術的な議論を喚起するような研究とは別のものであった。これは多くの場合、歴史学研究の素養のない士官が専門誌『軍事史』に、研究状況との関連性を示さず、実際にはテーマを埋めるためだけに論文を寄稿していたことに起因する。このことは以下の事例からも明らかになろう。それは遺産と伝統をめぐる議論の例であり、それを政治士官が独占的に学術的および出版的にも名を売ることができると考えていたのである[37]。たとえば雑誌『軍事史』の教育部門や検閲部門といった、MGI内の半ば学術的な機関そのものを考えてみれば、専門知識を欠いた干渉という憂鬱な出来事を知ることができよう。

とくに注目すべきは、東ドイツの軍事史研究者には、学術的に論争するための制度上の仕組みが全くなかったということだ。中心的な研究計画についての内々の議論の成果を、何らかのかたちで外部に発信することもほとんどなかった。その種の議論では、せいぜい「内々」に、もしくはひそひそ声の会話の中でしか、問題意識は育たなかった。そうであっても、研究上の余地が永久に閉ざされていたわけではなかった[38]。むしろ、政治的な大勢とは独立して交流がなされていた。だから、再三にわたって期待の持てる動きもあったのである。たとえば、MGIが政治総局というお目付け役とやり合ったときである[39]。ほかにも、両大戦史研究を構想した例のように、各研究グループや研究員がメディアや海外にも知れ渡るような独自の研究成果にまで到達する場合もあった[40]。そして、これは非常に困難ではあったが、いくつかのポジションでは孤立状態を解消し、少しでも諸外国にコンタクトを取ったり、協力関係を模索しようとした場合もあったのである[41]。これは全て、歴史研究の大規模な発展に密接に関係していた。そして、ここでは一九七〇年代の始まりからすでに、「新たな公明性（neue Offenheit）」、つまり「情報公開」として知られている変化が起こっていたのである[42]。八〇年代の終わりに、若い東ドイツの軍事史研究者のみならず、全体に及んだ配置換えは、刷新に対する期待を大きくふくらませた。だから、この改革はまったく絶望的なものともいえなかった。というのも、公正で目的に適った措置に期待が寄せられたからだ。

しかし、内部から変化できるという幻想も、独特の無邪気な期待もまた、戯言に過ぎなかった。

東独軍事史研究所で長年所長を務めたラインハルト・ブリュールが、彼の後半生に書いた著作物で信じようとしていたことは誤りであった[43]。これが第三の観点、つまり全員が呉越同舟ではなかったということである。あらゆる共同体は、小集団に至るまで区別や差別を経験した[44]。それぞれのシンボリックな違いは、厳格に密閉された空間の中でも類別化された。しかし、軍事史の研究施設は、その研究活動が似通っていたので、シンボリックな相違と各地域集団の相違が同列に扱われた。ただし、そこで生まれた研究成果は、各個別々に評価された。学術的に影響があるかどうかという価値基準ではなく、各自の立場に左右されていたからである。一方では、アカデミックな伝統と批判的思考、そして礼儀や個性が求められたが、他方では、強引なやり方、確実に誤解を受けないような表現、そして学術的な研究への熱心さが要求されたのである。だから、この理念上の構図は、MGIの歴史研究者たちの種類を見分けようとした場合の重要な特徴だといえる。なぜなら、確かに制服はシンボリックな違いではあったが、それは本質的な違いを見分ける基準とはならなかったからである。統一性の欠如、服装や頭髪の違反、そして市井の行動作法は、同じ研究所の中でもほかの研究者との違いを象徴的に示し、政府関係者グループとは違う集団に所属していることを示すことができたことを証明している。これに関して、部外者として、そして学術的なレベルを維持するためとして、研究所の責任あるポジションに就いた大学関係者がいたのである。それはたとえば、ゲルハルト・フェルスター、ヘルムート・シュミット、ペーター・マイスナーそしてロタール・シュレーターのような民間出身の歴史家である。確かに、彼らは自身の昇進のために制服を着てはいたが、軍人としての行動様式まで模倣した者はいなかった。他方で、軍務を引退した軍隊関係者も働いており、彼らの振る舞いはアカデミックなそれとは全く違うものだった。

このように、MGIは軍属と民間人が互いに拮抗するというデリケートな構造を持っていた。だから、制服組の軍事的な責務が民間人の研究員にも回ってくれば、それが意見交換を促進した。しかし、軍人は、軍の特別任務としても規定されていない利益や特権の多くを享受していた。他方で非軍属の研究員は、それに見合った謝礼なしに長い時間をかけて一定の業績を上げなければならなかった。それに加えて、休日返上で教育業務や見張り役もやらされた。明らかに、場当たり的に決められ、慣習化していた軍属への従属は、研究者の卑下した態度へとつながることとなった。民間の研究員の研究が、当然のように剽窃されるなど、いわば無抵抗に「吸収」されたことは、当然の帰結であった。

社会的地位は象徴そのものである。前述の根が深い精神の膠着化は、インゲンハイムにあるＭＧＩの研究室に自由の風を吹き入れる通風口を閉ざしていた。その結果、研究所が閉鎖される頃には、従順な制服組だけが事実上の責任職の座を占めており、確かに職の偏りは明白だった。だが、この現象は象徴的な振る舞いの様式によっても読み取れるのである。つまり、監視状態をあまり経験したことのない民間登用の人々には悲しい運命が待ち受けていた。彼らは、はなから出世の道は閉ざされ、業務に忙殺され、最後には自分からは進んで研究に取り組まなくなり、諦めてしまうのである。進んで研究所を去る研究者もいた。一九七二年にライプツィヒ大学に転出し、一九七九年に正教授となったヴェルナー・ブラムケ[45]、もしくは退職後に別の仕事に就けるとわかると、一九八一年に完全に退職をしたペーター・ホッホの事例である。

第四に、同じ場所にいる歴史家全員が同じ言葉を話すわけではないということである。統一的な歴史像が支配していたとしても、思考様式、概念、術語は具体的な研究と結びつき、そこには差異が認められる。そして歴史研究とは技巧ともいえる。つまり、歴史研究者の文学的表現手法も重要になってくる[46]。これは小説家と同じような自由さで叙述するということにはならないが、とどのつまり歴史研究は正確な証明よりもむしろ、相当部分が推測部分で占められているのだ[47]。歴史研究者の主観的な前提と判断が前面に出てくることはやむをえない。

しかし、下層から上層までの社会構造を明らかにするものとしての各歴史家の歴史理解は、常に、その法則性と規則性から歴史的プロセスを理解しようとする個々の見解である。このことは、理想的な社会を志向する歴史考察はすべてが陥ることだ。マルクス主義的な歴史記述も同じく、である。筆者が正当化あるいは正統化しようとすると、その書きぶりは決まりきって、全体的に自己弁護的な性質を帯びるのである。たとえば、歴史上知られた将校やその協力者を通じて軍事史を書く場合と同じように、筆者が自分自身の歴史を書く場合には、自己弁護的になる。ここで、正当化にも善し悪しがあるではないかという向きもあるだろう。しかし、まとまった公式の東ドイツ人民軍（NVA）の歴史を読めば必然的に、質の悪い研究であると断じざるを得ないだろう。構想や内容が空虚であるだけではなく、その叙述自体が、とりわけ気分を滅入らせるのである。

長期的に苦闘の時代が続いた。すでに一九六九年一二月には、NVA史編纂のための編者と著者のチームが結成されていたが、そこから成果が公刊されるまでに何年もの時間を要した。国防大臣・上級大将のハインツ・ホフマンは、個人的にNVA史編纂を重視しており、NVAの歴史は、「SEDが革命的な軍事政策を目的に沿って制度的に実現し、マルクス・レーニン主義原理に忠実であることを可視化する」点で重要であると[48]、この編纂事業の開始の際に発言していた。彼の見解によると、とりわけ軍事史の現代史的な諸問題は、とくに若者や労働者の見識を深めるのに適しているということだった。この見識によると、軍隊創設と不断の増強は、（…）国家の利益と深部でつながっており、これによって国民の防衛能力と防衛意志はさらに発展するだろうというものであった[49]。結局は、このような過大な期待がNVA史編纂事業を困難にもしていたのである。

ようやく一九八五年に出版され、そしてその二年後に改訂されたNVA史のスタンダードワークである『平和と社会主義のための軍隊』[50]を、右記の観点から見た場合、まずは内容的な焦点深度の浅さに驚くことだろう。この出版責任者であるラインハルト・ブリュールは、政治的タブーを恐れ、機密保持に細心の注意を払ったことに、このような事態に陥った原因があるとほのめかしている。すべての重要文書は西ドイツの出版物でもすでに読める状態であったにもかかわらず、ＮＶＡ史では、それを活字化することが禁じられていた。ホフマン大臣は、事態の困難さと過ちは包み隠さず書くことを了承していたが、それにもかかわらず、徹頭徹尾、ＮＶＡの軍事上の上位機関である政治総局に対する否定を匂わすような批判は見当たらない。彼らの上司は、学術的な疑いの思考とは全く無縁といえる、全く誤解のない言葉遣いによる思考法をしていた。一九八五年二月の軍事史研究所における職務会合で、新たな価値とは、「党や国家人民軍に寄与し、現在や将来の課題を解決する研究成果を提示し、それには確固としたマルクス・レーニン主義の立場が肝要」とされた[51]。一方で、自らの方が勝っていると主張する「政治諸組織」による「上層部の対立」という事情と、他方で、萎縮してしまって議論をしない MGI 指導部では、真摯な歴史研究などあり得なかった。その代わりに、党大会決議の記録は不完全にしか採録されておらず、指導的な党幹部の演説は延々と引用されていた。これは、文章と写真を用いて、東ドイツの政党と国家の指導者に向けた不快なおべっかを書き連ねたものであった[52]。ＳＥＤ党大会は、ＮＶＡの発展の画期ではとりわけ貢献したと評価された。このような完全な間違いが繰り返し登場する。たとえば、一九六八年のチェコスロヴァキア侵入が歪曲して記述されるといった事例に表れているように、資料を恣意的に選択し、あまつさえ隠蔽し[53]、そして同時代の扇動用語を注釈なしに引用したことで、同書の内容に対する不信感はさらに強まった[54]。加えて、退屈な日常の冗長な描写や顧みるほどの価値のない人物描写の誇張が周りを飾り立てていた。ＮＶＡを宣伝し、歴史的に正当化するために、伝統イメージが粗く叙述され、不要な部分は切り取られていた。このために、書籍の最初の部分には数ページ分の空きが用意されていたほどである。

ここで、この書籍の内容から離れてみれば、話し言葉や比喩表現に、顕著な紋切り型の象徴性や定型性が確認できる。各論考の深い考察は、まるで有名な「メリタ（コーヒー機器のメーカー）」の広告のように、イラストレーションで飾りたてられた楽観主義に置き換えられたのである。これはプロパガンダの中心的な重要なポイントにかかわっている[55]。つまり、軍隊と国民、士官と兵士、またはワルシャワ条約機構のパートナー同士をつなぐために重要なのだ。当然ながら、断固たる戦う意志と軍事技術の最新の成果の写真は、数多くあるカットのなかでも重要な側面を映し出している。批判的にみれば、攻撃的に書かれた扇動用語と感情が先走った言葉は、両者の矛盾を明らかにしている。つまり、一方で、一九八〇年台初頭にはすでに巡航ミサイルやパーシングの配備によって生まれた「灰色のボン人（ボンの狂人）」や「核戦争戦略」といった言葉である。それは一貫して、攻撃的な命令口調の言葉であった。また他方で、腕に子供を抱えて音楽を演奏する兵隊が登場する。「栄誉の贈り物」「栄誉の軍旗」「平和のための従事」「平和のための招集」「誇り」「警戒心」は、言葉選びの乏しさが露呈している。感情を高ぶらせるために作られた典型的な印刷物は、わかりやすさを提供していた。誰にでも理解できる簡潔な文によって、微妙な差異があり、政治的に望ましくないと思われた発言は消し去られたのである。疑問を呼び起こすような表現は問題とされたので、とくに東ドイツを相対化するような文章は、ほとんど見当たらないだろう。文体にオリジナリティを持たせることは、常に技巧主義（マニエリスム）として非難される対象となった。

NVA史という書物に対して、表立った公的な批判はなく[56]、その編者と書き手は批判的な論文をドイツ統一までは掲載を見送ってはいたが、その後は新たなコンセプトを重視したので[57]、深い自己批判、つまり自身の研究結果に対する真に納得の行く取り組みは成功することはなかった。確かに、NVAの歴史は東ドイツの軍事史研究の欠点を示す証拠として、常に引き合いに出されるだろう。ほかには、ワルシャワ条約機構内の関係性、NATOもしくは西ドイツの軍事史を主題とした研究も、恣意的な認識や時代に関連付けられたイデオロギー的な敵像認識として見なされうるだろう[58]。

東ドイツの軍事史研究は、驚異的な出版数にもかかわらず、東ドイツの歴史研究コンビナート内の脚注以外の何物でもなかった。それでもなお、東ドイツの軍事史は、その時代性を考慮に入れつつも、よりきめ細かく評価されるべきである。いずれにしても、各研究成果はむしろ、さらに距離を置くことで史料的な価値をもつだろう。しかし同時に、人間の思考物なので、過去の遺物と化したり、有効期限が切れたりすることからは免れえない。それでも、ＭＧＩの出版物リストに目を向けると、その事象からの時間的な距離がより大きかったり、イデオロギー上の関係性が希薄だったりすれば、より客観性が増した記述となっていた。つまり、明らかに質的に求められる水準もより高くなっていたのである[59]。すでに何回か言及し、いくつかの事例を提示してきたように、近世史、一九世紀、もしくは両大戦の研究分野の成果は現代史の研究成果と同一視はできないだろう。もしそこにもまたイデオロギー上の仕掛けがあったとしても、である。よって、東ドイツの歴史研究成果を扱う場合には常に、それぞれ個別に判断を下すべきであり、そしてその際には不明な箇所と執筆の経緯について、より多くの注意を払わねばならない。本稿では詳しくは立ち入れないが、これは西ドイツの諸研究を考察する場合にも当てはまるだろう。

事実上、「西ドイツ人」のために「東ドイツ人」の経験を転移する必要がひょっとしたらあるかもしれないが、私はこれに対して懐疑的である。その場合には、ただお互いの気持ちや認識パターンを交換するだけではなく、東ドイツが持っていた不寛容さや悪い特性のどの部分が、その体制以外の面で作用したのかについて考えることは避けて通れないだろう。閉鎖性や息苦しさは、他の場所にだって存在する。研究の風通しをよくしたり、効率化を進めたりすることは、常に有効な方法であるとは限らない。そして、だからこそ東西ドイツに共通した欠落部分を見いだそうとするならば——基本的な社会政治システムの相違を超えて——象徴的・非言語的な対象を含めて考察すべきだったのである。

1 ここでの問いかけに関する私の見解は、すでに以下の論文で言及した。Jürgen Angelow, Zur Rezeption der Erbediskussion durch die Militärgeschichtsschreibung der DDR, in: MGM 52 (1993), S. 345-357. また、これに関連して、Angelow, Geschichtsschreibung und Traditionspflege. Zur Scharnhorst-Rezeption in der DDR, in: Eckhardt Opitz (Hrsg.), Gerhard

Scharnhorst. Vom Wesen und Wirken der preußischen Heeresreform. Ein Tagungsband, Bremen 1998, S. 163-184を参照のこと。

2 当事者たちの視点からは、東ドイツの歴史叙述について自己批判的な省察もあるが、しかしあきらかに相対化傾向の強い考察である。Reinhard Brühl, Politik und Militärgeschichtsschreibung in der DDR, in: Potsdamer Bulletin für Zeithistorische Studien 13 (1998), S.23-26; Hans-Joachim Beth/Reinhard Brühl/Dieter Dreetz (Hrsg.), Forschung zur Militärgeschichte. Problem und Forschungsergebnisse des Militärgeschichtlichen Instituts der DDR, Berlin 1998を参照。

3 旧東ドイツの歴史家たちの長き沈黙の原因となった個人的な精神状態やほかの事例に関しては、Joachim Petzold, Politischer Auftrag und wissenschaftliche Verantwortung von Historikern in der DDR, in: Karl Heinrich Pohl (Hrsg.), Historiker in der DDR, Göttingen 1997, S.94-112, とくにここではS.94-97を参照。

4 一九八九年一二月の最初の人員削減の後、軍事史研究所には所長が一人、士官が一三人、民間の歴史研究者が四六人、そして補佐員が四七人いた。一九九〇年一〇月三日までに、所長一人、士官八人、民間の歴史研究者三二人、そして補佐員が三五人となった。再統一の後に、神経を消耗させる恐怖と約束の交代劇（訳注：「悪魔の恐怖と約束」はヴァルター・ベンヤミンの言葉）が続いた。ついに連邦国防省は軍事史研究所の事後処理を決定し、職員を解雇することを決めた。一九九二年一二月一〇日に、まだ働いていた二八人の研究者、八人の事務補佐職員そしてすでに退職した職員の解任式が催された。八人の歴史家は短期契約を結び、そのうち三人がまだ軍事史研究局（ＭＧＦＡ）で働いている。Dieter Dreetz, Das sanfte Ende des MGI, in: Beth ほか, Forschungen, S.293-308を参照。

5 Karl Heinrich Pohl, Einleitung: Geschichtswissenschaft in der DDR, in: ders., Historiker, S.5-27, を参照。ここはS.16を主に参照。一九九八年にフランクフルト・アム・マインで開催された歴史家会議大会での一九四五年以降のドイツの社会史叙述におけるナチの影響（過去との連続性）とその立役者の関わり合いは、本稿にとってもとくに深く影響を与えている。

6 Dreetz, Ende, S.303.

7 Armin Mitter/Stefan Wolle, Aufruf zur Bildung einer Arbeitsgruppe unabhängiger Historiker in der DDR, in: Berliner Debatte Initial Heft 2 (1991), S. 190 fを参照。

8 Hannoversche Allgemeine Zeitung, 18. September 1992.

9 Hans-Ulrich Wehler, Selbstverständnis und Zukunft der westdeutschen Geschichtswissenschaft, in: ders., Die Gegenwart als Geschichte. Essays, München 1995, S. 202-214, ここでは二一二頁を参照。

10 Veröffentlicht in: Berliner Debatte Initial Heft 2 (1991), S. 114-141.

11 Jürgen Kocka, Die Geschichtswissenschaft in der Vereinigungskrise, in: ebd. S. 132-136, ここでは一三四頁を参照。
12 Pohl, Einleitung, S. 21を参照。
13 Brühl, Politik, S. 23を参照。
14 詳しくは、Reinhard Brühl, Zum Neubeginn der Militärgeschichtsschreibung in der DDR, in: MGM 52 (1993), S.303-322を参照のこと。この箇所は、同論文の三〇五頁から引用。
15 Rainer Wohlfeil, Militärgeschichte. Zu Geschichte und Problemen einer Disziplin der Geschichtswissenschaft (1952-1967), MGM 52 (1993), S.323-344, ここでは、三二七頁を参照。
16 西ドイツの状況に関しては Hans Meier-Welcker, Über die Kriegsgeschichte als Wissenschaft und Lehre, in: Wehrwissenschaftliche Rundschau 5 (1955), S.1-8; ders., Entwicklung und Stand der Kriegsgeschichte als Wissenschaft, in: ebd. 6 (1956), S.1-10; Gerhard Papke, Die Aufgaben des Militärgeschichtlichen Forschungsamtes. Probleme militär- und kriegsgeschichtlicher Forschung, in: Wehrkunde 10 (1961), S.642-645; Rainer Wohlfeil, Wehr, Kriegs- oder Militärgeschichte?, in: MGM 1 (1967), S.21-29を参照。オーストリアの状況に関しては Johann Christoph Allmayer-Beck, Die Militärgeschichte in ihrem Verhältnis zur historischen Gesamtwissenschaft, in: Österreichsche Militärische Zeitschrift 2 (1964), S.97-105を比較参照。東ドイツに関しては Ernst Engelberg, Zu den Aufgaben der Militärgeschichtswissenschaft der DDR im Lichte des nationalen Dokuments, in: Zeitschrift für Militärgeschichte 1 (1962), S.8-23; Heinz Helmert, Militärgeschichte und Nationalgeschichte, in: Neues Deutschland, 11. August 1962を比較参照。
17 Walter Rehm, Militärgeschichte in der Deutschen Demokratischen Republik, in: Vorträge zur Militärgeschichte. Bd.6: Militärgeschichte in Deutschland und Österreich vom 18. Jahrhundert bis in die Gegenwart, hrsg. vom Militärgeschichtlichen Forschungsamt, Bonn 1985, S.162-182, ここでは一六三頁を参照。
18 Wohlfeil, Militärgeschichteを参照。
19 Karl Marx, Zur Kritik der Hegelschen Rechtsphilosophie. Einleitung, in: Marx-Engels-Werke (MEW), Bd. 1, Berlin 1970, S. 385を参照。
20 SED中央委員会の学術担当部局はクルト・ハーガーが率いており、彼の歴史研究に対する気まぐれな干渉は評判が悪かった。古参のスターリン主義者ハーガーは、ゴルバチョフとは逆に東独でのあらゆる社会変化を否定した。彼自身は出版への抑圧、そして出版の検閲そして解除に個人的に責任を負っていた。また、彼は常に新たな改定を命令した。党中央委員会の部局とは反対にマルクス・レーニン主義研究所では新たな発想の兆しが見られていた。遅くとも一九八八年のハーガーとの論争以降、一枚岩の機関ではなくなっていた。Petzold, Auftrag, S. 95-99 を参照。

21　ラインハルト・ブリュールの情報によると、以下の命令は拘束力を持つ性質を有していた。Die Forschungsordnung vom 3. Mai 1982 (Nr. 039/9/001), die MGI-Ordnung vom 4. Januar 1983 (Nr. 039/9/100), die Dienstvorschrift über Wachsamkeit und Geheimhaltung vom 1. Dezember 1977 (Nr. 010/0/009), die Dienstvorschrift über Geheimnisschutz in der Militärpublizistik vom 1. August 1979 (Nr. 010/0/012), die Ordnung über die Militärzensur der NVA vom 14.Juli 1972, die Presseordnung vom 10. März 1983 (Nr. 030/9/012), die Publikationsordnungvon 10. November 1975 (Nr. 030/9/002) sowie die Urheberrechtsordnung der DDR vom 19.April 1966. Brühl, Politik, S. 36.

22　本書のヴェッテの論文を参照。

23　Zu Wirkungen und Grenzen der preußischen Reformen, in: Militärgeschichte 22 (1983), S. 189-206.

24　とくに、一九八八年と八九年におけるＳＥＤとＳＰＤの歴史家たちの議論による交流の中で、これまで国家的な問題におけるはっきりとした見解が、ＳＥＤの歴史家集団内部で修正された。この急激な意識変化は、一九八九年に東ドイツの歴史家で幾分の動揺の原因、いわゆる「白い汚点（訳注：体制に不都合な歴史を消し去ること）」をめぐる議論によって明らかとなった。Angelow, Rezeption, S. 357 を参照。

25　Wolfgang J. Mommsen, Gesellschaftliche Bedingtheit und gesellschaftliche Relevanz historischer Aussagen, in: Eberhard Jäckel/Ernst Weymar (Hrsg.), Die Funktion der Geschichte in unserer Zeit, Stuttgart 1975, S. 208-224, hier S. 222.

26　この事例としては、いわゆる「有害なスーツケース（Giftkoffer）」が挙げられよう。この中には、西側の新聞や軍の定期刊行物が入っており、ＭＧＩでは、管理職やＮＡＴＯ担当の研究員の間だけで出回っていた。

27　Heinz Helmert, Kriegspolitik und Strategie. Politische und militärische Ziele der Kriegführung des preußischen Generalstabes vor der Reichsgründung (1859-1869), Berlin 1970; Heinz Helmert, Militärsystem und Streitkräfte im Deutschen Bund am Vorabend des preussisch-österreichischen Krieges von 1866, Berlin 1964 を参照。

28　Siegfried Hoyer, Das Militärwesen im deutschen Bauernkrieg 1524-1526, Berlin 1975 を参照。

29　Helmut Schnitter, Volk und Landesdefension. Volksaufgebote, Defensionswerke, Landmilizen in den deutschen Territorien vom 15. bis zum 18. Jahrhundert, Berlin 1977; Helmut Schnitter/Thomas Schmidt, Absolutismus und Heer. Zur Entwicklung des Militärwesens im Spätfeudalismus, Berlin 1987 を参照。

30　Dorothea Schmidt, Die preußische Landwehr. Ein Beitrag zur Geschichte der allgemeinen Wehrpflicht in Preußen zwischen 1813 und 1830, Berlin 1981 を参照。

31 Klaus Geßner, Geheime Feldpolizei. Zur Funktion und Organisation des geheimpolizeilichen Exekutivorgans der faschistischen deutschen Wehrmacht, Berlin 1986 を参照。

32 Richard Lakowski, U-Boote. Zur Geschichte einer Waffengattung der Seestreitkräfte, Berlin 1989 (Dritte Auflage, zuerst 1985); ders., Deutsche U-Boote geheim 1935-1945. Mit 200 bisher unveröffentlichten Dokumenten aus den Akten des Amtes Kriegsschiffbau, Berlin 1991 を参照。

33 Norbert Müller (Hrsg.), Die faschistische Okkupationspolitik in den zeitweilig besetzten Gebieten der Sowjetunion (1941-1944), Berlin 1991 を参照。

34 Wörterbuch zur deutschen Militärgeschichte, 2 Bde., Berlin 1985. Die Projektleitung und wissenschaftliche Bearbeitung lag in den Händen von K. Schützle, G. Förster, U. Freye, E. Heidmann, R. Lakowski, N. Müller, T. Nelles, H. Otto, K. Schmiedel und H. Schnitter を参照。

35 Petzold, Auftrag, S. 98-100 を参照。

36 Angelow, Rezeption, S. 352-353 を参照。

37 ebd., S. 356 を参照。

38 この点に関しては、本書のヴェッテの論文を参照。

39 Brühl, Politik, S. 34 を参照。

40 Helmut Otto, Schlieffen und der Generalstab. Der preussisch-deutsche Generalstab unter der Leitung des Generals von Schlieffen 1891-1905, Berlin 1966; Fritz Klein u. a. (Hrsg.), Deutschland im ersten Weltkrieg, 3 Bde., Berlin 21970; Helmut Otto/Karl Schmiedel, Der erste Weltkrieg. Militärhistorischer Abriß, Berlin 41983; Der erste Weltkrieg. Dokumente, ausgewählt und eingeleitet von Helmut Otto und Karl Schmiedel, Berlin 41983; Wolfgang Schumann u. a., Deutschland im zweiten Weltkrieg, 6 Bde., Berlin 1974-85; Gerhard Förster, Heinz Helmert, Helmut Schnitter: Der zweite Weltkrieg. Militärhistorischer Abriß, Berlin 1972; Der zweite Weltkrieg. Dokumente, ausgewählt und eingeleitet von Gerhard Förster und OlafGroehler, Berlin 1972. Sehr nützliche Ergebnisse auch aus dem Bereich der Akademie der Wissenschaften findet man bei Dietrich Eichholtz, Geschichte der deutschen Kriegswirtschaft 1939 bis 1945, 3 Bde., Berlin 1969-96 を参照。

41 たとえば、高位の委員会から出版を邪魔されるという問題があった。これは東ドイツの歴史家の論文、いわゆる第二次世界大戦に関する「エリートの叢書」に名前が見られるようなＭＧＩの歴史家の論文も同様の目に遭った。Das Vorwort von

Martin Broszat, in: Martin Broszat/Klaus Schwabe (Hrsg.), Die deutschen Eliten und der Weg in den Zweiten Weltkrieg, München 1989を参照。

42 Georg Iggers, Geschichtswissenschaft und autoritärer Staat. Ein deutsch-deutscher Vergleich (1933-1990), in: Berliner Debatte Initial Heft 2 (1991), S. 125-132, hier S. 128.

43 ラインハルト・ブリュールは、好んで「私たち」という語を用いた。彼は、MGIの同僚たちが国への忠誠と希望を持って生活していたと徹頭徹尾、考え続けたのである。さらに、彼は、東ドイツの政治に関して、必ずしも各事例で同一ではないが、原則的には一致した見解があることと、公式な社会政治的な目的を強調している。おそらく彼は、彼の同僚とはいくつかの論点で見解が対立していた。というのも、彼らの議論は彼らの国の政治的潮流を完全に不変のものであるとは見なしていなかったからである。ブリュールは、彼の知人の東ドイツ歴史家の全てを「確信犯」だと分類し、それに対して反対意見が出されていた。Brühl, Politik, S. 25-26 u. S. 29を参照。

44 Pierre Bourdieu, Klassenstellung und Klassenlage, in: ders.: Zur Soziologie der symbolischen Formen, Frankfurt/M. 1994（第五版）, S. 42-74を参照。

45 Werner Bramke, Freiräume und Grenzen eines Historikers im DDR-System. Reflexion sechs Jahre danach, in: Pohl, Historiker, S. 28-44, ここでは三九頁を参照。

46 Georges Duby, Guy Lardreau, Dialogues, Paris 1980, S. 50を参照。

47 Gordon Leff, History and Social Theory, London 1969, S. 97を参照。

48 Heinz Hoffmann, Sozialistische Landesverteidigung. Aus Reden und Aufsätzen, 1967-1970, Berlin (Ost) 1971, S. 901-902.

49 Ebd.

50 Armee für Frieden und Sozialismus. Geschichte der Nationalen Volksarmee der DDR, von einem Autorenkollektiv unter Leitung von Reinhard Brühl, Berlin 1987（第二版）. 同書の著者は、ヴォルフガング・アイゼルト、ギュンター・グラーザー、カール・グレーゼ、ヴィルフリート・ハーニッシュ、ハンス・ヘーン、クラウス＝ペーター・マイスナー、そしてハインツ・エッケルである。

51 Rede des Chefs der Politischen Hauptverwaltung (PHV), Generalleutnant Ernst Hampf, 22. Februar 1985, in: Hampf-Reden (Protokolle in der Bibliothek des MGFA).

52 同書内には、三〇枚のエーリヒ・ホーネッカーの写真が用いられている。

53 たとえば、長年にわたり政治総局の局長であった、ヴァルデマール・ヴェルナー海軍大将の演説の改変の事例がある。それは当時の言葉遣いによって調整され、出版のために一九七〇年代中盤の党の語彙に合わせて作られたものであった。

54 比較参照として、チェコスロヴァキアを巡る事件の誤った記述がある。Armee für Frieden und Sozialismus, S. 368-376, hier S. 371. ヴィルフリート・ハーニッシュは、NVAの歴史記述に関する最初の批判的なコメントに関するごく短い論考を書いた。Wilfried Hanisch, Militärgeschichtswissenschaft im Erneuerungsprozeß. Ansätze einer Neuorientierung der Militärhistoriker der DDR auf einem Kolloquium Anfang 1990, in: Beth u. a., Forschungen, S. 261-292.

55 ここでは例として、唯一書かれた事例を紹介しておきたい。NVAの将軍たちは兵士との対話の中で、お互いがパートナーであることを演出した。しかし、実際にはそのようなことはなく、そこでは緊急事態となれば各国人民のために出動し、「軍事的友国」との間の数多くの心からの交流といった絵に描かれたような理想像が持ち出されたのである。Armee für Frieden und Sozialismus, S. 152, 157, 356, 408, 421, 533, 589-592, 645, 723, 737 を参照。

56 本論文の執筆者は、第八回東ドイツ歴史家会議において、東ドイツの軍人教育の高等教育機関の代表者を褒め称えることを止めるように主張し、そのような形式での軍事史研究に関する対話の可能性について、議論の出発点に関する疑問を投げかけた。Arbeitskreis „Militärgeschichte der DDR und Geschichte der NVA“ auf dem VIII. Historiker-Kongreß der DDR, Kommentar, in: Militärgeschichte 28 (1989), S. 381-392, ここでは三九〇頁を参照。

57 Militärgeschichtswissenschaft im Erneuerungsprozeß. Probleme der Forschung und Lehre, in: Militärgeschichte 29 (1990), S. 204-206, ここでは二〇五頁を参照。

58 自己批判との隔たりについては、Lothar Schröter, Forschungen zur Militärgeschichte der NATO und der BRD in den 70er und 80er Jahren, in: Beth u. a., Forschungen, S. 189-211 を参照。

59 クリストフ・クレスマンによれば、東ドイツ歴史学の一般的傾向として、時間的に現代に近づいたり、党派的な利害とより強く結びついている場合は、その研究の質は悪くなるとされている。これは、軍事史研究にも当てはまる。Christoph Kleßmann, DDR-Historiographie aus bundesdeutscher Sicht, in: Berliner Debatte Initial Heft 2 (1991), S. 137-141, を参照。ここでは一三八頁を参照。

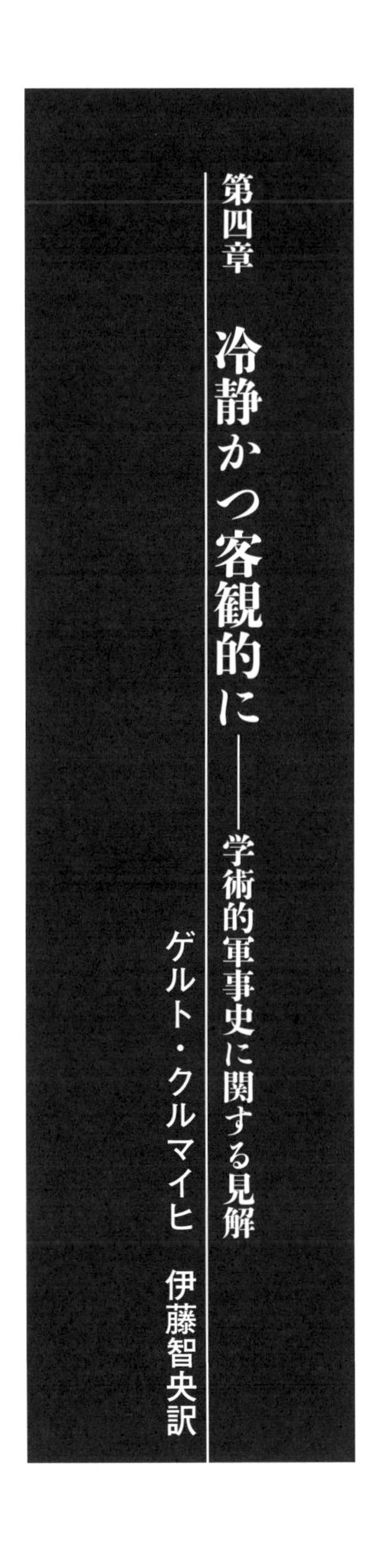

第四章　冷静かつ客観的に——学術的軍事史に関する見解

ゲルト・クルマイヒ　伊藤智央訳

「我々は、全き真実を常に探求してそれを言葉にする誠実なる努力を力の限り行わなければならない」

フリッツ・クライン[1]

誰がどのような目的で軍事史を行うのか。この問いに対する回答は、二〇年前には依然としてとても簡単なものであったであろう。すなわち、軍機関とその付属研究機関が、——これはドイツに限ったことではない——伝統の維持のためや、歴史的な経験を場合によっては利用するという観点の下で、軍機関と軍事関連の事象の歴史、その中でもとりわけ戦争に取り組んでいた。他方で、この機関の外に立ち、公式の「軍事学」や戦史を批判的に問い直すことに自らの職責を見いだした個々の研究者が常に存在していた。その中間形態、たとえば、軍事史研究局（Das Militärgeschichtliche Forschungsamt, ＭＧＦＡ）（二〇一三年に連邦軍軍事史・社会科学研究所（Das Zentrum für Militärgeschichte und Sozialwissenschaften der Bundeswehr: ZMSBw）へと統合された）や、部分的には民間志向の同研究所職員の事例についてここで詳しく立ち入ることはしない[2]。

この状況はここ二〇年間のうちに著しく変化した。制度史、社会史、心性史の枠組みのなかでの軍事史的なテーマは、今日では完全に一般史のテーマとなった。軍事史の有する重要性ゆえに、それを軍人のみに委ねてしまうことはできないという合意が、――軍の側でも――芽生えかけているのは明白である。けだしこれは、「市民社会」が実際に広がっている最も重要な兆候の一つかもしれない。軍事史を市民の側から取り込むチャンスが今日ほど大きかったことは、いまだかつてなかった。我々は、軍事史と戦史を一般史へと場合によっては統合する途上にいるのかもしれない。以下の考察では、そのような統合の可能性、障害、限界を略図的に描くことを意図している。

我々は、軍事史が軍事への応用という固有の伝統を重荷として依然背負っていることを見逃してはならない。軍事史は数百年もの間、応用志向の学問であった。今日の軍が職業軍へと明らかに回帰しようとしていることに応じて、そのような再専門化のもつ客観的な危険性を考慮する必要がある。この危険性は、学問上において新たな隔離的状況が生じるかもしれないということにとりわけ存在している。それが詳細にどのような類いのものであるのかに関して、我々はまだ予測さえできない。この理由からも、ドイツにおける政軍関係のバランスが比較的取れているという現在の好機を利用して、学問的方法や学問における態度の定着を図ることが重要な課題である。そしてこの定着によって、軍事的に束縛された研究者と「文民的」な研究者の間での可能な限り広範な相互交流が可能となる。多様な学術的歴史叙述、および理論や実践において同等に至当といえるさまざまな理論的試みや方法を軍事史にも今日導入する、他に類を見ない好機が存在している。軍事目的を念頭においた応用志向という軍事的パラダイムから離れることを促進する必要もある。しかしそれは、文民による軍事史・戦史叙述において、深掘型学問という体系的な自己理解が断念できるときに限って、長期にわたって確かに可能となる。この視点は、客観性と党派性の関係という比較的包括的な問題を提起しているわけではない。歴史的な解釈と批判は、間主観的な検証可能性という方法上の要請に従わなければならない。「党派性」が不可避、または学問的に生産的でさえありうるのか、そしてそれはどのようにして可能であるのかということはまだ議論されねばならないであろう。

今日の歴史学全般における奇妙な点の一つとして、「党派性」という問題がほとんど提起されていないということがある。党派へのイデオロギー的な肩入れの高揚は姿を消し、それと入れ替わりに演習といった大学空間において、落ち着き払った議論から始まり、立場拘束性（Standortgebundenheit）についてたとえば「そのイデオロギー的な背景を批判的に問」おうと試みることさえほとんどない雰囲気と考え方が現れた。学問の客観的な進歩を担っていた、国民という市民〔社会〕の最終目的は、二〇世紀のナショナリズムの中で爆発してしまい、世界革命という社会主義の最終目的は、社会主義が実際の世界で消滅してしまったことによって一旦は命脈を絶たれた。したがって北半球において、歴史に対する党派性は歴史学やその批判能力にとっての意義を失った。

学問の要求は今日でもなお、客観性に関するマックス・ヴェーバーの批判に沿うことができ、そしてそれは必要であると私は考える。それより広がりを見せるものではないが、研究の現場において極めて重要なのは、歴史的解釈学に対する問いである。心性史研究は戦史の領域においても今日普及したため、我々が古い争点を新たに議論することは意義をもちうる。一九七〇～一九八〇年代には――たとえばトーマス・ニッパーダイによって――「解釈学的」方法が要求されたが、それは、たとえば理論やモデルへの厳密な志向によって、歴史〔学〕をそれまでよりもいくらかより厳格な学問にしようとした「ビーレフェルト学派」といった〔研究〕方法において当時進歩的であった流れに対抗するものであった[3]。しばしば深く考えることもなくなされた客観性への伝統的な要求に対して、人文科学のあらゆる営為がもつ立場拘束性を明らかにし、「認識と関心」（ハーバーマス）の結びつきを学問的に生産性のあるものにすることも重要であった。学問的な作業における視点と立場拘束性に関することの見識は、今日では誠実な歴史家の共有財産であり、批判的な学問と歴史主義の間に見られたかつての二極性は克服されたと考える。解釈という問題は〔今や〕、心性史の枠組みの中で新しく提起される。すなわち、立場拘束性〔の批判的考察〕と明確な理論は、歴史への解釈技術と正反対の位置にはもはやいないのである。

この一般的な問題提起は、もちろんまさしく今日の軍事史・戦史家にとって特別な重要性を有している。「心性」の枠組みの中での解釈学的問題や、それと批判的な歴史〔叙述〕との関係を表現することが一度でも試みられた事例を私は知らない。[4] これに関していくつかの暫定的な考えを以下で述べることにする。軍事史のもつ「応用的な性格（applikatorischer Charakter）」に関する問題提起が体系的に、そして歴史的な形で中心となる。今日ではほとんど知られていない「応用的（applikatorisch）」という人工的な言葉は、何百年もの伝統を有している。この言葉はとくに一八、一九世紀に軍事領域における「応用志向（anwendungsorientiert）」の学問（この言葉が、今日の学問用語の中では正確に合致している）を表現していた。作戦行動、進軍、戦闘の歴史は、それらのさらなる向上に役立てられねばならなかった。戦争というものが「機械」として構想され、部隊行動の均衡が保たれ、体が自動的に動くようになるまで〔兵士が〕銃の装塡を覚え込んでいた場合には、戦闘での運は計算可能に思われた。

絶対主義の時代にフランスから始まった戦争の学問化、およびこの時代の軍事的に重要な技術革新が、次第に進行していく軍隊の専門化――それには「軍事学」も関与した――にどのようにしてつながったのかを、マイケル・ハワードは描いた。当時の理論家の見解によれば、「機械」の性格をますます帯びることが軍に求められた。それに加えて、フリードリヒ大王の時代には、戦争指導は特別な技術でありチェスの一つの変化形であるという説がますます興隆していった。軍事史はこの前提条件の下で自立し、専門的な軍人および彼らに任用された研究者の秘教的領域となった。[5] ヒュー・ストローンは絶対主義期の「軍事学」の基本原則を次のように理解した。基本原則の中でもとくに攻勢の優位、敵の不意をつくこと、決定的な場所での部隊の集中、機動性、戦争計画の単純明快さ、命令〔系統〕の統一性、およびとくに戦闘士気が重要であった。一八世紀後半の専門化した軍隊は、過去の戦争の研究を要求し、そして促進し、「歴史の教訓」を体系的にさらに発展させようと試みた。[6] あらゆる批判的な軍事史・戦史はこの応用性、すなわちこの戦争学がもっている極めて教育的な意図を――政治的、イデオロギー的な立場に関係なく――振り払う必要がある。

クラウゼヴィッツにおいては、哲学的な解説や概念化による整理、当時の軍組織への批判が見受けられる。戦争を「暴力行為」へと哲学的に還元する以上に、根本的、そして急進的な批判が現れることは一度となかった。「戦争とはつまるところ拡大された決闘以外の何ものでもない。われわれは戦争を無数の個々の決闘の統一として考えようとするものであるが、その場合二人の格闘者を思い浮べてみるのが便利であろう。いかなる格闘者も相手に物理的暴力をふるって完全に自分の意志を押しつけようとする。その当面の目的は、敵を屈服させ、以後に起こされるかもしれぬ抵抗を不可能ならしめることである。つまり戦争とは、敵をしてわれらの意志に屈服せしめるための暴力行為のことである」[7]

その際、クラウゼヴィッツは完全に「応用的な」考えを抱いていた。プロイセンを健全にし、そしてナポレオンの挑戦に抵抗する、つまり「武装した民衆」というナポレオン的要素を総じて受け入れ、新しい大衆軍のもつ愛国的な団結性に賭けるという観点から、彼は当時の戦争と軍エリートの行動を観察した。クラウゼヴィッツ解釈の中ではしばしば、彼の哲学的な批判の急進性が見落とされ、とくにその保守的で「(現状)維持的な」側面がテーマにされた。確かにクラウゼヴィッツはプロイセン将校として、自らの軍事的、貴族的な環境からくる習慣や価値観に極めて当然のことながら囚われていた。これは、戦争を政治の手段とする章においてとくに、たとえば戦争の緩和について述べられているときに感じられる[8]。ここで彼は全体として、「(現実の)戦争がその概念通りに首尾一貫したものでも、極端にまで力を押し進めるものでもなく、中途半端なもの、自己矛盾を含むものであること、戦争そのものがそれ自体の法則にだけ従うことはあり得ず、ある全体の一部と見なされねばならないこと、そして、この全体がすなわち政治そのもの以外の何ものでもないということ」[9]を指摘している。

クラウゼヴィッツの試みがもつ二つの顔――急進的で哲学的な批判と、保守的で、軍に忠実な応用術――は、

(兵営や士官クラブから作戦行動の計画や戦争指導にいたる)軍社会とその行動形態をいわば内部から批判することがどれほど難しいのかを感じさせる。しかし決定的なのは、クラウゼヴィッツが、戦争は技術的な事柄であり、それゆえ戦争の技術者に委ねることもできるという神話と決別したことである。彼は、政治的なるものの優位を強調する中で、戦争計画を軍人に描かせることに対してはっきりと警告しただけではない。彼はさらに一歩踏み込んで、戦争を、社会——その状況からのみ戦争の具体的な形態が理解可能である——のもとに連れ戻した。

方法に関するこの洞察の結果は、今日の学術的軍事史・戦史の基礎となっている。批判的な軍事史は、基本的にはまさしくこの認識、すなわち社会全体にとっての重要性ゆえに戦争と軍事セクターが、思考と行動において軍事的な目的合理性だけに委ねられてはならないという認識にとくに基づいている。クラウゼヴィッツの見解が軍事理論および軍事史に関する考えにとって革命的であったとしても、しかしそれは、彼の認識が旧来の応用志向を真に克服したことを意味しているわけではない。すでに示したように彼自身において、哲学的な洞察とは分離した形で「応用的な」考えが軍事政策に関する保守的な見解と結びついてもいる。一八二〇年代から一九四〇年代までのポスト・ナポレオン期の「反動」〔体制〕は、ドイツにおいてもフランスにおいても、すなわち最も発展した軍事システムと軍機構が備わった両国において軍事責任者に、社会革新を目指すあらゆる精神の息の根を止めさせた。確かに当時の著しい技術進歩は、たとえば鉄道を使った作戦計画立案のために保守的な軍人にも熱心に利用されたが、軍事政策と社会との関係に関するクラウゼヴィッツの見解を体系的に受け入れることを認めるような新しい試みが「軍事学」の機構の中で存在することは決してなかった[10]。たとえば軍事史に関する研究と批判を、飛躍的な発展と近代化の只中にあった、歴史という専門領域の枠組みの中で行うことがわずかにでも試みられることはなかった。政治的、保守的な理由から、陸軍は市民社会に対して広きにわたって隔離されたままであった。すなわち陸軍はプロイセン貴族の飛び地であり続け、そして軍事学も同様に隔離されたままであった。

この所見は、「軍国主義的な」プロイセン・ドイツにだけ当てはまるわけではない。一九世紀のフランスにおいて軍は、ラウル・ジラルデが古典的に表現したように、まずは貴族社会の、そしてその後はナポレオンの新軍事貴族の、さらには――一八八〇年代以降――とくに大衆迎合的な将軍で戦争大臣であったブーランジェが「ドイツへの」「報復」のために促進した新しいナショナリズムの「聖櫃」である[11]。軍組織や戦争計画への体系的な批判の余地はここでは基本的にほとんど残されていなかった。一八九四年から一九〇五年にかけてのドレフュス事件で初めて軍は、「市民主義的な」批判（エミール・ゾラの「私は弾劾する」）の的になった。そしてこれは「知識人」、および文民優位を順守する共和国が誕生した瞬間であった。だが、学問的には軍人は内輪で固まり、「生粋の」祖国の防衛者に認められているかに見える信用と、彼らが常に要求する信用によっても守られていた。フランス社会主義の指導者であるジャン・ジョレスが一九一四年の戦争開始直前に発展させたような、軍構造と戦争指導に対する独創的に設計された批判が全く反響を生まなかったとしても、それは、社会主義者が「生粋の祖国の守護者」としては認められておらず、左派市民層もどちらかというと軍の専門家の意見に常に従う用意ができていたことにとりわけ起因していた[12]。

ドイツでは――これはあまりにも気づかれないことだが――本来の社会主義に沿ったものではなく、全く「実用」志向の軍事理論がマルクス主義の側で存在していた。とくにエンゲルスは、批判的な戦闘叙述と反動的な軍国主義への猛烈な批判で際立っていた。しかしこの両者が結び付けられることは――興味深いことに――なかった。社会民主主義グループの中で称賛も混じった皮肉を込めて「将軍」と呼ばれたエンゲルスは、自らの軍事的な専門知識に誇りをもっており、「社会的な」危惧ゆえに必要不可欠な軍の戦闘能力を確保したり、「武装した民衆」の力を投入したりしないと将軍たちを好んで非難した[13]。

すなわち軍事史は、ドイツではフランスと同様、全く実用志向にとどまり、ストライキ破りを意味する軍国主義――ドイツより頻繁にフランスで見られたのであるが、労働者騒動の鎮圧のために軍が投入されること――への軍批判は実用志向の軍事史から明確に分離できた。もちろん「深掘りする」ということはあった。たとえば〔一九二八年の〕いわゆる「装甲巡洋艦問題における愛国主義」への批判においてそれが見られた。しかしあらゆる形で現れた社会軍国主義との戦いは、作戦行動計画、軍備そして要塞建築といった実際に現れる軍事的本質への批判と有意に結びつくことはなかった。結局のところ、軍の行動が文民の批判にさらされていた真に「浸透可能な」領域は唯一つしか存在していなかった。すなわちそれは予算審議であった。この予算審議は、ドイツでもフランスでも、必然的に合意〔形成の場〕という敏感な場所であった。ドイツでのビスマルクの無期限予算、もしくは七年制予算（軍予算の七年間の予算配分）であれ、フランスの〔兵役義務をめぐる〕二年現役制か三年現役制の闘争であれ、専門家によって扱われるべき「専門的問題」と、そのような専門性から生じる必然性に対して行われた、「政治的でしかない」批判との間の衝突は繰り返し存在した。モルトケとシュリーフェンは、フェルディナン・フォッシュやパウル・ポーと全く同様に政治的に中立な専門家として現れた。彼らの権威は、基本的には政治的にうまく扱うことができなかった。この人物たちの保守的な政治的選択肢、すなわち軍事的な考えから由来する政治的恣意は、専門的な議論によって覆われたが、それはごまかされたということであった。この症候群が、ドイツとフランスにおける批判的な軍事史が挫折したことの最も根本的な原因と考えられる。軍事領域で実際に進行した技術化は、軍備および作戦行動計画が「時計仕掛け」のようであるというイデオロギーをもたらし、そしてそれによって、技術的、軍事的な決定という聖域が政治的な軍国主義批判から引き離されることになった。これを避けることはもしかしたら不可能でさえあったかもしれず、今日にいたるまで大きくは変わることがなかったであろう。兵器体系が技術的に老朽化しており、そのために国家防衛の危機が迫っているかどうかについて、一体誰が政治的な判断を下そうというのであろうか。

技術的な専門性を要するそのような問題のために、軍のヒエラルキーの外では、独立し優れた軍事学〔の成立〕はほとんど不可能であり続けた。今日から見ると、この点に当時との決定的な相違が――今では少なくとも西ヨーロッパ諸国では軍の社会的優位は問題になりえないという限りにおいて――存在している。モルトケはたとえば、専門家であり同時に国民的英雄であった。この二つを束にして議論で対抗することはほとんどできなかった。一八七〇・七一年の戦争後に、終了したばかりの対フランス作戦行動への批判にわずかにでも関与したものは揃ってこれを経験した。モルトケの見解は神聖であり、たとえば、文字通り動員された民衆からなるレオン・ガンベッタの「新軍」に対して一八七〇年秋に行われたロワール作戦について、指揮の傲慢さや計画の粗悪さ、そしてこの作戦があわやのところで不成功でもあったかもしれないということを指摘したものは、たとえばコルマール・フォン・デア・ゴルツやフリッツ・ヘーニヒのように[14]、少なくとも出世の妨げにあった。

極めて特別な――とくに非典型的でもある――例として軍事史家ハンス・デルブリュックの例がある。彼は、実用志向の専門軍人が独占する軍事史の領域に侵入することに成功した唯一かつ真に「文民の」歴史家であった[15]。画期的なグナイゼナウ伝記の著者であるデルブリュックは、一八九六年にベルリン大学でハインリヒ・フォン・トライチュケの後任になった。そして彼は、プロイセン・ドイツにおける歴史叙述でのこの中心的な立場を利用して、軍事史叙述にも新しい批判精神を取り入れようと努めた。デルブリュックはクラウゼヴィッツと同様に、戦争は「政治的な事柄」であり、それゆえ、軍事史および戦史を政治経験のない将校に委ねてしまうことは誤っているという見解を抱いていた。デルブリュックは、大学の歴史家がもつ専門家としての権威を軍ミリューおよび軍事史に関する正確な知識と結びつけ、その際、当時まだ全く斬新であった「市民的な」視点を常に選択することを心得ていた。これとの関連の中で、軍の威光に対する敬意が不足していたことだけではなく、――もしかしたらより強烈な形で――進歩や軍批判の常套句に対しても向けられた非協調主義がどれほど重要であったかが、デルブリュック研究においてもしかするとまだ十分に気付かれていないのかもしれない。彼は、当時の「近代という神話」に従おうとは決してしなかった。たとえば彼は、あらゆる進歩的な勢力によって軍事領域で非常に好んで唱えられた「民主的な」大衆軍、すなわち武装した民衆という構想を拒んだ。聖典にまで高められた左派の考えとは違って、彼にとって「武装した民衆」は民主主義や進歩の普及では決してなかった。彼には、たとえばスイス軍やその作戦行動に関する軍事史は、武装した民衆が扇動に為すすべもなくさらされているだけでなく、自ら戦争を逸脱させ、「全体化させる」ということの例を提供しているように思えた。デルブリュックの精力的な非協調主義は、〔研究〕方法上重要な役割を果たしたが、一回性のものにとどまった。彼は、非軍人の軍事専門家による人的集団を築き上げるという意味では、学派を形成しなかった。

　軍事批判が有する歴史的な問題をこのように描いてきたがこれを踏まえて、批判的な軍事史叙述の可能性は一体どこに存在しているのか問いかけてみよう。それは、「深掘りすること」、すなわち表向き客観的と称される決定の裏にある「本来の」意図を嗅ぎ付けるという分野——この分野は〔すでに〕しばしば探求されてきた——にないことは確かである。そのような「背景事情」は過去にも現在にも存在する。エッカート・ケーアからヴォルフラム・ヴェッテにいたるまで、批判〔的手法〕は、これに関して今日まで功績を残してきた。確かに「批判」を非学問的な目的のために利用することは問題である。そして軍事史を戦争指揮のために「応用する」のか、平和保持のために「応用する」のかということの間には総じて相違がない。軍備増強が軍縮よりも平和を保障するかどうかという問いは、学問的には決めることはできない。それは——我々の分野に適用すると——客観性というヴェーバーの批判の本質である。学問的な軍事史は政治的に思考する人間によって営まれる。しかし軍事史が、それまでよりも、すなわち応用志向で学術外の目的に従っていた以上のものになりたいのであれば、政治的な学問であってはならない。恐らく必要不可欠なのかもしれないが、変動期にある社会は、学問を学術外の目的に利用する傾向にある。それは社会の当然の権利でさえあるのかもしれない。そしてそれは、学問の進歩をもたらすことがある。例として、エリツィン政権がソヴィエト連邦の史料館を開放したことをここでは指摘しておくにとどめる。この開放は、政治的な目的から、すなわちソヴィエト共産主義から距離をとるという〔意図〕から行われたが、学問的に極めて有益であった。『共産主義黒書』（フランスで一九九七年に出版され、これまでの社会主義政権の負の面を捉えようとした書。日本語への部分訳はソ連篇、コミンテルン・アジア篇の二巻として出版されている）

の成果から後退はできないであろう。そして学問的には政治的な色合いをもった史料館開放による知識を通して、少なくとも二〇世紀の全体主義の問題が新しく提起された[16]。ここでは、一九一八年以降にドイツの史料館が開放されたことによって一九一四年以前および第一次世界大戦中の政治的、軍事的決定の綿密な解明が行われたことと構造的にかなり似た状況が見られる。刊行物『グローセ・ポリティーク（Die große Politik der europäischen Kabinette）』は、ヴェルサイユ条約に含まれる〔ドイツの〕「戦争責任」に関する非難に反論を加えることをとくに使命としており、〔ドイツでは、〕この政治的に動機付けられた史料館の公開が旧敵国に自国の文書を同様に早期公開するよう強いたことに誇りを抱いていた。

また「国立史料館（Reichsarchiv）の著作」も現在においても、第一次世界大戦でのドイツ軍事史に関する主要史料の一つである。というのも、この著作の土台である、連隊日誌にいたるまでのさまざまな指揮レベルの文書が国立史料館の火災によって消失してしまったと見なさなければならないからである[17]。ヴィルヘルム期の軍によるこの記念碑〔的な著作〕に含まれる「応用志向の議論」をこじ開け、明らかに政治的な動機をもち正当化を目的とする歴史叙述にもかかわらずその低層から史料として使用可能なものを含む箇所を再発見することは、重要な課題であろう。それとは反対に、国立史料館の著作にイデオロギー批判を加えることは今日では自明であり、学問的には実りの多いものではない。参謀本部がこの著作でもって記念碑を打ち立てようとしたことは既知のことであり、それが国防軍の一九三五年以前と以後の間にある災いに満ちた継続性を少なからず正当化したことも知られている。作戦史がとりわけ背後からの一突き伝説を補強しようとしていたことも、一瞥するだけで見て取れる。ここ数十年の間に軍に批判的な歴史叙述がもたらしたこの知識は維持しなければならない。しかし今日私にとってさらに重要に思われるのは、近代の心性史が、一九二〇年代、三〇年代の公式の軍事史の議論からその意図的な語りにもかかわらず読み取れるものを選別する必要性である。低層を流れる防衛戦争という言葉遣い、たとえば、一九一六年のヴェルダン以前の「攻勢」的姿勢の叙述と同年のソンムでの戦闘における「防衛」

性の強調との間の基本的な相違を調査すれば、成功は間違いないであろう[18]。

当然のことながら重点は今日変化した。参謀本部史が徹底的に自己弁護的であったことには、更なるコメントを要しない。参謀本部史が国際比較の中で、フランスやイギリスの公式軍事史より自己弁護的であったかどうかは不明である。しかし我々は今日、このイデオロギー的な歪みに、もはやかつての歴史家ほど「影響を受けている」わけではない。彼らは、一九六〇年代のフィッシャー論争の中で痛みを伴う学習過程を体験しなければならなかった。すなわち彼らは、第一次世界大戦が防衛的な性格をもっていたという基本的な想定が、ある歴史家世代全体にとっても生涯にわたる嘘であった、ということを学習しなければならなかった。

高度に専門的な方法をとっている場合でさえも、歴史的な解釈学は常に世代の問題でもある。ゲルハルト・リッターがたとえば「軍国主義」のあらゆる批判にもかかわらず、ヴィルヘルム期および第一次世界大戦期の指導的な政治家や軍人を「解釈しよう」としたとしても、この方法は常に〔対象への〕同意を一部に含んでいる。たとえば、イギリスが「我々を体系組織的に包囲することで」列強からドイツを切り離そうと策略し、圧迫を加えようとしたというこの世代に特有の確信がそれにあたる。一九一四年の戦争が防衛戦争であったという確信を抱くようになるのは論理的であり、飛躍があったわけではなかった。この種の共感的な解釈は、一九六〇年代の――遅すぎたといえる――批判によって打ち壊された。〔解釈を〕その本質においてこのように問題視することを完全に止め、当時の心性を新たに「解釈」することに研究を振り向けることが今日では重要であり、かつ時間的な距離〔の増大〕と世代交代によって可能にもなったと今では考えている。それはこの約一〇年の間に、一九一四年における戦争の勃発や第一次世界大戦に対して兵士や市民が抱いていた考え方に関する研究において、広く行われた[19]。しかし研究は、政治の、とくに軍事指導層の集団的心性〔を分析する〕にはまだ十分発達していない[20]。

この点で、第一次世界大戦に関する連隊史を体系的に分析し、それを国立史料館の著作と重ね合わせることは有益であろう。また、第一次世界大戦の公式の記憶という言説が有する言語的な符号や客観的な重点を解読することも多大に成功が望まれるであろう。私自身の現在の研究から一例を挙げておこう。我々は、一九一八年に行われたフランスからのドイツ〔軍〕退却について、――戦闘や部隊行動に関して言えば――これまで極めて全般的にしか知らない。研究の中ではこれまで、部隊が革命的な精神によって崩壊させられたという伝統的な主張を部分的に一八〇度転換させる形で、「軍の隠れたストライキ」（ヴィルヘルム・ダイスト）という問題に重心が極めて強く置かれてきた。しかし、この批判的な視点を止揚する別の観点から一九一八年の退却を眺めてみると、精巧に作られた一連の迎撃用陣地をドイツ領へと移し、兵士に新たな動機を与えるかもしれない、敵の侵入に向けた歴然たる防衛戦争として迎撃戦闘を組み立てることに対して将軍達がソン・ミエー弧での退却戦闘との関連においてどれほどためらっていたかがすでに一例として概略的に見てとれる。プロイセンの軍カーストにとって自領域の防衛という意味での戦争全体化という考えが大衆徴兵という模範を目指したフォッシュやペタンといったフランスの将軍達よりもはるかに疎遠なものにとどまり、しかもそれがどれほどであったのかを心性史的な傾向を帯びた研究が明らかにするのは、長期的には確実といえる。第一次世界大戦でのドイツ軍エリートの挫折を理解しようとするのであれば、同時代人の思考領域にこれまで以上に強く、意識して入り込むことになる[21]。我々は以下のことをすでに理解しているのであろうか、すなわち当時の意識から分析したであろうか。それは、ドイツ統一戦争を決定的な経験として抱いていた軍人指導層にとって、長期の戦争、八〇〇万人の兵士（シュリーフェンは一九〇九年にまだ、一〇〇万人を大幅に超える数の兵士が戦場に立つことは決してないであろうと述べたのであったが[22]）、広大な作戦範囲、極めて官僚的かつ徹底的に組織された兵站が何を意味していたのかということである。ルーデンドルフのような人物の判断を左右した恐怖症は彼の部下からも、そして歴史の専門家からも的を射たことに繰り返し批判された。〔しかし〕この恐怖症は、軍官僚機構の過度の組織化という文脈の中で捉えられたことがこれまであるのであろうか。非応用志向にもかかわらず、客観的な情報を含んだ第一次世界大戦の作戦史を文民の側から試みるときがようやく来ている。

ハンブルク社会研究所の「国防軍犯罪展」をどう判断するかは、近代的な軍事史のもつ批判・解釈の可能性に関する試金石である。現在の議論はすべての現代史研究が有する主要な問題を我々の目の前に映し出す。その問題とはすなわち、党派性をもつことが避けられないということである。一九一四年の「戦争責任問題」や一九一九年の「ヴェルサイユ」、一九三三年の権力掌握等であろうと関係なく大きな歴史的・政治的議論においては、現在の学問が取るどのような立場も、初めから党派的でないとしても政治的に争っている党派の内の一つにとって都合のよいものである。歴史家は左右からの批判や擁護を受けながらも、望ましい見解を学問的に証明したり、または和らげたりしなければならない。歴史家の本来の課題——それはすなわち、政治的な見解を表明することを超えて、主観的に可能な範囲で解釈することで過去を扱うということだが——は、批判的な学問と肯定的なそれの争いの中で定期的に見失われる。この〔国防軍犯罪展の〕場合、決定的な修正のきっかけが外部からもたらされたことは偶然ではない。そして写真が歴史史料としてそもそもどれほどの証拠価値をもっているのかという単純な問いがなぜ一〇年前にすでに立てられなかったのか、もしくはそれがなぜ可能ではなかったのかが問われなければならない。写真には解釈が必要であり、または写真が嘘をつくこともありうるということはそもそも長い間知られていたことであった。なぜこの知識が国防軍犯罪展に応用されなかったのかということは、政治的な肩入れによって歴史批判が鈍ってしまうという問題そのものである。一九九〇年代の論争において、「象徴的な」写真の背景事情は一体何であったのか、たとえば絞首刑の残酷な場面の裏には戦時法上そのように罰せられうるパルチザンによる襲撃があったのかどうかといった質問をおよそ立てることは、「批判的な」歴史家にとって思想上においても、また〔自らの所属する〕集団のアイデンティティという観点からもありえないことであった。これをここで主張したのは、国防軍を何としても擁護しようとし、それゆえ憤慨しながらも〔共感的〕解釈を要求し、同じように「証拠」を探した者たちであった。歴史叙述を行う陣営からのこの反対の立場は基本的に、単なる学問的な擬態であり、象徴的な振る舞いを学問的な言葉を借りて偽装することであった。

歴史〔学〕のあらゆる分野と同様に、学術的な軍事史・戦史〔研究〕は、批判能力が基本的に個々の社会的枠組み条件によって決定的に制限もしくは形成されているという事実を自覚していなければならない。軍事史・戦史はそれゆえ、可能な限り政治教育学〔的要素〕を断とうとするであろう。〔さらに〕自らに含まれる個々の立場拘束性を反省し、それを相対化しようとするであろう。とりわけ、社会の関心のために利用されることへの抵抗が試みられるであろう。

1 Fritz Klein, Drinnen und draußen. Ein Historiker in der DDR, Frankfurt/M. 2000, S. 10.
2 これについては本論文集のヴィルヘルム・ダイストによる寄稿論文およびRainer Wohlfeil, Militärgeschichte. Zu Geschichte und Problemen einer Disziplin der Geschichtswissenschaft, in: MGM 52 (1993), S. 323-344を参照。
3 たとえばヴェーラー・ニッパーダイ論争に関してさらに議論を進めるものとしては、Wolfgang J. Mommsen, Der perspektivische Charakter historischer Aussagen und das Problem von Parteilichkeit und Objektivität historischer Erkenntnis, in: Reinhart Koselleck/Wolfgang J. Mommsen/Jörn Rüsen (Hrsg.), Objektivität und Parteilichkeit in der Geschichtswissenschaft, München 1977, S. 441-468を参照。
4 しかし以下の考察、とりわけ導入部分を見よ。Ulrich Raulff (Hrsg.), Mentalitäten-Geschichte. Zur historischen Rekonstruktion geistiger Prozesse, Berlin 1987.
5 Michael Howard, Der Krieg in der europäischen Geschichte. Vom Ritterheer zur Atomstreitmacht, München 1981を参照のこと。
6 Hew Strachan, European Armies and the Conduct of War, London 1983, S. 4.
7 Carl von Clausewitz, Vom Kriege, Bonn 1980 (19. Aufl.), S. 191 f.（クラウゼヴィッツ『戦争論』の引用箇所は、清水多吉訳『戦争論』中央公論新社、二〇〇一年、上巻、三四～三五頁）
8 Ebd., S. 990 ff.
9 Ebd., S. 991.（清水多吉訳『戦争論』下巻、五二三頁）
10 Stig Förster (Hrsg.), Moltke. Vom Kabinettkrieg zum Volkskrieg. Eine Werkauswahl, Bonn, Berlin 1992.

11 Raoul Girardet, La société militaire dans la France contemporaine, Paris 1956.

12 Jean Jaurès, L'Armée nouvelle. L'organisation socialiste de la France, paris 1913. このドイツ語版は „Die neue Armee", Leipzig 1915という題名である；以下に所収の論文も参照。Jaurès et la Défense nationale. Actes du colloque de Paris, 22 et 23 octobre 1991, Paris 1993 (=Cahier Jaurès No. 3).

13 これに関して、Wolfram Wette, Kriegstheorien deutscher Sozialisten. Marx, Engels, Lassale, Bernstein, Kautsky, Luxemburg. Ein Beitrag zur Friedensforschung, Stuttgart 1971; Detlef Haritz, Zwischen Miliz und stehendem Heer. Der Milizgedanke in der sozialdemokratischen Militärtheorie, 1848 bis 1917, phil. Diss. Rostock 1983; Gerd Krumeich, Die Auseinandersetzung der deutschen Sozialdemokratie mit den militärpolitischen Ideen von Jean Jaurès, in: Ernst Willi Hansen/Gerhard Schreiber/Bernd Wegner (Hrsg.), Politischer Wandel, organisierte Gewalt und nationale Sicherheit. Beiträge zur neueren Geschichte Deutschlands und Frankreichs. Festschrift für Klaus-Jürgen Müller, München 1995, S. 63-73を参照。

14 Stig Förster, Optionen der Kriegführung im Zeitalter des „Volkskrieges" – Zu Helmuth von Moltkes militärisch-politischen Überlegungen nach den Erfahrungen der Einigungskriege, in: Detlef Bald (Hrsg.), Militärische Verantwortung in Staat und Gesellschaft, München 1986, S. 83-107; Gerd Krumeich, The Myth of Gambetta and the „People's War" in Germany and France, 1871-1914, in: Stig Förster u. Jörg Nagler (Hrsg.), On the Road zu Total War: The American Civil War and the German Wars of Unification, 1861-1871, Cambridge/Mass. 1997, S. 641-665を参照。

15 古い文献としては、Wilhelm Deist, Hans Delbrück. Militärhistoriker und Publizist, in: MGM 57 (1998), S. 371-383.

16 Stéphane Courtois (Hrsg.), Das Schwarzbuch des Kommunismus. Unterdrückung, Verbrechen und Terror, München 1998; Dittmar Dahlmann/Gerhard Hirschfeld (Hrsg.), Lager, Zwangsarbeit, Vertreibung und Deportation, Essen 1999. Hermann Weber/Ulrich Mählert (Hrsg.), Terror. Stalinistische Parteisäuberungen 1936-1953, Paderborn 1998も参照。

17 Reichsarchiv (Hrsg.), Der Weltkrieg 1914-1918, 14 Bde., Berlin 1925-1944; マルクス・ペールマンは現在、国立史料館についての博士論文に取り掛かっている。（訳注：このペールマンの博士論文はすでに刊行されている。Markus Pöhlmann: Kriegsgeschichte und Geschichtspolitik. Der Erste Weltkrieg. Die amtliche deutsche Militärgeschichtsschreibung 1914-1956, Paderborn u. a. 2002）

18 Gerd Krumeich, Kriegsfotographie zwischen Erleben und Propaganda. Verdun und die Somme in deutschen und französischen Fotografien des Ersten Weltkrieges, in: Ute Daniel/Wolfram Siemann (Hrsg.), Propaganda. Meinungskampf,

Verführung und politische Sinnstiftung 1789-1989, Frankfurt/M. 1994, S. 117-132 を参照のこと。

19 とくに Christian Geinitz, Kriegsfurcht und Kampfbereitschaft. Das Augusterlebnis in Freiburg. Eine Studie zum Kriegsbeginn, Essen 1998; Benjamin Ziemann, Front und Heimat. Ländliche Kriegserfahrungen im südlichen Bayern 1914-1923; Bernd Ulrich, Die Augenzeugen. Deutsche Feldpostbriefe in Kriegs- und Nachkriegszeit 1914-1933, Essen 1997. の研究を参照。

20 しかしたとえば Holger Afflerbach, Falkenhayn. Politisches Denken und Handeln im Kaiserreich, München 1994を参照。

21 これについての新たな重要史料に関しては、Frank Betker/Almut Kriele (Hrsg.), Pro Fide et Patria. Die Kriegstagebücher von Ludwig Berg 1914/1918. Katholischer Feldgeistlicher im Großen Hauptquartier Kaiser Wilhelms II., Wien/Köln 1998.

22 Alfred von Schlieffen, Der Krieg der Gegenwart (1909), in: ders., Gesammelte Schriften, Berlin o. J. [1913].

第二部　アプローチとテーマ領域

第五章 作戦史の目的とは何か

ベルント・ヴェーグナー　小堤盾訳

ドイツの大学（連邦軍大学を含む）では、「作戦史[1]」というものが教えられたり、研究されることはない。学術図書目録には、その概念すらまったく示されていない。インターネットの検索はむしろ、「オペラの歴史」を表示するほどである。めざましく発展するドイツの新しい軍事史の領域においてさえ、軍事作戦史についての関心は低い[2]。それがないことを惜しむという様子すら見られない。おもに軍事史研究局（ＭＧＦＡ）周辺の若干の出版物を除いて[3]、一九世紀や二〇世紀の戦役や戦闘の歴史は、確かに他の分野以上に、趣味的な歴史家や戦争回顧録の執筆者、そして、軍事上の用兵教義を動機にして対象に取り組む軍人を読者層とする分野を形成している。そこでは比較的発達した第一次世界大戦までの歴史記述のみが、多くの点において模範となるような特別の地位を占めているにすぎない[4]。そのことは別にしても、過去数十年間、アカデミックな歴史学は、軍指揮官の戦争よりも文民の戦争に（そしてまた、ますますふつうの兵士たちの戦争に[5]）、熱心に取り組んできたのである。

ドイツの歴史家が、作戦用兵に関して明らかに興味を抱いていないことについては、その歴史的な鉱脈の厚さにまったく疑いがないという点から見ても、理由を明らかにする必要がある。工業化以前の数世紀においてさえ、戦役や会戦の軍事計画、そして、その遂行はすべての国々の運命を決するものであった。「暴力の社会化〔ミヒャエル・ガイヤー〕」への傾向が、殲滅戦のドグマを無価値なものとした世界大戦の時代においても、軍事作戦は、あらゆる点において極めて影響の大きい企てであり続けた[6]。一九一四年のマルヌの戦いが別の結果となり、一九四〇年の「大鎌の一撃」計画が失敗し、あるいは、翌年の独軍によるモスクワ占領が成功していたならば、ヨーロッパの歴史は間違いなく異なる経過をたどっていたであろう。現実には、そのような事態にいたらなかったが、それは本質的に軍事作戦上の理由によるのである。

それゆえ、ドイツの歴史家が作戦史に対して独自の態度を表明しているということについては、主題そのものに重要性がないわけではない以上、ここでは暗示するだけにしておきたいが、別の原因がより重要な意味を持っている。その原因は本質的に、過去数十年にわたり一般的な軍事史の復興を妨げている原因と同じものであろう。この問題に関連して、相互に交差する複雑な原因を列挙してみよう。第一に、一九世紀の初頭以来、第二次世界大戦にいたるまで優勢であった伝統、すなわち、のちにプロイセン陸軍大臣となったヴェルディ・ド・ヴェルノワ以来の「応用的方法〔応用戦術〕」の存在がある。その目的は端的に言えば、平時において戦争を教えることにあった。この点から見る限りにおいて、一九世紀は偽りのない時代であった。たとえば、一八一〇年に設立されたプロイセン陸軍大学の専門規定では、いわゆる「戦史」は「一般の歴史」から明確に区別され、戦略や戦術の授業と関連づけて教えられていた[7]。その目的は戦争経験がない将校に、いかなる時代にも妥当する部隊指揮の原則を教えることにあった。軍事作戦史、とりわけ最新のそれは、プロフェッショナルな判断や決心のための実践的な必要性を目的とした教育にとって、まさに無尽蔵の砕石場としての役割を果たしたのである。その意味で過去数十年間、遅くとも冷戦の終結以来、ドイツ連邦軍においても作戦的思考が復興する傾向を認めることができる。しかし、それは応用的方法という概念を避けながらも、その実、まったく同じ役割を歴史に与えるものなのである[8]。それにともなう危険性については、すでに第一次世界大戦以前、プロイセン陸軍の参謀本部戦史部員であったシュヴェルトフェーガー（ザクセン出身）が注意をうながしていた。彼は戦史が、「歴史によって装飾された戦術のお遊び」に堕落してしまうことに対し、警告を発していたのである[9]。

作戦史が拒絶される第二の理由は、アカデミックな戦史叙述の短く地味な歴史のなかに見いだすことができるかもしれない。それは一九一四年以前、とりわけハンス・デルブリュックによる決定的な影響のもとで発展した[10]。彼らは軍部によって、「陸軍と摩擦を起こすことに楽しみをおぼえた、文民の学者による閉鎖的な派閥である」と疑われていた[11]。アカデミックな戦史は大学において大きな反対をうけつつ、歴史学の一分野としての地位を得たにすぎず、第一次世界大戦以降は、ヴェルサイユ条約に反対する闘争や、再軍備要求を特徴とする時代精神に囚われてしまった。

作戦史はナチ時代に自ら完全に時代に同化し、政治の道具と化すことで、その学問的信用を最終的に失った。多分野を横断する国防科学の網の目にかかることで、文民および軍人の双方により取り組まれた国防史は、ドイツ社会内外における軍拡への貢献に、その目的を限定したのである[12]。

今日、作戦史が軽視されるにいたったもうひとつの事情として、その科学的な理論としての閉塞状況がある。先に言及した状況に鑑みれば、ほとんど驚くことではないが、わが国において作戦史として理解されているものは、しばしばドイツの歴史叙述が提供するもののなかでも、最も退屈で精彩を欠いたものに属している。第一次世界大戦以降、戦史の理論的な基礎づけをめぐる論争のなかで、作戦史の研究は脇に追いやられてきた。しかも、今日にいたるまで明らかに、その状態から解放されていない。事態はむしろ正反対の方向に進んでいる。一九六〇年代から一九七〇年代を中心に、古いタイプの戦史から新しいタイプの戦史への明らかなパラダイム転換がなされたが[13]、それは作戦史の排除を決定づけた。それ以来、現代歴史学の方法的および方法論的発展は、作戦史を置き去りにしていったのである。

専門的な学問として軽視されることは、科学的な取り組みを越えて広まった無関心、そして、なによりも軍事作戦的な問題を知的に排除することに相応している。それらに親しく関わることは、道徳的に非難されることではないにしても、余計なことと見なされた[14]。その種の知的な雰囲気が、軍事史研究の優先順位に影響を与えたことは明らかである。このことは、作戦史に取り組もうとする者が、一般の歴史家の熟練以上に、軍事組織やその機能原理について、ある程度の基礎知識を必要とする場合になおさらそうであった。それらを習得するには、その仕事の社会的認知を期待して、その必要性を確信するか、あるいは、軍事制度に生来の親近感を示す者のみが引き受けることのできる努力を求められるのである。

批判的歴史学のさまざまな主題や方法から、作戦史が次第に姿を消すことが、戦争の歴史的な分析の危険な切り詰めではなく、また、歴史記述の重大な欠落でもないとするならば、われわれはあえてこれ以上、そのことに興味をもつ必要はないかもしれない。独ソ戦史を例にとってみよう。独ソ戦史には、基本的にすべての戦争に言えることだが、ドイツの歴史家にとって、とりわけ発言しにくいことが特徴的に見られる。すなわち、「戦争とは究極的には、戦闘を問題にしているのである[15]」ということだ。独ソ戦争の軍事作戦的側面に関心を持つ者は、アンドレアス・ヒルグルーバーや軍事史研究局による出版物を除いて[16]、ドイツの戦争指導についての史料的に満足できる分析が、断片的にしか存在しないことを認めるであろう。この戦争の統一像の形成を求める者は、常に数少ないアングロサクソン諸国の研究とともに、生き残った軍人たちの著作や、旧東ドイツないし旧ソ連の出版物を参照することになる[17]。今なお第二次世界大戦の戦場（スターリングラードを別にして[18]）は、ドイツの大学における歴史叙述にとって、極めて遠い場所にあるか、せいぜい、ふつうの兵士たちの目を通して近づける場所とされているのだ[19]。常にその地で起きていたであろう恐るべきことは、通例、概括的にのみか自然現象のように書きとめられ、人間の行為の積み重ねや高度に複雑な立案過程の結果として分析されることはない。ヤッシー（ルーマニア北東部の都市）という地名を、すでに知っていたという者はいるのだろうか[20]。南ウクライナ軍集団や中央軍集団の崩壊について、学問的な研究をした者はいるのであろうか。レニングラードやセヴァストーポリの攻囲戦についいてはどうか。クリミアないしハリコフをめぐる途方もない会戦についてはどうか。ヨーロッパの戦争にとって、はるかに重要な戦場における、数十万の犠牲をともなった大規模かつ重要な諸会戦について、学問的な要求を満たしうる優れた専門研究が、今日にいたるまで存在しないことは驚くに値しない[21]。

この欠落の結果は重大である。第一に、軍事的な戦争指導についてのイメージが長期にわたり、部分的には今日にいたるまで、生き残った将軍たち自身の記述により提供されてきたということである[22]。戦争犯罪や占領政策、その他のテーマに関する彼らの見解を批判的に検証することはできたとしても、作戦的・戦略的用兵に関する神話の多くは、依然として解明されていないように思われる[23]。第二に、軍事的戦争指導が、世界大戦に関する歴史記述から広く消え去ることは、ほとんどの研究、そしてナチ国家の歴史と構造についての多くの総論的な記述においてさえ、軍人による戦争、とりわけ大戦後期の戦争がまったく扱われないか、せいぜいのところ、周辺部分でのみ扱われる事態をもたらした[24]。とりわけ、作戦的な決定過程は支配体制の存続に直結する重要性を持つにもかかわらず、ほとんど分析の対象とされていない。一九七〇年代後半から八〇年代にかけて、自らが作り上げた総統国家の内部におけるヒトラーの地位をめぐって、ドイツの歴史家たちは激しい論争を重ねたが、その際、最高司令官としてのヒトラーの役割は、まったく無視された[25]。しかも、この独裁者が自らの治世の最後の三分の一を（党首や首相の地位は今や副次的な意味しか持たない）、もっぱら作戦的戦争指導に捧げ、それにより人生で再び戦争を彼の本来的な契機（ヨアヒム・フェスト）として日々過ごしたにもかかわらずである。しかしながら、国防軍および陸軍の最高司令官としてのヒトラーについて、あえて解明することなくして、政治家のヒトラーとイデオローグのヒトラーを実際に分離することができるのであろうか。そして、分離できないとすれば、内政と外交、同盟政策と占領政策、戦争経済と大量虐殺のそれぞれにかかわるヒトラーの行為について、戦争の作戦的側面にほとんど関心がない歴史家は、どのようにして十分な説明をなしうるのであろうか。

軍事作戦上の決断や展開に真剣に取り組むことが、第二次世界大戦の根本的な問題について、ささいな新発見以上のものをもたらすのだという指摘は、現時点における停滞した研究状況を明らかにしている。たとえば、本質的に作戦行動を基礎にすえた一大研究プロジェクトである『ドイツ国と第二次世界大戦』では、軍事的な戦争指導と政治的な戦争指導の相互依存関係が、これまでほとんど知られていなかった、ドイツの戦争マシンの構造的な欠陥とともに明らかにされた[26]。この作業を通じて、電撃戦戦略や総力戦といった中心的な概念の解釈をめぐる論争は、重要な刺激を受けた[27]。カール＝ハインツ・フリーザーの作戦史研究は、そのような方向をめざしたもので、一見輝かしく順調に進行したかのような対仏戦役が、いかに危険と摩擦と偶然に規定されたものであったのかを論証した[28]。そして言うまでもなく、最高司令官としてのヒトラーの再評価に刺激を与えたのは、大戦後半のドイツの戦争指導についての作戦史的分析なのである[29]。

すでに示唆しておいたように、軍事的な指導経過について歴史的・批判的に取り組むことを怠り続けてきたことは、この問題に関する歴史記述の理論的基礎をめぐる議論から、活力を奪うことになった。それゆえ今日、作戦史的叙述を試みる者は否応なしに、史学的必要性よりも軍事的必要性から発達してきた方法的アプローチと因習に押し戻される状況に置かれている。このことは、作戦史家が自由に使える言語において最も顕著である。それは作戦史という概念において始まるが、すでに戦略的・作戦的・戦術的レベルという周知の三層構造が、軍隊指揮の観点からは意味があるが、歴史記述の点からは必ずしも意義のある区別ではないということに示されている。そして、軍事的事象に関する独自の概念性に欠けるため、歴史家は他の多くの場合と同様ここでも（多かれ少なかれ非常にためらいながら、またそれに応じた数の引用符とともに）、軍事専門用語の選択にあたって、すでに用意されているか同時代の文献資料のなかに見られる慣用句にしたがっている。そこでは、しばしば用語の制限が、その世界の境界となってしまいがちになる。たとえば、一個軍が攻撃を開始したが、多くの深刻な犠牲をこうむった。最終的には戦線は修復され、遅滞防御に移行したという場面では、明らかに歴史家の眼鏡が軍事専門家の眼鏡に取り替えられてしまったのではないかという疑念が生じている。他方、作戦史的な描写を企てる者は、軍事専門用語を比較的正確でまさに歴史家にとってふさわしい言語に翻訳することが、いかに困難で方法的に問題があるかということを理解している。このことは、とりわけ、概念の意味内容の変化が見られる場合に妥当性を持っている。たとえば、クラウゼヴィッツ以来、まさに古典的な軍事的作戦概念となっている殲滅という用語は、社会全体を巻き込む戦争指導や大量虐殺、そして戦略的大量破壊兵器の出現を背景にした場合、その理論的発案者が想像しえないような意味論上の変化を経験してきた[30]。

原則的な問題の一覧表を、さらに拡大することは困難ではない。すなわち、戦争の包括的な暴力の歴史の範囲内における、作戦的歴史叙述の発見的な価値、すなわち一方において、作戦史の戦場における日常史との結びつきや、他方において、政治史や戦略史との結びつきについても議論する必要があろう。しかし、今日にいたるまで、その種の議論のためには、あらゆる前提が欠けている。それにもかかわらず、歴史批判的作戦史は、長期的には方法的そして方法論的に新たな方向性の土台の上においてのみ、確立されることになろう。

その種の歴史批判的作戦史は、たとえ個別的にはいかなるものであっても、軍事的な思惑から生じ、軍事的な原則から見て実践的とされる戦史とは、その主題的な接点の存在にもかかわらず、わずかな関係しかもっていない。軍事専門職によって（そして、しばしば軍事史家によっても）好まれる純粋な作戦史に、分析の焦点を当てることは、軍事的な観点から見れば正当かもしれないが、傾向としては非歴史的であり、それ自体弁明的である。とりわけそれは、集団による暴力的な出来事を、もっぱら作戦上責任のある統帥部からのレンズを通して、いわば内部から評価することを歴史家に強いる場合に言えることである。さらに、戦争という出来事を個々の軍事作戦に分割することは、クラウゼヴィッツにより強調された、戦争と政治の関係を分断してしまう傾向にもつながる。それはいわば、戦争指導を非政治化し、歴史環境から解放して、時代を超越したとされる用兵原則の伝達に関心の目を向けさせるものである。そのような原則が存在するか否かについて、ここではこれ以上言及しない[31]。たとえ、そのようなものが存在するとしても、それが存在するということ以外の点では、まったく歴史学の対象とはなりえないのではないだろうか。歴史学とは不変的なものではなく、接近可能な過去の一側面の歴史的な変化を対象とする学問だからである。その限りにおいて、以下のような学問的な問いかけは、おそらく歴史的に意味のあることなのかもしれない。すなわち、どのような用兵原則が、いつ、いかなる歴史的・空間的条件のもとで時代遅れとなり、そして、軍指導部がどのようにそれに反応し、何に依存したのか。また、戦争の歴史から正しい、あるいは間違った教訓を引き出したのか否か。

したがって、歴史批判的作戦史の発見的な価値とは、それが作戦史もその一部であるところの普遍史（普遍的軍事史）の問題設定と認識関心に対して、どの程度開かれているかによって決定される。その場合にのみ、一般的な歴史学によって構成された解釈のつながりに、作戦史も、その成果を効果的に提供する機会を持つことができるのであろう。戦争全体の歴史の不可欠な構成要素としてのみ、現代の作戦史は、その存在意義があるのである。

その際、軍事史の他の個別領域以上に、文民による研究機関や大学が、統合された新しい作戦史の発展にとっての専門機関となる。周知の格言によれば、教皇の控えの間では悪しき教会史は排除される。この格言は、まさに批判的な作戦史にもあてはまる。応用的方法が伝統的に優位を占めていること、それに対して歴史批判的なアプローチは、依然として学問的・理論的に十分定着していないこと。このことこそが、作戦史のより一層の発展を目的に、プロフェッショナルな軍事的利害から自由な空間を必要とするのである[32]。したがって、これまで述べてきた意味での新しい作戦史の発展には、明確な文民による刺激を必要とする。それが無理であれば、現代の軍事史は、その対象の重要な部分を、軍事的な利害にのみゆだねる結果に終わるであろう。これまでのわれわれの考察を総括すると、以下の五つのテーゼにまとめることができよう。

（一）ドイツの大学は、作戦史の研究、教授、講座の開設に取り組んでこなかった。

（二）批判的な歴史学のさまざまな主題から、作戦史が次第に姿を消すことは、戦争の歴史的な分析の危険な切り詰めであり、それゆえ重大な欠落を意味する。
（三）歴史批判的作戦史は、方法的そして方法論的に新たな方向性の土台の上でのみ発展することになるだろう。だが依然として、そのための前提はすべて欠けている。
（四）歴史批判的作戦史は、軍事的思惑から生じ、軍事的原則から実践的と見なされる戦史とは別のものである。
（五）軍事史の他の個別領域以上に、文民による研究機関や大学が、統合された新しい作戦史の発展にとっての専門機関となる。

1 作戦史という概念は、まったく実務的な観点から、以下のような相互補完的な二つの意味内容において使用される。すなわち、一つは狭義において、戦術レベルの上位に位置する大規模な軍事作戦の計画と遂行の歴史であり、もう一つは広義において、戦争における軍事的な統帥術（Führungskunst）の歴史一般である。
2 ドイツ語圏における最も重要な軍事史専門誌である『軍事史報（MGM）』の広範囲にわたる書評や注釈を一瞥すると、『軍事史報』の年間文献解題付録である『戦争と社会のニューズレター』に見られる評価と同様に、以上のようなことが示唆されている。
3 たとえば、エルンスト・クリンク、マンフレート・ケーリヒ、カール＝ハインツ・フリーザーらの研究は、作戦史の標準的な著作として評価されている。
4 ここではたとえば、大戦記念碑（ペロンヌ）をめぐる知的統合プロジェクトにおける、方法的に極めて興味深い作戦史的な視角が想起されよう。
5 たとえば、Wolfram Wette(Hrsg.), Der Krieg des kleinen Mannes. Eine Militärgeschichte von unten, München 1992 を参照。
6 Jehda L. Wallach, Das Dogma der Vernichtungsschlacht. Die Lehren von Clausewits und Schlieffen und ihre Wirkungen in zwei Weltkriegen, Frankfurt/M. 1967; Michael Geyer, Der zur Organisation erhobene Burgfrieden, in: Klaus-Jürgen Müller/Eckardt Opitz(Hrsg.), Militär und Militarismus in der Weimarer Republik, Düsseldorf 1978, S.15-100, Zitat S.27 を参照。

7　Martin Raschke, Der politisierende Generalstab. Die friderizianischen Kriege in der amtlichen deutschen Militärgeschichtsschreibung 1890-1914, Freiburg 1993, S.31-39; Sven Lange, Hans Delbrück und der ‚Strategiestreit'. Kriegführung und Kriegsgeschichte in der Kontroverse 1879-1914, Freyburg 1995, S.40-48 を参照。

8　これに批判的な論考として、Klaus A. Maier, Überlegungen zur Zielsetzung und Methode der Militärgeschichtsschreibung im Militärgeschichtlichen Forschungsamt und die Forderung nach deren Nutzen für die Bundeswehr seit der Mitte der 70er Jahre, in: MGM52 (1933), S.359-370 を参照。

9　Raschke, Generalstab, S.36. からの引用。

10　デルブリュックの活動と意義については、ランゲの著書とともに、とりわけ以下を参照のこと。Arden Bucholz, Hans Delbrück and the German military establishment, Iwoa City 1985. とくに同書の Kap.3. を参照のこと。

11　Lange, Delbrück, S.12. からの引用。

12　たとえば、特徴的な事例として、Dr. H. Gackenholz, Kriegsgeschichte, in: Friedrich von Cochenhausen(Hrsg.), Die Wehrwissenschaften der Gegenwart, Berlin 1934, S.65-78. その他、とりわけ、ドイツ国防政策・国防科学協会周辺のさまざまな論文（出版物・著書）や年報を参照。それらのなかには、陸軍戦史研究所所員による研究のように、理論的・概念史的に特別な興味を引くものがある。Karl Linnebach, Die Wehrwissenschaften, ihr Begriff und ihr System, Berlin 1939.

13　一九五七年の軍事史研究局の設立によって刺激を受けた、この論争の本質的な部分は、同研究局の設立二十五周年に編纂された、以下の文献の第一部に収録されている。Militärgeschichtliches Forschungsamt (Hrsg.), Militärgeschichte. Probleme-Thesen-Wege, Stuttgart 1982. 他の点については、より詳細な以下の分析を参照のこと。Rainer Wohlfeil, Militärgeschichte. Zu Geschichte und Problemen einer Disziplin der Geschichtswissenschaft (1952-1967), in: MGM 52(1993), S.323-344. 東ドイツにおける展開については、マイエルの文献とともに以下を参照のこと。Reinhard Brühl, Zum Neubeginn der Militärgeschichtsschreibung in der DDR, in: MGM 52(1993), 303-322; Jürgen Angelow, Zur Rezeption der Erbediskussion durch die Militärgeschichtsschreibung der DDR, in: ebd., S.345-357.

14　筆者が始めたＦＡＺマガジンの、およそ一〇〇〇通のアンケートを分析した中間報告における明確な所見である。このアンケートは、影響力がある同時代人に対して、とりわけ彼らの歴史像について情報を求めたものである。そこでは、「いかなる軍事的業績を最も評価するか」という質問に対して、他の質問よりも、知らない、わからない、答えたくない、という回答の多かった点が注意を引いた。

15　John Keegan,The Battle for History. Re-Fighting World War II, New York 1996, S.66.

16 依然として古典的な研究であるのが、Andreas Hillgruber, Hitlers Strategie. Politik und Kriegführung 1940-41, München 1965(2.Aufl.1982). それと並んで、ここではヒルグルーバーの弟子であるエーベルハルト・シュヴァルツと、クラウス・シューラーによる二、三の論文を列挙することができる。軍事史研究局による研究のなかでも、比類のない資料の豊富さで、とりわけ、以下の一連の文献が際立っている。Das Deutsche Reich und der Zweite Weltkrieg, Stuttgart 1979ff. 同シリーズの第四巻、第六巻、第八巻（近刊）は、ほとんどの部分が東部戦線の戦争指導（作戦的レベルでの！）にあてられている。その他、Bernd Wegner,Kriegsgeschichte-Politikgeschichte-Gesellschaftsgeschichte. Der Zweite Weltkrieg in der westdeutschen Geschichtsschreibung der siebziger und achtziger Jahre, in: Jürgen Rohwer/Hildegard Müller(Hrsg.), Neue Forschungen zum Zweiten Weltkrieg, Koblenz 1990, S.102-129.

17 われわれのテーマから見て、今日においてもアクチュアルで詳細な文献解題的な紹介となっているのが、Rohwer/Müller, Neue Forschungen.

18 このことは、明らかにスターリングラードの戦いが、突出して神話的な性格を持っていることと関係がある。Michael Kumpfmüller, Die Schlacht von Stalingrad. Metamorphosen eines deutschen Mythos, München 1995. さらに、Bernd Wegner, Der ,Stalingrad', in: Gerd Krumeich/Susanne Brandt(Hrsg.), Schlachtenmythen, Köln/Weimar 2000(in Vorbereitung)を参照。包括的なスターリングラード戦の研究として、Manfred Kehrig, Stalingrad. Analyse und Dokumentation einer Schlacht, Stuttgart 1974. そして、必ずしも最大にして最重要ではないこの戦いについての、その後の文献解題的な関心については、Wolfram Wette/Gerd R.Ueberschär(Hrsg.), Stalingrad. Mythos und Wirklichkeit einer Schlacht, Frankfurt/M.1992. の論集を参照。より包括的な論集として、Jürgen Förster(Hrsg.), Stalingrad. Ereignis-Wirkung-Symbol, München/Zürich 1992. そして、最新の研究として、Antony Beevor, Stalingrad, München 1999.

19 依然として重要な研究である、Omer Bartov, The Eastern Front,1941-45. German Troops and the Barbarisation of Warfare, London 1985. また、史料性に富むオーラル・ヒストリー研究として、Hans Joahim Schroeder, Die gestohlenen Jahre: Erzählgeschichten und Geschichtserzählung im Interview. Der Zweite Weltkrieg aus der Sicht ehemaliger Mannschaftssoldaten, Tübingen 1992. 同様に、方法論的に革新的な軍事郵便の分析として、Martin Humburg, Das Gesicht des Krieges: Feldpostbriefe von Wehrmachtsoldaten aus der Sowjetunion 1941-1944, Opladen 1998, und Klaus Latzel, Deutsche Soldaten-nationalsozialistischer Krieg? Kriegserlebnis-Kriegserfahrung 1939-1945, Paderborn 1998(= Krieg in der Geschichte, Bd.1).

20 一九四四年八月二〇日に開始されたヤッシーにおけるソ連軍の大攻勢は、数日間でドイツ第六軍の包囲・殲滅を招き、それにより南ウクライナ軍集団は粉砕された。そして、南東ヨーロッパ戦域におけるドイツの覇権的な地位は、終わりを告げたのである。

21 このことは、第二次世界大戦の他の戦場を瞥見した場合、そこに異なる状況が見られるとすれば、それはもっぱらアングロサクソン的な軍事史叙述の成果である。その際、多くの専門書（以下の該当する文献報告を参照、Rohwer/Müller, Neue Forschungen. および、Keegan, Battle, S.66ff.）と並んで、学術的な評価の高い以下の雑誌も参照。War in History あるいは、The Journal of Strategic Studies. これらに相当するものは、ドイツ語圏には存在しない。そこではとりわけ、作戦史的な研究が、依然として新たな刺激を有している。基本文献としては、ジョン・グーチ編集の特集号である ,Decisive Campaigns of the Second World War", The Journal of Strategic Studies 13(1990), No.1 を参照。

22 Bernd Wegner, Erschriebene Siege. Franz Halder, die ,Historical Division' und die rekonstruktion des Zweiten Weltkrieges im Geiste des deutschen Generalstabes, in: Ernst-Willi Hansen/Gerhard Schreiber/Bernd Wegner(Hrsg.), Politischer Wandel,organisierte Gewalt und nationale Sicherheit. Beiträge zur neueren Geschichte Deutschlands und Frankreichs. Festschrift für Klaus-Jügen Müller, München 1995, S.287-302 を参照。

23 修正の試みはとりわけ浩瀚な、『ドイツ国と第二次世界大戦』シリーズに見られるが、長い間ほとんど承認を受けてこなかった。

24 たとえば、ハンス＝ウルリヒ・ターマーによる以下の基本文献を参照のこと。Verführung und Gewalt: Deutschland 1933-1945, Berlin 1986. 同書における戦時の描写は、全体の二〇パーセントに満たない。

25 Gerhard Hirschfeld/Lothar Kettenacker(Hrsg.), Der Führerstaat:Mythos und Realität. Studien zur Struktur und Politik des Dritten Reiches, Stuttgart 1981.

26 それに加えて、Die Beiträge von Jügen Förster, Rolf-Dieter Müller und Bernhard R.Kroener in DRZW, Bände 4(2. Aufl.1987), 5/1(1988) und 5/2(1999) を参照。

27 Bernhard R. Kroener, Der ,erfrorene Blitzkrieg'.Strategische Planungen der deutschen Führung gegen die Sowjetunion und die Ursachen ihres Scheiterns, in: Bernd Wegner(Hrsg.), Zwei Wege nach Moskau. Vom Hitler-Stalin Pakt zum ,Unternehmen Barbarossa', München/Zürich 1991, S.133-148, sowie ders., ,Nun Volk,steh auf...!' Stalingrad und der ,totale' Krieg 1942-1943, in: Förster, Stalingrad, S.151-170 を参照。

28 Karl-Heinz Frieser, Blitzkrieg-Legende. Der Westfeldzug 1940, München 1995（カール＝ハインツ・フリーザー著、大木毅・安藤公一訳『電撃戦という幻』中央公論新社、二〇〇三年、上・下）

29 Bernd Wegner, Hitler, der Zweite Weltkrieg und die Choreographie des Untergangs, in: Geschichte und Gesellschaft(im Druck) を参照。

30 この転換過程については、以下の示唆に富む論考 Jahn Philipp Reemtsma, Die Idee des Vernichtungskrieges. Clausewitz-Ludendorff-Hitler, in: ders., Mord am Strand: Allianzen von Zivilisation und Barbarei. Aufsätze und Reden, Hamburg 1998, S.285-315 を参照。

31 この種の命題の時代を超えた妥当性が、そもそも証明可能なのかという方法論上の問題は別として、核の時代が部隊指揮において、永遠の真理であると誤解されてきたものの多くに、止めを刺したことは確かである。たとえば、作戦的決断を下さざるをえない場合、戦力の集中が十分すぎるということはありえないという格言は、核の戦場という条件の下では、極めて妥当性を欠いたものになったと思われる。

32 連邦軍や軍事史研究局の諸大学のように、批判の対象圏外に置かれている組織の学問的な自律性は、疑わしいように思われる。

第六章 作戦史としての軍事史——ドイツとアメリカのパラダイム

デニス・E・ショウォルター、小堤盾訳

軍事史とは、それ自体が目的ではない。その目的は、歴史的な事実とその原因を問うランケ的なモデルを越えたところに設定されていた。軍事史には、精神的・教育的な要素というものが常に含まれていたのである。近代の学者により「太鼓とラッパ」の歴史として処理されてきた叙述方法は、おおやけの美徳というモデルを提供することで、ますます複雑化する社会の統合に役立つとともに、世代と階級を結びつけてきたのである。それゆえ、ソクラテスがアテネにおいて、アメリカ軍の戦闘歩兵章やドイツ軍の白兵戦章に相当する名誉を得ていたことに、誇りを感じていたのは異例なことではない。他方、軍事史の教育的役割とは、クラウゼヴィッツの表現を用いるなら、戦争とはカメレオンであるという事実のなかに反映されている。戦争を行うことは、伝統的に徒弟修業を必要とする職業とされていたのである。しかし、文民の職業とは違って、戦争を学ぶ者にとって反省や復習のための時間は限られていた。聖職者や職人は質問をしたり考え直すため、仕事の最中にその作業を中断することができた。だが、軍人にはそのような機会はなかった。むしろ、戦闘体験は極めて強烈で個人的なものであるため、自らの記憶でさえ誤りであったと判明することがありうるのだ。このことは今日、オーラル・ヒストリーを軍事的事象の調査のために利用する、すべての研究者によって確認されている。そのため、西洋の軍人は、歴史叙述が科学的な学問へと発展する以前の一九世紀初頭に、戦争の経験を理解するための手段として、歴史に目を向けていたのである[1]。

まさにドイツにおいては、文民の学者がこの分野に参入する以前に、すでに軍人が長期にわたりテーマとなる対象を管理し、定義していた。そして、その後は教授殿たちに、その仕事をゆだねることを拒否したのである。それぞれ異なる目的や見方が、今日まで続くこの学問分野における分裂をもたらした。それと同時に、戦史は軍人やますます多くの人々の関心事として理解されるようになったが、彼らは長椅子に座りながら会戦を遂行し、また、戦闘行為や技術上の詳細についての物語を享受する一方で、戦争がさらに意味するところについては無関心なのである。戦史は、その本来の形態において、英雄的で悲壮な戦闘の物語と、戦争の作戦的なレベルへと集中して取り組むことを結びつけた。戦史は近代的な大衆軍隊の市民兵を動機づけ、参謀将校や連隊付き将校の技能向上に貢献すべきものとされたのである。第一次世界大戦後に登場した国防史は、戦争指導の作戦的な側面を指向したものではなく、政治的、社会的、経済的そして文化的な要因を扱うものであった。それにもかかわらず、その視点は主として道具的なもので、その目的も明確だった[2]。

それに対して軍事史は、アカデミックな土台の上に成立している。その起源は、一九世紀のハンス・デルブリュックの業績にまでさかのぼることができる。その本質は、軍事史に取り組む専門家集団の公認された目標設定に要約することができる。すなわち、その目標は、戦争や武装権力の伝統的で政治的・制度的な側面と、近代的な社会史、心理学、文化人類学、ジェンダー研究、そして、さらなる理論的なアプローチとを統合することに置かれているのである[3]。

しかし、軍事史叙述の日常的な実態は、極めて柔軟性に欠けている。デルブリュックと参謀本部出身の歴史家との間で行われた本質的で活発な議論、すなわち、戦争の研究とは知的な学問なのか、あるいは目的のための手段にすぎないのか、という議論は、世界大戦や「第三帝国」の遺産と結びつき、結局は作戦史を極めて寛容性に欠ける、陽の当たらない学問にしてしまった[4]。こうした主張に疑問を抱くのであれば、ドイツにおけるさまざまな歴史雑誌の書評に目を通すことで、その疑問は解決されるであろう。筆者の手元にあるもののなかから、二つの雑誌を取り上げたい。ガブリエーレ・メッツラーは近年、『歴史科学雑誌』で、ある論文が戦場における出来事の分析を優先し、多様性の一面において外交的・政治的要素を、他面において戦う者の日常史を、それぞれ疎略に扱っているため、「近代的な軍事史から遠く離れてしまった」と記した[5]。『軍事史報』では、一九九二年にベルンハルト・クレーナーが、「戦争と社会」に見られる知的なアプローチの優勢に対し、会戦の歴史が依然として日陰の存在とされていることについて悲嘆の声をあげた[6]。

それにもかかわらず、あるいはそれゆえに、まさにクレーナーの特殊な研究分野、すなわち近代初期のヨーロッパにとって、作戦史は重要となるのである。作戦史は、戦略と政治というより高度なレベルについての正確な理解にとってのみならず、社会的・精神史的な問題設定を継続的に理解するためにも意義がある。たとえば、ルイ十四世時代のますます大規模化する紛争において、帝国等族やドイツの小諸邦の出兵分担への貢献度は、たとえそれらを中規模程度のヨーロッパの強国と比較したとしても、アリバイ程度の戦力以上のものではなかった。しかし、兵士を徴集して出兵させた諸邦にとって、それらは象徴的な些事どころではなかった。彼らの戦闘における功績は、単なるドイツ・バロック的な仕草の政治として片付けられるものではなかったのである[7]。

このような考え方は、さらに以下のような一般化を導くであろう。すなわち、単に一七世紀の帝国等族のみならず、プロイセンやビスマルク帝国、そして「第三帝国」にとってさえ、さらにはおそらく、近年のボスニアやコソボでの出来事にとっても、作戦的思考はドイツの戦争指導の問題の中心に位置していたということだ。原則的なるものにおける欠点と同様に、戦略と政治におけるプロイセン・ドイツ的な欠点は、歴史叙述において古くから知られた決まり文句となっている。マルクス主義者やプロト・マルクス主義者、そしてポスト・マルクス主義者らは、この決まり文句を、ドイツの軍人が自国の崩壊しつつある社会経済秩序の構造的な限界を見抜くことや、それらを自らへの試練として理解する能力や意思がなかった証拠として引用している。その代わりに軍人たちは、細部の問題に精通することに逃げ道を求めたというのである[8]。リベラル派はむしろ、軍人の悪意というものに立脚する、以下のような偏った議論を引き出してくる傾向がある。すなわち、軍事組織は自らの制度的・心理学的な動機に基づいて、兵士を死に追いやり国を不幸に導くことに喜びを見いだすというのである。この仮説は多くの場合、一八世紀に起源を持つ、合理的な行為モデルという想定と結びついており、システムの欠陥についての説明を優先して、運命の女神の影響というものを拒否するのである[9]。

それに対してわれわれは、以下の二つの仮定から出発する。一つは、ドイツの参謀将校は少なくとも大抵の教授たちよりも能力がなかったわけではないこと。もう一つは、ドイツの軍隊は西洋世界における他の多くの制度と同様に、失敗を目的とした規範的で意識的な願望を内在化させるような状態にはなかったということである[10]。このような観点から、以下のような主張が可能となろう。すなわち、プロイセンないしはドイツにおける戦略地政学的および社会政策的な状況は、作戦的な問題を必ずしも重要なものとするわけではないが、ドイツ的な戦争指導にとって、確かに差し迫ったものとはするだろうということだ。少なくとも、それらは戦略や公共政策、あるいは国内関係の多くの継続的な問題よりも意味のあるものであった。

つまり、敵が目前に迫っている場合など、戦いに勝利することは他のすべてに優先する前提条件となるであろう。そもそも、戦場で勝利できなければ、精緻を極めた戦略計画や巧智を尽くした外交の意義というものは、どこに存在するのであろうか。軍隊が戦わず、そして勝利することができなければ、政治的な正当性やジェンダーに関わる問題を慎重に配慮するような思考方法の代償とは、いかなるものになるのか。いずれにせよ、勝利のための二度目のチャンス、あるいは失敗から学ぶ機会というものは、そうめったにあるものではない。ドイツにおける軍隊の歴史とは、伝統的な方法であれ、権力の社会学の領域においてであれ、作戦史が中心的な位置を占めることによってのみ理解できるのである。

このことは計画・実行・訓練・技術など、狭義の戦争指導にのみ焦点を当てるということを意味するものではない。正確に理解された作戦史とは、工業化された総力戦の最前線で、手工業的な行動様式を復活させるというような、社会史のテーマをも含んでいるのである。それはまた、歴史心理学的な方向性をともなう研究、たとえば、擬似家族としての部隊の構成についての問題といったようなものに対しても、開かれているのである。この種の近代的な作戦史を欠いた場合、近代的な問題設定や方法の網のなかに織り込まれた、戦争についての研究は、デンマーク王子を欠いたハムレットの上演に等しいものとなるであろう。

ドイツの歴史家ギルドにおける、現実的で伝統的な意見の相違に直面することで、そのような歴史の構成には、途方もないほどの専門的な市民としての勇気と知的な戦闘精神が必要となる。いずれにせよ作戦史は、ドイツの軍事史とは本質的に異なり、まったく正反対の経過をたどった歴史的な環境や国家においては、別のパラダイムに従うことになる。アメリカ合衆国は戦略地政学的に独立地帯を形成しており、それに応じて、核時代においても継続的な自明の安全保障を享受している。その軍事政策は、確実な力の優位と、それに応じた戦力投射に信頼を置いている。すなわち、その強さは海軍力や航空戦力、そして政治・戦略・兵站の各領域に存在するのである。アメリカは伝統的に、陸上作戦の先駆者とは見なされていない。「われわれは、どこで戦うのか」、「そこにいたる手段は何か」、「どのようにして、そこにとどまるのか」。これらがアメリカ流の戦争指導を特徴づける、重要な問題となっている。それに対して、「どのように勝利するのか」ということは、二次的な問題にすぎないのである[11]。

これらの問題を、公式・非公式の歴史叙述における、ドイツ的なモデルによって解決しようとするアメリカ人はいなかった。それに加えて、政府は基本的に、そのようなテクストを執筆し、出版する費用を負担するつもりもなかった。さらに、規模の小さいアメリカ陸軍は、少数の戦争理論家や戦闘についての多数の語り手を生み出することもなかった。というのも、将校は戦争術の技術的な側面や、そのエンジニアであることに重点を置いた教育を受けていたからである。そのため、アメリカにおける軍事史叙述は、一八六一年から一八六五年にかけての南北戦争によって形成され、定義されることになった。

南北戦争は、アメリカ史における決定的な出来事であったが、初めて民主的に語られた戦争でもあった。南北両軍のふつうの兵士たちは、識字率が極めて高く、自らが偉大な出来事に参加しているという意識が強かった。兵士たちは、地方で編成された部隊に所属しており、その団結力は戦争の長期化をもたらした。指揮官は、当初から熱心な観察の対象とされ、批判的な評価の対象でもあった。かつて戦場にあった南北両陣営において、戦争の思い出が多大の利益をもたらすことから、老兵たちは自己の戦闘を再現するように勧められた。一八六一年から六五年にかけての戦いは、その参加者にとって、改めて回顧することにより、初めて決定的な戦争体験となったのである。

その結果は、下からの軍事史叙述の爆発となった。すなわち、回想録、伝記、論争、連隊史、個々の戦闘についての研究が、他の西洋諸国と比べても、飛びぬけたかたちで出現したのである。しかしながら、ドイツ参謀本部の軍人研究者たちが行ってきたような分析に相当するものは、極めて少なかった。アメリカの軍事エリートにとってさえ、南北戦争は、実践的な行為の便覧というよりも、神話と霊感の源泉だったのである[12]。それに加えて、アメリカの研究者集団は、まさにドイツの大学モデルの影響下に置かれていたが、ハンス・デルブリュックのようなタイプの学者を持たなかった。デルブリュックは、戦略と政治の密接な関係についてと同様に、軍隊と文民機関の緊密な関係についても考慮すべきであると注意をうながしていた。それにより、分析的な関心の転位を準備したのである。かくして、軍人の作戦史家の反対にもかかわらず、純粋な戦闘事象の代わりに、戦場に影響を与える政治的な力の分析に取りかかることが可能となった[13]。それに対して、『南北戦争の戦闘と指揮官』（全四巻）は、アメリカにおける軍事史のあり方を基礎づけた。元来、それは一八八〇年代に、一連の雑誌記事として書かれたものであったが、本質において軍事作戦を指向し、おもに年配の将校によって書かれた個人的な物語を集成したものであった。さらに、『戦闘と指揮官』は商業的な企画でもあった。同書に寄稿した執筆者たちには、対価が支払われた。つまり彼らには、市場に流通可能な作品を供給することが求められたのである。編者は地域や専門家に限定されない、国民的規模の広大な市場を当て込んだ。その結果は、南北両軍の執筆者による英雄的な物語の便覧となった。南北両陣営とも、今や相互に敵の勇気をたたえることを競い合った。それに加えて編者は、一般の兵士の勇気と名誉を、自らの勇敢さを強調するかのように称賛したのである。

それ以来、作戦史の人気ある視点とされるものが、アメリカの軍事史を支配してきた。それはまた、ヨーロッパにおいて、戦争を観察する際の視角を根本的に変化させた、第一次世界大戦後の時代にも当てはまった。そもそも、この時期のアメリカは、それとは正反対の方向に向かっていた。南北戦争の薄れ行く記憶と、偉大な戦争〔第一次世界大戦〕についての忘れてしまいたい記憶が、ともにポピュラーな軍事史にロマンティックな外観を与えるため、一つに結びついていたのである。それは文芸評論家のエドマンド・ウィルソンが、適切にも愛国的な英雄の血糊という概念で表現したものだった。[14] このような背景のもとで軍事史は、依然としてアカデミックな学問としては存在していなかった。そもそも、それをテーマとして大学で開催される集会では、通常、「本日は某会戦について、今週は某戦争について」というような標題のもとで討論が行われていた。つまり、学部がそのような場を提供するとしても、知的な能力が求められることは極めてまれだった。アメリカではデルブリュックがベルリン大学で設立し、彼の退官後は、別のかたちで続けられたゼミナールに相当するものは存在しなかったのである。

一九三〇年代になってようやく、とりわけ、プリンストン大学やシカゴ大学で変化が始まった。クインシー・ライトの『戦争の研究』（一九四二年）は、戦争術に関する広範囲にわたる探求についての知的な可能性というものを示唆した。一九四三年にプリンストン大学の出版会から出された『新戦略の創始者』は、アメリカの世界戦争への関与を反映したものであった。その全体的な枠組みは、一〇〇年間にわたり支配的であった作戦史を越える広い視野を提供しただけではなく、まさにそれを求めていたのである[15]。一九四五年以降に育ったすべての学者世代は、今や戦争の特異性を理解することよりも、むしろ軍事制度の役割や軍事的行為を人間の行動の一つのタイプとして解釈しようとした。このアプローチは軍隊においてのちに広まった、以下のような仮説によってさらに促進された。すなわち、核兵器と近代的な形態の革命戦争やゲリラ戦争は、作戦史に関する特別授業の時間を、まったく危険なほど重要性に欠けるものとしたわけではないが、余計なものにしてしまったというのである[16]。

そこから数多くの研究が生まれた。すなわち、軍隊の構造的・知的側面に焦点を当てた研究や、軍事政策の作用の仕方に焦点を当てた研究、そして、軍事制度が文化や社会に与える影響に焦点を当てた研究などが出現したのである。一九七〇年代になると、以前はジェンダーや階級、そして、エスニックに関わっていた研究者が、軍事というテーマにも目を向けることで、ニュー・ミリタリー・ヒストリーと呼ばれる傾向が、重要かつ新たな衝撃を与え始めた。その際、軍事システムが戦争をどのように準備し、遂行するのかということは、二次的な考慮の対象にすぎなくなった。戦闘の研究は周縁化され、通俗科学的な処理にまかされ、軍事組織のみに役立つものとされ、過去の戦場は同時代のドクトリンを支えるために選別されてしまったのである。それに加えて、新たな戦争研究の方法は、新しい多元的な時代における意欲的な教授たちの世代に、ぴったりと適合した。教育計画の拡大、学生数の増大、歴史学部の増設とともに、軍事史を専門的かつ承認を受けた補助学問として構築する時代が到来したかのように思われた。その間においても、うるさ型の学者たちによって反時代的と見なされた作戦史と縁を切ることは、有望な道であるかのように思われたのである[17]。

アラン・ミレットの画期的な論文のタイトルである『オーバー・ザ・トップ』や『鉄条網の突破』は、「ニュー・ミリタリー・ヒストリー」を、アメリカにおけるこの分野の学問の最も重要なパラダイムとして定着させようとする努力が、最終的に勝利したことを反映している[18]。それにもかかわらず、その代表者は、あまり成果がないと証明された目的の有効範囲をさらに拡大しようとして、軍事史を学界の統一的な関心事にしようとする理想を求めた。一九七〇年代から八〇年代の初頭にかけては、この点において確かに何らかの基礎が据えられた。だが、次の一〇年で、再びその多くが失われてしまった。とりわけ、エリート大学では、軍事史の講座は担当者が引退することで消え去るか、より強力な弁護人をともなった最新の思潮やテーマに席を譲るため、名称を変えられてしまったのである[19]。

同じ頃、学者たちは新しい軍事史の価値を認め始めた。一つは、軍隊は自己目的として存在しているわけではないということ。二番目に、それはいかなる場合においても、第一義的な忠誠の対象ではないということである。つまり、軍隊とは常に従属的な公共機関であり、他に奉仕すべき公共機関であるということだ。この種のあらゆる組織が、どのように優劣を競い合うのかということについては、それらが基本的に果たすべき役割によって測られ、公認の対象とされるのである。そして、その基本的な役割とは、軍隊にとってはまさに戦争を行うことなのである。軍隊は戦うために存在する。つまり、軍隊は軍事的有効性を土台にして、自らを正当化しているのである。

このことは、表明された意図と実際の行動が、常に一致するということを意味するものではない。制度や立場は、さまざまな理由によって構築・維持されるが、軍隊では、それらは戦時における現実的ないしは可能な成果という尺度によって正当化されるからである。一八六五年から一九四〇年にかけてのアメリカで、市民から構成された陸軍という理想を主張した人々は、おそらく、この国ではプロフェッショナルな大陸軍や、平時における長期の義務兵役制も支持されないであろうと認めていた。そして彼らは、市民兵は有能な兵士であるし、市民軍は敵に対して強さと効果の点でも対抗可能であると判断していた[20]。同様に、女性が軍隊に加わることを弁護する同時代の人々は、次のテーゼを無効とするために熱心な努力を重ねていた。すなわち、アメリカ軍において女性の役割が拡大することは、軍隊に対して劇的ないし必然的にネガティヴな作用をもたらすであろうというテーゼである。性差に中立的な軍隊を強く支持する者も、女性の軍隊への参加が、どのようにして次の戦争に勝利するかという問いに関わるものであるということを、認めるつもりはなかったようである[21]。軍事的な手段としての役割に関係なく軍隊を研究することは、あらかじめ『戦闘と指揮官』に排他的に取り組むことと同様に、不完全なことと要約すべきなのである。

アメリカにおける作戦史の粗略な扱いは、さらに問題の多い結果を招いた。ニュー・ミリタリー・ヒストリーのパラダイムは、当初からむしろ見えすいた理由によって、歴史的な時代区分が戦場で決定されることはないと主張した。それにより、特殊な研究論文や総論的な記述であっても、たとえばドイツ統一戦争を同じような手法で論じていた。すなわち、本質的にはドイツにおける経済的な覇権を確立し、工業的な発展を軍事力に転換するためのプロイセンの先行する努力のみが、成功につながったとされているのである。しかし、一八六六年と一八七〇年の作戦史を正確に観察すると、オーストリア軍とフランス軍に対する勝利が、歴史的な必然の結果ではないことが理解できる。プロイセンの敵に見られる構造的な弱点は明らかである。それにもかかわらず、拙劣な組織動員、戦略上の錯誤、低劣な戦術、無能な将校は、政府や社会状況、そして軍隊自体の大きな変革なしに取り除くことができたであろう欠点を示していたのである。

オーストリア軍がケーニヒグレーツの戦いに勝利していれば、ビスマルク帝国はそもそも成立していたであろうか。ドイツ軍がフランス第二帝政軍の突進により、ライン川以東に押し戻されていたとしたら、ヴィルヘルム・フォン・プロイセンはヴェルサイユの代わりに、ベルリンでドイツ皇帝に即位していたのではないだろうか。フランス軍とオーストリア軍が通常考えられているよりも、一九世紀のヨーロッパ史を変化させる可能性があったということを理解するために、事実に反する歴史の舞台に踏み込む必要はないのである。ケーニヒグレーツはワーテルローと同様に、動かしようのない出来事ではなかったし、プロイセンの勝利は予測可能なものではまったくなかった。ドイツ帝国の運命は、諸国の武器庫や陸軍省、あるいは学校の教室において最終的に確定したのではなく、戦場で決せられたのである。そして、そこでは幸運というものの積み重ねが、ドイツの義務兵役兵によるフランス職業軍人に対する最終的な勝利を形成する一つの要因となっていたのである[22]。

他にも多くの事例が存在する。一九四〇年のフランス戦役における敵の計画、構想、物的条件との比較は、たとえば、連合軍の敗北がまったく不可避であったわけではなかったことを示している。フランスの崩壊は実際、政治的・イデオロギー的要因に関係づけられる必要はなく、作戦状況によって最も明らかにできるのである。電撃戦という概念も、それ自体は事実の展開というより、むしろ、あとからの構成物であり、いかなる役割も果たしていなかった[23]。

このような熟慮の結果、アメリカにおいてはほとんど冗談のような名称として、新たなニュー・ミリタリー・ヒストリーが登場したのである。その最小分母は、戦争の道具である軍隊の特殊で比類のない性格を認知することにある。同時に、その重要な役割は、一九四五年以降の軍事史に取り入れられた、広範囲にわたる関係性の文脈のなかに見いだされる[24]。この新たなニュー・ミリタリー・ヒストリーは、その間、以前はニュー・ミリタリー・ヒストリーの専門領域であったテーマのなかに、別の視点からの洞察をも提供している。かくして、ブライアン・サリヴァンは、一連の作戦史的文脈におけるイタリア軍についての研究で、イタリア軍が祖国統一戦争の時代から第二次世界大戦まで、本来的に国内治安のための戦力として理解され、活用されていたと主張した。敵国の軍隊を打倒する能力は、むしろ、二次的なものと評価されていたのである[25]。フランス外人部隊についてのダグラス・ポーチの定評ある著作は、軍事的文脈における文化的・機能的側面の相互作用を明らかにした[26]。ジョン・スローン・ブラウンとピーター・マンソーは、第二次世界大戦時のアメリカで、義務兵役兵により構成された師団が、著しい効果を発揮したことに集中的に取り組んだ。彼らは、アメリカ社会の一般的な構造を背景に置くことで、制度化する素質というものを、より広い基盤の上で適切に解釈することができたのである[27]。

アメリカにおける軍事史の新たな確立は、国内要因をも反映していた。第一に、かつてアメリカでは、デルブリュックと参謀本部出身の歴史家との間で行われた論争のようなものはなかった。これはおそらく、大学と軍隊がともに軍事史を正確に定義し、擁護する価値はないと判断していたからである。そのため、アメリカでは軍事史についての極めて広い理解が存在した。それは、戦闘についての物語から歴史心理学、あるいは人類学から平和研究にいたるまでのあらゆる側面におよんでいるが、平和研究に対しては根強い反対が見られる。意欲的な将校や文民の学者は、とりわけヴェトナム戦争以降、共生関係と名づけることができるものを発展させてきた。彼らは同じ大学で学位を取得し、ともに行事や会合に参加し、その際、同じ要求を課されているのである。彼らは一般的に、同種の出版物や雑誌を発表の場として利用している。ウェストポイントや空軍大学のような機関は、この学問分野の知的活動の中心地と認識されている。他方、総合大学では、どのように定義されたとしても、軍事史に関するテーマのために組織され、予算がつけられた会議はほとんどなく、もちろんそれらに軍人が参加することはない[28]。

その結果、作戦史の重要な意義についてといったテーゼのように、場合によっては流行遅れと見なされるものを含めて、拡大統合された学者の共同体は、別の見方に対して開かれた状態に置かれている。軍事史学会は、とりわけ一九八〇年代の再編以降、上位団体へと昇格した。その点で、同学会は自らを橋渡し役と認識しており、その要求を学会が発行する軍事史雑誌や年次総会に移行させようと試みた。このやり方は、方法論をめぐる諸問題を放棄するという手法により、容易に進行した。アメリカの軍事史研究者が、歴史科学という概念について語る場合、歴史とは科学以上のものであるという主張が、中心に置かれているのである。専門用語をめぐる問題や、本書の土台となった会議によって明確にされたような理論は、アメリカにおける同様の会議にとって、二次的ないしは三次的な意義を持つにすぎないのである。

結局、アメリカにおける軍事史への取り組みは、考えられうる限りの広い意味において理解されており、実行されているということだ。制服や武器システムといった細部にわたる研究や、攻撃の本質についての理論的分析、そして中隊レベルの戦闘についての叙述から、戦争における女性の役割についての探求まで、アメリカの軍事史家は、常に身内の基準によってのみ比較の対象とされる研究を提示することはできるのである。しかし、研究者は、専門の周縁外にも目を向ける機会を持つことがより重要であろう。最後にあげた点は、とりわけ電子通信時代において重要である。もっぱら、同種の仲間を探し出したあとで議論を重ねるか、あるいは、枝葉末節について話し合うことで安心感を得ることは、この開放性を指向したプロセスを逆行させることになる。

結局、軍事史や作戦史を単一に特権化するのではなく、それらの諸説融合的・多層的なアプローチを承認すべきであるということが、本稿の結論である。たとえば、一九四四年から一九四五年にかけてのDデイ作戦を、その実例としてあげることができよう。Dデイに対する調査研究の焦点を形成しているのが、アメリカ陸軍の公刊戦史である一連の『グリーン・シリーズ』である。文民の歴史家による執筆部分は依然として、そのジャンルの基本文献と見なされている。このシリーズは、ステフィン・アンブローズやゲラルド・リンダーマンの著作に見られるような、一種の日常史によって補完された。彼らは、広範な読者を対象とした執筆能力を持つ大学教授である[29]。軍人ないしは歴史家、そして、カルロ・デステや最近ではエイドリアン・ルイスのような退役将校らは、軍事作戦を分析するため、彼らが軍人や学者として蓄積してきた洞察に、総合的な判断を加えている[30]。「ニュー・ミリタリー・ヒストリー」は、ラッセル・ワイグリーの『アイゼンハワーの副官たち』や、ウォーレン・キンバルによる第二次世界大戦中のアメリカ軍とイギリス軍の間の特別な関係についての研究といった学術書を生み出した[31]。最後に、ゲラルド・アスターの『一九四四年六月六日・Dデイの声』や、あるいはジョフリー・ペレットの『勝利すべき戦争』といった、読者受けする著作を列挙しておく必要がある[32]。二人の著者はともに、自らを商業作家と定義している。彼らは自分たちをアメリカの軍事史共同体に所属するものと見なし、著作の形態や記述を、その共同体の基準に適合させている。そして重要なことは、彼らの視点が学者や軍人たちによっても受け容れられているということだ。少なくとも、このことは、兵士の物語の運命が大抵そうであるように、彼らの物語が一般的な拒絶を受けない限り、大西洋の対岸においても当てはまるのである。

これらアメリカにおける軍事史叙述を特徴づける、さまざまな思潮の相互作用は、アメリカにおける軍事史が、常に歴史叙述のポピュラーな形態であるという限りにおいて、アメリカ文化の重要な一面を反映している。それゆえ、軍事史の叙述は職業軍人や専門的な学者によってのみ行われるべきではない。アメリカの戦争は、アメリカ国民の歴史を形成しているのである。アメリカの戦争は、その間、軍事史を公共のテーマとすることで、ますますその遺産を活用している。ヒストリー・ブック・クラブで毎月のように取り上げられるもののなかには、少なくとも規則的に軍事をテーマとした著作が含まれている。そして、軍事史自体も独自のブック・クラブを有している。それらは同様に、『軍事史』や『ヴェトナム』といった広く読まれる雑誌から、ハイクオリティーな『軍事史四季報（MHQ）』までの極めて個性的で、利益の上がるサブカルチャー関連の出版物を扱っている。その著者たちは第一級の学者から構成され、そして、読者は平均的に高い教養と高収入を得ている。軍事史は、ケーブルチャンネルにも溢れている。『プライベート・ライアン』や『シン・レッド・ライン』は、一九九九年に年間最優秀映画としてオスカーにノミネートされた。

作戦史についての近代的なコンセプトの発達は、軍事史における持続的な大変動を導いた。すなわち、軍隊の特殊で比類のない役割が再発見され、新たに定義されたのである。それは軍事史に新たな生命や安定性、そして信頼性を与えることに貢献し、また、ある種の国家や社会では、通常であれば、現代とのかかわりを持つことを有用性へと向上させるのである。全体として、それは積極的な共生というものを示している。その成果は、大西洋の対岸［アメリカ］では、ようやく成果が出始めたところである。いずれにせよ、それらはドイツにおける戦争の歴史の変わらぬ扱われ方にとって、有望な対抗物を提供しているのである。

1 英語圏の分析として、Peter Paret, The History of War, in: Daedalus 100(1971), S.376-396; John Gooch, Clio and Mrs: Use and Abuse of Military History, in: Journal of Strategic Studies 3(1980), S.21-36;Michael Howard, The Use and Abuse of Military History, in: ders., The Causes of War and Other Essays, Cambridge 1984, S.188-197を参照。

2 ここで示されているドイツ的モデルについては、Rainer Wohlfeil, Wehr-,Kriegs- oder Militärgeschichte?, in: Ursula von Gersdorff(Hrsg.),Geschichte und Militärgeschichte. Wege der Forschung, Frankfurt/M.1974,S.165-175 以下も参照のこと。Philipp von Hilgers. Anwendungen der Kriegsgeschichte, in: Newsletter AKM 9(1999), S.6-9.

3 Das Faltblatt „Arbeitskreis Militärgeschichte e.A."を参照。

4 Sven Lange, Hans Delbrück und der „Strategiestreit". Kriegführung und Kriegsgeschichte in der Kontroverse 1879-1914, Freyburg 1995; Martin Raschke, Der politisierende Generalstab. Die friderizianischen Kriege in der amtlichen deutschen Militärgeschichtsschreibung 1890-1914, Freiburg 1993を参照。

5 Gabriele Metzler, Rezension von Geoffrey Wawro,The Austro-Prussian War(1997), in: ZfG 47(1999), S.183fを参照。

6 Bernhard Kroener, Rezension von M. S. Anderson, War and Society in Europe of the Old Regime 1618-1789, in: MGM 51(1992), S.454fを参照。

7 Peter H. Wilson, German Armies.War and German Politics 1648-1806, London 1998を参照。同じ著者による事例研究として、War, State, and Society in Wuerttemberg, 1677-1793,Cambridge 1995.

8 この問題については、Stig Förster, Der doppelte Militarismus. Die Deutsche Heeresrüstungspolitik zwischen Statuts-Quo-Sicherung und Aggression 1890-1913, Wiesbaden 1985を参照。

9 最初の特異事例については、Norman F.Dixon, On the Psychology of Military Incompetence, London 1976; Karl Heinz Janßen/Carl Dirks, Der Krieg der Generäle. Hitler als Werkzeug der Wehrmacht, München 1999を参照。二番目の特異事例については、以下の文献で見事な手法により解説されている。Eliot A. Cohen/John Gooch, Military Misfortunes. The Anatomy of Failure in War, New York 1990.

10 シュティーク・フェルスターによる合理的な行為モデルについての限定的な解釈でさえ、極めて疑わしいことに注意すべきである。以下のフェルスターによる包括的な論考を参照。Der deutsche Generalstab und Illusion des kurzen Krieges, 1871-1914. Metakritik eines Mythos, in: MGM 54(1995), S.61-95.

11 依然として、この複雑な問題への導入として妥当な内容の以下の基本文献Russel Weigley, The American Way of War,

New York 1973を参照。

12 F.Mark Grandstaff, Preserving the ,Habits and Usages' of War: William Tecumseh Sherman, Professional Reform, and the U.S.Army Officer Corps, 1865-1881, Revisited, in:Journal of Military History 62(1998), S.521-546; David Fitzpatrick, Emory Upton. The Misunderstood Reformer, Dissertation, University of Mishigan 1996; Carol Readdon, Soldiers and Scholars: The U. S. Army und the Uses of Military History, 1865-1920, Larence 1990を参照。

13 これは以下の文献の主要テーマとなっている。Arden Bucholz, Hans Delbrück and the German Military Establishment, Iowa City 1985.

14 Edmund Wilson, Patriotic Gore. Studies in the Literature of the American Civil War, New York 1962.（エドマンド・ウィルソン著、中村紘一訳『愛国の血糊』研究社、一九九八年）.

15 Quincy Wright, A Study of War, Chicago 1942; E. M. Earle(Hrsg.), Makers of Modern Strategy, Princeton 1943（エドワード・ミード・アール著、山田積昭他訳『新戦略の創始者』原書房、一九七八年、上・下）.

16 K. Mahon, Teaching and Research in Military History in the United States, in: Historian 27(1965), S.170-184; Edward M. Coffmann, The Course of Military History in the United States since World War II, in: Journal of Military History 61(1997), S.761-766を参照。

17 Peter Karsten, The ,New' American Military History. A Map of the Territory, Explored and Unexplored, in: American Quarterly 36(1984), S.389-418; Paul Kennedy, The Fall and Rise of Military History, in: Yale Journal of World Affairs 1(1989), S.12-19を参照。

18 Allan Millett, „ American Military History: Over the Top", in: H. J. Bass(Hrsg.),The State of American History, Chicago 1970, S.175-183; ders., American Military History: Struggling Through the Wire, in: ACTA of the ICMH, Manhattan, Ks. 1977, S.528-537.

19 一般的には、John A. Lynn, The Embattled Future of Academic Military History, in: Journal of Military History 61(1997), S.777-789を参照。

20 I. B. Holley, General John M. Palmer, Citizen Soldiers, and the Army of a Democracy, Westport (CT.) 1982; William O. Odom, After the Trenches. The Transformation of US Army Doctrine, 1918-1939, College Station, TX 1999を参照。

21 とりわけ、D'Ann Campbell, Women in Combat. The World War II experience in the United States, Great Britan, Germany and the Soviet Union, in: Journal of Military History 57(1993),S.301-323を参照。Die Beiträge zu Minerva's Bulletin Board,

einer akademischen Vierteljahresschrift über Frauen und das Militär. の論集も参照。

22 この議論の道筋として、筆者によるDennis E. Showalter, A Modest Plea for Drums and Trumpets, in: Military Affairs 39(1975), S.71-74. の論考を参照。この思考過程は、さらに以下において続けられている。The Wars of German Unification (im Druck).

23 とりわけ、Don W. Alexander, Repercussions of the Breda Variant, in: French Historical Studies 8(1974), S.459-488. Jeffrey Gunsberg, Divided and Conquered. The French High Command and the Defeat in the West, 1940, Westport, CT 1979 を参照。

24 Dennis Showalter, History, Military, in: R. Cowley/G. Parker (Hrsg.), The Reader's Companion to Military History, Boston 1996, S.204-207 を参照。

25 Brian Sullivan, The Strategy of Decisive Weight.Italy,1882-1922, in: W. Murray u.a.(Hrsg.),The Making of Strategy, Cambridge 1994,S.307-351., ders., A Thirst for Glory. Mussolini, the Italian Military, and the Fascist Regime, 1922-1936, Diss. University of Michigan 1984 を参照。

26 Douglas Porch, The French Foreign Legion, New York 1991 を参照。

27 John Sloan Brown, Draftee Division. The 88th Infantry Division in World War II, Lexington, Ky. 1986 Peter Mansoor, The GI Offensive in Europe. The Triumph of American Infantry Divisions 1941-1945, Lawrence, Ks.1999 を参照。

28 そのための最も優れた簡潔な研究と判断できるものとして、Allan R. Millet, American Military History. Clio and Mars as ,Pards', in: D. A. Charters u.a.(Hrsg.),Military History and the Military Profession, Westport 1993, S.3-22.

29 Stephen Ambrose, D-Day, New York 1994;ders.,Citizen Soldiers, New York 1997;Gerald W. Lindermann, The World Within War. America's Combat Experience in World War II, New York 1997 を参照。

30 Carlo d'Este, Decision in Normandy, New York 1983; Adrian Richard Lewis, Omaha Beach. American at War, Diss. University of Chicago 1995 を参照。

31 Russell Weigley, Eisenhowers Lieutenants. The Campaign of France and Germany, 1944-45, Bloomington, IND.1981; Warren F. Kimball, Forged in War. Roosevelt, Churchill, and the Second World War, New York 1998 を参照。

32 Gerald Astor, June 6, 1944.The Voices of D-Day, New York 1994; Geoffrey Perret, There's a War to be Won. The United States Army in World War II, New York.

第七章　軍事史と政治史

ヨスト・デュルファー　大井知範訳

軍事史という概念は、ナチズムに汚染された「国防史」あるいは「戦争史」といったものと対置され、政治的に見てもより適切な概念と今日みなされている。後者は、伝統的に戦争の歴史と関連付けられており、主に戦争指導や戦略、作戦や戦術といった側面を包含している。そこでは昔から諸資源の動員という問題が考慮に含められてはいるものの、それでも思考の枠組みとなっているのは司令官の動向の方である。つまり、一人の人間として、あるいは集団内ですべてを考慮に入れ、すべてを統べる司令官がパラダイムの中心にある。それら指揮官の動向は、本章の以下の部分でその特徴が示されるような意味では、ある種の真に政治的な行為である。こうした戦争史なるものの見方は、まさに狭く伝統主義的な既成概念であるがゆえに、おそらく現在においては中心的な概念とされることはないであろう。それでもなお、戦争史それ自体は今後も軍事史として把握されうる。

戦争史（筆者は本文で言葉を使い分けていないが、意味内容から察するに狭義の「戦史」とは異なる広義の「戦争史」を念頭に置いている）は、戦争に関連する、あるいは戦争の可能性をはらむすべての事象をその範疇としている。社会的現実および可能性としての戦争は、強弱の度合いはあるものの、強力なマグネットのように社会、政治、文化の各生活分野のあらゆる鉄くずを自らに引き寄せる。歴史上知られたあらゆる国家や社会は、「平和」な時期においても、まだ起こっていない潜在的な現象形態としての「戦争」に対して物質的、精神的諸力を振り向けていた。もちろん、そこでは時代や社会集団ごとにかける力の度合いや領域はかなり異なっている。現実であろうが潜在的な形態であろうが、戦争は、物的、人的、精神的そして文化的にも生活の広範な部分を強く規定する。戦争史という包括的な見方は、これらの観察を個別に細分化するなかで主題とされるべきであろう。それゆえに、軍事史は「軍事」に関わる政治・社会的な組織を取り扱い、再度アプローチの幅広い展開を可能にすることで、まさに戦争史の一部に過ぎなくなるのだ。それを以下では論究することになろう。

軍事史は、将来においては統合的なアプローチを持たねばならず、さもなければ、近代軍事史としては存在しないであろう。統合的なアプローチとは、いうなれば各々の見方が変化しながら互いに補い合うことであり、しかしその重点や消失点は個々のセクターから十分引き出すことはできるし、またそうしなければならないアプローチのことをいう。そこには、政治史（Politikgeschichte）も政治の歴史（politische Geschichte）も含まれる。

政治史というものの概念については、以下の三つの解釈が実際には活用される。それらは常に厳密に区分けされるわけではなく、しばしば互いに重なり合う。しかしそうはいっても、分析に際してそれらは互いに区別されなければならないであろう。

（一）政治的な意味を含む、あるいは政治的な影響を及ぼそうとする意図を持った歴史叙述。
（二）経済、軍事、社会、文化などの領域と区別される政治セクターの歴史。
（三）特定の理念や利害関心の貫徹を目的とした人間の行動を論じる、つまり、決定に向かう動因を重視する歴史。

一　歴史と政治的影響

政治的な歴史、つまり政治的な影響を及ぼそうとする意図にそのまま従ったような歴史叙述を斥けることは容易である。しかし軍事史のなかにおいては、ことはより複雑である。我々は歴史主義をめぐる論争以来、観察する者から独立した歴史叙述など存在せず、認識はその本質において興味関心によって強く規定され、そのような認識のもと学者は設問を立て、その解決に向けた戦略を組み立てるということを知っている。まさにプロイセン・ドイツの歴史叙述は、長いこと軍事の優位のもとにあった。歴史叙述のかなりの部分が、陰に陽に軍事と戦争に正当性を付与する手助けをしていた。かくして現実界が道理にかなったものへと作り変えられることが頻繁に起こった。多くの者を呪縛したプロイセン・ドイツの軍国主義は、まさにプロパガンダ教育に根差した好戦的な議論が分析作業と結びついた結果に負うところが大きい[1]。まれにそれはナチ時代のように非常にはっきりと姿を現すことがある。「何千年にもわたってドイツ人は絶え間ない闘争のなかで暮らしてきたが、ドイツ人が征服のために、あるいは、戦争賠償金や軍税を我がものにしようとして戦争を行ったことは一度もない。ドイツ人とは無縁である憎悪心、あるいは貪欲なねたみが彼らに武器を取らせたのでは決してない。ドイツ人は常に、自らの祖国、自由、名誉、信仰を守るという目的のためだけに強いられた戦争を遂行した。そして勝者になったとしても、騎士道精神に基づく自らの寛大さのためにほとんどいつも勝利の果実をだまし取られてきたのであった」[2]。

一九四五年以降のドイツにおいては、徐々にゆっくりとではあるが、批判的な目でもって軍事を政治的プロパガンダから切り離す見地が支配的となった。しかしそれでもなお、両者を同一視するような態度は存在していたし、本質の部分においては現在までその傾向は続く。そのなかでは、さまざまな面で軍事は市民社会に対する対抗モデルとしての立場を維持している。つまり、個人の気ままな行動に対する集団的な生活形態、自身の主体性を優先する態度に対抗し厳格な従属を受け入れる姿勢、市民社会の福利増進に対し暴力装置の使用法を教授して大量の殺傷者を生み、人間を社会生活から剝離する戦争、というように。今日、たいていの歴史家は市民的な価値の遵守を誓っている。それでもなお、戦争や軍事の領域に横たわる事象を慎重に分析し、その内在的あるいは固着したメカニズムを真剣に受け止め、それを拙速に弾劾してしまわないことが重要である。

二　政治というセクター

社会生活のさまざまな対象領域を分野ごとに分ける伝統はすでに古くからある。たとえば、政治、経済、社会、文化、とりわけ軍事というような具合にである。政府内における部局の分類は、今日までそのよりどころを与えてくれる。たとえば、それぞれの所管事項を抱える省庁間が編成する作業グループの現実は、異なる分野間を横断する学術的ネットワークを形成する際に、一定程度転用が可能な学際性のモデルを与えている。

とりわけ、ドイツにおいては優位性をめぐって論争が繰り広げられる傾向がある。一九六〇年代から七〇年代にかけて内政の優位かそれとも外政の優位かという論争が起こったが、それ以上に重要なのが、政治と軍事の間の優位性をめぐる議論である。一八一三～一五年の戦争に始まり、一八七〇～七一年の戦争を経て二〇世紀の両世界大戦に至るプロイセンの興隆のなかで、軍事ファクターはとくに際立った意義を有していた[3]。それゆえに、政治の優位への問いかけは、なかんずくドイツ連邦共和国が国家体制を構築するうえで、自己理解のための重要な要素となった。とはいえ、政治と軍事を別セクターとして分化することによってすべての問題が解決されるわけではない。分析のために両者を区分する手法は、すでにカール・フォン・クラウゼヴィッツの著作のなかにはっきりと見ることができる。さらに今日では、ゲルハルト・リッターの著作のなかで読み取ることも依然価値がある。つまり、プロイセンの将軍を題材とした四巻本のなかで、彼がいかに一つの対をなす中心概念を打ち出したか。残念ながらプロイセン・ドイツの歴史においては、本来想定されるべき国政術の優位に対して戦争技巧の方が一段と優位性を増していった。技巧と術というこの二つの概念が、両セクターを質的に分ける見方をすでに予示している。想定されていた国政術の優位が戦争技巧によってひっくり返されてしまったことは、保守的な歴史家にとってはドイツ史の宿命と映った。そして、エーリヒ・ルーデンドルフとパウル・フォン・ヒンデンブルクは、ヒトラーの先駆者としていわばそのための原型を形作ったことになる[5]。「戦争計画の立案に際して軍人の助言を仰ぐことは不条理な行いである。つまりその結果、軍人は内閣の問題についても『純軍事的』に判断を下そうとする。しかしもっと愚かなことは、手持ちの戦争手段を将軍に委ね、それに応じて戦争あるいは軍事行動の計画を純軍事的な観点で起草するよう説く理論家の要請である」とクラウゼヴィッツが引用される。「言いたいことをもっとはっきり言うことなどほとんど不可能になってしまうだろう」とゲルハルト・リッターはそれに付け加えている。軍人は政策を形成してはならず、一方の政治家の側では、絶対戦争という戦争形態へ至らしめないために戦争をあくまで政治の手段として手中に収めていなければならないのである。

それに対してフリッツ・フィッシャーは、一九一四年の開戦責任をめぐる論争のなかでまさに次のようにいっている。政治と軍事というセクターに切り分けたり、人物をそれぞれに振り分けたりすることは有益なことではない、と。第一次世界大戦に至るドイツの道にとって決定的であったのは、軍部が自身の管轄領域を超え世界強国への飛躍という範疇のなかで物事を考えたことのみならず、政治家が政策を軍事に依拠したこと、つまり、軍事的思考をあまりにも深く自己の内部に取り入れてしまったことにある。より具体的な説明として、シュティーク・フェルスターが数年前に引き起こした小さな歴史家論争が傾聴に値するかもしれない。フェルスターは、第一次世界大戦の開戦前数十年の間のドイツ軍部の指導者層の戦争観を検討し、彼ら軍人が長期戦を予期していたものの、その準備は短期戦に限ったものであったという結論を導き出した。またそれに対して、ヴィルヘルム期のドイツ帝国における文民指導者層も似たような観念――それゆえ、現実と自身の行為を綜合する政治的な履行を怠った――に取りつかれていた事実もそこでは示される。つまり、文民と軍人の双方ともがゲルハルト・リッターの言うところの「軍国主義的」であったが、彼らが期待したのは、戦争の勝利によってドイツ帝国の政治が救済されることであった。それにもかかわらず、彼らは軍事上の見通しを合理的に計算することによってその救済を推し進めることはできなかった[6]。

こうして、議論は政治的に行動する社会グループ、つまり政治家、軍人といったものから、政治的なもの、および、軍事的なものの思考や世界像へと移っていく。私が思うに、議論がこの二分法のなかで終始することは結局のところ実り多きものとならない。それを克服するうえで注目すべきアプローチが、クラウゼヴィッツのなかにすでに見られる。「文民」は、たとえば戦力比や選択肢のような軍事のカテゴリーに属することについても考えをめぐらせているし、軍人は、(狭い意味での)軍事以外の資源についてもはっきりとしたイメージを抱き、社会の他の領域と同等かつ重なり合う思考形式や期待を持っている。可能性の領域であろうが現実の領域であろうが、戦争は兵士のみならず文民においても決定的な役割を演じている。文民政治家はこの意味で制服組以上に「軍国主義的」でありうるし、逆もまたしかりである。

三　政治の尺度としての行為

(a) 決定の場面における行為

政治史という概念の三つ目の性質は政治的行為という面から導き出される。マックス・ヴェーバーは、政治とは「あらゆる種類の自主的に行われる指導行為」であると語り、より狭義には、「政治的団体の指導、あるいはその政治的団体に影響を与えようとする行為を意味し、その政治的団体とは今日では国家のことを指す[7]」と主張している。そこでは、「権力の配分、維持、変動に対する利害関心が決定的な事項である」とも彼は言っている。ここには政治の意味をめぐる諸問題が含まれている。ヴェーバーにとって権力とは、自身の意思を貫徹させるための機会を意味し、そこには倫理が対をなすものとして組み込まれている。

このような観点を受け継いでいるのが、近代政治史に取り組むなかでアンドレアス・ヒルグルーバーが一九七二年に掲げた見解である[8]。イデオロギーと化した社会史に向けられたあの時代特有の攻撃的な議論を別にすれば、私には彼の切り口は依然有益な基盤を提供しているように思える。その核心には、「実践に移された政治の歴史がある。とりわけ、国家や国家相互の関係を対象とする研究として。(…)政治史は国内政策および外交政策を範疇に入れることが可能である。歴史をプロセスと捉える見方に対して、政治史は決定の瞬間を重く見るので『政治的な』ものとなる。その際、ヨーロッパ近代において出現したような強国、および世界大国システムの枠組みのなかでの国際政治に今日まさに特別な顧慮が払われる」

ヒルグルーバーが目指していたのは、人物が歴史を作るというテーゼへの回帰ではない[9]。むしろ彼は、構造がもたらす拘束力を前にして自立性は相対的なものにならざるをえないことを強調している。たしかに彼は、そうした構造的な拘束力というものを必ずしも前面に打ち出しているわけではないが、それでも考慮に含めるよう促しているのである。実際そのことは、いくらか有益なものに私は感じる。行為の主体となるさまざまな素因間の相互作用として政治的行為や政策決定プロセスを捉えるならば、それは依然として歴史研究の重要な一部を形成しているようにも思えるのである。

それでは、このようなアプローチは軍事史といかに結びつくか。軍隊は、歴史上知られているたいていの社会において、その中心となる社会的な団体である。「すべての国家権力はもともと戦争機構である」とオットー・ヒンツェは一九〇六年に述べている[10]。このことは、歴史学の手段では証明することはできないが、人類誕生以来の軍事、戦争、暴力のあり様を記述する際、あるいは民族学的な比較に際して、今日まで一般に行われている論理的錯誤(petitio principii)である[11]。歴史を論究する際により有用と思われるのは、ハーバート・スペンサーに由来する二分法、つまり、国家体制や社会体制の基本的特質を軍事型と産業型に呼び分ける方法である。オットー・ヒンツェが的確に述べているように、そこで問題となるのは、「それらが諸民族の歴史において純粋な形で実現されるような場はどこにもないかもしれない、いわば観念上の型であるということである。つまり、現実はどこを見渡しても両要素の混合型がほとんどであることを示している[12]」。ここで触れねばならないのは、軍国主義化した社会の問題である。二〇世紀という時代が混乱を招くのは、軍事的な社会と産業的な社会がとてもうまい具合に調和できたという事実があるからである。つまり、「我々は高度に軍事化された社会が高度に産業化された社会であることをおそらく目にするだろう。逆に、軍事化の進まない社会はたぶん産業化も進まないであろう[13]」。このような見解に立てば、人類の初期段階に関するオットー・ヒンツェの先ほどの観察は、傾向のうえでは、近代化が進んだ今日の段階に対しても適用することができるだろう。一方で、その両段階の間に位置する世界の歴史においてだけ、軍事と産業を二つに分ける見方は意味を持つように思われる。それでもなお、社会の形態という面から精神的な気質という側面に転じれば、リベラルな平和モデルは通商国家に、戦争モデルは軍事国家にそれぞれ分類することができる[14]。

(b) 内政と外交の蝶つがいとしての軍事

社会のなかで軍事が幾ばくか果たす役割に話を戻そう。ここでもう一度オットー・ヒンツェを引いておく[15]。「防衛機構の国家体制との関係を見定めようとする場合、実際の国家体制をも条件付けている二つの現象に我々はとくに目を向けなければならない。つまり、一方にある社会的な階級形成、他方にある国家の外面的な態勢、後者はつまり他の国家に対する姿勢、総じて言うならば世界における姿勢である」

手短に言えばこうである。内政と外交が「防衛体制や国家体制を形作る際にもっともはっきりとした形で共同作用を及ぼしていた」と。つまり、軍事は内政と外交の間の蝶つがいとなり、しばしば決定的な役割を帯びる。軍事は政治史に影響を与えているのである。ここでは典型的なものだけを挙げるが、そこでは軍事史に対する数多くの問いが生じている。つまり、内政と外交、国内政治と国際政治は同じ程度で問われている。軍隊という機関は、国家や社会のなかでどのような役割を占めているのか。軍隊はどのような人員、装備で構成されているか。軍隊が編成され保持されるうえで、どんな戦争が想定され、戦争に突入したり回避したりするうえでどのような目標が思い描かれているのか。戦争の可能性を考慮し、軍備や兵員の分配をめぐる物質的、文化的な闘争は、社会の他のセクターと比較してどのような姿を見せるのか。

これらの問いのすべては構造的に検討することができるが、しかし当を得ていて理解を促してくれるのは、関係する人物・社会集団の行動とそれら相互の関係、つまり相互作用に焦点を集めたアプローチである。それは既述のとおり、軍人だけでなく狭い意味での政治家（大臣、政党幹部、官僚）にも当てはまるし、しかしまた、経済界の指導者や世論を作り出す者にも当てはまる。関係する官僚機構のお役所言葉風に言えば、「合理的」決定モデルのなかに――ちょうど現在の政治学においては「合理的選択」アプローチが広範な領域で意義を持っているが――政治的な選択肢やオプション、そしてそこから引き出される決定が見いだされたし、今なお時折（そして今後も）見いだされる。しかしながら、たとえ精神史的な背景、および、長期にわたって文化的に形作られた特質、経済的な利害、政治的行為の社会的属性がそこに一緒に含められたとしても、それでもこうしたモデルがより的確な解釈を導き、それによって成果をもたらすことができると私は思う。ここでは、政治史は軍事の一般的な歴史のなかへ埋め込まれ、意義は深まりさらに前へと進んでいくことになる。とりわけ政治史は、政治的決定の場において、戦争、暴力、および暴力による威嚇や安全保障といった要素が、軍隊を形成するうえでいかなる役割を演じたのかを思考することができるのである。

これに関連して、軍事システムの役割と政治システムの役割をはっきりと切り離し、その相互作用を主題にすることは私には生産的だとは思えない。それは、程度の差はあれ二分法によってセクターを対置する、つまり右記で引用したような切り離しへの逆戻りであろう。そのうえさらに、政治的決定行為を単に上から下への行動という点でのみ捉えることは誤謬である。省庁の決定に際して、「下から上へ」も段取りが進められるのも確かである。さらにそれにもまして重要なことは、社会や文化には特性、価値観、思考パターン、および多様な拘束要因が存在し、はたまた政治的な圧力も加えられるが、それらの各要素のもとで決定が構造的に下され、時折強要されもするということである。まさにこれは、政治プロセス、つまり永続的な相互作用の一部である。政治学における「意思決定プロセス」は、この問題に関して何十年にもおよぶ研究の伝統を有している。

（c）国家と社会の行為者

政治的軍事史というものの概念がその輪郭を完全に喪失しないためには、トランスナショナルな政治、つまり非国家アクターの社会的な相互作用を大いに考慮に入れたとしても[16]、集束した決定の行為者・実行者としての国家に相対的な比重を置くことは意味があるように思える。ツェムピールが、当の昔に時代遅れとなった国家的世界よりも社会的世界の方に優位を置こうとする場合、そこでは、資源の分配のために観察されうる「国家的世界」と「社会的世界」の同時性よりも、いわば構造に横たわる理性的なものへの願望が支配的となっている。重要なことは——その点はツェムピールと同じなのだが——国家と社会の両次元で決定が下され、政策がまさに遂行されるということである。国際政治においては、力が行使され、国家と社会の行為者を通じて決定が下される。それと同じことが国内政治にもいえ、さらには、国際政治と国内政治の両次元の（ある程度大きな）部分に影響を与える軍事政策においてもまた同じことがいえる。

このことは、国家は暴力装置の真の産物であり、脅しの手段さえもがその存在の本質になっているという意味で捉えることができる。このような見方を推し進めたのが、一九四一年から一九六二年の時期にハロルド・ラスウェル[17]が兵営国家の分析を通して描いたイメージである。エッケハルト・クリッペンドルフ[18]は、近代国家の分析を通じてこの方向性をさらに前へ推し進めた。マーチン・ファン・クレフェルトは、核心部分において同じように解釈する道を歩み[19]、ミヒャエル・ガイヤーも、彼のいくつかの見解を聞いてみるとこれに近い立場であるように思われる。そこにはジェンダー化されたイメージも含まれているが、それによれば、社会が国家を作り、国家はおのずからジェノサイドのような大量殺戮を遂行する力を発達させる[20]。こうして国家は戦争のために存在する。それゆえ、国家が存在しないときにのみ平和は生じることになる。

そのようなアプローチにいくら根拠があろうとも、しかしそれにも増して重心が置かれるのは、全般的な国際システム、およびそこから切り分けられる地域的な諸国家の関係、そして二国家間の相互関係の役割であろう。国家と社会は、特定の枠組みやしかるべきその制約のもとで行動しており、そうした枠組みは、変化を望む動きに対しても揺らがないかなりの頑強さを持ち、変化するのはただ漸進的、長期的にだけである。そのことも政治的行為の分析に際して視野に入れるべき対象であろう。端的にいえばこういうことになる。現実世界におけるいわば客観的に跡付けできる脅威のシナリオ、それはすなわち外国による支配、ないしはそれに対する懸念、あるいはジョン・ハーツがいう「安全保障のジレンマ」のような普遍的な観点から理解可能な脅威のシナリオに目を向けたうえで、軍隊、および暴力と戦争を構成しているものを見ることが重要である[21]。この安全保障のジレンマは、あるアクターの軍備が他のアクターの安全を脅かし、結果として軍備のさらなる拡張を呼ぶことで軍備競争を引き起こすことになるかもしれない。その古典的な例は第一次世界大戦前に生起し、最終的にジョージ・W・ハルガルテンによって一九六七年に議論の俎上に載せられた[22]。しかしまた、ヴィルヘルム・ダイストが精密に再現し、カール・ディルクスとカール・ハインツ・ヤンセンが大づかみに再構成したように、これはまだ戦争に至っていない時期のナチ期の軍備にも当てはまる[23]。同じく一九四五年以降の冷戦時代も、広く見渡せば安全保障のジレンマに端を発する軍備拡張のスパイラルであったことが読み取れる。しかしながら、安全保障の不十分さが必然的にこのようなエスカレーションを生じさせるわけではない。一九七二年のSALTからSTARTに至る軍備競争の終焉と一連の軍備協定は、安全保障概念の新定義、および、NATOとワルシャワ条約機構それぞれの側が安全保障のジレンマに新たな定義を加え、段階的に縮減に向かったものとして解釈することができる。

(d) 最近の研究動向

軍事史を政治的な側面から理解する試みは依然として人気を博している。行為者とそれらの相互作用に焦点を定めたアプローチは、役所で大量に生み出された文書からもたらされ、それゆえ見たところ極めて容易に叙述することができる。しかし、文書から単純に再現する戦間期に一般的であったやり方はもはやほとんど見当たらない。というよりは、ここ三〇年の間にゆっくりとしたパラダイムの転換が起こっていた。一九七〇年頃は、フリッツ・フィッシャーがベートマン＝ホルヴェークを対象に描写と再構成を行い、エーバーハルト・イェッケルやアンドレアス・ヒルグルーバーらがアドルフ・ヒトラーに対して同じことを試みていたように、目的合理という考え方や行動プログラムが非常に強い関心事であった一方で、現在は価値関係や歴史的な特性、感情的な欲求やイメージといった文化的コンテクストが政治的行為に取り込まれる状態が長く続いている。

政治史に関する著作は総じて数え切れないほどあるので、ここではせいぜい典型的なものだけを挙げることが可能である。ところでそれらの傾向を見ると、国際的に似通った流れにあると思われる。つまり、フランス、イギリス、アメリカにおいては、たいてい国ごとの政治史的なアプローチが軍事史の領域においても優勢である。複数の国を比較するようなアプローチは要求するのは簡単だが、しかしどちらかといえば不足している。軍事史と同じことは、冒頭で包括的な定義付けを行った戦争史にもいえる。

とりわけ魅力的に思われる考察の対象は、戦争に備え資源を調達する手段のなかで、内政と外交の間の蝶つがいが果たす機能である。一八〇六年から一八一五年のプロイセンの一連の改革は、ナポレオンの支配という外から押し寄せた社会への脅威抜きには考えられない[24]。ヴィルヘルム期の艦隊建設の問題は、イギリスに対する当時の社会風潮から語られるものであり、社会内部の亀裂という点のみからは語れない[25]。第一次世界大戦直前の軍備拡張は、外からもたらされる戦争の蓋然性や脅威を短期・長期双方の目で認識していたことと関係していた[26]。ヴァイマル期の国軍も西ドイツの連邦軍も、本質的には戦勝国の側がその外観を定義することから生まれた[27]。ナチ期のドイツと一九四五年以降の西ドイツにおける政治の中期的な展開は、単に本質において別物であったということにとどまらず、その説明の際には、むしろヨーロッパや世界規模の国家システム内の展開も考慮に入れなければならない。とりわけ、かつての戦勝国の側にドイツの政治が埋め込まれ服していたのであるから。そして同じくそれは、ドイツ政治の原理自体によって本質的に条件付けられていた。政治的に取り結ばれた国際システムが、軍事史に対していかなる影響を与えるのかという点は、ほんのわずかしか明らかにされていない。

かくして潜在的には、全ての国際史が政治的に理解される軍事史の視野のなかに入れられる[28]。意義深いことであるが、軍事または戦争パラダイムとより強固につながるいくつかの中核分野が存在することになるだろう。戦争の危機と回避という問題はそこに属しているが[29]、しかしまた、何十年にもわたって重要な位置を占めていた研究、つまり戦争が起こる原因を政治的な側面で捉える研究もまたそこに属する[30]。さらに、この国際史の一部には同じく講和締結の問題も含まれており、それにより国際法との交点が与えられている[31]。しかし講和締結の問題は、そうした行動を導き動機をもたらすものとして法的な規定だけでなく、直面していた問題ないし解決されなかった問題、および戦争の精神的な影響がもしそこに組み込まれるならば、講和という問題の領域を越えてしまう。同じように、ここには戦争遂行と講和仲介、講和の模索と戦争目的、共同軍事作戦と単独講和といった緊張関係を伴う全ての領域が含まれる。平和時の（軍事）同盟は、長いこと国際史の観点からのみ解釈されてきた。近年ではその範囲を超え、政治史を出発点としつつも軍事史の観点を取り込み、統合史の域に達した注目すべき試みもいくつか存在している。この前提を満たす秀逸なものとしては、ユルゲン・アンゲローフが教授資格論文としてポツダム大学に提出した独墺二国同盟に関する未公刊論文（その後公刊）が挙げられる。同じくまだ公刊されていないが（その後公刊）、デュッセルドルフ大学の教授資格論文として発表されたホルガー・アフラーバッハの独墺伊三国同盟研究も同じ範疇に含まれる[32]。NATOに関しては、内部資料の体系的な分析に基づいてはいないが丹念な成果といえるローレンス・S・カプランの著作や数多くの論集（とりわけポツダム軍事史研究局の論集）がこれまでにあったが、最近ようやくヴィンフリート・ハイネマンの研究を通じてNATOのメカニズムの周辺領域に関する著作が登場している[33]。これについての研究は常に前々から政治的な軍事史の核となっており、方法論の洗練化のみならず、(潜在的でも実際的でもある)「歴史の力」によってさらに正当な位置を占めている。

国家の内部を対象とした軍事の政治史も根本においては似たようなことがいえる。それは軍事に関する社会政治的な決定は誰が下すのかと問うことを可能にしている。そこには人員や物資とならんで、軍エリートのイメージをめぐる受容の問題、あるいはそれを民主的な社会システムへ組み込む問題が含まれる。より広い意味でいえば、戦争およびその可能性が政治プロセスにおいていかなるプレゼンスを持つかが問題となる。伝統的にそこでは、常に軍部の計画が中心になっていた一方で[34]、立法機関との関係についての問題は比較的わずかなものにとどまる[35]。軍人、追放を受けた軍人政治家、あるいは軍事ジャーナリストに関する良質の政治伝記が最近の研究においても意義を持つようになった[36]。あまり強く問われていないのは、政治的軍事史という観点のもとでの「文民」政治家の概念である。それに対応する素因は、せいぜい政治的な行動の土台になっているだけである[37]。ビスマルクに関して我々はいくらか知っているが[38]、それに比べシュトレーゼマンについてはわずかしか知らない[39]。図書館にはヒトラーに関連する文献があふれている。その意味では、西ドイツに関しては、最重要の党人政治家についてたくさんの優れた研究が存在する[40]。しかし六〇年代に関しては、ゆっくりとではあるがようやくそれを徹底して論じた著作が登場している状況である。伝記の様式を採り社会の諸集団に焦点を当てた「行為者」に関する分析は、依然として価値を有しているものの、これに関しては、わずかな見通しを伝えることすらほとんどできない。ここ最近の数十年で重点は移動したが、それらは重点を置く対象が新しくなっていることに関係している。つまり、もはや利害によって導かれる政治関係に由来するのではなく、文化的な特性やメンタリティを通じた行動様式の変化を前提とする新たな力点がそれである。

というわけで、軍事史の政治的アプローチは、現実がいかに展開したかを明らかにし、その生成と帰結の説明に寄与している。決定のプロセスが重要な対象となることで、最終的に貫徹された経路のみならず、考慮されなかったりほとんど見向きもされなかったり、あるいはついに出番のなかった異なる選択肢にも目を向けることになる。社会的団体としての軍隊は、内政と外交の交点に位置するのみならず、潜在的な暴力組織として、戦争と平和、つまり戦争準備と平和維持の交差する位置にもいる。軍という因子は、社会内部の資源の分配におけるひとつの重要な競争者であり、その分配は社会における安定と変化に対して抱かれるイメージに依拠している。そのことは常に、外交政策や国際関係のような外から来る潜在的脅威のイメージに関係している。ときにはそれは内に向けての機能にも関わっている。「近衛兵」から、軍事的「要請」といった名称や枠組みのもと社会が形成され規律化されるようなものまで。こうして、このようなすべての可能性、ないしはさらなる可能性のための条件を突き止めることができる。つまり、戦争や平和に向けて現実に貫徹されたさまざまな展開、および政治的行為のための諸構造は、まさに敗者に直面することで歴史の分析に緊張関係をもたらすが、そうした緊張関係によって我々は歴史的な位置関係や状況といったものが根本的には開かれていることに気付くのである。その限りで、政治的な軍事史、すなわち常に行動という側面に視線を向けた軍事史のアプローチおよび歴史学的な平和研究のアプローチは、同じコインの裏表として理解することができる。

1 本書のヴォルフラム・ヴェッテの論文を参照 Wolfram Wette, Militär und Militarismus (Historische Friedensforschung, Kurs 1), Hagen 1997 (Ms.), S. 7-99; Volker R. Berghahn, Militarismus. Die Geschichte einer internationalen Debatte, Hamburg u. a. 1986; Werner Conze/ Michael Geyer/ Reinhard Stumpf, Militarismus, in: Otto Brunner/ Werner Conze/ Reinhart Koselleck (Hrsg.), Geschichte Grundbegriffe. Historisches Lexikon zur politisch-sozialen Sprache in Deutschland, Bd. 4, Stuttgart 1978, S. 1-47.

2 Paul H. Kuntze, Soldatische Geschichte der Deutschen, Berlin 1937 [21942], S. 9.

3 最初に接近を試みたものとして、Friedrich Meinecke, Die deutsche Katastrophe. Betrachtungen und Erinnerungen,

Wiesbaden 1946 があり、細かく議論を展開したものとして Gordon A. Craig, Die preußisch-deutsche Armee 1640-1945 (zuerst 1955), Düsseldorf 1967 がある。

5 Gerhard Ritter, Staatskunst und Kriegshandwerk. Das Problem des Militarismus in Deutschland, 4 Bde., München 1954-1968, Bd. 1, S. 91; 彼の議論の続きはエッセイ形式で次のものにまとめられている。ders., Der 20. Juli 1944: Die Wehrmacht und der politische Widerstand gegen Hitler, in: Schicksalsfragen der Gegenwart, hrsg. vom Bundesministerium der Verteidigung, Bd. 1, Tübingen 1957, S. 349-381.

6 Stieg Förster, Der deutsche Generalstab und die Illusion des kurzen Krieges, 1871-1914. Metakritik eines Mythos, in: MGM 54 (1995), S. 61-96; Jost Dülffer, Die zivile Reichsleitung und der Krieg. Erwartungen und Bilder 1890-1914, in: Wolfram Pyta/ Ludwig Richter (Hrsg.), Gestaltungskraft des Politischen. Festschrift für Eberhard Kolb, Berlin 1998, S. 11-28.

7 Max Weber, Politik als Beruf (1919), in: Studienausgabe der MWG, Bd. 1/17, Tübingen 1994, hier S.35f.

8 Andreas Hillgruber, Politische Geschichte in moderner Sicht (1972), in: ders., Die Zerstörung Europas. Beiträge zur Weltkriegsepoche 1914-1945, Berlin 1988, S. 13-31, Zitate S. 14.

9 たとえば、同時代に論争を展開した。Hans-Ulrich Wehler, Moderne Politikgeschichte oder „Große Politik der Kabinette"?. in: GG 1 (1975), S. 344-369 を参照。

10 Otto Hintze, Staatsverfassung und Heeresverfassung (zuerst 1941), in: ders., Gesammelte Abhandlungen, Bd.1, Göttingen 1962, S. 52-83, hier S. 53 f.

11 たとえば、極めて多岐にわたる以下の各アプローチを参照。Ekkehart Krippendorf, Staat und Krieg. Die historische Logik politischer Unvernunft, Frankfurt/M. 1985, とりわけ、S. 39 ff.: ders., Die Kunst, nicht regiert zu werden. Ethische Politik von Sokrates bis Mozart, Frankfurt/M. 1999; John Keegan, Die Kultur des Krieges, Berlin 1995, とりわけ、Kap. II; Barbara Ehrenreich, Blutrituale. Ursprung und Geschichte der Lust am Kriege, München 1997; Cora Stephan, Das Handwerk des Krieges, Berlin 1998, とりわけ、Kap. I.

12 Hintze, Staatsverfassung, S. 53 f.

13 Patrick M. Regan, Organizing Societies for War. The Process and Consequences of Societal Militarization, Westport 1994, S. 7.

14 Gottfried Niedhart, Das liberale Modell der Friedenssicherung. Allgemeine Grundsätze und Realisierungsversuche im 19.

und 20. Jahrhundert. in: Manfred Schlenke/ Klaus-Jürgen Matz (Hrsg.), Frieden und Friedenssicherung in Vergangenheit und Gegenwart. Symposium der Universitäten Tel Aviv und Mannheim 19.-21. Juni 1979, München 1984, S. 67-84を参照。他には、Klaus Hildebrand, Die viktorianische Illusion. Zivilisationsniveau und Kriegsprofilaxe im 19. Jahrhundert, in: Peter R. Weilemann/ Hanns Jürgen Küsters/ Günter Buchstab (Hrsg.), Macht und Zeitkritik. Festschrift für Hans-Peter Schwarz zum 65. Geburtstag, Paderborn u.a. 1999, S. 17-28がある。それとともに、たとえばヴェルナー・ソンバルト（Händler und Helden. Patriotische Besinnungen, München 1915）やマックス・シェーラーが主導したような、とくにドイツ内での世界戦争前と戦争期における議論が再び取り上げられている。

15 Hintze, Staatsverfassung, S. 55.

16 たとえば、Ernst Otto Czempiel, Internationale Politik. Ein Konfliktmodell, Paderborn u.a. 1981: ders., Kluge Macht. Außenpolitik für das 21. Jahrhundert, München 1999を参照。

17 Harold Lasswell (Hrsg.), Essays on the Garrison State, New Brunswick 1997.

18 Ekkehart Krippendorff, Militärkritik, Frankfurt/ M. 1993.

19 Martin van Creveld, Aufstieg und Untergang des Staates, München 1999.

20 たとえば、Elisabeth Domansky, Zur Rekonstruktion kollektiver Erinnerung und Identitäten, in: Stieg Förster/ Gerhard Hirschfeld (Hrsg.), Genozid in der modernen Geschichte, Frankfurt/ M. 2000 (im Druck)を参照。

21 John Herz, Staatenwelt und Weltpolitik. Aufsätze zur internationalen Politik im Nuklearzeitalter, Hamburg 1974; Robert Jervis, Perception and Misperception in International Politics, Princeton 1976, とりわけ、S. 66-76; 最近の議論には以下のようなものがある。Charles L. Glaser, The Security Dilemma revisited, in: World Politics 50 (1997), S. 171-201; Czempiel, Kluge Machtは、もっぱら軍事的なレベルで捉えられる安全保障のジレンマのなかに、かつての国家本位の思考の危険な残滓を読み取っており、確固たる民主主義を通じて内部の安全を保つことによってそれを克服する必要があると語っている。

22 Georg W. F. Hallgarten, Das Wettrüsten. Seine Geschichte bis zur Gegenwart, Frankfurt/ M. 1967.

23 Wilhelm Deist, Die Aufrüstung der Wehrmacht, in: Ursachen und Voraussetzung der deutschen Kriegspolitik (= DRZW, Bd. 1), Stuttgart 1979, S. 371-534, とりわけ、S. 431 ff.; Karl Heinz Janßen/ Carl Dirks, Der Krieg der Generäle – Hitler als Werkzeug der Wehrmacht, Berlin 1999; 注二九の文献も参照。

24 管見の限りこれに関する最近の包括的な研究は見当たらない。

25 Volker Berghahn, Der Tirpitz-Plan. Genesis und Verfall einer innenpolitischen Krisenstrategie unter Wilhelm II., Düsseldorf 1971: Michael Epkenhans, Die Wilhelminische Flottenrüstung 1908-1914. Weltmachtziele, industrieller Fortschrift, soziale Integration, München 1991.

26 David Stevenson, Armaments and the Coming of War. Europe 1904-1914, Oxford 1996: David G. Hermann, The Arming of Europe and the Making of the First World War, Princeton 1996.

27 定評のあるものとして以下のような研究がある。Michael Salewski, Entwaffnung und Militärkontrolle in Deutschland 1919-1927, München 1966: Michael Geyer, Aufrüstung oder Sicherheit? Die Reichswehr und die Krise der Machtpolitik, 1924-1936, Wiesbaden 1980: Die Anfänge westdeutscher Sicherheitspolitik, hrsg. vom Militärgeschichtlichen Forschungsamt, 4 Bde., München 1982-1996.

28 枠組みに関しては、Wilfried Loth/ Jürgen Osterhammel (Hrsg.), Internationale Geschichte, München 2000（筆者の論稿は Historische Friedensforschung und internationale Geschichte, S. 247-266）を参照。

29 Jost Dülffer/ Martin Kröger/ Rolf-Harald Wippich, Vermiedene Kriege. Deeskalation von Konflikten der Großmächte zwischen Krimkrieg und Erstem Weltkrieg 1856-1914, München 1996 を参照せよ。

30 注二五を参照。第二次世界大戦に関しての理論的枠組みに関しては以下を参照。Donald C. Watt, How War Came, London 1989; Hermann Graml, Europas Weg in den Krieg. Hitler und die Mächte 1939, München 1990; Gerhard L. Weinberg, The Foreign Policy of Hitler's Germany, 2 Bd., Chicago 1970/1980（多角的アプローチによるもの）; DRZW, hrsg. vom Militärgeschichtlichen Forschungsamt, Stuttgart 1979 ff. 現時点まで六巻刊行、ここではとくに第一巻を参照（ドイツ側からのアプローチを第一としたもの）。

31 Jörg Fisch, Krieg und Frieden im Friedensvertrag. Eine universalgeschichtliche Studie über Grundlagen und Formelemente des Friedensschlusses, Stuttgart 1979; ders., Die europäische Expansion und das Völkerrecht: die Auseinandersetzungen um den Status der überseeischen Gebiete vom 15. Jahrhundert bis zur Gegenwart, Stuttgart 1984; Rolf Ahmann, Nichtangriffspakte. Entwicklung und operative Nutzung in Europa 1922-1939. Mit einem Ausblick auf die Renaissance des Nichtangriffsvertrages nach dem Zweiten Weltkrieg, Baden-Baden 1988 を参照。

32 Jürgen Angelow, Kalkül und Prestige. Der Zweibund im Wandel. Am Vorabend des Ersten Weltkrieges, Habil. Potsdam 1997; Holger Afflerbach, Der Dreibund. Bündnis für den Frieden, Habil. Düsseldorf 1998.

33 Winfried Heinemann, Vom Zusammenwachsen des Bündnisses. Die Funktionsweise der NATO in ausgewählten

Krisenfällen 1951-1956, München 1998.

34 たとえば、Arden H. Bucholz, Moltke, Schlieffen, and Prussian War Planning, New York/ Oxford 1991; Janßen/ Dirks, Krieg を参照。

35 Jost Dülffer (Hrsg.), Parlamentarische und öffentliche Kontrolle von Rüstung in Deutschland 1700-1970. Beiträge zur Historischen Friedensforschung, Düsseldorf 1992.

36 Roland G. Foerster (Hrsg.), Generalfeldmarschall von Moltke. Bedeutung und Wirkung, München 1991; Arden H. Bucholz, Hans Delbrück and the German Military Establishment: War Images in Conflict, Iowa City 1985; Holger Afflerbach, Falkenhayn. Politisches Denken und Handeln im Kaiserreich, München 1994; Johannes Huerter, Wilhelm Groener. Reichswehrminister am Ende der Weimarer Republik (1928-1932), München 1993; Christian Hartmann, Halder, Generalstabschef Hitlers 1938-1942, Paderborn u.a. 1991.

37 たとえば、Jost Dülffer/ Karl Holl (Hrsg.), Bereit zum Krieg. Kriegsmentalität im wilhelminischen Deutschland 1890-1914, Göttingen 1986 を参照。

38 Karl-Erich Jeismann, Bismarck und das Problem des Präventivkrieges; Konrad Canis, Bismarck und Waldersee. Die außenpolitischen Krisenerscheinungen und das Verhalten des Generalstabes 1882-1890, Berlin 1980; Jost Dülffer, Bismarck und das Problem des europäischen Friedens, in: ders./ Hans Hübner (Hrsg.), Otto von Bismarck. Person – Politik – Mythos, Berlin 1993, S. 107-122; Michael Salewski, Krieg und Frieden im Denken Bismarcks und Moltkes, in: Foerster, Moltke, S. 67-88 も参照。

39 たとえば、Gaines Post Jr., The Civil-Military Fabric of Weimar Foreign Policy, Princeton 1973 を参照。

40 Anfänge westdeutscher Sicherheitspolitik, ここではとりわけ第二巻を参照。Hans-Erich Volkmann, Die innenpolitische Dimension Adenauerscher Sicherheitspolitik in der EVG-Phase, S. 235-604; Hartmut Soell, Fritz Erler. Eine politische Biographie, 2 Bde, Berlin 1976; Arnold Sywottek, Die Opposition der SPD und der KPD gegen die westdeutsche Aufrüstung in der Tradition sozialdemokratischer und kommunistischer Friedenspolitik seit dem Ersten Weltkrieg, in: Wolfgang Huber/ Johannes Schwerdtfeger (Hrsg.), Frieden, Gewalt, Sozialismus. Studien zur Geschichte der sozialistischen Arbeiterbewegung, Stuttgart 1976, S. 496-610; Udo F. Löwke, Für den Fall, daß... Die Haltung der SPD zur Wehrfrage 1949-1955. Mit einem dokumentarischen Anhang und dem letzten Interview Fritz Erlers, Hannover 1969; Dietrich Wagner, FDP und Wiederbewaffnung. Die Wehrpolitische Orientierung der Liberalen in der Bundesrepublik

Deutschland 1949-1955, Boppard/ Rhein 1978; Hans-Gert Pöttering, Adenauers Sicherheitspolitik 1955-1963. Ein Beitrag zum deutsch-amerikanischen Verhältnis, Düsseldorf 1975; Manfred Dormann, Demokratische Militärpolitik. Die alliierte Militärstrategie als Thema deutscher Politik 1944-1968, Freiburg i. Br. 1970; Aspekte der deutschen Wiederbewaffnung bis 1955. Mit Beiträgen von Hans Buchheim u.a., hrsg. v. Militärgeschichtlichen Forschungsamt, Boppard 1975; Anselm Doering-Manteuffel, Katholizismus und Wiederbewaffnung. Die Haltung der deutschen Katholiken gegenüber der Wehrfrage 1948-1955, Mainz 1981; Hans-Adolf Jacobsen, Zur Rolle der öffentlichen Meinung bei der Debatte um die Wiederbewaffnung 1950-1955, in: Aspekte der deutschen Wiederbewaffnung, S. 61-98; Gerhard Wettig, Entmilitarisierung und Wiederbewaffnung in Deutschland 1943-1955. Internationale Auseinandersetzungen um die Rolle der Deutschen in Europa, München 1957; Axel F. Gablik, Strategische Planungen in der Bundesrepublik Deutschland 1955-1967; Politische Kontrolle oder militärische Notwendigkeit?, Baden-Baden 1996; Karlheinz Höfner, Die Aufrüstung Westdeutschlands. Willensbildung. Entscheidungsprozesse und Spielräume westdeutscher Politik 1945 bis 1950, München 1990.

第八章 軍事史における政治の概念——若干の観察と提言

トーマス・メルゲル 大井知範訳

政治を中心に取り組み、ただその傍らで軍事史に携わっている歴史家が、軍事史が政治から持ち出した概念について問おうとするならば、さしあたりその歴史家にとって問題となるのは、軍事史の怠慢を並べ立てたり、軍事史が何を取り上げるべきなのかを忠告したりすることではないだろう。むしろそうした問いの目的は、さしあたり次の点を浮き彫りにすることだけに向けられる。つまり、軍事史を扱ったさまざまな叙述の背後には政治に関するどのような基本的な理解が見て取れるのか、そして、その理解の仕方がいかなる影響を及ぼすのか、こういう点を明らかにすることだけなのである。以下の論述では、政治固有の概念が持つ力と限界についてその輪郭を描くことが中心になるだろう。最終的に別のアプローチが提案されたとしても、それは政治と軍事史双方の次元の間の関係性がいまだに確固たるものではないということを自覚しながら、なおかつ軍事史自体が変わりやすいものであるという印象のもとでなされる。限界や可能性を自覚したうえで考察される新しい政治概念は、最近の文化史的なアプローチを、すなわち経験史的なアプローチや言説史的アプローチをも政治に接近させることを可能にするだろう。それはある意味で自ら切り開いていかねばならない。というのも、政治史そのものの学問的営みのなかで、いまだ知識社会学的な前提を解き明かそうという議論が存在していないからである。つまり、おそらくそこから生じる政治史の文化主義的な面での拡張はようやく途に就いたばかりである。以下で私は一八七一年から一九四五年までの時代を扱っている研究に注目する。その理由は、軍事が歴史的に見て非常に大きな意味を持っていたのがまさにこの時代であったという点にとどまらない。それに加えて、この時代を扱った軍事史の分野では、政治と軍事の関係にまつわる典型的な考察が数多くなされていたことも、当該期に関する研究に集中することがふさわしいと思うゆえんである。当然のことながら、軍事史のそのような「インテレクチュアル・ヒストリー」は理念型のような極端な想定なしにはやっていけない。

一　異なる二つの政治概念

定冠詞 die の付いた政治という言葉が存在しないことは、歴史学においてまだ認知されていない時期があった[1]。それについて考える際に一目瞭然なのは、政治におけるいわば存在論的な優位性が争われた一九七〇年代の古い論争において、その合意形成はほぼ不可能な状態にあったということである。というのも、政治とはいったいどのように理解することができるのか、その主体は誰なのかといった問題に関する理解の仕方をめぐり、背後にさまざまな考え方が混在していたからである。外交の優位を唱える人々にとって、国家とは自己主張を関心事とする行為主体であった[2]。そのような捉え方のなかでは、政治とは個々の国家間の不断の権力闘争であった。しかし内政の優位を主張する者は、国家、ならびにその代わりの概念として提起される政治システムを、単に権力闘争の結果に過ぎないと見ていた[3]。彼らが理解する政治とは、所与のシステムのなかでの権力獲得への取り組みを意味した。つまり、権力を手にする目的は、権力の座にある集団の利益のために一定のシステムを形作ることであった。以上のような双方の考え方では、政治は尽きることのない抗争の波として現れ、権力をめぐる闘争は基本的な宿命とされた[4]。こうして両者の立場ともに政治という共通の概念を引き合いに出していたのだが、このような概念は決して自明のものではない。というのも、政治は「闘争」ないし「論争」であるという見方はマックス・ヴェーバーによって導入されることでようやく広まったからである。これによって政治は古い概念とはまったく異なる行為の場として定義された。トライチュケの『政治学』(一九一三年)、一九一四年のラーバントの『政治学のハンドブック』、および、初版が一九三二年に出され一九四八年に改訂版が出されたアドルフ・グラボウスキー著のハンドブック『政治学』において、政治は完全にそれまでとは異なった緊張関係の場のなかに現れた。すなわち、政治とは学問か技巧のいずれかであり、それに応じて政治は「理論的な」ものと「実践的な」ものとに分けられたのである[5]。我々の目からすれば、前者の定義は省いてしまうことができる。というのも、学問と技巧が近接しているという事実こそが重要なのであり、今日政治学と呼ばれるものは、端的に「政治」という名で呼ぶことができるとだけ断っておこう。

それでも政治は「技巧」であるという見方は、ゲルハルト・リッターの古典的著作とその受容のなかで概念化された考え方であり、それを軍事史は長い時間をかけて自分のものとした[6]。したがって、政治の「技巧」とは、世界への目の向け方やその扱い方において戦争の「手仕事」とは全く別のものである。このような考え方から、広く受け入れられる仮の決定が生まれた。フィリップ・ツォルンがラーバント『ハンドブック』の解題で行った定義付けは、長いこと有効であり続けた。政治が技巧であったことで、政治とはつまり、「国家とその公共の生活を理解する知的能力であり、そのような理解に応じて国家や国民の公共の生活に働きかける技巧[7]」であったということになる。ツォルンの見解に従えば、そこでは「能力」が問題となるので、政治に関与する者の数は絶えず比較的少なくなければならなかった。つまり、政治はさしあたり少数のエリートに限定された知的な専門能力に関わるものであった。それは諸構造の集合体でも、行為の場でも、はたまた規範や利害の複合体でもなかった。政治とは、技巧のように「能力」に関係したものであったのだ。

今日では以上のようなことを何のためらいもなく言い切ってしまうことはもはやできない。それを我々に教えてくれるのは、マックス・ヴェーバーが初めに主張し、後にカール・シュミットによって広められた政治についての理解の仕方である。ヴェーバーによれば、政治とは「権力獲得への努力」であり、より厳密にいえば、「国家相互の間であれ、国家の内部にあってはそれが含む人間集団相互の間であれ、権力への関与、および権力の配分をめぐって影響を及ぼそうとすること[8]」であった。「ある社会関係の内部で抵抗を排してまで自身の意志を貫徹しようとする可能性(この可能性が何に基づくかはどうでもよい)[9]」としての権力は、制度化された対立関係、つまりカール・シュミットがいうところの友敵関係を基礎としている[10]。こうして、政治はもはや少数者によってなされることではなく、複数の社会集団が対峙する場としても定義することができる。「技巧」としての政治が「手仕事」たる戦争に向きあい対置されたとき、ヴェーバーとカール・シュミットの概念形成のなかにはそれと反対の立場に立つという点での類似性が、つまりクラウゼヴィッツ以来の伝統のなかで暗黙のうちに——ただしシュミットの場合は明示される——政治をある種異なったやり方の戦争として捉える両者の類似性が浮かび上がる。これがシュミット同様ヴェーバーにも有効であることは、ヴェーバーが政治に「獲得しようとすること」という語義を与えて説明していることからもわかる。この概念を彼は定義していなかったが、しかしさまざまな箇所で政治が「常に闘争である[11]」ことを明確に述べていた。ヴェーバーがいう「闘争」とは、社会ダーウィニズムの影響を色濃く受けた力のこもった包括的な意味を持っていた。彼にとっては、「相手の抵抗に逆らってでも自身の意思を押し通そうという意気で行動が起こされるという点では社会関係[12]」が事の中心になる。そのもとで彼は紛争のあらゆる形態を理解した。目下の身体的暴力を放棄した形で行われる抗争を彼は「平和的闘争」と呼んだが、その言葉にはとりわけ「競争」という意味が含まれ、それを彼は「他者も同様に欲している機会をめぐり、その自由裁量権が争われる形式上は平和的な獲得競争」と理解した。はっきりとした闘争の意図なしに起こる個々の人間、あるいは種の間の生存競争を彼は「淘汰」と名付け、社会的な淘汰と生物学的な自然淘汰を区別した。これらすべての精緻な説明付けは、社会ダーウィニズムによって教え込まれた理解がもとになっており、そのような理解によって、戦争と政治を同じコインの表裏として解釈することができたのである。

この二つの異なる観念、つまり「技巧」としての政治と「闘争」としての政治という捉え方は、ここ一〇〇年の軍事史のもとにあった政治に関する二つの考え方を先取りしていた。それらは軍事と政治の関係をそれぞれ異なる二つの概念化の道へと導いた。「技巧」としての概念に照準を向けた解釈は、軍事と戦争の領域を政治の領域とは反対の場に置いた。その解釈では、政治は軍事と戦争とは完全に異なる事象であった。そのような見方に応じて、二つのシステム間の抗争が中心に押し出され、関係する集団の異なる利害が強調された。闘争と権力を中核に据えるもう一つの方の解釈は、収斂と共生に目を向け、一方のシステムを他方のシステムの機能としてもしばしば捉えていた。軍事、軍備政策、戦争は、政治的利害の表現と結果であり、軍隊はその遂行機関であり、そして戦争はその手段でありえた。しかし、軍人もまた政治を手段として利用することができた。つまり、政治家は軍事的利害の従僕となりえたし、国内の政治構造は、外へ向かう（戦争に関わる）利害関心に従属したものとして理解することができた。

二　二つの異なる領域としての軍事と政治

政治と軍事という二つの領域からなる二元主義という考えをもとに、軍事史の伝統は各々方向付けられていたが、こうした伝統が互いに関連付けられることはほとんどなかった。この二つの領域の対抗関係を浮かび上がらせて見せたのがゲルハルト・リッターであった。彼の見方では、政治の多義性と複雑性、そしてまた合理性と計算性は、軍事における統一性、鮮明な目的意識、および目的・手段関係の軽視と対比して置かれる。リッターにとってドイツ史の問題は、結局は闘争心の「片面」が政治へ入り込み、はびこってしまったことにあった[13]。というのも、政治にとって重要なのは、秩序を生み出すことと維持することであり、最終的には平和こそが重要事項であるからである。リッターの考えでは軍事は政治に奉仕すべきであったが、軍はそれに甘んじることなく自ら支配権の獲得に努めそれに成功してしまった。リッターにとっては、まさにこの事実こそドイツ史のトラウマを構成するものであった。ビスマルクが「責任ある国政術の補助手段として戦争」を用いることに成功した一方で[14]、ルーデンドルフは一九一八年三月二一日の「ミヒャエル攻勢」を冷静で純粋な軍事的観点に立った情勢判断からではなく、「政治的動機」、つまり最終勝利への意志から実施したのだと、リッターはルーデンドルフを批判することができた[15]。政治の降板と最高軍司令部への従属の強まりを、リッターは「疲れ果て体がぼろぼろになった老紳士[16]」ヘルトリンク伯のなかに見て取っていたのである。

リッターの右記の対比の背景には、政治が持つ文民イメージがあった。「国政術（Staatskunst）」という言葉は、それ自体はあまり人の関心を引かないようないくつかの手段を利用して、最終的には何か完璧で恒久的なもの、つまり「芸術作品（Kunstwerk）」を作り出す努力を連想させた。国政術において、戦争なしには事が運ばないのも事実だったが、とはいえ戦争に対する利害関心は政治家が元々持っている利害関心ではなかった。本当の政治家であれば平和を希求するものだが、そのためには仕方なく戦争をしなければならなかったのだ。他方で、政治の指示に従って行動する非政治的な軍人という理想像もあった。ヴァイマル共和国における国軍、とりわけハンス・フォン・ゼークトは、「非政治的」であると言い張っていたが、しかしながら右記の理想像に照らすと実際にはそうではなかったので、彼らの姿勢に対し批判が与えられるきっかけとなった[17]。

その違いは多岐にわたるにもかかわらず、エッカート・ケーアも、厳密に見るとゲルハルト・リッターと同じような定義付けを行っている。彼にとってドイツ帝国の「政軍二元主義」は、プロイセン固有の社会構造、つまり身分階級の著しい分化から生じた歴史的所産であった。彼は軍に見られる独特の社会化を強調し、さらに能率的な合理性に従っていたがゆえの政治（とりわけ議会）に対する軍の戦略的優位性を重視していた[18]。とはいえケーアの場合、この政軍二元主義は、軍と政治の闘争のなかに現れた経済勢力の最終的な優位という徴候のもとに収まるのであった。このような機能主義的な見地において、ケーアは軍事と政治の間の収斂を重視した軍事史家たちとつながる可能性もあった。

政治と軍事というこのような二元主義の伝統のなかに、一九六〇年代までの軍事史研究の大部分は浸っており、それ以降もなお広い範囲で続いていた。そのような研究では、軍、より正確にいえば将校団は独自の世界を持つ存在として描かれ、しばしば政治の世界と紛争に陥る事態が繰り返されてきたと語られていた。このような見地から見れば、一八七一年から一九三三年の間の病的な異常の原因は、両領域の独立性がもはや持続的に保たれていなかった点にあった。それは、政治が軍によって植民地化され、政治の軍事化が「背後から」起こっていたという形態を想定可能なものにした[19]。そこでの目的は、たいてい暗黙のうちにであったが、ヒトラーないし連邦共和国それぞれを通して政治を解放しようとする点に置かれた。なぜヒトラーかといえば、たとえ犯罪的で病的異常さを伴ったやり方であったとしても、彼は軍を政治の諸目的に従属させることで軍の至上権から再び政治を解き放ち、政治の優位をよみがえらせたからである[20]。他方の連邦共和国では、文民政治の基本理念がそこで力を取り戻し、それとともに軍の文明化ももたらされた。二元主義のもう一つの解決は、軍事の政治化の歴史のなかで可能になったのである。そのような歴史においては、ヒトラーが国軍を目的達成のための道具として利用したところに到達点が見いだされる[21]。こうした歴史が捉えるところでは、第一次世界大戦と革命の経験は、軍隊による政治の奪取という体験を導き、それは再度ヒトラーによって解かれたが、同時に軍から力の中核を奪ってしまった。ヴィルヘルム・ダイストが「追従性」と呼ぶ性質は、ある種「自負を持った力強い伝統」を継承したものであった[22]。

概して双方の説明とも政治の能力に対し懐疑的な目を向けていた。歴史が演じられるのはたいてい――政治を「技巧」として捉える考え方と類似して――狭いサークルのなか、つまり、エリートたちが互いに顔を突き合わせ、内輪で事前に決定を下す舞台裏においてであった。この場合の軍とは、ほぼ常に参謀本部と将校団から構成され、政治は政界と行政府の首脳という形で具現化した。つまり、ここで話題となるのは、宰相、陸軍大臣ならびに国防大臣、個々の連絡員であり、議会の議員はほとんど蚊帳の外に置かれるし、市民や臣民に至ってはまったくそこでは問題とならなかった。

これこそが古い軍事史を特徴付けるものであった。つまり、政治は秩序と平和構築の問題として考えられていたので、軍はそれとは「完全に違うもの」であった。政治家にはそれを飼いならす使命が課せられており、それに成功しなかったことは、ドイツの歴史の「ネメシス」（ウィーラー・ベネット）、「分別の喪失」（リッター）であった。いわずと知れた典型は、一八世紀と一九世紀のイギリス政治によって演じられていたように思える。小さな集団の間で交渉事が行われ、そこでは政治にある種の曖昧さと決定力の弱さが認められた。それは政治の弱さとなったが、軍の明晰さに直面したとき、政治の側においてその弱さを過大に自己評価する向きがあった。そのような研究から常に感じ取れたのは、政治に対する明らかな不満である。

三　軍事と政治の収斂

軍事と政治の関係性をめぐる二つ目の解釈の仕方は、同じく古典的であるが、一つ目のものよりははるかに知られていない。その解釈の仕方はクラウゼヴィッツに由来しており、戦争を別の手段をもってする政治の継続と捉える。ヴェーバーの政治概念との距離の近さは、クラウゼヴィッツにとっても闘争が戦争の中心要素であったという点にはっきり表れている[23]。第一次世界大戦を扱ってみると、この関係が一八〇度転換していたことを少なからず目にする。ルーデンドルフやカール・シュミットの見方では、政治は単に戦争の継続であり、戦争の下準備であることが常であった。権力、つまり目的となるものこそが関心事であったので、手段の選択は重要ではなかった。この考え方では、軍人と政治家の間には何ら根本的な違いはなくある種の分業こそが問題であった。このような観念は、もともと機能的な連関のなかで思考を働かす社会史でとくに好まれた（これは政治と経済の関係にも当てはまる）。旧東ドイツの軍事史においても、この種の考え方は通用していた。こうした思考様式のなかでは、軍はいつも政治的であった。つまりこの解釈は、軍事と政治の関係が「量的にも質的にも明らかに互いに異なった二つの所与の間の相互関係」であることを否定した[24]。マンフレート・メッサーシュミットが言うように、むしろ軍事は「平和と戦争のなかにおける『政治的』現象として、および、包括的な秩序の要素、いうなれば意味を付与する成分として、そしてまた、『政治』をまずもって条件付けている国家的、社会的な土台の一部として定義され[25]」なければならない。「プロパガンダがはびこる心理的な面での、ならびに、財政・経済的な面での戦争準備の段階を含む政治と軍事の共演」は、一九一四年以前の時期を対象に扱ったフリッツ・フィッシャーによって確認された[26]。そのため、ヴァイマル共和国における「非政治的軍人」というイデオロギーは、リッターに見られたように、そうした見方が持ちこたえられなかったがゆえに、そもそも非難の対象とはならなかった。むしろそれはある種の「代替機能」を持ち、「幻想」を可能にしてしまい、「根本においては現実からの逃避姿勢」であった[27]。というのも、政治と軍事の分離はもとより不可能であるからである。

軍事と政治が互いに機能的に関連付けられたことで、この関係は先鋭化されることになったかもしれない。つまり、一方は他方の遂行であるという捉え方がそこにはあった。とりわけ、旧東ドイツの軍事史にこのような見方が存在した。そこでは、政治は軍事の手段であり、背後に潜む帝国主義や経済的利害の手段でもあった[28]。西側では、軍事を政治的な利害の機能と捉える見方が比較的好まれてきた。エーバーハルト・イェッケルがいうには、軍隊とは国家機構の一部であるが、国家権力によって所有されることはまれである（それも軍部独裁下ではとくに）。それゆえ彼は、強固に絡み合っている場合には、原則として政治の優位を受け入れた[29]。これら二つの見方は、必ずしも相いれないというわけではなかった。むしろちょうど第一次世界大戦の研究において、こうした機能的な関係が逆さになりえたことが示された。当初その戦争は、政治的な企図のもと行われ軍はその手段であったが、戦争の過程でこの関係は逆転し、最高軍司令部の「独裁」へとつながり、政治の方が道具化されたのであった[30]。

このような研究では、先ほど取り上げた伝統的傾向とはまったく逆で、人物にはさほど関心が置かれない。そこでは支配構造や決定の機能の方に問題関心が向けられる。つまり、国家と戦争を対象とした共通の行動モデルが捉えられるのであった。たとえば、「支配の実践」としての規律化の対象は、臣民と同様に市民にも向けられていた。軍隊はそのための実験室のようなものであった[31]。軍隊のなかでは、政治的に生み出された社会的不平等が明らかになり、そして受け入れられた[32]。「機械装置」というメタファーは、政治と同じくらい軍隊と戦争のために必要とされた[33]。こうした研究では構造的必然性が探られた。つまり、プロイセン、およびドイツの国家が軍事と政治の間にそのような関係を打ち立てたのならば、その先に一定の展開が続いたに違いなかった。それゆえ、軍事と政治が収斂していく関係を想定する軍事史も、「不遜」のような概念に対する抵抗力を持たなかった[34]。そう、戦争が機械装置へと化していくなかでは、そこに因果関係を見いだすやり方はそれどころかずっと大きな意義を持つようになった。この観点から見れば、ヒトラーは逸脱したわけでも異常であったわけでもなく、軍事と政治の間の関係の論理的帰結であった。たとえゼークト以上に遠大で無謀な考えに取りつかれていたとしても、ヒトラーは一九二〇年代から続く軍の諸計画を実行に移したことで、彼は軍事化された政治の表現、つまり、その極端な形ですでに一九世紀のプロイセン・ドイツ政治の内部にひとつの要素として常に存在していたあの軍事化された政治の紛れもない表現だったのである[35]。

四　相違と共通性、そして新しいアプローチ

二つの政治についての見方、つまり二元主義と収斂理論をここでは理念型として区別してみよう。実際の軍事史の「物語」のなかでは、その二つが混ざり合って現れることはありうる。しかしながら、体系的に設定された限界によって両者は互いに相いれることはなく、この相いれない関係性こそ、二つのアプローチを統合しようと試みたハンス・デルブリュックの接近方法を誰も追随していない理由の一つであるのかもしれない。デルブリュックは確かに戦争を政治の継続と見ており、彼にとってそれは「技巧」でもあったが、しかし彼が逆の推論を引き出すことはなかった。デルブリュックにとって政治は根本的に同じく文民的なものであり、軍事的なものではなかったのだ[36]。二つの政治に対する見方は、認識への関心のうえでそれぞれ異なる限界を持っていたように、両者が持つ特徴的な盲点をも明示した。二元主義理論にとって、「戦争的政治」と書き表すことは困難である。政治的軍人が根本においてその本来の職分を超えていたのと同じように、ヒトラーの行動は、政治が持つ権利を剝奪する行為として捉えられる。まさに二〇世紀においては、政治と戦争の間に横たわるグレーゾーンがますます拡大していたため、二つの領域を体系的に分離して説明するのはなかなか容易なことではない。

それに対して収斂理論は、政治と軍事という二つの行為次元の間にある根本的な相違を極小化している。違いを生み出しているのは、究極の目的として秩序を見るか、あるいは破滅、つまり極度の無秩序を見るかという点であり、それはいかようにも見ることができる。双方の場合において、長期の社会化を通して際立てられた領域が問題となるという点ではさまざまな行為次元が存在する。その意味では、戦争に直面した政治に際してですら、たとえば独仏戦争時のビスマルクと軍部の間の抗争の折にそれが見られたように、価値やステータスをめぐる競争、ならびに目標をめぐる競争を過小評価することはできないのである。

しかしながら、双方のアプローチには一連の共通性が見られる。まず、収斂理論が個人よりも構造に関心を持つとしても、行為する人間が話題にのぼったときには、やはりまたそこでは二元主義理論と同じ行為主体が浮かび上がる。つまり、参謀本部、司令官、省庁の高官、そしてきわめて稀な場合には政党の指導者などである[37]。両アプローチにおいては、兵士であれ選挙民であれ「国民」というものは何ら重要な役割を帯びていない。こうして政治に対する双方の考え方は、行動の担い手となる諸機関がその影響を受ける人々に対して寄せていた期待がどのようなものであったか問う可能性を体系的に弱めてしまう。そこでは、特定の政策や個々の措置が「下」でどのように受け入れられ実行に移されるかを問うことはできないし、諸機関のトップは直面する下からの期待をどの程度まで見知っており、彼らは実際にそのような期待に応えようとしたのか否か、こういった問題を視界に入れることができない。それによって政治も戦争も、それを実行し耐え抜かなければならないすべての者の共鳴板が存在しないまま体系的に思索される一つの催しになってしまっている。要するに、大衆政治と大衆動員戦争の時代においても、このように「大官房（Große Kabinette）」のスタイルでテーマに取り組んでいるのである。

二つのアプローチにさらに共通しているのは、両者が政治の方により高い合理性を認め、それに対して軍にはより大きな効率性を認めている点である。それを極端に表現してみると、軍、正確には軍首脳は、自身の利益を貫徹する能力を持つ代表者として現れる。もっともその利益は完全には理解されていないのだが。つまり、軍人は非合理的で、分別がなく、思い上がった誇大妄想に取りつかれているとされる[38]。しかしそのような評価は、研究の根底に不正確な証拠を並べている。なぜなら――完全に歴史主義的に表れているのだが――そういう研究が対象を理解していなかったことを推測させるからである。それによってこうした研究は、対象にできるだけ多くの理性の所在を認めようという解釈学的な基本戦略にも反している。歴史家が対象に固有の論理を認めた場合にだけ、そうした対象が歴史的に意義あるものとされるほど生気を帯びたものだったのか、その理由を説明することができる[39]。とりわけ、奇跡信仰、あるいは魔女信仰をさしあたり一つの現実として受け入れた近年の宗教史は、このような戦略によって重要な成果を引き出すことができたのである[40]。

それに応じて軍事史でも、政治と軍事の両分野のうちの片方に高い「理性」が事前に備わっていると頭から認めるようなことはせずに、政治と軍事それぞれの異なる合理性から出発することが勧められているように思える。シュティーク・フェルスターは、このそれぞれ異なる合理性を職業専門性（プロフェッショナル）のテーゼから明らかにした。つまり、軍人の職務は戦争の遂行であるので、もしそうしなければ彼らの存在の正当性が疑われるというただそれだけの理由で職務に専念するのである[41]。そこから職務に対して盲目となる事態が生じ、そうした盲目がもたらす論理のなかでは、一覧として提示される公理は当然のものとしてみなされるが、外から見たときにそれらの公理は非合理的でしかないと評価される。そのようなアプローチが道義的にはどれほど共感をもって見られているとしても、それでもなお、非合理性の内在という同じ論理を政治に認めないというある種の病に蝕まれている。むしろフェルスターにとってまったく理解できないのは、シュリーフェン・プランは「どのみち失敗する運命にあった」のに、いかにしてそのような無思慮な戦争計画を軍人たちは進めることができたのかということである[42]。いったい誰がこの計画をそのような運命に導いたのか。

ミヒャエル・ガイヤーは、軍備政策に関する研究のなかでそのような標準的な立脚点に別れを告げた。フーコーやアルチュセールを想起する彼の試みにおいて、戦争の機械化とそれに伴うバーチャル化が大きな役割を演じている[43]。彼にとって軍と政治は根本において「イデオロギー装置」であり、テクノクラート式に組織され、関わっている者にたやすく他のロジックを見させないような強制的思考の優勢によって特徴付けられている。軍事と政治は、とりわけ国民国家によって、しかしまた経済的、技術的発展によっても特徴付けられ、どんな場所でも国際的な紛争を繰り返し発生させることができる――戦争は近代社会につきものである――機能的連関のなかにあるので、もはや昔の歴史記述のように「ネメシス」に責任を負わせることはできない。平和愛好、あるいは「軍国主義」はずっと重要性を低下させ、それに代わり、競争のなかに置かれる社会は紛争解決の手段として戦争を所有し、その力を使いもするのである。そこでどんな地位が軍に割り当てられ、どのようにして政治の選択に対抗して軍の選択が押し通されるのかという問題は、最終的には偶然の位置関係に負っており、歴史構造的な必然性、ましてや「宿命」などに負っているわけではない。この言説理論が教える理解の仕方は、最初から平和を人類社会の標準形として想定せず、まさに二〇世紀がそうなのであるが、戦争と大規模な死を同様にあたりまえの日常として探究しようとするので説得力を与える。そのような戦争の歴史は確かに「死について語っている」が、しかし死者や死に瀕している人についてはあまり語っておらず、事後にこの戦争の歴史を書かなければならない生者や生き残った者についてはまったく語っていない。このことは、理論的にはその正当性を証明することができても、おそらく多くの読者の期待に応えるものではないだろう[44]。

経験史として構想される軍事史は、ここ最近そのような要請に応えるために戦争の直接的な面に歩み寄ろうとしている。「庶民の戦争」について語るこれらの歴史は、捕虜、とりわけ兵士や「銃後」にいる人々の経験世界を視野に入れ、「お偉方」のそれと対比している[45]。そこでの兵士のレンズには政治家と軍人の境界は消えている[46]。それゆえ、このような歴史は目下のところ政治と軍事の関係にまだ関心を向けていない。しかし、上と下の違い、前線と本国の相違が鋭く描かれることで、政治家と軍人に関係する現実が問題視されている。それゆえ、たとえまだ批判として十分磨かれていなくとも、このようなアプローチを旧来の二つの政治観念への批判として理解することもできる。軍と戦争の経験史は、「政治」と称されるものが実際に効力を生じていたかどうか問いを投げかけたならば、このような見方でもって双方の政治観念へ重要な貢献をもたらすことができるであろう。旧来の軍事史においても、しかしまたフェルスターや限定的ながらガイヤーにおいても、なるほど現実を構成しているのは計画策定文書、法令、および軍人と政治家の議論である。そもそもいったいどのような方法でどの程度まで法令が現実を形作ったのか。参謀本部の大方針は、下の軍隊レベルに到達したときどんな具合になっていたのだろうか。

五　コミュニケーション過程としての政治

このような決定の履行をめぐる問題が政治史においても稀にしか心に留め置かれないことは認められるだろう。ここでもまた、政治的シナリオの現実は、閣議決定や官報を通じて公布された法令に表れているという前提が存在している。法令が実践に移されたら何が生じるかについてはほとんど問われることはない。その際に予期されるのは、実行に移されるその過程で多くのものが薄められるということにとどまらず、法令文がさまざまに解釈され、それぞれ異なった現実に適合させられるということである。ヴェルナー・プルムペは、一九二〇年の経営協議会法の事実でそれを示した[47]。レオンハード・スミスが似たようなやり方で明示したのは、第一次世界大戦のフランス陸軍における上下関係が単純な命令・服従関係ではなく、絶え間ない折衝過程が兵士から何を期待してもいいかを「お偉方」にはっきりわからせていた事実である。ニヴェル将軍の弱点は、彼がこのプロセスを無視し、簡単に指揮を執れるに違いないと考えていた点にあった[48]。そのような研究はドイツ語圏からはまだ登場していないものの、本来の戦争経験のみならず、戦争と政治の関係を探るためにもそうした研究は必要となろう。どのような方法で政治的指令は遂行されたのか、とりわけ将軍にとどまらずふつうの兵士によってそれはいかに遂行されたのか。どのようにしてこれらの指令は期待にフィードバックされたのか。つまり、政治の「現実」は戦争のなかでどのように展開したのか。戦争経済の研究においても占領統治の分析においても、戦争につきもののカオスやアナーキーの程度をめぐっては、これまで十分考慮に入れられていなかったように思える[49]。

そのような問題設定は、政治はコミュニケーション過程であるという見方に由来している。それは政治史においてもいまだ中心から外れたところにある。最近の研究は、政治エリートがどのように出現し、いかにして互いに意思疎通を図っていたかに関心を向けるか[50]、あるいは、政治制度をコミュニケーションの編み細工のように捉えている[51]。それらの研究は、言語的な現象としてどのように決定が行われるのかを問い[52]、シンボリックな表象がなければ何も「目に見えない」し「重要」にもなりえないという考えから出発している点でシンボリック政治を考究している[53]。そこには初めから必然性や条件は存在せず、交渉、議論、言語的駆け引きを通じて初めてそれらは作り出されるのである。これらのアプローチはまだかなりためらい気味であり、総合されたコンセプトへと固められていない。しかしすでに、その中心に社会的（それとともに言語的、シンボリックな）行為としての政治のイメージがあることが示されている。政治になることができるのは、コミュニケーションがなされるものだけである。論拠は共有されなければならないし、別の可能性は排除されねばならない。抵抗者は敗北の後も行動し続けることができるように取り扱われなければならない。同時にまた、異なった行為領域にはそれぞれ異なった合理性が存在する。政治的に何が必要であるかが問題となる場合、財政政策家と社会政策家とでは、たいていの場合優先順位の付け方が完全に異なるであろう。

つまりここでなされる提案は、偶然の要素を可能にし、行動論によって満たされた非目的論に立つ政治の考え方である。しかし政治史自体においても、完全に可能な範囲内で、我々が現在に対して当然視している開放性を政治的行為に戻すことになりそうな理解の仕方はまだ定着していない。ルーマンによって、政治とは「束縛することになる決定の生産」としても理解できるようになっている[54]。このような定義は、一連の判断基準に照らしても右記で議論してきた定義と異なっている。「技巧」としての政治や「権力獲得の努力」としての政治は、常に政治を何か潜在的なもの、つまりまだ現実になっていないものと捉えていた。フィリップ・ツォルンが言うところの「能力」にしても、ヴェーバーがいうところの「機会」である権力獲得の努力にしても、これらの著者にとって政治とはあくまでも可能性なのである。それに対してルーマンの定義は、結果を伴うプロセスへ目を向けている。政治は、ヴェーバーが「権力」と述べた点に見られるような漠然とした可能性ではなく、何かなすことを意味する。非決定やじっと耐え抜くことを政治と呼ぶのを難しくするという意味では、この定義に問題がないわけではない。ただし「非決定」も「決定」として理解される場合は別である。自治体に関するアメリカの諸研究が十分な根拠を用いて行っているように、望まれた結果が不可能なものにされることで、意思決定をしないことによっても何かが起こることになり、その限りでは決定の概念に沿うことになる。つまり、そこでは常に選択のプロセスが問題となるからである。非決定は可能性の総数を減じることにもなるのである[55]。「束縛することになる」は、自発的に、もしくはそうでなくともそれに従わなければならないという限りではひとつの決定である。それは正当性の問題を前提とするにとどまらず、そのような定義が国家に照準を向け、そしてそれに伴ってたとえば労働組合よりもはるかにずっと軍隊に照準を向けているので（労働組合からは脱退が可能だからである）、強制されうるということも前提とする。だれをどの程度までこの決定が束縛するのかは、考察されなければならない問題である。ルーマンが示す「生産」という概念は、結局はコミュニケーションを通じて政治を製造する過程であることを教えているが、軍事史においてはまだまったく留意されていないも同然の次元である。政治とは何をおいても、期待を土台に置きつつ達成が可能か、調停が可能かを問う意思疎通の行為である。その後にようやく命令を発することができ、そして命令も固有の解釈に基づいて初めて実施されるのである。

そのような見方は、政治と軍事の諸機関が機能していることを何か当たり前のものとして捉えるのではなく、機能しているものの構造を（コミュニケーションの構造として）吟味する方向に導く。そこでは「偉人」の政治を新しい目で見ることも可能となるであろう。シュティーク・フェルスターがまさにそのことを思案していたのであるが、そもそも戦略上の諸計画というものはどのように仕上げられるのだろうか。どの参謀総長も毎晩自宅で腰を据え、覚書として送れる状態に仕上がるまで計画をじっくり練っていたと想定することはできるのだろうか。あるいは、繰り返し他の選択肢が現れる議論から生まれる産物こそが問題となるのか。どのような論拠でもってこれら他の選択肢は取り除かれ、そして、参照されないあるいは口に出すことのできない選択肢にはどんなものが存在するのか。狭いサークルの外側で広まっている言説はどんな役割を演じているのか。「軍隊」の場合はどうか、政党の場合はどうか、国外ではどうか。

総力戦の不合理さに鑑み、ガイヤーとフェルスターさえも軍の合理性に対して何か無力感のようなものに取りつかれていたが、決定はどのように産出され、つまるところその決定からは何が生じるのかを問うアプローチはそうした無力感に取りつかれた状態を解消する方向に導くかもしれない。クラウゼヴィッツが政治と戦争の間で打ち立てた目的・手段関係（つまり戦争を政治の「一つの」手段として捉える見方）は、ガイヤーによれば総力戦によってもはや通用しなくなった。というのも、「戦争は政治が終わりを迎えてから始まったので、戦争は政治から見ても非合理的な行為[56]」になってしまっていたからである。つまり、政治の構造的な機能不全を認め、同時に軍人は狂気じみた行動に出ていると仮定するか、さもなければ政治家、軍人、そして今日でいうところの文民が従う費用対効果に関する異なる計算方式を探し求めなければならない。戦争がもはや道具として遂行されえない時期における軍の政治理論は、存在論さながらに構造化されていない合理性を探さなければならない。別の言葉でいえば、グローバル（たとえば人道主義的）な目で見れば非合理的であることが[57]、システムの目から見ると完全に合理的なことだってありうる。ここでは再びルーマンの指摘が有益である。社会システムは危機の時代に際して三つの可能性を持つ。第一に、コードの転換であり、それが意味するところは、社会システムが最終的にはそれまでともはや同じものではなく、（社会システムの目から見た）コストが正当化できないくらいかかるので、もはやあたりまえのものとすることはできないということである（たとえば、軍隊が紛争介入部隊や平和維持軍へ、あるいは災害支援のために改編されること）。第二にそのコードの中断、第三にそのコードの続行という可能性が危機に際して現れる[58]。コスト上の理由により、社会システムは第三の可能性に傾く。なぜなら、他の二つの選択肢は高くつくからであり、続行を決断したからといってそれら二つの選択肢が必然的に排除されるわけではないからである。練り上げられたコードに基づくそのような社会システムは、組み換えによって推算不能のリスクを必然的に伴うかもしれないので、たいていできるだけ長く続行する傾向を持つことになろう[59]。この点で、軍隊は今日の大学と何ら違いはない。大学もまた、これまでどおり続行するために内部ですべてを行うので、構造を変えることは困難なのである。

政治をいつだってコミュニケーションを通しての製造物として捉える見方は、「ネメシス」「不遜」「妄想」のゆらめくベールを軍事史からはぎ取ることもできるだろう。それは今日外から見ればほとんど不可避のように見えるに違いない。ここには依然として、他の歴史分野ではすでにずっと前に根絶されたあの「宿命」の言辞が存在する。特殊な組織、またそれに内在する暴力さえも、他のものと同様に社会的な構造化と社会的行為の一形態として解釈することは軍事史において可能であるに違いない。軍事史が政治も社会的行為として理解することで、この課題はよりたやすいものとなろう。軍が持つ正しい知識に反して世界大戦が開戦したことが「犯罪的」あるいは「無責任」なものだったかという問いでは、話を前に進めることができない。むしろ、次のように問う方が事態はより前進するであろう。つまり、戦い抜くことは困難なものとなるであろうということを知りながら、それにもかかわらず戦端が開かれた事情の背後には、どんな合理性とどのような行動の構造が存在したのか、と。また、不可解なこともコミュニケーションの観点で取り扱われなければならない。すなわち、戦争の合理性を理解するために民間のモラルを持ち出したところでさらなる助けとはならないのである。

1 普及している概説書や事典に所収されている関連論文では、「政治」という言葉でいったいどのようなものを理解することができるのか問われることはない。この分野における理論的な自己反省の展開が不十分であることは、「政治史」と「政治に関する歴史」が同義で使用されている事実からもわかる。ではいったい「非政治に関する歴史」とは何なのか。Peter Borowsky, Politische Geschichte, in: Hans-Jürgen Goertz (Hrsg.), Geschichte. Ein Grundkurs, Reinbek 1998, S. 475-488; Hans-Ulrich Thamer, Politische Geschichte, Geschichte der internationalen Beziehungen, in: Richard van

Dülmen (Hrsg.), Fischer-Lexikon Geschichte, Frankfurt/ M. 1990, S. 52-65 を参照。

2 Andreas Hillgruber, Politische Geschichte in moderner Sicht, in: HZ 216 (1973), S. 328-357 を参照。

3 Hans-Ulrich Wehler, Moderne Politikgeschichte oder „Große Politik der Kabinette"? in: GG 1 (1975) S. 344-369 を参照。

4 Eckart Conze, „Moderne Politikgeschichte". Aporien einer Kontroverse, in: Guido Müller (Hrsg.), Deutschland und der Westen. Internationale Beziehungen im 20. Jahrhundert. FS Klaus Schwabe, Stuttgart 1998, S. 19-30 も参照。政治概念を定義しようとする努力も伝わってくるが、それでもなお漠然としている。Dieter Langewiesche, Sozialgeschichte und Politische Geschichte, in: Wolfgang Schieder/ Volker Sellin (Hrsg.), Sozialgeschichte in Deutschland, Bd. 1, Göttingen 1986, S. 9-32, とりわけ二二頁以降を参照せよ。

5 トライチュケの導入句は「全ての政治は技巧である」となっている。Heinrich von Treitschke, Politik. Bd. 1, Leipzig 1913[3], S. 1; Paul Laband u.a. (Hrsg.), Handbuch der Politik, Bd. 1, Berlin 1914（その点に関しては Philipp Zorn: Politik als Staatskunst, S. 1-7; Hermann Rehm, Politik als Wissenschaft, S. 7-11 も参照。）; Adolf Grabowsky, Die Politik. Ihre Elemente und ihre Probleme, Zürich 1948, S. 1 ff.Volker Sellin, Politik, in: Otto Brunner/ Werner Conze/ Reinhart Koselleck (Hrsg.), Geschichte Grundbegriffe. Historisches Lexikon zur politisch-sozialen Sprache in Deutschland, Bd. 4, Stuttgart 1978, S. 789-874 も参照。

6 Gerhard Ritter, Staatskunst und Kriegshandwerk. Das Problem des „Militarismus" in Deutschland, 4 Bde., München 1954-1968.

7 Zorn, in: Handbuch der Politik, S. 1.

8 Max Weber, Politik als Beruf, in: ders., Gesammelte Politische Schriften, Tübingen 1988[5], S.506. その一頁前に出ている「あらゆる種類の指導行為」という定義は、暗黙のうちに政治を職業という「意味で」捉えているので、ここでは考慮に入れることはできない。

9 Max Weber, Wirtschaft und Gesellschaft, Tübingen 19805, S. 28.

10 Carl Schmitt, Der Begriff des Politischen (zuerst 1932), Berlin 19633, S. 28 ff.

11 Weber, Wirtschaft und Gesellschaft, S. 854. 同書の以下のページも参照せよ。S.833, 852, 859.

12 Weber, Wirtschaft und Gesellschaft, S. 20.

13 Ritter, Staatskunst, Bd. 1, S. 23.

14 Ebd., S. 302 ff.

15 Ritter, Staatskunst, Bd. 4, S. 285.
16 Ebd., S. 290.
17 Francis L. Carsten, Reichswehr und Politik 1918-1933, Köln, Berlin 1964, S. 452-459を参照。
18 Eckart Kehr, Die deutsche Flotte in den neunziger Jahren und der politisch-militärische Dualismus des Kaiserreichs, in: ders., Der Primat der Innenpolitik. Gesammelte Aufsätze zur preußisch-deutschen Geschichte des 19. und 20. Jahrhundert, hrsg. v. Hans-Ulrich Wehler, Frankfurt/ M. 1976^{2}, S.111-129.
19 たとえば、Carsten, Reichswehr; Hans Mommsen, Militär und zivile Militarisierung 1914 bis 1938, in: Ute Frevert (Hrsg.), Militär und Gesellschaft im 19. und 20. Jahrhundert, Stuttgart 1997, S. 265-276; Holger Afflerbach, Falkenhayn. Politisches Denken und Handeln im Kaiserreich, München 1994, を参照。とりわけ、東方戦線での最高指揮権をめぐるベートマン＝ホルヴェークとファルケンハインの抗争を問題としたS.424-436を参照せよ。アフラーバッハはベートマンによる「干渉」（S. 428）という評価を下している。
20 Hans-Erich Volkmann, Von Blomberg zu Keitel. Die Wehrmachtführung und die Demontage des Rechtsstaates, in: Rolf-Dieter Müller/ Hans-Erich Volkmann (Hrsg.), Die Wehrmacht Mythos und Realität, München 1999, S. 47-65, とりわけ五五頁以降を参照。
21 Klaus-Jürgen Müller, Das Heer und Hitler. Armee und nationalsozialistisches Regime 1933-1940, Stuttgart 1969; John W. Wheeler-Bennett, Die Nemesis der Macht. Die deutsche Armee in der Politik 1918-1945, Düsseldorf 1954, S. 16を参照。そこでは、一九一八年以降の軍が「政治を制御するのではなく闘技場へ下り政治を行うほど盲目的になってしまっていた」と論じられている。
22 Wilhelm Deist, Einführende Bemerkungen, in: Müller/Volkmann, Wehrmacht, S. 39-46, ここでは四三頁を参照。
23 Michael Geyer, Eine Kriegsgeschichte, die vom Tod spricht, in: Mittelweg 36 4 (1995), Heft 2, S. 57-77, S. 60 f.
24 Manfred Messerschmidt, Militär und Politik in der Bismarckzeit und im wilhelminischen Deutschland, Darmstadt 1975, S. 1.
25 Ebd.
26 Fritz Fischer, Bündnis der Eliten. Zur Kontinuität der Machtstrukturen in Deutschland 1871-1945, Düsseldorf 1979, S. 29.
27 Müller, Heer, S. 24.
28 それに関しては、たとえば Fritz Klein (Hrsg.), Politik im Krieg 1914-1918. Studien zur Politik der deutschen herrschenden

Klassen im erstern Weltkrieg. Berlin 1964 を参照。

29 Eberhard Jäckel, Einführende Bemerkungen, in: Müller/ Volkmann, Wehrmacht, ここでは s.739 を参照。

30 それに関しては、たとえばフリッツ・フィッシャーの次の研究を参照せよ。Fischer, Bündnis, S. 54 f

31 Ulrich Bröckling, Disziplin. Soziologie und Geschichte militärischer Gehorsamsproduktion, München 1997.

32 これに関しては、次の文献に多くの事例が示されている。Frevert, Militär.

33 Bröckling, Disziplin, S. 199 f. を参照。第一次世界大戦前のドイツにおける「機械装置政治」のレトリックに関しては以下を参照。Thomas Mergel, Gegenbild, Vorbild und Schreckbild. Die amerikanischen Parteien in der Wahrnehmung der deutschen politischen Öffentlichkeit 1890-1920, in: Dieter Dowe/ Jürgen Kocka/ Heinrich-August Winkler (Hrsg.), Parteien im Wandel. Vom Kaiserreich zur Weimarer Republik. Rekrutierung – Qualifizierung – Karrieren, München 1999, S. 363-395, S. 384 ff. とりわけ、マックス・ヴェーバーにこれは顕著に表れている。

34 Karl-Heinz Janßen, Politische und militärische Zielvorstellungen der Wehrmachtführung, in: Müller/ Volkmann, Wehrmacht, S. 75-84, S. 84.

35 Müller, Heer, S. 576 ff. の文献に見られるコメントを参照。

36 Hans Delbrück, Geschichte der Kriegskunst im Rahmen der politischen Geschichte, 4 Bde., Berlin 1900-1920.

37 そのうえこれは、研究上の疑問の変化さえ意識させる。シュティーク・フェルスターは次のように認めている。「たとえ、『偉人の歴史』が方法論的に時代遅れになったとしても、衆人を排するなか参謀本部のわずかな人物のみによって決定が下されていたという事実は避けられない。この点で、実際に人物がなお歴史を作ったのだといえるのだが、その行動領域は次第に狭まっていったのである」。Stieg Förster, Der deutsche Generalstab und die Illusion des kurzen Krieges, 1871-1914. Metakritik eines Mythos, in: MGM 54 (1995), S. 61-95, ここではとりわけ s.68 を参照。

38 Förster, Generalstab: 第二次世界大戦の研究にはこれはきわめて限定的にしか当てはまらない。逆に第二次世界大戦の場合、作戦史の点から見ると、軍人はヒトラーよりも高い合理性を備えていた（もちろんそのことはヒトラーの非合理性から説明が付いてしまうのだが）。それゆえヒトラーは、政治の過大な自己評価の象徴であった。あるいは、もはや政治ではなく「妄想」（フリーザー）こそが問題となる。Karl-Heinz Frieser, Die deutschen Blitzkriege: Operativer Triumph – strategische Tragödie, ならびに、Bernd Wegner, Defensive ohne Strategie. Die Wehrmacht und das Jahr 1943, 両論文とも Müller/ Volkmann, Wehrmacht, S. 182-196, 197-209 に所収。

39 それゆえ、一九四〇年のフランスに対する電撃戦におけるドイツの勝利に関するフリーザーの説明は十分ではない。というのも、偶然、同盟国の失策、「向こう見ずな」将軍の独断といった三つの要因すべてを彼は「不可解なもの」と言わざるをえなかったからである。Frieser, Blitzkriege, S. 191.

40 たとえば、Rainer Walz, Hexenglaube und magische Kommunikation im Dorf der frühen Neuzeit. Die Verfolgungen in der Grafschaft Lippe, Paderborn 1993 を参照。David Blackbourn, Marpingen. Apparitions of the Virgin Mary in Nineteenth Century Germany, New York 1993.

41 Förster, Generalstab; ders., Ein alternatives Modell? Landstreitkräfte und Gesellschaft in den USA 1775-1865, in: Frevert, Militär, S. 94-118.

42 Förster, Generalstab, S. 84.

43 とりわけ、Michael Geyer, Deutsche Rüstungspolitik 1860-1980, Frankfurt/ M. 1984, ここではとくに s.9 以降を参照。ders., Aufrüstung oder Sicherheit. Die Reichswehr in der Krise der Machtpolitik 1924-1936, Wiesbaden 1980, とりわけ s.228 以降を参照。

44 Geyer, Kriegsgeschichte.

45 Wolfram Wette (Hrsg.), Der Krieg des kleinen Mannes. Eine Militärgeschichte von unten, München 1992.

46 Benjamin Ziemann, Front und Haimat. Ländliche Kriegserfahrungen im südlichen Bayern 1914-1923, Essen 1997; Bernd Ulrich, Die Augenzeugen. Deutsche Feldpostbriefe in Kriegs- und Nachkriegszeit 1914-1933, Essen 1997 を参照せよ。

47 Werner Plumpe, Betriebliche Mitbestimmung in der Weimarer Republik. Fallstudien zum Ruhrbergbau und zur chemischen Industrie, München 1999.

48 Leonhard V. Smith, War and ‚Politics': The French Army Mutinies of 1917, in: War in History 2 (1995), S. 180-201.

49 Bernhard Chiari, Die Büchse der Pandora. Ein Dorf in Weißrußland 1939 bis 1944, in: Müller/ Volkmann, Wehrmacht, S. 879-900 を参照。

50 Andreas Biefang, Politisches Bürgertum in Deutschland 1857-1868. Nationale Organisationen und Eliten, Düsseldorf 1994; Christian Jansen, Einheit, Macht und Freiheit. Die Paulskirchenlinke und die deutsche Politik in der nachrevolutionären Epoche 1849-1967, Düsseldorf 2000.

51 Thomas Mergel, Parlamentarische Kultur im Reichstag der Weimarer Republik. Politische Kommunikation, symbolische Politik und Öffentlichkeit 1919-1933, Habil. MS Bochum 2000.

52 Willibald Steinmetz, Das Sagbare und das Machbare. Zum Wandel politischer Entscheidungsspielräume in England 1780-

1867, Stuttgart 1993.

53 Ludwig Linsmayer, Politische Kultur im Saargebiet 1920-1932. Symbolische Politik, verhinderte Demokratisierung, nationalisiertes Kulturleben in einer abgetrennten Region, St. Ingbert 1992; Johannes Paulmann, Monarchenbegegnungen im 19. Jahrhundert, Habil. MS München 1999を参照。

54 Niklas Luhmann, Legitimität durch Verfahren (1969), Frankfurt/ M. 1983, S. 29 ff.

55 Peter Bachrach/ Morton S. Baratz, Power and Poverty, New York 1970. 二〇世紀に政治の形態が変化したことを突き止めた近年のポストモダン政治理論に照らすならば、そのような考え方はいよいよもって問題を含むものである。ちなみに、その形態の変化とは、政治が実際にはますます決定行為ではなくなり、社会に固有の自己描写が生み出される言説の場へと変質しつつあるということを意味する。ルーマンのコンセプトの急進化ともいえるこのような議論は、ここでは考慮の対象から外すことにする。Thomas Meyer, Die Transformation des Politischen, Frankfurt/ M. 1994; Ulrich Beck, Die Erfindung des Politischen. Zu einer Theorie reflexiver Modernisierung, Frankfurt/ M. 1993; Helmut Willke, Ironie des Staates. Grundlinien einer Staatstheorie polyzentrischer Gesellschaft, Frankfurt/ M. 1996, ここではとりわけs.310以降を参照せよ。概観したものとしては、Klaus von Beyme, Theorie der Politik im 20. Jahrhundert. Von der Moderne zur Postmoderne, Frankfurt/ M. 1992, ここではとりわけs.74以降を参照。

56 Geyer, Aufrüstung, S. 488.

57 ルーマンもこの点には同意するだろう。ガイヤーと同じように、彼にとっても国民国家の時代における戦争はもはや「最後の決定手順」ではなく、生態系の破滅でしかないのである。Niklas Luhmann, Die Gesellschaft der Gesellschaft, Bd. 2, Frankfurt/ M. 1997, S. 1053.

58 Niklas Luhmann, Soziale Systeme. Grundriß einer allgemeinen Theorie, Frankfurt/ M. 1987, S. 474 ff.

59 東部戦線の占領地での七月二〇日の人々の行動に関するクリスティアン・ゲルラッハの所見は、次のように読み取ることができる。「機能を果たすこと（Funktionieren）」、つまり個々人にとって「機能して動くこと（Mitmachen）」は、いつだってきわめて当然のことである。なぜなら、所与の秩序の枠のなかには、常に「通常」行動という一つの観念が存在し、システムと個人にとって、高いコストを伴うことによってのみそれを疑問視することが可能となるからである。Christian Gerlach, Männer des 20. Juli und der Krieg gegen die Sowjetunion, in: Hannes Heer/ Klaus Naumann (Hrsg.), Vernichtungskrieg. Verbrechen der Wehrmacht 1941-1944, Hamburg 1995, S. 427-446.

第九章 軍、戦争、社会——社会史における兵士と軍エリート

マルクス・フンク 伊藤智央訳

「歴史的問題という地図上に社会・経済史という未知の大陸が存在している[1]」と一九三三年にエッカート・ケーアがもらした嘆きは、三〇年以上たってもなお変わることなく印刷に回され、さらに当時の西ドイツにおける歴史学の状況を的確に叙述できていたが、研究状況はその間にまさに一八〇度変化した。当時まだ目新しく、前途有望な「社会史」という大陸は、それ以来、大幅に開拓、測量、植民され、そして学術の世界で確固たる地位を築いた。しかしながら社会史は今日〔にいたってもなお〕、テーマ、方法論、そして理論の面で拡大し続けている最中にある。より的確にいえば、それは革新的な過程である[2]。この探究が「新しい文化史」という挑戦によって加速されたことに疑いはないが、それはすでに「第三世代の社会史家」によって以前から開始されていた。彼らは、現実の社会構造に焦点を当てる社会史が歴史的現実の特定の領域を無視しているということを批判的に深く問うていた[3]。

社会史に沿った軍事史という視点に関するこの素描的な考察を始めるにあたってまず、軍隊と戦争がドイツの社会史の中で明らかになおざりにされてきたテーマ領域の一つであるという所見に触れられよう[4]。たとえドイ

ツで近代社会史の綱領が軍事史叙述にまったく触れないでいたわけではなく、それどころか反対に、社会史の叙述がドイツでの軍事的展開の個々の側面を十分に扱ってきたとしても、これには重大な留保がなされなくてはならない。この留保は、一方で軍事史叙述の中での長きにわたる自己緊縛的伝統と、他方でドイツ社会史がもつ、国際比較の中では狭く特殊な研究関心を指し示している。

元国防軍将校が逸せられた勝機を探し求めて驚くほどの自負心を胸に軍事史研究という領域を一九四五年以降再び占領したことによって、実践訓練を受けた軍事専門家という選び抜かれた集団に留保された、戦争に関する秘教的科学としての「参謀本部史」の伝統は、基本的に今日まで影響を及ぼしている[5]。軍事史の根本的に新しい取り組みは、比較的ためらわれながら行われ、それは軍事史研究局のごく少数の学者集団においてのみ見られた。彼らは、伝統的な国防・軍事史の模倣者との間の論争の中で、一般的な歴史学との繋がりを確立するために多大な労力を払う必要があった[6]。一九六〇年代以来の個々の基礎的刊行物を土台として、軍事史研究局は組織としての自らの権威を用いながら、軍事史が一般的な歴史学の部分領域にまで拡大するための条件とそのチャンスを、依然として注目に値するポジションペーパーの中で表現した[7]。それによって軍事史を、軍事組織、国家・政治組織、社会変化の間の複雑な関係の歴史として包括的に理解する道が——少なくとも観念上は——開かれた。

このようになされた軍事史の開放と拡大にもかかわらず、ドイツにおける軍事史は近年にいたるまで歴史学の周辺的な存在にすぎなかった。とりわけ社会史家にとって歴史事象としての軍、戦争、暴力は、安心してその分野の専門家に委ねられうる意義ある問題領域の周縁にせいぜい位置するものでしかなかった。均衡のとれた市民社会という常態を探し求めていた歴史家世代にとっては、軍や戦争に取り組むことはただ困惑させるものでしかなかった。さらに、初期社会史の「専門的な枠[8]」がもつ相対的な偏りと閉鎖性がここに加わった。産業革命を普遍史の区切りとする見解を起点とし、さらに産業社会の過程とその構造への特別な関心に裏付けされたドイツ社会史は、その当然の帰結として、産業化によって推進された西ヨーロッパおよびアメリカ合衆国での変容過程がもつ、経済、社会、政治、さらには精神上の影響に主として取り組んだ。数多くの調査は、この一〇〇年に一度の近代化過程での主要アクターである、「市場によって規定された階級」に主に向き合うこととなった。たとえば労働者、会社員、企業家の歴史が詳細に、しかも多面的に調査された一方で、社会の近代化に関する直線的推移モデルに容易には統合できなかった社会的な集団や組織については、驚くべきことに十分な解明がなされないままであった[9]。

このように構想された西洋近代の成功史は、軍という組織や一九世紀および二〇世紀の戦争による対立に関して、継続的な研究関心を発展させることがなかなかできなかった。近代化過程の中で国民国家が暴力を独占することによって継続的に重要性を減少させた肉体的な暴力や戦争は、主に退化、文明の断絶、または近代化の欠如として論じられた。

進歩に対するこのような楽観的な考えに対して社会科学諸分野において著しい抵抗がその間に生じ、他の要素と並んで戦争が近代国家・社会形成の基幹要素をなし、近代の構造に関する本質的な特徴として理解されうるという立場が認められるようになった[10]。新たな取り組みをこのように行う過程においてこの国では、社会科学の諸分野、そしてその一部である歴史学の中で、それぞれの分野でのかつての代表的人物に考えが及ぶことは偶然ではない[11]。二〇世紀後半に、とくにアメリカ合衆国とイギリスにおいて、戦争での暴力、国家、社会の関係に対する関心はどちらかというと高まり、ドイツにおいても一九四五年以降、たとえば軍事社会学の出版の流れは途絶えることがなかった[12]。しかしごく少数の場合を除いて、軍や戦争が社会変動の過程において〔他の現象の〕原因をなすような独立した要素であることは認められてこなかった。といっても、ここで論理を全く逆にして、いわば「万事の生みの親」として単独で重大な影響を及ぼす構造的な社会要因の存在を戦争の中に推定してもそれはとくに有益ではないであろう。とりわけ、（戦争での）暴力を制限しようとする試みが成功した例が歴史の中に十分見られるからである。むしろ、軍と軍事的な暴力は、たとえば資本主義、産業化または規律化といった他の要素と並んで、近代社会を形作る要素として、それらの相互的な絡み合いと影響の点で調査される必要がある[13]。

社会史と軍事史の両者を結び付ける前に、双方の歴史的学問領域が対象とする分野を明確にすることは意義があるであろう。軍事史についてこれは一見かなり容易に思われる。一般に通用している定義によれば、軍事史研究が取り組むのは、「組織としての武装勢力および、それが、『〔武装勢力〕相互間の関係、もしくは一般史の対象との関係』の中で現れるあらゆる形態である。もしくは別の表現を用いると、軍事史は、国家権力の手中にある政治手段としての軍と、国家の枠組みの中の要素であり政治勢力である武装勢力に関して問題を提起するものである[14]」。この定義は、社会史的視野をもった歴史家にとって二つの観点であまり満足のいくものではない。一つには、軍事組織の誕生に関する社会条件、並びに軍事組織が歴史的な変動の影響を受けながら社会構造の中でとる立ち位置に関する社会条件を問うことなく、この定義では確立した軍事組織の存在が前提とされている。他方でこの定義は、軍を第一に国家および政治の領域に振り分け、それによって非国家形態の軍事組織および暴力使用、軍事的なものが有する社会形成的な（もしくは破壊的な）力を軽んじるという危険を冒すことになる。この場で新たな定義をめぐって争おうとは思わないが、軍事的な組織とその行動主体を、社会のシステム全体および彼らのなじみの生活世界の中に置いてみることが、今のところ新しい軍事史にとってより適切であろう。それはすなわち、組織、社会、文化の観点における軍の特殊な面を否定することなく、軍事社会と市民社会の間の密接な絡み合いを強調するということである[15]。暴力史にまで行き着く、軍事史の文化人類学化に関する、刺激的で、今後さらに展開されていくであろう考察も、そのように広範に理解された軍事史に難なく統合することができる[16]。

歴史研究の中での独立した学問領域として社会史は、ここでは今なお経済史と密接に絡み合っているが、社会構造やプロセス、運動や組織、階級や階層、景気や経済危機または社会的なそれを対象としている[17]。主に社会的な不平等の構造的条件、経済および社会変動の原因、社会化の形態、社会集団の中に定着した規範、価値、心性、そして今ではジェンダーおよびその相互関係についても問われている。このテーマの広がりは、不完全でわずかな量であったとしても、ここ二〇年間の軍事史の刊行物に反映されている。社会史としての軍事史は、主に組織形態とその社会的条件、軍事的な心性およびイデオロギー、市民社会の事柄に対する軍事的なものの影響、軍内部および外部での権力形成、そして今日ではさらにジェンダー関係の歴史として叙述されている[18]。これに加わるものとしてはさらに、かつて古典的であった経済・社会史のテーマ領域、たとえば軍需産業、戦時経済および戦時の企業や労働環境の歴史がある[19]。

しかし、社会史とともに汎用的視点、すなわちその学問領域をはるかに超えて、その主張するところによれば歴史のすべての領域に適用可能である方法的原則もまた受け入れられるようになった。単調な事件史や、文化史の中のいくつかの潮流ともまた異なって、〔社会史の〕関心はどちらかというと事件や個人の行動がその枠組みの中で可能となるような、超個人レベルでの発展〔形態〕とプロセスに向けられている。固有で特殊なものや恣意的な何かではなく、歴史的な事象における一般的なもの、典型的なものが考察の中心に置かれている。社会史は、長期にわたって継続する集団的構造、生じえた事件や行動の歴史的条件や行動の余地に関して問いかけを行う。日常史[20]は「下からの軍事史[21]」として強調されながら軍事史の文脈に移植されたのであるが、それは間違いなく純粋な構造決定論のもつ欠点やそこから派生する明白な研究上の空白を指摘することで、構造史のアプローチがもつこの硬い定義をすでに解きほぐした[22]。歴史学における「行動学的転換（Die praxeologische Wende）」によって議論が開始され、そこでは、社会史における「構造」と「行為」の関係が今や理論においても包括的に新たに熟考されている[23]。「しかし、社会構造の『事実』は、行為者によって会得されることによって初めて**社会的現実**になる[24]」ことが一方で主張され、そして他方で、象徴を媒介として個々の行為者間で行われる相互交流がもつ重大な意義が強調された[25]。この点で現代の社会史は、研究の実践上も構想上もすでに広く開かれたものとなったため、いくつかの批判は今日では当てはまらず、〔その批判が念頭においている現象を見つけるためには」遠い過去にまでさかのぼらなければならない[26]。

問題なく連携が可能であるがゆえに社会史家にとってとくに魅力的なのは、ピエール・ブルデューの社会的なものに関する理論[27]であるが、そのシステムにおいてはハビトゥスが構造と行為の間を仲介する。心性の概念をときおり想起させるが、ハビトゥスは特定の認識、思考、経験、判断、評価の枠組みを規定する社会的アクターの気質体系を表している。ハビトゥスは、社会構造と行為の実践によって構成される。すなわち、多次元的な社会空間の中で展開される構造化された行為である。ブルデューのハビトゥス概念は、マックス・ヴェーバーに依拠しつつ拡大された階級理論に埋め込まれ、この階級理論によると、個人または社会的集団は互いを分け隔てるために四つの資源を有するという。この四つの資源というのは、社会関係資本、経済資本、文化資本、象徴資本であり、その総体が社会空間の中でのアクターの相対的な位置を規定する。ブルデューの提起は、ドイツでは主に社会史・文化史に目を向けた、市民層に関する史的研究によって実際の研究上、受け入れられた。軍事史に目を向けた研究はまさしくここに、軍の中で代表されている個々の社会集団やアクターの生活様式、または国民的な軍事文化という集団アイデンティティを比較しながら調査することで、接点を見いだすことができるかもしれない[28]。しかし、手の込んだブルデューの理論的枠組みを援用することなく、「システム」と「生活世界」を均等に扱う構造史と経験史の見方を重ね合わせることでも、目覚ましい成果を得ることができる。それは、ユルゲン・コッカがいくらか前にすでに指摘していたことである[29]。

社会構造史のほうはといえば統合的な歴史として、歴史学の学問分野としての社会史とは異なった視点から、高度な複雑性を掲げつつ、極めて幅の広い、構造史的に規定されたアプローチを用いて普遍史を「社会の側から」描き、汎用的で堅牢な統合的構想を展開しようとしている[30]。そのように構想された普遍史（Universalgeschichte）の中では、軍や戦争は、「経済、社会的なもの、国家、文化等の個々の現実領域の間での、変容に満ちた相互作用とそれらの相対的な重み[31]」が分析できるような社会の場に必然的に還元されてしまう。軍事史は、他のあらゆる歴史学の個別領域と同様に、社会構造史の中に消えてしまうであろう。

社会史と軍事史という部分領域をより密接に結び付けることには一連の根拠がある。軍が歴史の中でそれ自体閉じたシステムを形成していたわけでは決してなく、より広い社会・文化的文脈の中に根を下ろしていたことは自明の理である。戦争準備と遂行のためにとりわけ経済的・人的資源を包括的に動員することによって特徴づけられる、大衆軍と全体化された戦争遂行の時代において、軍を社会から分離した領域として研究することがもはやできないことは、すでに研究上、一般に合意された事項であろう。一九世紀が進むにつれて一般兵役制が貫徹されたことや、分離した領域としての前線と銃後が遅くとも第一次世界大戦の中で広範囲にわたって消失したこと、そして直接的な戦争被害があらゆる住民集団に拡大したことによって、市民社会と軍事社会との分離線は確かに時代遅れではないとしても、その透過性は非常に高まった。その限りにおいて、近代軍事史は実際には、「戦争の中の社会の歴史[32]」、もしくは軍事組織と市民社会の関係史としてしか考えられないのである。

しかし関係史は、軍と兵士が社会の中に埋没することを余儀なくされることを意味してはいない。反対にそれは、戦争という極限状態においてさえも市民が兵士という機械にたやすくなってしまうことがないのと同様である。組織形態、法的状態、規範体系や文化様式に規定された重大な差異が残っている。社会史家はそれゆえ、歴史的変動の中での、市民社会と軍事社会の間の多様な接触点や交差点、また交流関係や相互作用をより詳しく見る必要がある。これは兵士に関して述べると、彼らがただ軍という支配装置の操り人形のような産物としてのみ機能しこの支配装置にときおり抵抗していたのではなく、それぞれの生活世界や環境（ミリュー）から生じる固有の期待や中心的思想、解釈類型を軍務にもち込み、その結果、軍務に変化をもたらすことができたということを意味している。たとえば第一次世界大戦前の時代の、ある貴族出の将校を将校カーストの構成員としてのみ捉え、彼が軍外部の貴族社会の伝統の中にその根を深く張っていることを無視するとすれば、それは全く不十分であろう。軍隊とその仲介機関（予備役将校団、在郷軍人会、民間国防団体を指す）は常に、純軍事的なものをはるかに超える期待や評価、要求を投影するスクリーンでもあった。すなわちそれは、社会的な地位や名声、社会の価値観やアイデンティティが表現され、またはそれらがまずは調達されて取り引きされた社会的な場であった[33]。

同様に、軍が市民社会に及ぼしうる影響についても当然問わなければならない。この方向での交流の過程に関しては、社会の軍事化という、とくにヴィルヘルム期のドイツに関する研究の中で適用された概念が定着している[34]。とりわけ軍事的価値観の仲介機関、たとえば予備役将校団や無数の在郷軍人会、民間国防団体にはいくらかの関心が向けられてきた[35]。それに対して一般兵役義務の研究は、特殊男性的な社会化機関として日陰的存在に長い間甘んじていたが[36]、一方で、幼年学校によって、将来の職業将校のための養成機関は比較的高い関心を集めた[37]。一般的に、社会化機関としての軍隊により徹底的に、そして広範囲にわたって取り組むことは望ましいといえる。しかしながら、この取り組みは軍事施設だけに限定されるのではなく、学校、大学、教会、民間団体および家庭での青少年教育や訓練といった領域にも拡大されねばならないであろう。というのも軍は、戦争遂行〔の担い手および影響〕が社会全体へと拡大する中で、右記の領域への支配権を少なくとも得ようとしていたからである。そうした研究は、たとえば教育史研究や家族史研究と協力や交流を行うことで、結果として社会史研究の中心領域にしっかりと定着するであろう[38]。

軍と戦争に対する態度に関する調査の際に心性の概念を用いることは有益である。軍事史の中でこれまで体系的にこの概念が使われることはなかったが、軍国主義、予備役将校、在郷軍人会に関する研究の中では、市民社会における軍事的もしくは好戦的な心性が問われてきた[39]。心性という概念を定義しようとする近年の努力[40]がたとえ継続的な成功をもたらさなかったとしても、それでもその概念は、集団の継続的な態度を描くこと、すなわち、行動指針となる精神的、倫理的、情緒的な気質――ある特定の集団に分類され、イデオロギー・政治上の変革を〔自らが〕変容することなく乗り越えることができる〔気質〕――を描くことに適している。ここで大切なのは、イデオロギー概念との線引きである。頻繁に引用されるテオドール・ガイガーの比喩によれば、心性とイ

デオロギーは肌と衣服のような関係にある。心性と名付けられた気質は、「社会的な日常世界とそれから発せられ
そこでなされる人生経験を通して、直接的に人に捺される刻印[41]」から確かに生じるが、しかしそれらは、社会
的現実という基礎の上に存在する単なる上部構造以上のものである。心性は柔軟性に富むイデオロギーよりも緩
やかにしか変化しない「継続的環境」と近い距離にある。精神的な領域と似て、心性は思考や行動に関する特定
の選択肢〔を選ぶこと〕を容易にするのと同様に、その他の選択肢〔が選ばれること〕を妨げたり、また少なく
とも困難にしたりする。たとえば一九一四～八年や一九四五年のような、近現代ドイツ（軍事）史におけるいく
らかの鮮明な区切りは、長期的な心性構造を考慮すると、調査された社会集団によってはその鮮明さを失う。社
会史研究の中へ精神的な気質を取り入れることを擁護する言説の中には、社会全体の固有性に関する、鮮明さを
欠いた一般化や、たとえば「ヴィルヘルム時代の人々」や「国防軍」、それどころか「ドイツ人」の心性に関す
る型にはまったテーゼへの批判も含まれている[42]。心性研究もまた、差異化のための基準としての社会・経済状
況、出身地域、世代、そして――まさしく職業軍人の場合は――専門家としての特徴といった構造的な規定要素
を避けることは容易でなく、またこれらを横一列に並べることもできない。そうではなくこれらを、お互いに交
差したままの状態で、それぞれの相互作用を考慮して調査しなければならない。

社会史の視点から、すなわち、社会を構造化された集合と捉える考え――この考えは、社会の部分領域に関する
包括的で多様な作用機序への理解に道を開いた――から、理論志向や理論的説明が歴史学の中で要求されるよう
になった[43]。「体系的な」近隣学問から、理論、モデル、概念を歴史現象に合った形で柔軟に取り入れることで、
分析的に、そして整理立てて過去に肉迫することが可能となった。まず社会学との、そしてより小規模ではある
が、経済学との学際的な対話[44]――文化人類学や民俗学への後の開放は、ドイツ歴史学の特徴である――は、す
でに歴史研究に関する自明の事柄に属している。とくに近代化理論は、歴史的・物質主義的な大理論の彼岸で、
一八世紀以来の西ヨーロッパとアメリカ合衆国での社会・経済・政治、そして精神上の長期的な変動過程をより

深く理解するための分析道具を提供した[45]。歴史の経過に関するこのモデルは、ドイツ社会史の中で、とりわけマックス・ヴェーバーの徹底的な受容[46]をとおして主に一九四五年以前のドイツ史における近代化の欠如、近代の危機、または近代性の負の側面への問いかけと結びつけられた。歴史的な社会科学がもちあわせる歴史認識に見られる直線性と一次元性へなされたいくつかの正当な批判[47]にもかかわらず、近代化理論が有する段階的経過モデルは、個々人や集団の日常世界、経験領域および辺境的・抵抗的なものに関する研究も自らの居場所を見つけることができるような、社会の長期的発展に関する実用的な分析枠組みをいまだに提供している。

中規模の射程を有する社会科学理論を用いることで、多くの実りある知見が軍事史研究にももたらされ、軍事史研究が経験的な手法で得られた洞察を一般的な枠組みの中で位置づけることを可能とした。ここでは第一に、政軍関係、すなわち社会システムの中での軍の役割を明らかにすることを目指す軍国主義理論が挙げられねばならない[48]。軍そして市民社会がどのような仕組みに沿って相互に影響を及ぼすのか、どのようにしてバランスの取れた軍と市民社会の関係に到達できるのか、こういった疑問を背景として、一九世紀と二〇世紀初頭のドイツの事例に対して軍国主義理論を適用する中で明らかな不均衡が確認され、その原因は政治的近代性と民主主義化への受け入れ姿勢の不足に帰された。今では軍国主義は、政治体制としてだけではなく、産業社会でも現れうる非常に複雑な社会状態として理解されている。政治的な闘争のための概念としてではなく、分析道具として使われる軍国主義もしくは軍事化は、将来の政軍関係史研究に対しても類型的枠組みを提供できなければならない。同様に大きな影響力を歴史研究に対してもっていたものは、この国では軍事近代化論、とくに、まずアメリカ合衆国で一九四五年以降に発展した[49]プロフェッショナル化理論（Professionalisierungstheorie）であった。このプロフェッショナル化理論は、確かにアメリカの事例をバランスの取れた軍と市民社会の関係の模範として措定し、他の社会にも適用しようとする傾向があったが、この理論もまた一九世紀および二〇世紀の軍・社会の近代化という広範囲にわたる解釈上の枠組みを提供した[50]。

しかし、そのような理論モデルを適用することは、決して自己目的であってはならない。むしろ体系的に、すなわち整理立てて過去に肉迫するための補助手段として使われなければならない。理論モデルを適用することに内在する弱点、すなわち、現実の部分領域しか映し出さないという点と、史料の選択・組み合わせの基準が明確で、説得力があり、そしてそれによって検証可能になるという長所とを注意深く比較考量しなければならない。それに加えて、歴史研究の実際においては、ある理論をドグマのように振りかざすことよりも、道具として相互に補完し合う定理を、解釈学的に理解する方法と結びつけながら使うことがいまだに支配的である。結局のところ、分類の際の原則と比較のカテゴリーを明らかにすることで歴史の体系的な比較を可能にしたのは、理論にも導かれた研究であった[51]。比較研究が増えるのはとりわけ軍事史にとって望ましく、それは一つには、一九、二〇世紀の政軍関係がもつ国別の特殊性を新たに検証し、それをこれまで以上に鮮明に描き出すためであるが、文化の移行、すなわち比較対象の間での交流の影響を測定するためでもある[52]。

それに対して、恐ろしいものにとりわけ祭り上げられたのは、社会科学から援用された初期社会史の更なる方法的革新、すなわち量的分析方法であった。数の単なる計測によってとくに強められた、社会史における機械的作業への傾向に対する危惧を共有しているとしても、それがさらなる認識を生み出す特別な可能性を改めて考えることには価値がある[53]。社会史は図表を神格化したことは決してなく、それとは反対に、図表の発言力が限定的であることや、質的な分析方法と量的なそれとを慎重に使い分ける必要性を指摘していた。しかしながらたとえば、職業歴、家族構造、財産状況、人口変動のパターンに関する社会統計分析は、従来の解釈学的方法を用いては把握できない長期の社会・経済変動の構造を単に描写するだけではなく、可視化できる。というのも、そのような構造やプロセスは、歴史の主体にとって獲得可能な経験領域を超越したところに位置しているからである。すでに存在している統計資料に手をつけたり、それを体系的に整理し評価したりすることなくして、たとえば、軍事社会史の疑うまでもなく最重要課題の一つである、軍への人的供給のパターンに関する歴史をどのように叙述することができるのであろうか[54]。欠落を含もうとも、軍の各ヒエラルキーレベルに見られる社会階層の構成に関する包括的データ一式——そもそもそれが存在しているならば——を、歴史家の世代ごとに磨いていくことにどのような意味があるのであろうか。そして、条件となる社会・経済関係の基礎データという要素が欠けているならば、軍集団と市民社会との間の交流過程をどのようにして測定するというのであろうか[55]。検証に裏打ちされた解釈を可能とし、それゆえ筋の通った主張や単なる推測さえも、多くの情報によって裏付けされたより深い分析によって置き換える堅実な統計基礎データを引き続き学問的に検証・分類・用意することがここでは早急に必要である。

ドイツにおいて社会史と共生する形で絡み合った「特有の道」論に基づく歴史叙述という特殊な研究プログラムは、軍隊の歴史研究にも道標と内的結束を長年与えた[56]。ドイツの特有の道は社会的、政治的な民主化の妨げを同時に伴いつつも、経済・技術面で近代化が進展したことにその特徴を有していたが、その特有な道に関する歴史的に確かな説明の端緒を模索したり、国民社会主義の構造的原因を分析したりするにあたって、軍が有していた社会での特殊な地位と優位性に行き当たったのは必然であった。軍は、一九四五年以前のドイツ社会がもつ決定的な構造上の欠陥であったのである。

一九世紀のリベラルな軍批判と、戦間期になされたいくつかの示唆的な研究[57]が更に展開されていく中で、「内政の優位」が重視されつつ、まず三つのテーマ領域が社会史の調査対象となった。一つ目には、軍機構「内部の歴史」、将校団の社会構成、軍エリートがもつ政治・イデオロギーの方向性、および社会的不平等の軍内部での再生産と生成、二つ目には、軍国主義症候群、市民社会の領域への軍の浸透、そして三つ目には、反民主主義的な支配を保障するための道具としての軍があった。確かに、近現代軍事史がまさにドイツ社会史にとってもっていた特別な重要性をこのように理解していたことが、いくつかの例外を除けば、軍事史の問題への継続的、かつ徹底した取り組みにつながることはなかった。しかしながら、批判的な社会史は、制度化された軍事史を選択的に扱う際に、まれにしか詳細な検証をうけていないとしても広い射程範囲をもった命題を提示していた。

エリート論を踏まえてなされる、地位に関する社会学的分析[58]に刺激をうけながら、「旧エリート」が戦間期にいたるまでとくに軍の指導的な地位に残り続けたことが強調され[59]、将校団が急速に変動する世界の真っ只中に存在する均一で静的なエリート、すなわち産業化された近代社会の中の異質な要素として解釈された[60]。この解釈によれば、ドイツ統一以来勢いを増して将校団に押し寄せてきた市民層は「市民性」という要素を放棄し、生活様式、振る舞い方、価値観において貴族・軍隊的な文化モデルに従うようになり、そしてこれを市民社会全体に伝播させた[61]。将校団は、農業分野と（重）工業分野での指導層、すなわち「エリート同盟」の間で取り決められた支配に関する妥協を国内に対して保障し、それによってドイツの近代化と民主化が平行して進展することを特異な形で妨げた。国内に向かっての支配は、一方で広範な住民層を〔将校団から〕排除し、他方で、強力な政治的影響力の行使から国内的暴力行使の威嚇までを行うことによって保障された[62]。第一次世界大戦中に社会的不平等が先鋭化したことで——「陸軍内の社会的弊害」を指摘するだけでここでは十分であろう——軍と社会内部で階級間の緊張が先鋭化し、それが軍のストライキ、反乱、一九一八〜一九一九年の革命となって噴出した[63]。しかし、国民社会主義下の社会革命、とりわけ第二次世界大戦末期におけるそれにいたる社会・政治的変革は、国家の中の国家を引き続き形成していた軍エリートに長期的な影響を及ぼすことができなかった。その結果、伝統的なエリートの基準は六〇年代の連邦軍にまで影響を及ぼし続けた。

「特有の道」テーゼによって視野が狭まったことで、一九、二〇世紀の社会変動の要素としての軍と戦争に関する社会史研究は最終的には促進されたというよりもむしろ妨げられた。その特徴を先鋭化させてここで描いてきたかつての社会史研究の立場は、反論にさらされないままであったわけではなく、部分的な相対化や修正をその間にうけてきた。しかし、まさに社会史の視点から見て、研究および修正の必要性がいまだに著しく存在している。歴史学による市民層研究は、市民層内部に深く根ざした細分化を指摘し、同時に市民的文化モデルの際立った重要性を強調したことで、確かにドイツ市民層の封建化というテーゼに体系的に反論したが[64]、軍隊、この場合には将校団と予備役将校団という脱市民化過程の中心領域には広範囲にわたって手をつけなかった[65]。貴族と指導的市民層との合金という刺激的とはあまりいえない研究結果は、軍エリート層に関しても、社会・文化史のより複雑な解釈によって置き換えられる必要がある。長い間同様に手がつけられていなかったのは、軍が体内的国民形成の助産師として果たした重要な役割、国民・社会統合への軍隊の貢献、および〔各〕諸侯家と結びついた分権的な派遣軍から単一のドイツ軍へという非連続的な移行であった[66]。ここに連なるのは、切っても切り離せない対概念になるまでにいたった兵士と国家市民との結びつきに関する考察や、一九世紀の市民の政治参加の可能性――その可能性は、軍事・政治の指導術という秘教的な領域の前でその限界にぶつかることになる――の拡大に関する考察である[67]。

一般兵士を研究対象として再発見して以来、歴史研究は多くのテーマ領域を開拓し、将来性のある一連の問題提起を発展させ、それ以前にはほとんど深く問われてこなかった歴史神話からその魔力を剝ぎ取った。さらに、下からの軍事史という洞察の重要な機会は、「軍の構造を人間的そして非人間的な個々の物語へと絶えず変換すること、すなわち国民・戦争の歴史が私的・個人的な歴史へと相互に関連しながら変化するその領域に光を当てる」ことの中に存在している[68]。軍の構造、日常世界との結びつき、兵士の個人的・集団的な行動、これらの相互関係を解明することが重要であるという指摘は、その他の点では全く異なった方向性をもった研究の中に見られる。しかしその際、「上から」と「下から」という視点の単純な交代がただ意味されうるのではなく、むしろ軍という組織、そのエリート、現場でのそれぞれ特有の実情とを統合するような研究活動が含意されうる[69]。とりわけ現在の政治議論に刺激を受けながら、これは一方で命令拒否[70]、他方で兵士と市民の暴力性[71]といったことの構造的条件、形式、実際を視野に入れる学術出版物の中で表現されている。「きわめて普通の男たち」の戦闘意欲や暴力性、文明的な近代という時代の中での暴力のエスカレーションを分析的に追体験するためには、社会史と経験史〔の観点〕から同等に構築されている必要のあるミクロ史のケーススタディがさらに必要となる。

しかしそのためには、軍事史という学問領域が〔その研究対象に関して〕軍という組織に限定されてはならないということ、そしてそれを「暴力の社会化」（ミヒャエル・ガイヤー）――暴力に満ちた二〇世紀についてはすぐさま納得がいくが、その歴史的根源が一九世紀初頭にまでさかのぼるようなプロセス――の歴史として記述する必要があることを認めなくてはならない。市民の日常行為と軍事的な極限状態の間の関連、社会の正常性と戦争犯罪との間の関連をより正確に解明するためには、一方の「戦争」と他方の「平和」という人工的な仕切りを取り払うのと同様に、戦争での心性、体験、影響を体系的に関係づけることが必要である[72]。これは暴力の社会史として一新された軍事史の最も喫緊の課題の一つであるように私には思われる。そしてこの暴力を克服するには、理論、方法、そして研究の実践に関して社会史がもつ戦略を将来においても手放すことはできないであろう。

1 Eckart Kehr, Neue deutsche Geschichtsschreibung, in: ders., Der Primat der Innenpolitik. Gesammelte Aufsätze zur preußisch-deutschen Sozialgeschichte im 19. und 20. Jahrhundert, hrsg. v. Hans-Ulrich Wehler, Berlin 21970, S. 254-268, ここでは S. 265.

2 社会史が有するさらなる拡大の可能性とリスクについては Thomas Welskopp, Die Sozialgeschichte der Väter. Grenzen und Perspektiven der Historischen Sozialwissenschaft, in: GG 24 (1998), S. 173-198 が考察を行っている。

3 Thomas Mergel, Kulturgeschichte - die neue „große Erzählung"?, in: Hans-Ulrich Wehler/Wolfgang Hardtwig (Hrsg.), Kulturgeschichte Heute, Göttingen 1996, S. 41-77, ここでは S. 56-58.

4 ドイツ社会史の業績一覧ともなっている、影響力をもった Wolfgang Schieder/Volker Sellin (Hrsg.), Sozialgeschichte in Deutschland. Entwicklungen und Perspektiven im internationalen Zusammenhang, 4 Bde., Göttingen 1987 は、軍事史を中心に扱った論考を掲載していない。しかしながらそれ以来、「軍、戦争、社会」という相互影響下にある構造を旗印として表題に掲げる一連の研究、論文集、雑誌が刊行されてきた。たとえば以下を参照。Wilhelm Deist, Militär, Staat und

Gesellschaft. Studien zur preußisch-deutschen Militärgeschichte, München 1991; 特集号 „Militärgeschichte Heute", in: GG 22. Heft 4/1996; Ute Frevert (Hrsg.), Militär und Gesellschaft im 19. und 20. Jahrhundert, Stuttgart 1997; 特集号 „Militär, Krieg, Staat, Gesellschaft", in: ÖZG 9, Heft 1/1998.

5　たとえば、Bernd Wegner, Erschriebene Siege. Franz Halder, die „Historical Division" und die Rekonstruktion des Zweiten Weltkrieges im Geiste des deutschen Generalstabes, in: Ernst Willi Hansen/Gerhard Schreiber/Bernd Wegner (Hrsg.), Politischer Wandel, organisierte Gewalt und nationale Sicherheit. Beiträge zur neueren Geschichte Deutschlands und Frankreichs. Festschrift für Klaus-Jürgen Müller, München 1995, S. 287-302. Friedrich Gerstenberger, Strategische Erinnerungen. Die Memoiren deutscher Offiziere, in: Hannes Heer/Klaus Naumann (Hrsg.), Vernichtungskrieg. Verbrechen der Wehrmacht 1941 bis 1944, Hamburg 1995, S. 620-629 の素描を参照のこと。

6　軍事史の知見が軍の現場で応用可能かという問題に関して一九六〇／六一年に雑誌「軍事学（Wehrkunde）」上で議論されたが、それは学問的な標準からいかに離れたところで多くの軍事史研究がなされていたかを典型的に示している。最も重要な論文については以下の論文の中で示されている。Innerer oder praktischer Nutzen der Kriegsgeschichte?, in: MGFA (Hrsg.) Militärgeschichte. Problem - Thesen - Wege, Stuttgart 1982, S. 18-47.

7　Zielsetzung und Methode der Militärgeschichtsschreibung, in: MGM 20 (1976), S. 9-17.

8　ヨェルン・リューゼンにつながるこの概念について、Thomas Welskopp, Westbindug auf dem „Sonderweg". Die deutsche Sozialgeschichte vom Appendix der Wirtschaftsgeschichte zur Historischen Sozialwissenschaft, in: Wolfgang Küttler/Jörn Rüsen/Ernst Schulin (Hrsg.), Geschichtsdiskurs, Bd. 5: Globale Konflikte, Erinnerungsarbeit und Neuorientierungen nach 1945, Frankfurt/M.1999, S. 191-237.

9　Josef Mooser, Wirtschafts- und Sozialgeschichte, Historische Sozialwissenschaft, Gesellschaftsgeschichte, in: Richard van Dülmen (Hrsg.), Fischer Lexikon Geschichte, 2. Aufl., Frankfurt/M. 1990, S. 86-101.

10　批判的な指摘については Hans Joas, Die Modernität des Krieges. Die Modernisierungstheorie und das Problem der Gewalt, in: Leviathan 24 (1996), S. 13-27; Dirk Schumann, Gewalt als Grenzüberschreitung. Überlegungen zur Sozialgeschichte der Gewalt im 19. und 20. Jahrhundert, in: AfS 37 (1997), S. 366-386。Wolfgang Knöbl/Gunnar Schmidt (Hrsg.), Die Gegenwart des Krieges. Staatliche Gewalt in der Moderne, Frankfurt/M. 2000 の掲載論文も参照。

11　軍事社会学の古典に関して入門的役割を果たすものとして Günther Wachtler (Hrsg.), Militär, Krieg, Gesellschaft. Texte zur Militärsoziologie, New York/Frankfurt/M. 1983.

12 軍事・戦争社会学の発展史に関する簡潔な手引きとして Wolfgang Knöbl/Gunnar Schmidt, Warum brauchen wir eine Soziologie des Krieges?, in: dies., Gegenwart, S. 7-22.

13 戦争を、社会を形成する動力として理解、構想する初期の印象的な擁護論説として Michael Geyer, Krieg als Gesellschaftspolitik. Anmerkungen zu neueren Arbeiten über das Dritte Reich im Zweiten Weltkrieg, in: AfS 26 (1986), S. 557-601.

14 Rainer Wohlfeil, Wehr-, Kriegs- oder Militärgeschichte?（初出 1967), in: Ursula von Gersdorff (Hrsg.), Geschichte und Militärgeschichte. Wege der Forschung, Frankfurt/M. 1974, S. 165-175, ここでは S. 170.

15 Ute Frevert, Gesellschaft und Militär im 19. und 20. Jahrhundert: Sozial-, kultur- und geschlechtergeschichtliche Annährungen, in: dies., Militär, S. 7-14 を参照のこと。

16 Michael Geyer, Eine Kriegsgeschichte, die vom Tod spricht, in: Thomas Lindenberger/Alf Lüdtke (Hrsg.), Physische Gewalt. Studien zur Geschichte der Neuzeit, Frankfurt/M. 1995, S. 137-161; Andreas Gestrich (Hrsg.), Gewalt im Krieg. Ausübungen, Erfahrung und Verweigerung von Gewalt in Kriegen des 20. Jahrhunderts, Münster 1996.

17 当箇所および次の箇所については Jürgen Kocka, Sozialgeschichte, Begriff – Entwicklung – Probleme, 2. Aufl., Göttingen 1986（仲内英三・土井美徳訳『社会史とは何か―その方法と軌跡』日本経済評論社、二〇〇〇年）を参照。

18 軍の指導層における支配の非対称性と非機能性について的確に要点をまとめたものとして Manfred Messerschmidt, Preußens Militär in seinem gesellschaftlichen Umfeld, in: Hans-Jürgen Puhle/Hans-Ulrich Wehler (Hrsg.), Preußens im Rückblick, Göttingen 1980, S. 43-88; 心性史については以下の論文 Wolfram Wette, Ideologien, Propaganda und Innenpolitik als Voraussetzungen der Kriegspolitik des Dritten Reiches, in: Wilhelm Deist u.a., Ursachen und Voraussetzungen des Zweiten Weltkrieges, Stuttgart 1979（= DRZW, Bd. 1), S. 25-173; Jost Dülffer/Karl Holl (Hrsg.), Bereit zum Krieg! Kriegsmentalität im wilhelminischen Deutschland, 1890-1914. Ein Beitrag zur historischen Friedensforschung, Göttingen 1986. ジェンダー史との結びつきについては Ute Daniel, Arbeiterfrauen in der Kriegergesellschaft. Beruf, Familie und Politik im Ersten Weltkrieg, Göttingen 1989; Thomas Kühne (Hrsg.), Männergeschichte – Geschlechtergeschichte. Männlichkeit im Wandel der Moderne, Frankfurt/M. 1996（星乃治彦訳『男の歴史 市民社会と〈男らしさ〉の神話』柏書房、一九九七年）; Karen Hagemann, „We need not concern ourselves..." Militärgeschichte – Geschlechtergeschichte – Männergeschichte: Anmerkungen zur Forschung, in: Traverse 5(1998), Heft 1, S. 75-94.

19 Jürgen Kocka, Klassengesellschaft im Krieg. Deutsche Sozialgeschichte 1914-1918, Göttingen 1973; Gerald D. Feldman, Army, Industry and Labor in Germany, 1914-1918, Princeton 1966; Michael Geyer, Deutsche Rüstungspolitik 1860-1980, Frankfurt/M. 1984. 本論文集所収のステファニー・ヴァン・デ・ケルクホーフの論文を参照。

20 綱領的なものとして Alf Lüdtke (Hrsg.), Alltagsgeschichte. Zur Rekonstruktion historischer Erfahrungen und Lebensweisen, Frankfurt/M. 1989.

21 Wolfram Wette (Hrsg.), Der Krieg des kleinen Mannes. Eine Militärgeschichte von unten, München 1992. それ以前のものとして Volker Ullrich, Kriegsalltag. Hamburg im Ersten Weltkrieg, Köln 1982.

22 これについて、日常史、そして当初は文化史に関するものでもあった論争的な議論は注意を払っていない。ドイツでは、フランスやイギリスと違い、それまでの社会史に対抗する学問として日常史、文化史が導入され、受け入れられたにもかかわらずである。退却に伴う激戦の後、社会史の古参の代表的人物もその間に、新しい試みによってもたらされた「貢献」について語るようになった。Jürgen Kocka, Perspektiven für die Sozialgeschichte der neunziger Jahre, in: Winfried Schulze (Hrsg.), Sozialgeschichte, Alltagsgeschichte, Mikro-Historie. Eine Diskussion, Göttingen 1994, S. 33-39.

23 Thomas Welskopp, Der Mensch und die Verhältnisse. „Handeln" und „Struktur" bei Max Weber und Anthony Giddens, in: Mergel/Welskopp, Geschichte, S. 39-70.

24 Reinhard Sieder, Sozialgeschichte auf dem Weg zu einer historischen Kulturwissenschaft? in: GG 20 (1994), S. 445-468. ここでは S. 448（〔太字〕強調は原文より）

25 Christoph Conrad/Martina Kessel, Blickwechsel: Moderne, Kultur, Geschichte, in: dies. (Hrsg.), Kultur & Geschichte. Neue Einblicke in eine alte Beziehung, Stuttgart 1998, S. 9-40.

26 この批判とは、以下に見られる、日常史・心性史と社会史の単純な対比に対するそれである。Gerd Krumeich, Kriegsgeschichte im Wandel, in: Gerhard Hirschfeld/Gerd Krumeich/Irina Renz (Hrsg.), „Keiner fühlt sich hier mehr als Mensch..." Erlebnis und Wirkung des Ersten Weltkriegs, Essen 1993, S. 11-24. この対比は、すでに当時、社会史が理論的・構想的な拡大を進めており、新しい研究テーマにも自らを開いていたということ、すなわち社会史が、文化史への拡大を模索する動きの出発点であり核でもあったということを見落としている。ここでは Volker Sellin, Mentalität und Mentalitätengeschichte, in: HZ 241 (1985), S. 555-598 を指摘するにとどめておく。

27 社会史の観点からの入門的なものとして Ingrid Gilcher-Holtey, Kulturelle und symbolische Praktiken: das Unternehmen Pierre Bourdieu, in: Hardtwig/Wehler, Kulturgeschichte, S. 111-130; Sven Reichardt, Bourdieu für Historiker? Ein

kultursoziologisches Angebot an die Sozialgeschichte, in: Mergel/Welskopp, Geschichte, S. 71-93. より一般的で、包括的な文献目録を載せているものとして Gerhard Fröhlich/Ingo Mörth (Hrsg.), Das symbolische Kapital der Lebensstile. Zur Kultursoziologie der Moderne nach Pierre Bourdieu, Frankfurt 1994.

28 より大規模な研究の事前調査として以下のものを見よ。Mark Stoneman, Bürgerliche und adlige Krieger. Zum Verhältnis zwischen sozialer Herkunft und Berufskultur im wilhelminischen Armee-Offizierkorps, in, Heinz Reif (Hrsg.), Adel und Bürgertum im 19. und 20. Jahrhundert. Entwicklungslinien und Wendepunkte, Bd. 2, Berlin 2000（印刷中）（訳注:Mark Stoneman, Bürgerliche und adlige Krieger. Zum Verhältnis zwischen sozialer Herkunft und Berufskultur im wilhelminischen Armee-Offizierkorps, in: Heinz Reif (Hrsg.), Adel und Bürgertum in Deutschland. Entwicklungslinien und Wendepunkte im 20. Jahrhundert (Elitenwandel in der Moderne; Bd. 2), Berlin 2001, S. 25-63 としてすでに出版済み)。Charlotte Tacke, Denkmal im sozialen Raum. Nationale Symbole in Deutschland und Frankreich im 19. Jahrhundert, Göttingen 1995 および Jakob Vogel, Nationen im Gleichschritt. Der Kult der „Nation in Waffen" in Deutschland und Frankreich, 1871-1914, Göttingen 1997 も参照のこと。

29 Jürgen Kocka, Sozialgeschichte zwischen Strukturgeschichte und Erfahrungsgeschichte, in: Schieder/Sellin, Sozialgeschichte, Bd. 1, S. 67-88. Benjamin Ziemann, Front und Heimat. Ländliche Kriegserfahrungen im südlichen Bayern 1914-1923, Essen 1997 における実際への応用を参照。

30 もっとも野心的なものとして Hans-Ulrich Wehler, Deutsche Gesellschaftsgeschichte, bisher 3 Bde., München 1987-1995, ここではとくに die Einleitung in Bd. 1, S. 6-31.

31 Kocka, Sozialgeschichte, S. 97.

32 この表現は、マンフレート・メッサーシュミット(Manfred Messerschmidt)によって軍事史研究局編集の叢書 Das Deutsche Reich und der Zweite Weltkrieg への導入部分（第一巻、一七頁）の中で使われた。ただし、この構想への以下の批判を参照のこと。Omer Bartov, Wem gehört die Geschichte? Wehrmacht und Geschichtswissenschaft, in: Heer/Naumann, Vernichtungskrieg, S. 601-619.

33 地方の在郷軍人会についてのミクロ研究である Robert von Friedeburg, Klassen-, Geschlechter- oder Nationalidentität? Handwerker und Tagelöhner in den Kriegervereinen der neupreußischen Provinz Hessen-Nassau 1890-1914, in: Frevert, Militär, S. 229-244 を参照。

34 影響力があるが、しかし「社会の軍事化」の初期の発展史を分析しているものとして Otto Büsch, Militärsystem und

Sozialleben im alten Preußen 1713-1807, Berlin 1962. 古典的でよく取り上げられた、「軍国主義は非軍人の精神的な態度である」という文言を含む Franz Carl Endres, Soziologische Struktur und ihre entsprechenden Ideologien des deutschen Offizierkorps vor dem Weltkriege, in: Archiv für Sozialwissenschaft und Sozialpolitik 58 (1927), S. 282-319. 戦間期を略図的に描いた Hans Mommsen, Militär und zivile Militarisierung in Deutschland 1914-1938, in: Frevert, Militär, S. 265-276. 極めて大きな、ヨーロッパの文脈の中で述べられているのは John R. Gillis (Hrsg.), The Militarization of the Western World, New Brunswick 1989.

35 学派を形成した Eckart Kehr, Zur Genesis des Königlich Preußischen Reserveoffiziers, in: Primat, S. 53-63; Hartmut John, Das Reserveoffizierkorps im Deutschen Kaiserreich 1890-1914, München 1990; Roger Chickering, We Men Who Feel Most German. A Cultural Study of the Pan-German League 1886-1914, Boston 1984.

36 部分的に社会史的な視点をもったものとして Roland G. Foerster (Hrsg.), Die Wehrpflicht, München 1994; Eckardt Opitz/Frank S. Rödiger (Hrsg.), Allgemeine Wehrpflicht, Bremen 1995;「内なる国民形成」過程と関連しているものとして Ute Frevert, Das jakobinische Modell: Allgemeine Wehrpflicht und Nationsbildung in Preußen-Deutschland, in: dies., Militär, S. 17-47.

37 Jürgen-K. Zabel, Das preußische Kadettenkorps. Militärische Jugenderziehung als Herrschaftsmittel im preußischen Militärsystem, Frankfurt/M. 1978; John Moncure, Forging the King's Sword. Military Education Between Tradition and Modernization – The Case of the Royal Prussian Cadet Corps 1871-1918, New York 1993.

38 さらに発展の可能性があるのは、たとえば次の研究であろう。Klaus Saul, Der Kampf um die Jugend zwischen Volksschule und Kaserne. Ein Beitrag zur „Jugendpflege" im Wilhelminischen Reich, in: MGM 9 (1971), S. 97-143; Manfred Messerschmidt, Militär und Schule in der wilhelminischen Zeit, in: ders., Militärgeschichtliche Aspekte der Entwicklung des deutschen Nationalstaats, Düsseldorf 1988, S. 64-101; Heinz Stübig, Bildung, Militär und Gesellschaft in Deutschland. Studien zur Entwicklung im 19. Jahrhundert, Köln 1994; Franz-Werner Kersting, Militär und Jugend im NS-Staat. Rüstungs- und Schulpolitik der Wehrmacht im NS-Staat, Wiesbaden 1989.

39 Dülffer/Holl, Bereit zum Krieg を参照。社会化の歴史と心性史を結びつけるものとして Markus Ingenlath, Mentale Aufrüstung. Militarisierungstendenzen in Frankreich und Deutschland vor dem Ersten Weltkrieg, Frankfurt/M. New York 1998. 一九一四年以前の軍エリートについては Stig Förster, Der deutsche Generalstab und die Illusion des kurzen Krieges, 1871-1914. Metakritik eines Mythos, in: MGM 54 (1995), S. 61-96 における解釈の試みを参照。しかし残念なことに

ここでは、あらゆる社会史的な視点が欠けており、この視点は、あってはならない一般化を避けることに寄与できたであろう。

40 心性史の新たな叙述に関する提案については Peter Burk, Strengths and Weaknesses of the History of Mentalities, in: HEI 7 (1986), S. 439-451, ここではとくに S. 445-448. を参照のこと。Sellin, Mentalitäten と並んで次の示唆を参照。Ulrich Raulff, Mentalitäten-Geschichte, in: ders. (Hrsg.), Mentalitäten-Geschichte, Berlin 1987, S. 7-17. バーク (Burk) が提案した、さまざまなコンセプトのブリコラージュを弁護するものとして Peter Schöttler, Mentalitäten, Ideologien, Diskurse. Zur sozialgeschichtlichen Thematisierung der ‚dritten Ebene', in: Lüdtke, Alltagsgeschichte, S. 85-136 もある。

41 Theodor Geiger, Die soziale Schichtung des deutschen Volkes, Stuttgart 1932, S. 77.

42 Martin Doerry, Übergangsmenschen. Die Mentalität der Wilhelminer und die Krise des Kaiserreichs, 2 Bde., Weinheim 1986; Daniel J. Goldhagen, Hitlers willige Vollstrecker. Ganz gewöhnliche Deutsche und der Holocaust, Berlin 1996. ハンブルク社会研究所の「国防軍犯罪展」という企画には、このような鮮明さの欠如が見てとれる。

43 綱領的なものとして Jürgen Kocka, Theorien in der Sozial- und Gesellschaftsgeschichte, in: GG 1 (1975), S. 9-42.

44 影響力のある論文集である Hans-Ulrich Wehler (Hrsg.), Geschichte und Soziologie, Königstein/Ts. 21984 (1976) および ders. (Hrsg.), Geschichte und Ökonomie, Königstein/Ts. 21985 (1973) を参照。

45 Hans-Ulrich Wehler, Modernisierungstheorie und Geschichte, Göttingen 1975（山口定、坪郷実、高橋進訳『近代化理論と歴史学』未来社、一九七七年）。堅実な案内役であり、熟慮した上で議論を前進させるものとして Thomas Mergel, Geht es weiter voran? Die Modernisierungstheorie auf dem Weg zu einer Theorie der Moderne?, in: ders./Thomas Welskopp, Geschichte, S. 203-232.

46 Jürgen Kocka (Hrsg.), Max Weber, der Historiker, Göttingen 1986; Detlev Peukert, Max Webers Diagnose der Moderne, Göttingen 1989.

47 早い時期のものとして Hans Medick, „Missionare im Ruderboot"? Ethnologische Erkenntnisweisen als Herausforderung an die Sozialgeschichte, in: GG 10 (1984), S. 295-319. Ute Daniel, Kultur und Gesellschaft. Überlegungen zum Gegenstandsbereich der Sozialgeschichte, in: GG 19 (1993), S. 69-99.

48 入門的なものとして Volker R. Berghahn (Hrsg.), Militarismus, Köln 1975 および ders., Militarism. The History of an International Debate 1861-1979, New York 1982（三宅正樹訳『軍国主義と政軍関係：国際的論争の歴史』南窓社、一九九一年）

49 基本的なものとしてSamuel P. Huntington, The Soldier and the State: The Theory and Practice of Civil-Military Relations, New York 1957（市川良一訳『軍人と国家』原書房、一九七八年、上・下）; Morris Janowitz, The Professional Soldier. A Social and Political Portrait, London 1960; Samuel E. Finer, The Man on Horseback, Harmondsworth 1976. さらなる文献を示唆し、（それをはるかに超える）応用が見られるものとしてMichael Geyer, The Past as Future: The German Officer Corps as Profession, in: Geoffrey Cocks/Konrad H. Jarausch (Hrsg.), German Professions 1800-1950, Oxford 1990, S. 183-212.

50 軍事史に関心があるものにとって重要であるかもしれない一連の理論や定理―たとえば役割理論、集団論、紛争理論が挙げられる―をさらに示唆することは、ここでは諦めざるをえない。いくらかの端緒的な試みを（極めて印象主義的に）紹介しているのはHans Paul Bahrdt, Die Gesellschaft und ihre Soldaten. Zur Soziologie des Militärs, München 1987.

51 Jürgen Kocka, Historische Komparatistik in Deutschland, in: Hans-Gerhard Haupt/Jürgen Kocka (Hrsg.), Geschichte und Vergleich. Ansätze und Ergebnisse international vergleichender Geschichtsschreibung, Frankfurt/M. 1996, S. 47-60. しかし、歴史を比較することへの過度な期待に水を差すものとしてThomas Welskopp, Stolpersteine auf dem Königsweg. Methodenkritische Anmerkungen zum internationalen Vergleich in der Gesellschaftsgeschichte, in: AfS 35 (1995), S. 339-367.

52 異なった視点からであるが、それぞれ成功をおさめたものとしてChristoph Jahr, Gewöhnliche Soldaten. Desertion und Deserteure im deutschen und britischen Heer 1914-1918, Göttingen 1998やJakob Vogel, Nationen im Gleichschritt. 比較ではなくただ列挙しているために、この観点で失敗しているのは、以下に含まれている軍事史に関する寄稿である。Rainer Hudemann/George-Henri Soutou (Hrsg.), Eliten in Deutschland und Frankreich im 19. und 20 Jahrhundert, Bd. 1: Strukturen und Beziehungen, München 1995.「文化の移行」というコンセプトについてはJohannes Paulmann, Internationaler Vergleich und interkultureller Transfer. Zwei Forschungsansätze zur europäischen Geschichte des 18. bis 20. Jahrhunderts, in: HZ 267 (1998), S. 649-685.

53 孤高の叫びとしてBernd Wegner, Kliometrie des Krieges? Ein Plädoyer für eine quantifizierende Militärgeschichte in vergleichender Absicht, in: MGFA, Militärgeschichte, S. 60-78. 量的な分析方法を模範的な形で適用しているものとしてDers., Hitlers politische Soldaten. Die Waffen-SS 1933-1945. Leitbild, Struktur und Funktion einer nationalsozialistischen Elite, Paderborn 1988を参照のこと。

54 Detlef Bald u.a. (Hrsg.), Zur sozialen Herkunft des Offiziers, München 1977; ders., Der deutsche Offizier. Sozial- und

Bildungsgeschichte im 20. Jahrhundert, München 1982.

55 一八世紀について、方法が多様となることで可能となった、極めて幅広い主張としてはRalf Pröve, Stehendes Heer und städtische Gesellschaft im 18. Jahrhundert. Göttingen und seine Militärbevölkerung 1713-1756, München 1995. 兵営と都市住民、戦争と「市民的」都市社会との間の関係について、いくつかの極めて成功した研究が一九、二〇世紀に関しても存在している。たとえば、Jay Winter/Jean Louis Robert (Hrsg.), Capital Cities at War. Paris, London, Berlin 1614-1919, Cambridge 1997を参照のこと。

56 ドイツにおける「特有の道」テーゼと社会史叙述の関連について明確に述べているものとしてThomas Welskopp, Westbindung.

57 エンドレス(Endres)やケーアと並んで、Karl Demeter, Das deutsche Offizierkorps in seinen historisch-soziologischen Grundlagen, Berlin 1930.（この書はその後何度か改訂された。）

58 Ralf Dahrendorf, Gesellschaft und Demokratie in Deutschland, München 1965; Wolfgang Zapf, Wandlungen der deutschen Elite, 2. Aufl., München 1966.

59 たとえば、Martin Kitchen, The German Officer Corps, 1890-1914, Oxford 1974; より細かな議論を行っているものとして、Daniel J. Hughes. The King's Finest. A Social and Bureaucratic Profile of Prussia's General Officers, 1871-1914, New York 1987 とHeiger Ostertag, Bildung, Ausbildung und Erziehung des Offizierkorps im deutschen Kaiserreich 1871-1918 – Eliteideal, Anspruch und Wirklichkeit, Frankfurt/M. u.a. 1990を参照のこと。この優位が消滅したことについては、Bernhard R. Kroener, Auf dem Weg zu einer „nationalsozialistischen Volksarmee". Die soziale Öffnung des Heeresoffizierkorps im Zweiten Weltkrieg, in: Martin Broszat/Klaus-D. Henke/Hans Woller (Hrsg.), Von Stalingrad zur Währungsreform. Zur Sozialgeschichte des Umbruchs in Deutschland, München 1988, S. 651-682.

60 最近のものとして、Manfred Messerschmidt, Militär, Politik, Gesellschaft. Ein Vergleich, in: Hudemann/Soutou, Eliten, S. 249-261, ここでは255.

61 軍内部における、「市民層の封建化」は、海軍将校を例として鮮明に以下で叙述された。Holger H. Herwig, The german Naval Officer Corps. A Social and Political History, Oxford 1973.

62 たとえばWerner T. Angress, Prussia's Army and the Jewish Reserve Officer Controversy Before World War I, in: YLBI 17 (1972), S. 19-42; Wilhelm Deist, Armee und Arbeiterschaft 1905-1918, in: ders., Militär, Staat und Gesellschaft, S. 83-102; Hartmut Wiedner, Soldatenmißhandlungen im wilhelminischen Kaiserreich 1890-1914, in: AfS 22 (1982), S. 159-200を参照。

63 古典的だが、軍と戦争状態の特殊性を考慮していないものとして、Kocka, Klassengesellschaft. この欠落を埋めようと試みるものとして、Wolfgang Kruse, Krieg und Klassenheer. Zur Revolutionierung der deutschen Armee im Ersten Weltkrieg, in: GG 22 (1996), S. 530-561.

64 たとえばDolores Augustine, Patricians and Parvenus. Wealth and High Society in Wilhelmine Society, Oxford 1994を参照。彼女は上層の経済市民層と貴族の「融合」という伝説に説得力をもって反論している。

65 例外として、Ute Frevert, Ehrenmänner. Das Duell in der bürgerlichen Gesellschaft, München 1991.

66 Frevert, Gesellschaft und Militär, S. 11f. これに対応する、同書内の寄稿論文を参照。

67 Geyer, Kriegsgeschichte; Frevert, Soldaten, Staatsbürger. Überlegungen zur historischen Konstruktion von Männlichkeit, in: Kühne, Männergeschichte, S. 69-87.

68 批判的な概観として、Bernd Ulrich, „Militärgeschichte von unten." Anmerkungen zu ihren Ursprüngen, Quellen und Perspektiven im 20. Jahrhundert, in: GG 22 (1996), S. 473-503, 引用箇所 S. 474.

69 以下が喚起したように、ミクロ史的研究の実践を支持する議論がこれに連なってくる。Thomas Kühne, Der nationalsozialistische Vernichtungskrieg und die „ganz normalen" Deutschen. Forschungsprobleme und Forschungstendenzen der Gesellschaftsgeschichte des Zweiten Weltkriegs. Erster Teil, in: AfS 39 (1999), S. 580-662, ここではS. 662. Michael Geyer, „Es muß daher mit schnellen und drakonischen Maßnahmen durchgegriffen werden". Civitella in Val di Chiana am 29. Juni 1944, in: Heer/Naumann, Vernichtungskrieg, S. 208-238を参照のこと。

70 たとえば第一次世界大戦については、Jahr, Gewöhnliche Soldaten; 第二次世界大戦については、Benjamin Ziemann, Fluchten aus dem Konsens zum Durchhalten. Ergebnisse, Probleme und Perspektiven der Erforschung soldatischer Verweigerungsformen in der Wehrmacht 1939-1945, in: Rolf-Dieter Müller/Hans-Erich Volkmann (Hrsg.), Die Wehrmacht. Mythos und Realität, München 1999, S. 589-613を参照のこと。連続性と断絶を詳細に明らかにするはずであろう、横断的研究が欠けているのは明らかである。規律化と命令拒否との関連について一般的に述べているものとして、Ulrich Bröckling, Disziplin. Soziologie und Geschichte militärischer Gehorsamsproduktion, München 1997.

71 Christopher Browning, Ganz normale Männer. Das Reserve-Polizeibataillon 101 und die „Endlösung" in Polen, Reinbek 1993およびOmer Bartov, Hitlers Wehrmacht. Soldaten, Fanatismus und die Brutalisierung des Krieges, Reinbek 1995. Thomas Kühne, Vernichtungskriegによる研究概観を参照。彼は、この領域でなすべきことがいまだにどれだけ残っているのかということをとりわけ明らかにもしている。

72 Thomas Kühne, Kameradschaft – das „Beste im Leben des Mannes". Die deutschen Soldaten des Zweiten Weltkriegs in erfahrungs- und geschlechtergeschichtlicher Perspektive, in: GG 22 (1996), S. 504-529, ここでは S. 505.

第十章　軍需産業と戦時経済

――軍事史に経済史的な方法を用いることの効用と欠点について

ステファニー・ヴァン・デ・ケルクホーフ　新谷卓訳

一　軍事史にとっての経済史的なテーマと方法の意味

一九八〇年代の歴史学のパラダイムは、歴史を社会科学として扱うのが主流だった。だが今やそれは、文化科学的なパラダイムに交代したかのように見える。文化科学としての歴史の方法論的・理論的な基礎はなおも議論の余地があるが[1]、メンタリティ、文化、そしてジェンダーに関わる歴史テーマは、軍事史および戦争史において、目下のところ大いに注目を浴びている。「名もなき人」[2]の軍事史に注目することは、歓迎すべきことである。だがそのことによって、軍隊の物資面での装備、経済面から見た動員、戦時財政、そして戦時経済といった重要な経済的なテーマが疎かになってしまったのは残念である。これらの経済的なテーマは、近代的な戦争準備や戦争指導だけに重要な意味を持つものではない。同時に、構造を捉えようとする経済学的・社会科学的な考え方や理論の適用が放棄されたこともしばしばあった。経済的な諸要素がこのように軽視され始めたのには、さまざまな原因がある。以下簡単にその原因を素描しておくことにする。その一つは経済史の一般的な「危機」に関するものであり、もう一つは、文化史家と経済史家の間の調停と意志疎通の問題である[3]。

危機的な兆候が見られるのは、制度の面（学生数の減少、講座の廃止）や、経済的なテーマの重要性を自覚することが一般的に弱まってきていることだけではない。なるほど、近年、一〇〇人を超える歴史家が、大企業の依頼を受けて、とくに戦時中のドイツ、スイス、そしてオーストリアの企業のナチの不法な制度への関与について取り組んでいる。だが、ここでは、ユダヤ人犠牲者に対する損害賠償を法律的に規定することによって、リアリティのない、たぶん政治的に誘導された、造花のようなものについて語らなくてはならないだろう。こうした問題は、企業史研究が持つ理論的裏づけの欠如にも起因するのかもしれない。これらの研究においては、あいかわらず出来事を時代順に並べた記念論集が出版されている[4]。

同様の理論的な欠陥は、経済史の分野にとってもまた確認される。それゆえ、ピエーレンケンパー、ブッフハイム、キーゼベターなどは、経済的な理論を徹底的に用いることがどうしても必要であるとしている[5]。近年さまざまな経済史家によって提案された理論的なアプローチは多彩である。それは、景気理論、成長理論、価格理論といった古典的な経済理論から、政治的、社会的、技術的、法律的、そして生態学的な、あるいは生物学的な影響を受けている[6]進化経済学、制度派経済学、人体測定学といったかなり新しい経済学的なアプローチにまで及ぶ。それに対して、計量経済学に従事している経済学者は、手間のかかる、そして非常に抽象的で数学的なやり方を用いて研究している。こうした対立は、より専門的な経済史の分野内部において、ディーター・ツィーグラーが最近、簡明扼要に際立たせた意思疎通の問題をも明らかにする[7]。彼の見解に従えば、経済史の知的な危機は、理論的な基礎づけが不十分であるということだけでなく、経済的なテーマに向き合っている**経済的な歴史学者**と、歴史を自らの理論的な考え方を検証するための経験的な材料とする**歴史的な経済学者**の間の対立に起因するということになる[8]。

しかし、専門家同士の意思疎通の問題よりももっと重要だと私に思えるのは、内容に関するものであれ、理論に関するものであれ、「一般の歴史学者」による最近の議論と経済史の議論との関連が消えてしまっていることである。[9] 経済史と比較的新しい文化史を根本的に仲裁しようという問題は、その場合、テーマの違いや、ユルゲン・コッカが「歴史的考察の脱経済化」と見なした[10]、経済的な現象に対する文化史家の関心の希薄さだけに由来するわけではない。それだけではなく、異なった文献を利用することから生じる、まったく異なる学問的理解から生まれているのである。文化史の側がフランスやアングロサクソン系の言語学、文学、社会学、民俗学のアプローチにかなり依拠しているのに対して、経済史は、とりわけアングロサクソン系の経済学の理論や方法を利用する。後者において、比較的古い社会学的なアプローチやカール・ポパーの批判的合理主義もまたある役割を果たしている。こうしたそれぞれの理論的な前提が「正しい」とされる歴史のイメージを決め、しかし、また「正しい」とされる現在のイメージをも規定している。そして、そのイメージは、著しく形を変えてまるで正反対に対峙し、そこで意志疎通の問題を引きおこしている。社会史家と同じように、経済史家の大多数は、成長のパラダイム、進歩のパラダイム、あるいは近代化のパラダイムに依拠し[11]、それゆえ、目的論的な歴史像を擁護しているが、一方、多様な文化科学的なアプローチの信奉者のもとでは、「歴史」は、ディスクール、テクストあるいは記念碑といった地平でのみ接近できるような、個人的そして集団的な体験の中に分散してしまう[12]。とくに、ハンス＝ウルリヒ・ヴェーラーやトーマス・ヴェルスコップのような若干の社会史家の側で、脱構築されて形が変わったものにはリアリティがないとか[13]、文化科学的なパラダイムは社会批判や資本主義批判を欠いているといった[14]批判を招いてきた。そうした批判は経済史家の見方の典型と見なしてもよかろう。

経済史的な問題設定や考え方をなおざりにしているという文化史の弱点は、軍隊の歴史や戦史の中でとくに明らかになる。軍隊の社会的な意味、そして戦争の影響と並んで、戦争の原因、発生、経過は、経済的な諸要素と関係付けなければ理解できない。それゆえ、軍事史や戦史を批判的に研究する場合には[15]、「経済化」、すなわち経済的なテーマや理論をより頻繁に利用することが勧められる。その際、ヴェルスコップの提案に従って、社会的に重要な相互のつながりをなおざりにすることなく、研究していく過程の中で理論構築を行い、類型化を通じて正反対の発展を顧慮し、さらには、細部に焦点を当てた、文化史的なアプローチによって得られるものを取り入れるべきなのである[16]。

経済学的、社会学的な理論だけを利用することも問題がある。とくにそれは、計量経済学者が用いる高度に抽象的で、数学的な、そして部分的には理解し難い表現に見てとれる。それゆえ、もっと現実に即したモデルが優先されるべきであろう。そのために、たとえば、新政治経済学の考え方[17]や、ライナー・フレームトリングが工業化の研究のために提案したように[18]、常に進歩するという直線的な発展から逸脱する現象についての研究が候補としてあげられよう。

軍隊や戦争の経済的な側面を分析的に整理していく研究を行うにあたって、経済史、そして経済学や社会学の中で用いられるどのような理論的な考え方が役に立ちうるのか、という問題は、今や第一次・第二次世界大戦におけるドイツの戦時経済と並んで国際的な軍需産業やその市場の事例においてより詳しく示されるべきである。その際、隣接する学問のもう一つ別の考え方が――方法、概念そして理論の適用における学問的な文化多元的主義へのウーテ・ダニエルの要請に対応している[19]――参照される。

二　国際的な軍需産業とその市場

ドイツでは、平和な時代において、軍隊の意味は、今までなるほど社会的な現象として、また文化的な現象としても探求されてきた。そこでは、キャッチワードとして、階層分析と並んで、軍国主義研究とナショナリズム研究、エリート・貴族・ブルジョワの研究、教育の研究といったものだけがとりあげられてきた[20]。それに対して、軍隊の物資面での装備については、歴史的な側面から、とりわけ政治的な観点で、国家の公文書史料を利用することによって研究されてきた。その例としては、帝政期や第三帝国におけるドイツの軍備政策に対する基本的な研究などを挙げることができるだろう[21]。

それに対して、軍の経済的な側面は、歴史的な研究においても、経済理論的な研究においても、ドイツでは今まで十分に研究する価値があるとされてきたとは言い難い。特徴的なことは、ドイツ帝国から連邦共和国に至るまでのドイツの軍需産業に関する唯一の全体的な研究が、ノーベルト・ツドロヴォミスラヴやハインツ・J・ボントルップといった政治学者あるいは社会学者の仕事に由来しているということである[22]。歴史的な研究と同じように、ドイツの経済学的な研究においても、軍備の領域についてはどのような定義も示されてこなかった。これに対して、ツドロヴォミスラヴとボントルップは、軍需産業における物資面での軍備領域の最初のそして原則的な区分を、比較的広義な意味と狭義な意味に分けて行ったのである。より広義の概念において、「花屋から電子機器に至るまで」**産業的なつながり**を全体的に示すことによって、経済的なファクターとしての軍隊の意味が捉えられる[23]。それに対して、より狭い軍需産業の概念は、軍が実力行使のために使う武器や軍需物資の生産を意味している。軍需産業の二つの説明の間の境界線は、確かに流動的である。たとえば、近代的な武器システムは、非常に多くの軍需物資の生産者とその下請け業者によって作られるが、彼らは、軍需物資と並んで、一部ではそれどころか圧倒的に多くの民需物資を生産しているのである。そのことは企業史の史料の中にも反映されている。たとえば多くのものに使われる鋼鉄の生産者のような企業は、その生産統計の中で、最終的な完成品のうちどの程度民需品に使用されるのか、逆にどの程度軍需品となるのかほとんど記録していないのである。

ここで取り扱われている平時における軍需産業と並んで、こうした定義上のジレンマは、戦時において、とりわけ「総力戦」においていっそう際立ってくる。「総力戦」においては、ほぼすべての企業が「銃後」で戦時経済の生産の中に巻き込まれる[24]。それにもかかわらず、戦時においてもまた、分析するために二つのカテゴリーに分けられ続けるべきだし、個々の部門に対応している細分化した研究は続けられるべきであろう。というのも軍需物資となる生産物は、道徳的な観点からだけではなく、経済理論的にも洋服、食品、消費財といった生産物と区別されるからである。それについては以下でさらに詳しく言及していく。

こうした境界の設定の問題は、平時において一つの都市、一つの地域、あるいは一つの国家の中で経済的な要素として軍隊を評価することをしばしば難しくさせている。だが、この境界設定の問題の難しさの故に、主として財政学的な方向で研究を進める経済学者によって、軍隊の支出または軍需支出が、あるいはいわゆる防衛支出が研究の補助手段として利用されてきたのである。経済全体を計る指標（人口、国民所得、国民総生産、国家総支出、あるいは教育に対する国家支出）との関係で設定されたこれらの数値を通して、国民経済に対する軍事部門の意味やこの軍事部門の資金調達を、民需部門との比較の中で理解しようと試みてきた[25]。しかし、そうした分析の結果は相対的に抽象的なままである。というのも、それが高度に集約されたデータで作られているということ、そして計算にまつわるさまざまな問題があるため、たいていの場合、どのような国際的な比較をも不可能にするからである[26]。

こうしたことは、国際的な軍需産業の歴史についても当てはまる。一九八四年のミヒャエル・ガイヤーが述べた「軍需産業の歴史は、研究史や発展史については言うまでもなく、また人に関する装備の歴史もまだ描かれていない」[27]という言葉はいまなお当てはまる。数量化された、計量経済的な方法を軍需経済や戦時経済の比較研究に応用しようというベルント・ヴェーグナーの呼びかけは、無視され、同じようにほぼ消えてしまった[28]。研究上の空白は、それ以来、とくに兵器生産・製造や、それらの社会・経済分野における近代への移行の意味を取り扱う分野において[29]、そして、軍事予算の獲得や国家予算の中での軍需予算の定着のような財政学的な側面を考察する分野において[30]、あるいは、民需の発展の中でも成功している航空・宇宙関係の生産をより詳しく研究してきた分野でも埋められてきた[31]。最近、ナチ時代のドイツ企業史が再構成され始めたことによって、個々の企業やあるいは個々の部門もまた視野に入れられるようになってきた[32]。それによって、軍需産業に関連する企業について得られる我々の知識は、将来いっそう拡大されることが予想される。軍需産業と軍隊、あるいは軍需産業と国家機関との結びつきは――記録文書の利用を非常に厳しく制限している軍需関連企業のセキュリティ上の要請に従って分析されているだけではない。このように厳しく制限されているため、〔研究するにあたっては〕、刊行物の記事や準公式の発表、あるいは政府の公開文書を必要としている――圧倒的に中央集権的な視点から分析されてきた[33]。

全体的にいえば、狭義の意味での軍需産業の研究においては、今までほとんど踏査されたことがない大海の淵にある個々の灯台だけが発見されてきた。そのことは、比喩をそのまま使えば、船長の多くがこれまでと同様に既知のルートを巧みに操舵するのか、あるいは確かなルートプランを持たないで、あてもなく興味深い無数の領域を発見するのか、そのどちらかである、ということである。だが、軍需産業の歴史叙述に欠けているものは、国家の軍備政策の領域にあるのではなく、市場、企業、各部門の、とくに狭義の意味での軍需産業の分析がなおざりになっているところにある。ここにおいて、暴力的手段の生産に占める割合が従来ほとんど計算できなかった鉄鋼産業だけでなく、本物の武器製造業者と並んで、同じように武器、銃弾、弾薬を生産していたアルミニウム産業や非鉄金属産業、軽鉄産業、機械産業、精密機械産業、さらには爆薬製造産業も考えられる。それに加えて、第一次世界大戦の過程の中で、「第二次産業革命」で生まれた一九〇〇年以降の業種が軍需経済の中で重要な位置を占めるようになった。ここにおいて、すでに研究されてきた航空・宇宙関連の生産や車両製造と並んで、武器を製造したり、船や車両の製造のための下請け製品を製造したりしている化学産業や電気工学産業がもっと真剣に研究されなければならないだろう。その際欠けているのは、ドイツの企業や産業部門のより詳細な分析と並んで、歴史的研究である。たとえば、国際的な販売や武器貿易、軍需企業の分野別の割り当てやこの成長部門の立地問題などに詳しく取り組む歴史的研究が欠けているのである[34]。武器や、武器システムの技術的な発展に関して、技術革新の過程と普及過程、利益率の計算、軍事的生産が民需生産へもたらす波及効果、そしてその他の経済学的な考え方といったものは、今までドイツの歴史的研究の中では、ほとんど問題にされてこなかった。

これは、経済史的な研究においてしばしば放棄されてきた「ルートプラン」の欠如とも関係している。これに対して、軍需産業市場の理論モデルは、圧倒的にアメリカあるいはイギリスから提案されている[35]。しかし、軍需産業で製造される商品は、道徳的な観点からのみならず、経済的な観点においてもまた、他の商品とはかなり異なったものである。武器を直接消費したり、あるいは消耗したりするのは、戦争のとき、あるいは、長い期間かけて摩耗していくときだけである。そして、経済的な観点からすれば、軍需市場には、まだ十分に研究されていない多くの特殊性がある。国家がしばしば唯一の需要者であるという理由で、軍需市場は需要側が独占的になる傾向がある。ただし、時折、たとえば帝政期のクルップのような企業が外国への販売によって利益を上げようと試みたときには、寡占市場、すなわち、二つの企業からなる市場か、あるいは、三つの企業だけが市場に存在する事例もある。価格は、軍需市場が部分的に国家によって統制されているので、供給と需要の法則に従わないこともよくあることである[36]。国家による統制はまた、この部門の戦略的な安全性が主な判断基準なので、立地選びの際には、経済的な観点で選ばれない、ということをも意味している。重要なのはまた、制度的な観点から見た軍備部門の特別な地位である。それは、制度派経済学の理論の助けを借りてもっと詳しく研究されなければならないだろう。すなわち、処分権と所有権、財産権は、軍備の領域において、他の部門よりもずっと強く国民国家の発展に結びつけられている。武器の工業生産の成立は、国家の干渉によって誘導されてきた。そして戦時経済システムにおいては、たとえ民間企業の国営化までいかないにせよ、国家による市場統制が見てとられる[37]。市場構造の変化は、国際的な軍需産業に対してはまだ十分研究されてこなかったものだが、ある種の恒常的な戦争状態の中にあった冷戦期のアメリカの国民経済に見てとられる。一九四五年以降、国家からの委託をめぐる競争は、もっぱら研究開発資金をめぐって生じた。短い技術革新のサイクルによって、ひっきりなしに行われる新たな買い付けと値上げは（**否応なしに**）避けがたいものとなった。そして、アメリカ政府は、受注のための融資を特別な契約（**コストプラス方式**）によって保証しなければならなかった[38]。こうした軍需経済の変化は、ドイツやそれ以外のヨーロッパの国々にとっても、近代全体を通じてまだほとんど研究されてこなかった。この変化を説明するためには、それぞれの経済理論が持つさまざまなアプローチを視野に入れている市場分析が助けになる。軍事物資の価格形成、軍需製品の販売、この部門における投資、原材料の調達、軍需企業の組織構造、予備役からの労働力の雇用、こうしたことを説明するために、経営学的な、そしてミクロ経済的な国民経済理論を利用することは役に立つだろう。軍需部門への景気の影響を研究するには、またその分野の国民経済的な意味をより正しく評価するためにも、たとえば、国家予算の使い道が問題となっているときや、あるいは国家の軍備への投資の国民経済的な費用対効果が問題となっているときには、マクロ経済的な、国民経済理論を利用するのが適切であろう。軍需産業の企業家や経営者の経済的な動機や戦略をもっと際立たせるために、新制度派経済学と並んで、アクター中心のやり方をとれば、歴史的伝記研究、経済市民層の研究に加えて、経営経済学的な企業家研究のアプローチもまた利用される。

しかしながら、こうしたさまざまな経済学的な諸理論によるアプローチと並んで、理論的な研究を行うにあたっては、社会学的、政治学的なモデルや考え方が問題となっているものも若干ある。ここにおいて、たとえば、アメリカにおいて**軍産複合体**という考え方によって熱心に研究された、軍人、政治家、大学の研究者と軍需企業の結び付きが考えられなければならない[39]。もっともそれは、ドイツ史の研究の中ではなんら反響はなかったのだが[40]。歴史的な分析のため多元主義やコーポラティズムのようなさまざまな考え方を使えるように提示した団体研究から、軍備の領域における企業の利益団体を研究するために提起された問題は、もっと積極的に受け止められるべきだし、加えて、とくに軍拡競争に関するドイツ、アングロサクソン系、そして北欧系の平和研究や紛争研究などから受ける刺激も同様に積極的に受け止められるべきであろう。それは、ヨハン・ガルトゥングの比較的新しい研究にも当てはまる。私見に従えば、彼は、紛争の原因を説明するためには、文化的違いを一面的に強調するだけでは十分ではないということをはっきりと示している[41]。

国家独占資本主義というマルクス・レーニン主義的なモデルや、ドイツ連邦共和国の「回答」として発展してきた組織資本主義というような、この間に修正されてきた歴史概念の研究成果もまた軍需産業の研究においては今日まで十分に評価されてこなかった。かなり広範なデータベース（量的かつ質的統計学的な企業文書を取り込んでいる）を使った歴史的に批判的な方法の基礎の上に、軍需産業部門の社会や環境への影響をはっきりと視野に入れている領域における社会史的・技術史的、そしておそらくまた技術社会学的な研究との結びつきが存在している。これは、民間のハイテク産業や労働市場への経済的な影響に対してのみならず、特定の地域における軍需部門への高い社会的な依存といった問題にも当てはまる。社会的な依存は、文化的に精神的な面で、軍備に対する高い理解をもたらす。地域または地方のレベルについては、さまざまな研究が証明しているように、地域史および都市史の研究を通じて初めて、かなり詳しく知りうるものもいくつかある。小規模な地域における食料の調達や供給と並んで、軍備と戦争のための財源調達や、軍隊と軍需産業がもたらす地元の利益といった問題などがそうである[42]。

全体的に、さまざまな理論によるアプローチを学際的に応用することによって、理解は飛躍的に高まる。それゆえ、社会的・経済学的なモデルを拒否すべきではなかろう[43]。すなわち、こうした理念型としての概念やモデルは、研究テーマを分析的に解明するために役立つばかりでなく、その経験的な検証を通じて、国際的なそして時代を超えた比較の可能性をも開く。それは、国際的な軍需産業とその市場の領域で必要とされていたにもかかわらず、いままでずっと実現されてこなかったものである。

三　第一次世界大戦と第二次世界大戦におけるドイツの戦時経済

平時における物資面での軍備とは対照的に、いままでドイツ史において戦時中の経済は、しばしば、戦時経済がもつ意味内容と特徴が理論的に詳しく議論されないままで、歴史的研究の対象となってきた。とりわけ、高度に集積されたデータを使う新古典主義の国民経済理論に依拠している今日の経済学の**主流**は、経済発展の、戦争あるいは紛争の局面に対する議論を同じようになおざりにしている。というのも、ノイズに影響されずに機能している理想的な市場の出来事から出発しているからである。なるほど、効率的な経済秩序をめぐる資本主義と社会主義の学問的、政治的な対立において、すなわち中央集権化された計画経済か、あるいは自由主義市場経済か、という二つの経済システムの対立において、中央統制経済としての戦時経済もまたある役割を演じている[44]。しかし、社会主義経済体制の崩壊以降、経済学における体制の比較研究は、ますます意味を失っている。そのため、戦時経済を次のような経済秩序として経済学の言葉を使って定義しても十分ではない。すなわち、「個人の営業の自由や生産手段の私的所有が形式的には保障されているが、軍事的な目的のために、国家的な管理統制主義が拡大していくと、市場価格機構が大部分機能を失い、命令と禁止を基礎とした行政官僚機構による配分と分配のシステムにとって代わる」[45]といった定義も十分ではないのである。国家や経済システムはさまざまなものがあり、それらすべての戦時経済をこの定義によって特徴づけることはできない[46]。もし、この定義に従うとすれば、ソ連の戦時経済は、いかなる私的所有もなかったのだから、存在しなかったことになるだろう。また、第一次世界大戦におけるドイツ帝国の経済秩序もまた、国家によってなされた価格統制は、狭い意味における軍需産業の中でさえもまだ十分機能していなかったのだから、たぶん戦時経済とすることはできないだろう。こうしたことは、当時の軍需を扱う企業が戦争によって高い利益をあげていたという事実をめぐる帝国議会での議論だけでなく、法外な値段のついた製品や、あるいは不良品について調査することになっていた、国家の「軍事物資の納入品の契約審査に関する委員会」の詳細な記録の中においても示されている。

それに対して、方法的な議論に役に立つのは、ヴィリー・ベルケによってまとめられた比較的古い国民経済学の研究文献についての説明である[47]。それに従えば、戦時経済の基本的な特徴はこうである。経済的な対価なき財の消費、国民経済における実物資本の収縮、消費の階層変化、民間の所有から公的なものへの絶え間ない所得移転、増大する過剰な購買力に伴う「インフレギャップ」（ケインズ）の出現、通貨の不安定性、経済的な合理性の原則に代わる限界効用の法則の適用などといったものである[48]。比較的最近の経済学は、このテーマをとりわけインフレーションの現象とインフレーションの克服をめぐる議論の中で取り上げている[49]。それに反して、戦時経済の新しい定義は、経済学的な研究においても、歴史的な研究においても欠けている。それゆえ、ベルケは、一九八一年の段階において、なお第二次世界大戦以前の時代の研究まで遡って始めなければならなかった。そうしたことは、戦時経済現象を理論的に省察しようとする場合、特徴的なことである。

戦時経済と平時経済との間の境界は流動的である。これについてもっと詳細に研究することも重要であろう。同時代の議論においてしばしば用いられた過渡期の経済という概念は、一方で戦時経済から平時経済への移行期という意味を含んでいる（たとえば、第一次世界大戦時における戦時経済からヴァイマル共和国時代の平時経済への移行期）。また他方では、ベレニス・キャロルが準戦時経済として、「戦争に似た経済」として特徴づけたものを含んでいる（たとえば、二つの世界大戦の前のドイツ帝国の財政的、経済的な準備、あるいは冷戦時代の軍拡競争）[50]。

狭義の意味での軍需産業とは対照的に、二〇世紀の両大戦中のドイツにおける戦時経済は、しばしば研究の対象となってきた。しかし、たとえば、軍備拡張、動員化、戦争の財源調達、そして戦時経済といった点において、二つの大戦の相違点と類似点については、詳細に研究されたことはなかった。第一次世界大戦に対する研究状況とは対照的に、歴史研究や経済史研究は、かなり古い研究も比較的新しいものも、第二次世界大戦の経済秩序や、一九三三年以来あるいは一九三六年以降より強力に推し進められた「第三帝国」の軍備拡張の問題に集中的に関わっている。戦争遂行のための財源調達、軍備品購入のための財源調達といった財政学のテーマ、それに関連したインフレーションの傾向[51]、そして第二次世界大戦前後の移行期の経済[52]、こうしたものと並んで研究の主眼点は国家の戦時経済政策に向けられている[53]。すなわち、たいていは多元的権力が独立して作用している国家機関の、戦時経済的な制御と規制に向けられているのである[54]。最近、個々の企業家や経営者、あるいは企業家団体が、とりわけエリート研究や伝記研究において注目されている[55]。その場合、地域別に捉えることがとくによい研究成果を生むことが実証されている[56]。「ユダヤ人の金」や強制労働の補償をめぐる議論を通じて、今までよりずっと真剣に個々の企業に焦点が当てられている。もっとも企業は、彼らが持っている記録文書館を研究のために自発的に公開しているところもあれば、一部ではしかたがなく行っているところもある。企業に焦点が当てられることによって、一般的な労働力の問題に対する研究状況に比較して[57]、企業で強制的に働かされた労働者や戦争捕虜の取り扱いや搾取に対する理解が[58]、そして戦時経済下における女性労働[59]についての理解が改めて深められることになった。

西側の[60]、そして、とりわけ東側の[61]占領地域における強制労働や搾取[62]について、目下研究が盛んに行われている。それらの研究は、工業化の時代におきたアメリカの南北戦争や第一次世界大戦のようなそれ以前の戦争と対比させることによって、第二次世界大戦中の戦時経済の急進化と全体化[63]に対する我々の理解をも広げてくれるであろう。

だが、ほとんど例外なく[64]確認されるのは、経済秩序としての戦時経済についてのこれらの研究の多くの場合、理論的に整理されてこなかったということ、そして、大部分の研究において定義が欠けているということである。比較的古いマルクス主義的な論文では、「国家独占的戦時経済」がマルクス・レーニン主義の概念装置や用語を使って研究されてきた[65]。現実に存在していた社会主義の終焉の後、なるほど、言葉の上では、そのとき「不純物が取り除かれ」、以前の西ドイツの研究におけるのと同じように国家的な行為にかなり重点が置かれるようになってきたのだが、それでも、根本的に新しい理論的な方向は、まだ成果として現れていない[66]。

こうした国家にこだわる原因は、第二次世界大戦という「理念型」を基礎にしている国家中心的な戦時経済の定義にもあるのは確かである。国家にこだわると、戦争のマクロ経済的・国民経済的な影響だけでなく、企業が自由に動ける、ミクロ経済から見た、経営経済学的な空間も考察の外に置かれる。とりわけ、経済成長と景気に及ぼす戦争の意味について、今までよりずっと踏み込んで議論がなされなければならないだろう。だが他方、労働配分の問題、原材料の市場、そして販売、需要、外国貿易との関係および外貨、こうしたものの発展〔に戦争が及ぼす〕問題もまたもっと議論されなければならないだろう。それぞれの戦争の期間において、事実、民間の手から公共へ所得移転が起きたのかどうか、どの程度民間の消費がそのつど制限されたのか、そして、それによって消費の階層変化がどの程度起こったのか、さらには、国民経済的な現実資本が実際減少したのかどうか、といったこともまたもっと詳細に説明されるべきであろう。戦争が及ぼす国民経済への影響を分析するにあたって、国民経済理論をより徹底的に応用することは、歴史学にとってのみならず、経済学にとっても有益であろう。今まで、とくに、満足のいくような使える統計資料がなかったので、第一次、第二次世界大戦の各年の信頼できる国民総生産高を出すことができていない[67]。その結果、国民総生産高は、経済的な発展についての今までの考察では考慮されていない。第二次世界大戦が終わってから、地域的なあるいは国家を超える規模で勃発する戦争は毎年続き、これまで五〇を数えるが、この事実を踏まえるならば[68]、近代経済学は、軍事的な紛争の局面をもっとしっかりとその理論の中に組み込んで考えなければならないだろう。そうすれば、経済の流れについてより現実に近いモデルを獲得することができるのである。とりわけ、今まで戦争を同じようにテーマにしてこなかった制度派経済学の最近のさまざまなアプローチによって、ここにおいて国民経済理論をさらに発展させることができるかもしれない[69]。それは、すでに言及した所有権理論のみならず、発注者と受注者との関係を主題とする**代理人理論**にもあてはまるし、取引コスト（たとえば情報を手に入れるためにかかるコスト）の節減可能性をめざして経済的諸制度（たとえば市場）を研究する**取引コスト経済学**[70]、そして集団（たとえば国家とか企業）の経済的な規則を研究する**組織経済学**にもあてはまる。

戦争が企業へ及ぼす影響に対する研究は、国家的な側面から経済的な側面へ視点を移して行く場合には、同じようによりいっそう注意されなければならないだろう。それを研究するにあたっては、古典的そして制度派経済学的な国民経済理論と並んで、経営学的アプローチやモデルもまた、理論的な企業の歴史研究に利益をもたらすかもしれない[71]。事例として、戦時経済における、ミクロ経済学の家計理論、価格理論、配分理論、さらには販売、投資、融資、調達（原材料）、そして企業の組織、企業の所有構造といった側面での経営学的な研究だけをここであげて置くことができるだろう。

しかし、実際に適用するにあたっては、こうした経済学的な理論アプローチをさまざまな歴史的な概念に結びつけることが有意義であるように見える。「一八八〇年から一九一八年までのドイツ帝国における重工業の戦略的な行動」を分析するために、経営学的な企業人の研究や戦略的なマネージメントの基礎が、さまざまな企業・経済文書館が所有している史料をてがかりにして、国家や企業を出所とする文書の理論的な研究に利用されている。これは意味深いことである[72]。一九五〇年代に成立した戦略的なマネージメントの研究分野は、あまり深く考えもせずに、クラウゼヴィッツの戦略概念に関係づけられている。そこでは、競争に勝つために、長期的な計画をもつが、短期間に実現可能な企業の方法が研究されている。こうしてアルフレッド・チャンドラーは、彼の主著の中で、戦略を「企業の基本的な長期目標の決定、行動のための道筋の選択、そしてこれらの目標を実現するための必要な資源の配分」と定義した[73]。一方、こうした戦略と並んで、ヴィジョンやとりわけ経営上の方針が、決められた企業目的を達成するために設定される[74]。企業の経営上の一定のやり方を特徴付けるために、たいていは政治学的な理論の助けを借り、そして、政策（政策、政策策定、政策的な行動）をより詳細に規定するために積極性の程度を示す数値が利用される。企業のターゲットシステムには、経営的・収益的な経済目標と並んで、権力追求とか、倫理的・社会的目標なども含まれている。それらの目標は、なるほど具体的にのみ記述されうるものであり、理論的に説明するのは難しい。ここにおいて助けになるのは、政治、軍事そして戦争に対する企業家の立場を研究するイェーガーやフェルトマンなどの研究者の歴史研究のように、企業家の類型論や伝記の性格を併せ持った経営学的な企業家研究[75]である[76]。

こうした理論的な前提の助けを借りて、企業のさまざまな戦略（利潤の最大化、販売および原材料の確保、多様化、拡大、政治的影響力を行使した経済目標の実現[77]）を、あちらこちらの地域（ルール、ザール、オーバーシュレージエン、アーヘン＝アイフェル、ロートリンゲン＝ルクセンブルク）に点在するドイツの鉄鋼産業の大企業の事例において研究することができる。この試みにあたって、具体的に示されうるのは、国家機関と民間経済との間に、どのような利益関係や部分的な重なり合い、あるいは衝突が、第一次世界大戦前および大戦中の時代にあったのか、そして、これが企業の経済的発展から帰結しえたのかどうか、といったことであろう[78]。企業家や彼らを代表する組織（政党、産業・貿易会議所、ドイツ工業家中央連合会、ドイツ製鉄業者協会と並んでドイツ鉄鋼工業家連盟のような経済団体や連盟）や活発なロビイスト達（たとえば、マティアス・エルツベルガーやヴィルヘルム・ヒルシェ）が持っている戦争に対するナショナルなメンタリティもまた、おそらく政治的な動機からだけではなく、むしろ重工業の経済的な動機から説明されうる[79]。加えて、もちろん団体研究の成果[80]やメンタリティの歴史の成果もまた、経済史研究によりいっそう役に立つにちがいない。たとえば、企業家を、経済的な主体としてのその機能の中で真剣に取りあげること、その特殊なメンタリティと戦争に対する傾向を研究することは、助けになるだろう[81]。それが意味することはまた、もはや企業家をいわば国家的な視点から考察するだけではなく、工業家が置かれている環境の中で、自己証言を手がかりにして彼らの言説を研究しなくてはならない、ということである。ここにおいて達成しうる成果は、紛争を生む歴史的な原因を研究する際にもまた意味を持つだろう[82]。

ここにおいて素描された事例が示していることは、包括的な戦争史や軍事史にとって、経済的な問題設定を取り入れることが絶対に必要だということである。これは、戦争の原因を研究する場合でも、戦争の諸条件についても、「総力戦」の条件の研究に対してもあてはまる。とりわけ、総力戦をより詳細に研究するためには、経済的な諸要素をもっとしっかりと取り入れることは、同じように必要であるように思える。その際、どの程度ここで示された経済学的な概念を使いこなすことができるのかということは、問題設定や史料状況による。だが、経済問題に関心が薄いとか、あるいは経済に関係する知識が欠けているといった理由によって、断念されるべきではなかろう。

四　まとめ

全体として見れば、近代的な軍事史や戦争史のような学際的な領域に対して、歴史的に批判的な方法と並んで、さまざまな経済学的、社会学的そして政治学的なアプローチや理論を適用することは適切であるように見える。〔ここで〕示したように――軍事的、戦争史的問題をも取り扱うさまざまな経済史のプロジェクトがなされてきたにもかかわらず――なお多くのテーマについて、踏み込んだ、理論的に基礎づけられ、そして分析的に整理された本格的な研究が待ち望まれる。そうした研究は、定量的に表現される統計的な方法や、そして歴史的に比較するような方法を利用するとともに、歴史的なアクターにもっとはっきりと焦点をあてる場合には、経済的な視点から企業家をも考察すべきであろう。新制度派経済学のようなかなり新しい経済理論を考慮することは、その際、歴史的な研究にだけ成果があるのではない。というのも、軍事紛争を経済的な成長の研究に含めることによって、そのモデルがより現実に近いものとなる経済学の理論もまた、そこから得るものがあるからである。二つの文化の結びつきは[83]、制度的なやり方であれ、認識理論的なあるいは学問的に知的なやり方であろうとも、欠点がある。しかし、学際的なアプローチは、体系的に応用されれば、大きな成果を生み出すことができるのである。

1 多くの理論的な説明があるが、なかでもウーテ・ダニエルの包括的な Clio unter Kulturschock. Zu den aktuellen Debatten der Geschichtswissenschaft, in: GWU 48 (1997), S. 195-218, 259-278 を参照。その他に、本書に掲載されているアンネ・リップ、マルクス・フンク、シュテファン・カウフマン、クリスタ・ヘメルレの各論文も参照。

2 Wolfram Wette (Hrsg.), Der Krieg des kleinen Mannes. Eine Militärgeschichte von unten, München 1992.

3 経済史家や社会史家の、それぞれの専門の内容や方向についてまったく異なっている考えについては、VSWG 82 (1995), S. 387-422, 496-510 を参照。要点を突いている Dieter Ziegler, Die Zukunft der Wirtschaftsgeschichte. Versäumnisse und Chancen, in: GG 23 (1997), S. 405-422 を参照。

4 Toni Pierenkemper, Was kann eine moderne Unternehmensgeschichtsschreibung leisten? Und was sollte sie tunlichst vermeiden, in: ZUG 44 (1999), S. 15-31. 近代の起業史の理論的な基礎づけについては、Werner Plumpe, Unternehmen, in: Gerold Ambrosius/Dietmar Petzina/Werner Plumpe (Hrsg.), Moderne Wirtschaftsgeschichte. Eine Einführung für Historiker und Ökonomen, München 1996, S. 47-66 が詳しい。

5 Die Gesamtdebatte in: VSWG82 (1995), S. 387-422 und 496-510.

6 Eckart Schremmer (Hrsg.), Wirtschafts- und Sozialgeschichte. Gegenstand und Methode. Stuttgart 1998.

7 これに加えて、Ziegler, Zukunft を参照。

8 ここにおいて後者のグループに属している計量経済学者は、特殊なケースを描きだしている。彼らは、歴史的な問題設定を説明するために、計量経済の方法を利用している。Rolf Dumke, Clio's Climacteric? Betrachtungen über den Stand und Entwicklungstendenzen der Cliometrischen Wirtschaftsgeschichte, in: VSWG 73 (1986), S. 457-487; Richard Tilly, Cliometrics in Germany, in: John Komlos/Scott Eddie (Hrsg.), Selected Cliometrics Studies on German Economic History, Stuttgart 1997, S. 17-33 を参照。

9 その際、制度派経済学の視点の例外は、Clemens Wischermann, Vom Gedächtnis und den Institutionen. Ein Plädoyer für die Einheit von Kultur und Wirtschaft, in: Schremmer, Wirtschafts- und Sozialgeschichte, S. 21-33. および Hansjörg Siegenthaler, Geschichte und Ökonomie nach der kulturalistischen Wende, in: GG 25 (1999), S. 276-301.

10 Jürgen Kocka, Bodenverluste und Chancen der Wirtschaftsgeschichte, in: VSWG 82 (1995), S. 501-504. ここでは、S. 503. ウーテ・ダニエルもまた研究状況の概観を示した「カルチャーショックの下でのクリオ（Clio unter Kulturschock）」の中

で、経済的な分野の最近のアプローチを一言も言及していない。

11 近代化理論についてはとくに、Hans-Ulrich Wehler, Die Gegenwart als Geschichte, München 1995, S. 13 ff. を参照。

12 Thomas Welskopp, Die Sozialgeschichte der Väter. Grenzen und Perspektiven der Historischen Sozialwissenschaft, in: GG 24 (1998), S. 173-198 も参照。ここでは、S. 188 ff.; Ziegler, Zukunft; Daniel, Clio.

13 Hans-Ulrich Wehler, Von der Herrschaft zum Habitus, in: Die Zeit Nr. 44v. 25.10.1996; Welskopp, Sozialgeschichte, とくに、S. 186 und 193.

14 同右、S. 191.

15 戦争という暴力を用いた政治的な計画、そしてその実行に密接に関連しているかなり古い軍事史や戦時経済の学説については、Ursula von Gersdorff (Hrsg.), Geschichte und Militärgeschichte. Wege der Forschung, Frankfurt/M. 1974 und Martin Kutz, Kriegswirtschaft im Ersten und Zweiten Weltkrieg und die deutsche Historiographie, in: Karl-Ernst Schulz (Hrsg.), Militär und Ökonomie. Beiträge zu einem Symposium, Göttingen 1977, S. 215-237 を参照。同時代の戦時経済研究の事例としては、Goetz Briefs, Kriegswirtschaftslehre und Kriegswirtschaftspolitik, in: Handwörterbuch der Staatswissenschaften, 4. Aufl. Jena 1923, 5. Bd., S. 984-1022; Reichsarchiv (Bearb.), Kriegsrüstung und Kriegswirtschaft, 2 Bde., Berlin 1930; Paul Wiel, Krieg und Wirtschaft. Wirtschaftskrieg -Kriegswirtschaft - Wehrwirtschaft, Berlin 1938 を参照。最近の、それとはまったく異なる方法論については、Rainer Wohlfeil, Militärgeschichte. Zu Geschichte und Problemen einer Disziplin der Geschichtswissenschaft (1952-1967), in: MGM 52 (1993), S. 323-344; Heinz Hürten u.a., Zielsetzung und Methode der Militärgeschichtsschreibung, in: MGFA (Hrsg.), Militärgeschichte. Probleme - Thesen - Wege, Stuttgart 1982, S. 48-59 を参照。

16 Welskopp, Sozialgeschichte, S. 183-189, S. 195.

17 これについて最近のもので批判的なのは、Alfred Bürgin/Thomas Maissen, Zum Begriff der politischen Ökonomie heute, in: GG 25 (1999), S.177-200.

18 Rainer Fremdling, Wirtschaftsgeschichte und das Paradigma der Rückständigkeit, in: Schremmer, Wirtschafts- und Sozialgeschichte, S. 101-115.

19 Daniel, Clio, S. 202 f.

20 これについて詳細は、本書に収録されているマルクス・フンクの論文を参照。

21 ここには多くの論文があるが、基本的な文献だけを示しておこう。Volker R. Berghahn, Der Tirpitz-Plan. Genesis

und Verfall einer innenpolitischen Krisenstrategie unter WilhelmII, Düsseldorf 1971; Michael Geyer, Deutsche Rüstungspolitik, 1860-1980, Frankfurt/M. 1984; Volker R. Berghahn/Wilhelm Deist (Hrsg.), Rüstung im Zeichen der wilhelminischen Weltpolitik. Grundlegende Dokumente, 1890-1914, Düsseldorf 1988. Michael Epkenhans, Die wilhelminische Flottenrüstung, 1908-1914. Weltmachtstreben, industrieller Fortschritt, soziale Integration, München 1991, この書は、他の作品と比較すると、すでにいっそう強く産業的な側面が考慮に入れられている。

22 Norbert Zdrowomyslaw/Heinz-J. Bontrup, Die deutsche Rüstungsindustrie. Vom Kaiserreich bis zur Bundesrepublik. Ein Handbuch, Heilbronn 1988.

23 同右 S. 46ff.

24 ローランド・ペーターは、第二次世界大戦の戦時経済に関するバーデン地方の地域研究を行っている。そこで、軍需企業の定義をしているが、境界設定の問題は、たとえば、こうした定義を反映している。ペーターは、彼と同時代の研究者の概念規定に従っており、決して自分独自の分析カテゴリーに依拠しているのではない。つまり彼は、その生産の五〇%を越えて国防軍に供給している企業だけを軍需企業とみなす、第二次世界大戦の後半以降使われているシュペーアによる分類を選んだのではなく、軍需に関わる役所によって軍需企業と認定されたすべての企業を選んだのである。確かに、同時代の人々が使用していた概念に依拠すれば、さまざまな部門にわたる軍需企業がほとんど把握できないほど多く存在することが明らかになる。だがそれでも、総力戦の経済の中に含まれていたすべての企業が必ずしも把握されているわけではない。それに加えて、この同時代の定義を基にした第一次世界大戦中の戦時経済における軍需生産との比較は、難しくなるだろう。Roland Peter, Rüstungspolitik in Baden. Kriegswirtschaft und Arbeitseinsatz in einer Grenzregion im Zweiten Weltkrieg, München 1995, とくにS. 6を参照。

25 概念的な定義とその問題設定については、Der „Military-Industrial Complex“ in den USA, in: JWG 1999/1, S. 103-134, ここでは S. 107 ff. の中にある私の詳細な説明を見よ。Walter Wittmann, Rüstungswirtschaft II: Militärausgaben, in: Handwörterbuch der Wirtschaftswissenschaften (HdWW), Bd. 6, Stuttgart 1981, S. 513-522 も参照。

26 これについて Der „Military-Industrial Complex“,S. 107 ff. und J.M Hobson, The Military-Extraction Gap and the Wary Titan: The Fiscal Sociology of British Defence Policy, 1870-1913, in: Journal of European Economic History 22 (1993), S. 461-506 の中にあるヴィットマンとノエル＝ベーカーに対する私の批判も参照。

27 Geyer, Deutsche Rüstungspolitik, S. 242, S. 243 ff も参照。

28 Bernd Wegner, Kliometrie des Krieges? Ein Plädoyer für eine quantifizierende Militärgeschichtsforschung in

vergleichender Absicht, in: MGFA, Militärgeschichte, S. 60-78.

29 これについてはとくに William H. McNeill, Krieg und Macht. Militär und Gesellschaft vom Altertum bis heute, München 1984; Karl Georg Zinn, Kanonen und Pest. Über die Ursprünge der Neuzeit im 14. und 15. Jahrhundert, Opladen 1989; Geoffrey Parker, Die militärische Revolution. Die Kriegskunst und der Aufstieg des Westens 1500-1800, Frankfurt/M./New York 1990 (zuerst engl. 1988); John Keegan, Die Kultur des Krieges, Reinbek 1997 (zuerst engl. 1993); Hubert Salm, Armeefinanzierung im Dreißigjährigen Krieg. Der Niederrheinisch-Westfälische Reichskreis 1635-1650, Münster 1990; Julia Zunckel, Rüstungsgeschäfte im Dreißigjährigen Krieg. Unternehmerkräfte, Militärgüter und Marktstrategien im Handel zwischen Genua, Amsterdam und Hamburg, Berlin 1997 を参照。

30 Lutz Köllner, Militär und Finanzen. Zur Finanzgeschichte und Finanzsoziologie von Militärausgaben in Deutschland, München 1982; Norbert Zdrowomyslaw, Wirtschaft, Krise und Rüstung. Die Militärausgaben in ihrer wirtschaftlichen und wirtschaftspolitischen Bedeutung in Deutschland von der Reichsgründung bis zur Gegenwart, Bremen 1985. 基本的でかなり古い、そしてすでに国際的な、あるいは通時的な比較研究は、Walter Wittmann, Militärausgaben und wirtschaftliche Entwicklung, in: Zeitschrift für die gesamte Staatswissenschaft 122 (1966), S. 109-129 und Friedrich Lütge, Die deutsche Kriegsfinanzierung im ersten und zweiten Weltkrieg, in: Fritz Voigt (Hrsg.), Beiträge zur Finanzwissenschaft und zur Geldtheorie. Festschrift für Rudolf Stucken, Göttingen 1953, S. 243-257 に由来している。

31 それに対する事例としては、Ralf Schabel, Die Illusion der Wunderwaffen. Die Rolle der Düsenflugzeuge und Flugabwehrraketen in der Rüstungspolitik des Dritten Reiches, München 1994; Christopher Magnus Andres, Die bundesdeutsche Luft- und Raumfahrtindustrie 1945-1970. Ein Industriebereich im Spannungsfeld von Politik, Wirtschaft und Militär, Frankfurt/M. u. a. 1996 があげられる。

32 事例としてここでは以下のものをあげておく。Hamburger Stiftung für Sozialgeschichte des 20. Jahrhunderts (Hrsg.), Das Daimler-Benz-Buch. Ein Rüstungskonzern im 'Tausendjährigen Reich', Nördlingen 1987; Oswald Burger, Zeppelin und die Rüstungsindustrie am Bodensee, T. 2: Verhältnis des Konzerns zum Nationalsozialismus, in: 1999 2 (1987), S. 52-87; Peter Hayes, Industry and Ideology. IG Farben in the Nazi Era, Cambridge 1987; Hartmut H. Knittel, Panzerfertigung im Zweiten Weltkrieg. Industrieproduktion für die deutsche Wehrmacht, Herford/Bonn 1988; Gerhard Mollin, Montankonzerne und „Drittes Reich". Der Gegensatz zwischen Monopolindustrie und Befehlswirtschaft in der deutschen Rüstung und Expansion 1936-1944, Göttingen 1988; Bernd Heyl/Andrea Neugebauer (Hrsg.), „... ohne Rücksicht auf

die Verhältnisse.“ Opel zwischen Weltwirtschaftskrise und Wiederaufbau, Frankfurt/M. 1997; Neil Gregor, Stern und Hakenkreuz. Daimler-Benz im Dritten Reich, Berlin 1997. 近代性について最近のものとしては、Hans Mommsen, Der Mythos von der Modernität. Zur Entwicklung der Rüstungsindustrie im Dritten Reich, Essen 1999もある。

33 Werner Abelshauser/Walter Schwengler, Wirtschaft und Rüstung, Souveränität und Sicherheit, München 1997を参照。

34 より狭義の意味での国際的な軍需産業に関する政治学あるいは社会科学の研究の典型的な論文には Ulrich Albrecht/Randolph Nikutta, Die sowjetische Rüstungsindustrie, Opladen 1989; Keith Krause, Arms and the State: Patterns of Military Produktion and Trade, Cambridge 1992; William W. Keller, Arm in Arm. The Political Economy of the Global Arms Trade, New York 1995.がある。最近の簡潔な歴史的な事例研究には、Willi A. Boelcke, Ein fast vergessenes Kapitel deutsch-chinesischer Geschichte: Der deutsche Waffenexport nach China 1925-1938, in: Wilfried Feldenkirchen u. a. (Hrsg.), Wirtschaft, Gesellschaft, Unternehmen. Festschrift für Hans Pohl, Stuttgart 1995, Bd. I, S. 18-41; Zdenekjindra, Zur Entwicklung und Stellung der Kanonenausfuhr der Firma Friedrich Krupp/Essen 1854-1912, in: ebd., Bd. II, S. 956-976がある。

35 クラウゼの Arms and the Stateと並んで、とくに William Baldwin, The Structure of the Defense Market, 1955-1964, Durham 1967; Jacques Gansler, The Defense Industry, Cambridge 1980; Nicole Ball/Milton Leitenberg (Hrsg.), The Structure of the Defense Industry. An International Survey, London 1983; Gavin Kennedy, Defense Economics, London 1983を参照。経済学的な側面によって、しかし数学的にモデルとなるように機能している、そしてかなり古いアメリカの文献を包括している研究には、Hans H. Glissmann/Ernst-Jürgen Horn, Rüstung und Wohlfahrt - Theoretische und strukturelle Besonderheiten des Rüstungsmarktes, in: Kieler-Arbeitspapier Nr. 517, Institut für Weltwirtschaft an der Universität Kiel 1992がある。

36 Baldwin, Structureを参照。

37 Zdrowomyslaw/Bontrup, Rüstungsindustrie. Zur institutionenökonomischen Erforschung der Eigentumsrechte. 以下も参照。Alfred Schüller (Hrsg.), Property Rights und ökonomische Theorie, München 1983; Knut Borchardt, Der „Property-Rights-Ansatz“ in der Wirtschaftsgeschichte- Zeichen für eine systematische Neuorientierung des Faches?, in: Jürgen Kocka (Hrsg.),Theorien in der Praxis des Historikers, Göttingen 1979, S. 145-151; Clemens Wischermann, Der Property-Rights-Ansatz und die „neue“ Wirtschaftsgeschichte, in: GG 19 (1993), S. 239-258.

38 Baldwin, Structure; Mary Kaldor, The Weapons Succession Process, in: World Politics 38 (1986), S. 577-595を参照。

39 成立から軍縮交渉に至るまでのアメリカの軍需産業の概念と実際の応用については、Van de Kerkhof, „Military-Industrial Complex" に詳しい。その他に、軍産複合体の歴史研究についてのよい概説書に以下のものがある。Steven Rosen (Hrsg.), Testing the Theory of the Military-Industrial Complex, Lexington 1973; Benjamin Franklin Cooling (Hrsg.), War, Business, and American Society. Historical Perspectives on the Military-Industrial Complex, Port Washington/London 1977; Paul A. C. Koistinen, The Military-Industrial Complex. A Historical Perspective, New York 1980; Gregory Hooks, Forging the Military-Industrial Complex. World War II's Battle of the Potomac, Chicago 1991. 詳細な研究を集めたものには、Keith Hartley/Nick Hooper, The Economics of Defence, Disarmament and Peace. An Annotated Bibliography, Aldershot 1990. がある。

40 例外には、Volker R. Berghahn, Der militärisch-industrielle Komplex des Kaiserreichs, in: Berghahn, Rüstung und Machtpolitik. Zur Anatomie des „Kalten Krieges" vor 1914 Düsseldorf 1973, S. 47-69; Ernst Willi Hansen, Zum „Militärisch-Industriellen-Komplex" in der Weimarer Republik, in: Klaus-Jürgen Müller/Eckardt Opitz (Hrsg.), Militär und Militarismus in der Weimarer Republik, Düsseldorf 1978, S. 101-140 の文献がある。

41 Johan Galtung, Frieden mit friedlichen Mitteln. Friede und Konflikt, Entwicklung und Kultur, Opladen 1998. この著作は、サミュエル・ハンチントンの徹底的に文明に着目した研究において示した「文明の衝突」という黙示録的なテーゼとは反対に、はっきりと、暴力的な行動に対する経済的な動機を共に文明の研究に入れている。Samuel P. Huntington, Der Kampf der Kulturen. The Clash of Civilizations. Die Neugestaltung der Weltpolitik im 21. Jahrhundert, München/Wien 1996 を参照。

42 たとえば、以下の文献と比較せよ。Peter Borscheid, Vom Ersten zum Zweiten Weltkrieg (1914-1945), in: Wilhelm Kohl (Hrsg.), Westfälische Geschichte, Bd. 3: Das 19. und 20.Jahrhundert. Wirtschaft und Gesellschaft, Münster 1984, S. 313-438, 620-638; Bernhard Kirchgässner/Günter Scholz (Hrsg.), Stadt und Krieg, Sigmaringen 1989; Arbeitsgemeinschaft Südniedersächsischer Heimatfreunde (Hrsg.), Rüstungsindustrie in Südniedersachsen während der NS-Zeit, Red. Gudrun Pischke, Mannheim 1993; Bernhard Sicken (Hrsg.), Stadt und Militär 1815-1914. Wirtschaftliche Impulse, infrastrukturelle Beziehungen, sicherheitspolitische Aspekte, Paderborn 1998 und Andrea Theissen/Arnold Wirtgen u. a. (Hrsg.), Militärstadt Spandau. Zentrum der preußischen Waffenproduktion 1722 bis 1918, Berlin 1998. アメリカの地域史の事例研究には、Ann Markusen/Peter Hall u. a.,The Rise of the Gunbelt. The Military Remapping of Industrial America, New York/Oxford 1991; Roger W. Lotchin, Fortress California 1910-1961. From Warfare to Welfare, New York/Oxford 1992.

がある。

43 たとえばルッツ・ブドラスは、Lutz Budraß, Flugzeugindustrie und Luftrüstung in Deutschland 1918-1945, Düsseldorf 1998, S. 5f. において、詳細に検討することなく、それらのモデルや理論が、「単にマクロ経済学的な出来事のあの政治的な上部構造を説明するための分析的な枠組を」示しているにすぎないという理由で、社会学的あるいは政治学的な領域や歴史的な領域からさまざまなモデルや概念を排除している。しかし、分析的で、しっかりとした構造的な枠組みは、決して損なわれることはない。というのも、完全性を要求すれば、研究領域を越えることは、必然的だからである。

44 第一次世界大戦の研究で基礎になるのは、いまなお、Friedrich Zunkel, Industrie und Staatssozialismus. Der Kampf um die Wirtschaftsordnung in Deutschland 1914-1918, Düsseldorf 1974 である。

45 Gabler Wirtschaftslexikon, 12. Auflage, Wiesbaden 1988, S. 3069.

46 第二次世界大戦の戦時経済の意味と影響について、もっとも最近のもので批判的なのは、Werner Abelshauser, Kriegswirtschaft und Wirtschaftswunder. Deutschlands wirtschaftliche Mobilisierung für den Zweiten Weltkrieg und die Folgen für die Nachkriegszeit, in: VfZ 47 (1999), S. 503-538 がある。

47 ベルケは、戦時経済を次のように定義する。「戦争というものは（…）、『戦争を義務づけられた』経済が、多かれ少なかれ、まず民間の消費可能性の拡大へと向かう経済的な機能を奪い取り、国家の絶対的権力を利用して、それに、戦争の法則に従っている目的を押しつける。（…）その目的の方向は（…）、まず、戦術的そして戦略的観点においてその戦争の目的を満たしうるように、最大限、国家に軍事力を準備させ、継続的に供給し続けることである」。Willi A. Boelcke, Rüstungswirtschaft I: Kriegswirtschaft, in: Handwörterbuch der Wirtschaftswissenschaft (HdWW), Bd. 6, Stuttgart u. a. 1981, S. 503-513, ここでは、S. 503 を参照。もっとも、こうした定義も、さまざまな視点から見て十分ではない。ベルケが、なるほど、とくに第二次世界大戦時の戦時経済を引き合いに出したので、ここにおいて、かなり図式的な仕方で、「経済」は、国家によってどうにでもなるような対象へと貶められている。それによって、それとは反対の事例や、あるいは、戦時経済への企業の積極的な関与が考察の外に置かれる。その他に、どの程度、国家の戦時経済において実際に民間領域での消費機能の停止が見てとられるのか、各国を比較しながら研究されるべきである。

48 同右、S. 508. Grundlegende theoretische Arbeiten sind: Briefs, Kriegswirtschaftslehre; Franz Eulenburg, Zur Theorie der Kriegswirtschaft, Berlin 1916.

49 Boelcke, Rüstungswirtschaft, S. 508 f. を参照。

50 Berenice A. Carroll, Design for Total War. Arms and Economics in the Third Reich, Den Haag/Paris 1968. このテーマの

研究状況に対する詳しい議論についても、Budraß, Luftrüstung, S. 2 ff. を参照。

51 第二次世界大戦については、とりわけ Karl-Heinrich Hansmeyer/Rolf Caesar, Kriegswirtschaft und Inflation (1936-1948), in: Währung und Wirtschaft in Deutschland 1876-1975, Hrsg. Deutsche Bundesbank, Frankfurt 1976 S. 367-429; Gerald D. Feldman, Iran and Steel in the German Inflation, 1916-1923, Princeton 1977; Willi A. Boelcke, Die Kosten von Hitlers Krieg. Kriegsfinanzierung und finanzielles Kriegserbe in Deutschland 1933-1948, Paderborn 1985. Grundlegend zum Ersten Weltkrieg Gerald D. Feldman, The Great Disorder. Politics, Economics and Society in the German Inflation, 1914-1924, New York/Oxford 1993 を参照。 注の53も参照。

52 Ernst Willi Hansen, Reichswehr und Industrie. Rüstungswirtschaftliche Zusammenarbeit und wirtschaftliche Mobilmachungsvorbereitungen 1923-1932, Boppard 1978; Rolf-Dieter Müller, Die Mobilisierung der deutschen Wirtschaft für Hitlers Kriegführung, in: MGFA (Hrsg.), Das Deutsche Reich und der Zweite Weltkrieg, Bd. 5/1, Stuttgart 1988, S. 349-689; Hans-Erich Volkmann, Zur nationalsozialistischen Aufrüstung und Kriegswirtschaft, in: MGM 47 (1990), S. 133-177（比較的古い文献を参照している）。

53 基本的な概説は、Ludolf Herbst, Der Totale Krieg und die Ordnung der Wirtschaft. Die Kriegswirtschaft im Spannungsfeld von Politik, Ideologie und Propaganda 1939-1945 Stuttgart 1982; MGFA, DRZW, Bd. 5/1; dass., Bd. 5/2, Stuttgart 1999; Richard J. Overy, War and Economy in the Third Reich, Oxford 1994 を参照。

54 これについてしばしば引用されるものとして、Peter Hüttenberger, Nationalsozialistische Polykratie, in: GG 2(1976), S. 417-442がある。Czeslaw Madajczyk, Chaos, Systemhaftigkeit oder Systeme? Das Dritte Reich in der Phase der militärischen Expansion, in: Ralph Melville u.a. (Hrsg.) ,Deutschland und Europa in der Neuzeit. Festschrift für Karl Otmar Freiherr von Aretin zum 65. Geburtstag, 2. Halbband, Stuttgart 1988, S. 931-954 も参照。

55 ここではパウル・エルカーだけがあげられる。Industrie-Eliten in der NS-Zeit. Anpassungsbereitschaft und Eigeninteresse von Unternehmern in der Rüstungs-und Kriegswirtschaft 1936-1945, Passau 1994; Rolf-Dieter Müller, Der Manager der Kriegswirtschaft. Hans Kehrl: Ein Unternehmer in der Politik des Dritten Reiches, Essen 1999; Paul Erker/Toni Pierenkemper (Hrsg.), Deutsche Unternehmer zwischen Kriegswirtschaft und Wiederaufbau. Studien zur Erfahrungsbildung von Industrie-Eliten, München 1999.

56 これは、第一次世界大戦と第二次世界大戦におけるバーデン＝ヴュルテンベルク地方における地域研究にとくに当てはまる。ここにおいては、とくにGünther Mai, Kriegswirtschaft und Arbeiterbewegung in Württemberg 1914-1918,

Stuttgart 1983; Cornelia Rauh-Kühne/Michael Ruck (Hrsg.), Regionale Eliten zwischen Diktatur und Demokratie. Baden und Württemberg 1930-1952, München 1993; Astrid Gehrig, Nationalsozialistische Rüstungspolitik und unternehmerischer Entscheidungsspielraum. Vergleichende Fallstudien zur württembergischen Maschinenbauindustrie, München; Petra Bräutigam, Mittelständische Unternehmer im Nationalsozialismus. Wirtschaftliche Entwicklungen und soziale Verhaltensweisen in der Schuh- und Lederindustrie Baden-Württembergs, München 1997; Jeffrey Fear, Die Rüstungsindustrie im Gau Schwaben,in:VfZ35 (1987), S. 193-216 を参照。

57 第一次世界大戦と第二次世界大戦について、中心的に論じている文献に、Gerald D. Feldman, Armee, Industrie und Arbeiterschaft in Deutschland 1914 bis 1918, Berlin/Bonn 1985 (engl. 1966); Ulrich Herbert, Fremdarbeiter. Politik und Praxis des„Ausländer-Einsatzes“ in der Kriegswirtschaft des Dritten Reiches, 3. Aufl. Bonn 1999; Bernhard R. Kroener, Die personellen Ressourcen des Dritten Reiches im Spannungsfeld zwischen Wehrmacht, Bürokratie und Kriegswirtschaft 1939-1942, in: MGFA, DRZW, Bd. 5/1, S. 693-1001; Kroener, „Menschenbewirtschaftung“ ,Bevölkerungsverteilung und personelle Rüstung in der zweiten Kriegshälfte (1942-1944), in:同上Bd. 5/2, S. 777-1002がある。

58 最近急速に知られるようになった文献には、Hermann Kaienburg (Hrsg.), Konzentrationslager und deutsche Wirtschaft 1939-1945, Opladen 1996; Hans Mommsen/Manfred Grieger, Das Volkswagenwerk und seine Arbeiter im Dritten Reich, Düsseldorf 1996 がある。

59 例としては、Ingrid H. E. Schupetta, Frauen- und Ausländererwerbstätigkeit in Deutschland von 1939 bis 1945, Köln 1983; Ute Daniel, Arbeiterfrauen in der Kriegsgesellschaft. Beruf, Familie und Politik im Ersten Weltkrieg, Göttingen 1989 がある。

60 西欧そして北欧における経済的な搾取については、とくにHans-Erich Volkmann, Autarkie, Großraumwirtschaft und Aggression. Zur ökonomischen Motivation der Besetzung Luxemburgs, Belgiens und der Niederlande 1940, in: MGM 14 (1976), S. 51-76; Stephan H. Lindner, Das Reichskommissariat für die Behandlung Feindlichen Vermögens im Zweiten Weltkrieg. Eine Studie zur Verwaltungs-, Rechts- und Wirtschaftsgeschichte des nationalsozialistischen Deutschlands, Stuttgart 1991 を参照。

61 経済的な主題や問題設定を強調したものには、Waclaw Dlugoborski/Czeslaw Madajczyk, Ausbeutungssysteme in den besetzten Gebieten Polens und der UdSSR, in: Forstmeier/Volkmann, Kriegswirtschaft, S. 375-416; Rolf-Dieter Müller

(Hrsg.), Die deutsche Wirtschaftspolitik in den besetzten sowjetischen Gebieten 1941-1943. Der Abschlußbericht des Wirtschaftsstabes Ost und Aufzeichnungen eines Angehörigen des Wirtschaftskommandos Kiew, Boppard 1991. これらと並んで今現在の研究としては、Christian Gerlach, Kalkulierte Morde. Die deutsche Wirtschafts- und Vernichtungspolitik in Weißrußland 1941-1944, Hamburg 1999 がある。

62 とくに Hans-Erich Volkmann, Zum Verhältnis von Großraumwirtschaft und NS-Regime im Zweiten Weltkrieg, in: Dlugoborski, Zweiter Weltkrieg, S. 87-116; Hans Umbreit, Auf dem Weg zur Kontinentalherrschaft, in: MGFA, DRZW, Bd. 5/1, S. 3-345 を参照。そして経済的な問題に対して簡単に触れているものとしては、Umbreit, Die deutsche Herrschaft in den besetzten Gebieten 1942-1945, in: edd. Bd. 5/2, S. 3-274 がある。

63 最近のもので、これに対して基礎となるものに、Rolf-Dieter Müller, Albert Speer und die Rüstungspolitik im Totalen Krieg, in: MGFA, DRZW, Bd. 5/2, S. 275-775 がある。

64 とくに顕著な事例は、Rolf Wagenführ, Die deutsche Industrie im Kriege 1939-1945, Berlin 1963; Günter Brehmer, Grundzüge der staatlichen Lenkung der Industrieproduktion in der deutschen Kriegswirtschaft von 1939 bis 1945（エレクトロニクス産業における状況をとくに考慮している）, 博士論文, Bonn 1968; Manfred Pesch, Struktur und Funktionsweise der Kriegswirtschaft in Deutschland ab 1942 - unter besonderer Berücksichtigung des organisatorischen und produktionswirtschaftlichen Wandels in der Fahrzeugindustrie, 博士論文 Köln 1988; Jürgen Schneider/Wolfgang Harbrecht (Hrsg.), Wirtschaftsordnung und Wirtschaftspolitik in Deutschland (1933-1993), Stuttgart 1996. 手掛かりとしては、Hans-Joachim Weyres-v. Levetzow, Die deutsche Rüstungswirtschaft von 1942 bis zum Ende des Krieges, Diss. masch. München 1975 も参照。ただし、こうした論文はたいていの場合十分な史料的な根拠を欠いている。

65 たとえば、Dietrich Eichholtz, Geschichte der deutschen Kriegswirtschaft, 3 Bde., Berlin 1971-1996; Ed. 1:1939-1941, Berlin 1971, S. 2 があてはまる。

66 例としてここにおいて挙げられるのは、Dietrich Eichholtz (unter Mitarbeit von Hagen Fleischer u. a.), Geschichte der deutschen Kriegswirtschaft. 1939-1945, Band III: 1943-1945, Berlin 1996, S. XI.

67 Peter-Christian Witt, Finanzpolitik und sozialer Wandel in Krieg und Inflation 1918-1924, in: Hans Mommsen/Dietmar Petzina/Bernd Weisbrod (Hrsg.), Industrielles System und politische Entwicklung in der Weimarer Republik, Bd. 1, Düsseldorf 1977, S. 395-426, この箇所は、S. 398.

68 Klaus Jürgen Gantzel/Torsten Schwinghammer, Die Kriege nach dem Zweiten Weltkrieg, 1945-1992. Daten und

Tendenzen, Münster 1995, S. 88でリストアップされている。彼らは、戦争という言葉に実に厳格な定義を用いている。

69 それについて導入としては、Douglass C. North, Theorie des institutionellen Wandels. Eine neue Sicht der Wirtschaftsgeschichte, Tübingen 1988; North , Institutionen, institutioneller Wandel und Wirtschaftsleistung, Tübingen 1992; Rudolf Richter, Institutionen ökonomisch analysiert. Zur jüngeren Entwicklung auf einem Gebiet der Wirtschaftstheorie, Tübingen 1994; Horst Feldmann, Eine institutionalistische Revolution? Zur dogmenhistorischen Bedeutung der modernen Institutionenökonomik, Berlin 1995; Rudolf Richter/Eirik Furubotn, Neue Institutionenökonomik. Eine Einführung und kritische Würdigung, Tübingen 1996; Heiko Geue, Evolutionäre Institutionenökonomik. Ein Beitrag aus der Sicht der österreichischen Schule, Stuttgart 1997を参照。

70 もっとも最近の歴史的な応用については、Hartmut Berghoff, Transaktionskosten: Schlüssel zur langfristigen Entwicklung von Unternehmen? Zum Verhältnis von Neuer Institutionenökonomie und moderner Unternehmensgeschichte, in: JWG 1999/2, S. 159-176を参照。

71 これについては、Pierenkemper, Unternehmensgeschichtsschreibung, S. 31; Paul Erker, Aufbruch zu neuen Paradigmen. Unternehmensgeschichte zwischen sozialgeschichtlicher und betriebswirtschaftlicher Erweiterung, in: AfS 37 (1997), S. 321-365; Anne Nieberding/Clemens Wischermann, Unternehmensgeschichte im institutionellen Paradigma, in: ZUG 43 (1998), S. 35-48を参照。手がかりにすぎないが、Ludolf Herbst, Der Krieg und die Unternehmensstrategie deutscher Industrie-Konzerne in der Zwischenkriegszeit, in: Martin Broszat/Klaus Schwabe(Hrsg.), Die deutschen Eliten und der Weg in den Zweiten Weltkrieg, München 1989, S. 72-134; Ders., Die Großindustrie und der Zweite Weltkrieg, in: Venanz Schubert u.a. (Hrsg.), Der Zweite Weltkrieg und die Gesellschaft in Deutschland. 50 Jahre danach. Eine Ringvorlesung der Universität München, St. Ottilien 1992, S. 63-88でなされている。

72 一九九七年に始めた私の学位論文の企画タイトル。

73 Alfred D. Chandler, Strategy and Structure. Chapters in die History of the Industrial Enterprise, Cambridge/Mass. 1962, S. 1-17, とくにS. 12 f.

74 これについて新しいところでは、Birgit Buschmann, Unternehmenspolitik in der Kriegswirtschaft und in der Inflation. Die Daimler-Motoren-Gesellschaft 1914-1923, Stuttgart 1998も参照。

75 この研究方向でのパイオニアは、ヨーゼフ・A・シュムペーターとフリッツ・レートリヒである。たとえば、Fritz Redlich, Der Unternehmer. Wirtschafts- und sozialgeschichtliche Studien, Göttingen 1964を参照。

76 主題の立て方についてのさまざまな研究には、ここにおいては、Hans Jaeger, Unternehmer in der deutschen Politik (1890-

1918), Bonn 1967; Gerald D. Feldman, Hugo Stinnes. Biographie eines Industriellen. 1870-1924, München 1998 だけが触れている。

77　国家の視点からの経済的な戦争目的については、Georges-Henri Soutou, L'or et le sang. Les buts de guerre économiques de la Première Guerre mondiale, Paris 1989 を参照。

78　第一次世界大戦における経済については、Niall Ferguson, Der falsche Krieg. Der Erste Weltkrieg und das 20. Jahrhundert, Stuttgart 1999; zusammenfassend die Aufsätze in Wolfgang Michalka (Hrsg.), Der Erste Weltkrieg. Wirkung, Wahrnehmung, Analyse, München 1994, とくに S. 415-580 を参照。第一次世界大戦における国家と経済の関係については、Regina Roth, Staat und Wirtschaft im Ersten Weltkrieg. Kriegsgesellschaften als kriegswirtschaftliche Steuerungsinstrumente, Berlin 1997 を参照。彼女は、戦争社会で混乱した部門（金属、繊維、化学）や個々の企業における経済的な発展を確かに副次的にのみ考慮している。

79　Gerhard Hetzer, Unternehmer und leitende Angestellte zwischen Rüstungseinsatz und politischer Säuberung, in: Martin Broszat u.a. (Hrsg.), Von Stalingrad zur Währungsreform. Zur Sozialgeschichte des Umbruchs in Deutschland, 3. Aufl. München 1990, S. 551-591. この論文もまた、戦時経済の中で企業家や経営者の経済的な動機に力点を置いていない。

80　第二次世界大戦に対する国際的な視点は、Frans van Waarden/Jan Nekkers (Hrsg.), Organising Business for War. Corporatist Economic Organisation during the Second World War, New York/Oxford 1991 で見られる。

81　これについてはヴュルテンベルクの幾人かの企業家をまとめた Achim Hopbach, Unternehmer im Ersten Weltkrieg. Einstellungen und Verhalten württembergischer Industrieller im 'Großen Krieg', Leinfelden-Echterdingen 1998を見よ。

82　どちらかといえば、国民経済的な視点であるが、手掛かりとしては、Karin Thöne, Entwicklungsstadien und Zweiter Weltkrieg. Ein wirtschaftswissenschaftlicher Beitrag zur Frage der Kriegsursachen, Berlin 1974 を参照。ただし彼女は、W・W・ロストウの国家の発展についてのステージ理論と結び付けて、その見方に従って、二次世界大戦の経済的な原因に対するわずかな貢献について研究した。ロストウの理論は、産業的な成熟期のあと、大衆消費時代に代わって、国民的な権力政治へ向かうというものである。

83　これについては、Toni Pierenkemper, Gebunden an zwei Kulturen - Zum Standort der modernen Wirtschaftsgeschichte im Spektrum der Wissenschaften, in: JWG 1995/2, S. 163-176 も参照。

第十一章　機械化された軍隊——ある共生関係に関する方法論的考察

シュテファン・カウフマン　齋藤正樹訳

少なくともドイツ語圏における軍事史叙述に関してではあるが、軍隊と技術というテーマがほとんど考慮されていないという意見は、すぐに矛盾に直面するだろう。すなわち、すでに、オイゲン・フラウエンホルツの『ドイツ陸軍発展史』、あるいはハンス・デルブリュックによる『戦争術の歴史』といった比較的古い研究は、軍事が発展するうえで技術的発展が重要な役割を果たしたことを認めているのではないか。また『戦争と資本主義』においても、第一次世界大戦以前より既に、ヴェルナー・ゾンバルトは軍事技術の革新がもつ、経済、そして最終的には社会全体の転換に対する中心的な役割を認めていたのではないか。あるいは、戦略と戦闘とを扱う歴史叙述史において、軍事技術はたびたびまさに鍵となる役割を果たしているのではなかろうか（例えば第一次世界大戦や「電撃戦」、航空戦と海戦、そして電子機器を用いた戦争遂行など、これらに関する研究は技術という要素を考慮することなくしては、まずもって考えられない）。そして、兵器やその他の戦争関連機器がもつ構造や技術的特徴、性能に関する無数の研究は存在していないというのか。最後に、軍備計画を取り扱う研究が占める領域は、今なお広がっていっているのではないか。これらはまさにすべて正しいといえる。しかし、それでもなお、九〇年代初頭に軍隊と技術がもつ関係性に関する方法論的な問題に取り組んだある論文がすでに確認したところによれば、ドイツの歴史叙述において、技術を中心に据えた軍事史は、せいぜい萌芽的に存在しているに過ぎないのである[1]。個別の研究に存在する空白の存在を別とすると、この見方が関係しているのは、このテーマに関する総合的な研究がなおも珍しいということである。つまり、作戦行動史や戦闘史は軍事技術をしばしば、ただ単なる「手段」、つまり多かれ少なかれ上手く利用される道具というありふれた理解のもとでしか扱わず[2]、また軍備に関する歴史は、技術の誕生と生産条件という文脈をテーマにするのみで、それ以上の問題を扱うことはまれである。そして兵器のシステムと性能に関する研究は、大抵の場合、歴史叙述にとってせいぜいが参考資料としての役割を果たす程度に留まり、技術を解説した説明書を越えることはない。

本章で体系的に解明されるのは、軍隊と戦争、技術の間にある密接な関係性がもつ多様な側面を、上述のようなテーマ設定が、如何に明らかにしないか、という点である。そして、なぜそれらの密接な関係性が「共生」、すなわち異種の生物が互いの利益のために共存することとして描きうるのかという点が、具体的に示される[3]。そこで軍隊と技術がもつ関係性は、まずふたつの次元において考察される。すなわち、（一）はじめに技術が社会にもたらす帰結に着目し、その後、（二）技術発展の社会的文脈が明らかにされる。その際、問題となるのは、本稿とは異なる問題設定や異なるテーマとしての方向性をもつ論考のみではなく、むしろ、いかに技術と社会環境（Sozialwelt）の間に存在する関係性を見定めるべきか、といった点を巡るさまざまな理解に関してである。社会が技術による構築物であるとする、この考え方が要請するのは、結果ありきの問題設定という、ありがちな技術決定論の克服である。（三）そしてさらなる一歩として、とりわけアクター・ネットワーク理論を用いることで、最初のふたつの見立ての二者択一からはじまり、後に両者を並べて議論しようという試みがなされる。この三つの構想すべてにおいて、本章の重点はもっぱら理論を巡る議論にのみあるのではない。そこでむしろ意図されるのは、主に英米圏の、歴史学あるいは経験社会学の研究をふまえつつ、これらの問題設定がもつテーマとしての広がりと実証面での射程とを明らかにすることである[4]。そして、(四)最後に重要となるのが、技術を中心に据えた軍事史、戦争史がもつ研究上の展望を示すことである。

一　技術とその社会的帰結

スタンリー・キューブリック監督作『二〇〇一年宇宙の旅』において、武器の利用は人間になるための決定的な一歩として強調されている。ふたつの群れの間で生じた争いの中で、超越的な力によって照らし出されたヒト科の動物のひとりは、最後の晩餐で生じた食べカスである上腕部の骨を掴む。そして彼はそれでもって、襲いかかる同じくヒト科の動物の何匹かの頭を叩き割る。すると、敵の群れは退き、新たな光によって照らし出されたホモ・サピエンスは、ヒトとしての地位を確たるものとする。キューブリックが類まれなる方法で神話を物語る術を知っていたが故に、一方で彼の映画が神話となったとするなら、他方で後の時代において相当数の歴史学ないしは歴史社会学の研究は、キューブリックが人類史の出発点として主張したもの、すなわち、武器が直接、社会的・政治的な権力の展開へと繋がるという線を解明しようとした。

技術あるいは軍事技術上の革新がもたらす帰結に対して投げかける問いかけは、以下のような考えに基づいている。すなわち、技術は帰結をもたらす。但し、その結果とともに考慮に入れられるべきは、技術が存在し、それが利用されるとき、そこにはある確かなロジック、すなわち、(ほぼ)必然的に社会的な帰結をもたらすという論理が内在しているということである。この技術が用いられた人工物の「事実をもたらす権力(datensetzende Macht)」[5]は、以下のような思想と結びついている。すなわち、技術による自然への干渉とその改造は、進歩、つまり人間の行動の効率が増大することについて、実際に語ることのできる唯一の領域であるかもしれない、という思想である。〔その思想によれば〕技術の発展は権力の展開であり、そしてまた、技術面での生産性の増大を意味するとともに、少なくとも、長期的な視野でみれば、破壊力の増大をも常に意味している。つまり「技術は常に、暴力を行使し、暴力を暴力的に阻止することに役立ってきた[6]」というのである。そして、たとえばロバート・オコーネルのような軍事史家は、破壊力の増大こそ、兵器の進歩が辿る進化図の基底にあるものとしてとらえている。つまり兵器の進歩は、正確さや射程、機動性、装甲の貫通不可能性といった諸々の基準に沿って生じてゆくが、その際、あらゆる新兵器は、これらの諸点の少なくともひとつにおいて、それまでの兵器を超える性能をもつのである。彼によると、これこそ一つの進化であり、それが必然的に伴うのは、さらなる兵器の細分化や、専門化そして複雑化であるというのだ[7]。

技術という条件に応じて、権力が有する力が拡大する、という考えによって容易に想起されるのは、ある特定の（戦争）技術の革新の中に、社会的・政治的な権力関係が広範に転換する要因が見て取れるという状況である。そしてそのような転換は、通常、外部に向けられた軍事的な膨張のみではなく、社会の内部構造ともまた関係をもつ[8]。

この点について、例えば、レオナルド・ダッドリーは、時代の転機となったその種の革新、すなわち社会組織の規模と構造とを劇的に変化させたものとして四つのものを考えているが、それらは軍事技術の進歩によって引き起こされたのである（なおそこで彼は、歴史の潮流のうちに見て取れるさらなる四つの歴史的変革の一つとして、情報通信技術の革新を付け加えている）。彼はそのような観点から、メソポタミアで紀元前約二七〇〇年以降に生じ、最終的にアッカドの大国家へと通じた、都市という各中心からなる領域支配の拡大をして、青銅製武器が導入されたことの結果とみなす。つまり彼によると、金属加工の新しい方法に拠ることで、貴重な原料を用意することのできたシュメール諸都市の官僚機構は、兵士たちの多数に投げ槍や長槍、矢じり、兜や盾とを装備させ、恐らく歴史上初めての制度化された軍隊を作り出すことが出来たというのである。この武力でもって彼らは、敵対する遊牧民族を退けるとともに、暴力が必要とされる場合、それを行使することで、社会内部のヒエラルキーを長期にわたって維持することが可能となり、その結果、さらなる戦争のための手段を持続的に徴発し続けたのである[9]。これと同様に、重砲の革新は一五世紀におけるフランスの中央集権化をもたらし、その結果、ヨーロッパの地で近世国家への道が開かれた。なお、この領域国家の拡大へと至る道は以下のような事情から生じた。すなわち、地方領主たちがその小さな要塞をもはや防衛できなくなると同時に、重砲並びに堅固な要塞建築もまた、多くの歳入、すなわち広大な領域からもたらされる租税収入によってしか、賄えなくなったのである[10]。そしてその結果、封建制による支配は消滅したが、その支配の興隆は、リン・ホワイトが六〇年代に公開し、その後広く受容された、その研究の中で、同様に、それが軍事技術の革新の結果として解釈されている。彼にとって、ある比較的地味な人工物、特にあぶみの導入こそ、広範な影響力を伴う結果をもたらすものであった。つまり、あぶみによってカロリング朝の騎兵隊は、破壊力を備えることになったが、それは馬と騎手とが一つの「闘う有機体[11]」として融合することになったがゆえであった。すなわち、両者の融合によって、乗り手は両手を用いて剣で攻撃できるようになり、馬の速力を装備する長槍に伝えることで、それを直接強い貫通力に変えることができるようになったのである。要するに封建制は、あぶみによってもたらされた軍人貴族制の文化価値を、軍事的、支配政治的に徹底することを意味していたのだ。

これに対してダッドリーは、封建制の発生は、ある発展の最終局面にすぎないとみなす。それとはすなわち、二世紀に騎馬民族によってローマ帝国が脅かされることで早くも始まり、その後、重装騎兵という強力な力を備えたゲルマン人たちが戦場へと赴くことで先鋭化した発展である。彼の視点によると、ローマ帝国の没落は、戦争経済（Ökonomie des Krieges）上の画期的な転換点の一つに引き起こされたものであった。というのも、そこではもはや、巨大で資金を必要とする軍隊が小規模な騎兵部隊に対して必ず勝る、とはいえなくなったからである。従って、馬によってもたらされたのは、脱中心化的な力であった[12]。そして広範な影響力をもつ支配政策の面での帰結をもたらすことになった最後の軍事技術上の革新としてダッドリーが行き着いたのが、中央集権化をもたらした鉄道と電信との組み合わせであった。両者の革新はドイツの躍進を可能とし、将来的な拡張へと至る構造をもたらしたのである。これは、同国が両新技術に基づくことで、他国に比して少ない費用で高い動員力を達成しえたためである[13]。

ポール・ヴィリリオは、戦争を広く静止しようとする力と運動しようとする力の間で生じる戦いとして読み取っている人物であるが、彼もまた同様に、政治面での支配という次元で生じる画期的な転換が、暴力のもつ速度が新たな水準に達する瞬間と結びついていると考えている。すなわち、ファラオが軍事力を結集し、それを各方面に配備すること、馬が利用され始めること、重砲や帆船の導入、そして鉄道と電信技術とが組み合わされて用いられること、また航空機と人工衛星の発明、これらは彼にとってそれぞれ根本的な断絶を意味するものであった[14]。

技術に事実をもたらす力が備わっているという状況が含意するのは、権力の展開という瞬間に加えて、以下のさらなる事実である。すなわち、技術とうまく付き合うためには、特定の能力が必要とされるのである。技術を用いるとき、それは少なくともある程度、専門的に適切な方法で運用されなければならない。従って、技術は拘束力、すなわち規範を生み出す[15]。このような観点から、狭義の理解における軍事史ないしは軍事社会学の分野においてなおも展開している考察対象が生じる。すなわち、軍事技術と適切に付き合ううえでまず必要となるのが、武器ないしは他の兵器を用いるための、対応した兵隊教育である。そしてさらに、合わせて必要となるのが、組織や兵站業務の幅広い調整、すなわち技術を戦術的、戦略的考慮へと統合する必要性等である。

二〇世紀の高度に機械化された軍隊を扱う社会学的研究は、このような関連のもと、軍事組織がもつ内部構造の変化に着目してきた。そこでは一般的に、組織面、規律面での変化が注目されるとともに、それを通じて、技術的・機能的合理性が普及し、具体化され、体現される姿が明らかとされてきた。そして、この合理性がいきつくのは、軍隊と民間の業務及び組織の部分的な一体化という状況である。それは例えば、軍事業務の特殊化や、軍隊内部の官僚化の過程、軍隊のヒエラルキーの変容、命令から契約への漸次的移行、傾向として戦闘行動から労働へと軍事的行為の性質が変化すること、行動の規律化から機能に即した規律への移行などである。これらは、上述の一体化の過程における本質的ポイントである[16]。

このような点について、軍事史として長期的かつ広大な時代区分、構想を含む観点から、軍事組織内、とりわけその戦争遂行における技術に起因する転換を分析したのが、マーチン・ファン・クレフェルトである。「戦争は技術によって全面的に影響を受けており、それによって支配されている[17]」という彼の言葉は、彼の主たる考えを表したものである。「技術」は彼にとって、単なる狭義の意味での武器を意味するのみならず、軍事行動の基盤を構成しているあらゆる種類の「ハードウェア」、すなわち、兵器及びそのシステムから、輸送手段や輸送システム、偵察機器や通信手段を経て、道路や地図といった軍事作戦におけるインフラ面での諸条件にまで至るものをも意味している。ただファン・クレフェルトは、技術という言葉でもって、それのみならず、「世界を眺め、その問題をうまく処理するためのある種のノウハウ[18]」を意図してもいる。従って、彼にとって技術は二重の意味をもっている。すなわち、物質そのものと、こう表現することが許されるなら、道具の形をとった理性である。そして後者はさまざまな影響力を及ぼすことになる。つまりその影響力（〔英語で言うところの〕「インパクト」）は、兵站業務や、戦略、作戦の遂行、戦術、偵察、指揮権、並びに軍隊組織に対して作用すると同時に、戦争に対する考え方に対して、さらには軍隊と社会の関係に対しても及ぶ。ファン・クレフェルトはこれらの影響力を、青銅器時代から核の時代に至るまで追ってゆくのである。その際、彼は、陸戦並びに海戦における技術的段階を浮き彫りにするとともに、比較的新しい時代に生じた航空戦や核戦争といった新たな次元をも含めて考えている。戦争がとる種々の形態は、技術によって全面的に影響を受け、決定されるというのが彼の出発点をなす考えならば、このことは彼の豊富な史料に基づいた諸研究の成果にもいえることであり、今日ますますその成果は上がっている。

「核兵器はただ、そこで我々を待ち構えていたのである。我々がある地点に達したとき、それとの遭遇は事実上不可避だったのだ[19]」。キューブリックの映画の中でと同様、オコーネルの場合においてもまた、技術はある種の地球外の、あるいは少なくとも社会の外に存在する力として、人類へと襲いかかるものとして描かれる。そこでの基本となる想定は、以下のようなものである。すなわち、阻止しえない科学的、技術的発展の過程で自ずと姿を現す何かに誰かが気づく、あるいは発明するとき、自ずとそれは軍事技術にも転用されるというものである。技術の発展はそれ固有の論理に従っているというイメージに反する形で、八〇年代以降、技術史ならびに技術社会学全般において、ますます着目されるようになったのが、技術の発展過程がもつ社会的な諸文脈であった。

二　技術の発展がもつ社会的文脈

ここでそれらのうち、初期の一連の研究のなかで引用したいのが、社会のマクロな領域、すなわちここでは特に経済構造及び政治構造の中で、ある特定の技術の発展が、どのような社会的条件を備えたのかについて探求した研究である[20]。そのうち、軍事技術の分野での権威的研究として必ず挙げられるのが、ウィリアム・マクニールによる戦争と権力に関しての研究であろう。この研究は、普遍的世界史の叙述という基礎の上に立つものとはいえ、その重点が置かれるのはヨーロッパの発展に関してである。その際、彼の主たる着眼点の一つとしていえるのが、世界政治の舞台で一六世紀以降に進展したヨーロッパの台頭である。そしてその土台として彼が認めたのが、戦争技術の面でヨーロッパがもった優位性である。もっともマクニールにとって、ヨーロッパの軍事的優位は、個別の発明によってもたらされたわけではなかった。むしろその優位性は、彼がとりわけ中国の発展との比較から導きだしているように、中世中期以降のヨーロッパ史を貫く、恒常的な戦争と結びつき生じた、経済領域におけるヨーロッパ内部での競合、その結果として生じたものであった。そしてその競合から、一六〇〇年頃までに生じたのが、個別の点で拡大した「軍事・商業複合体[21]」であり、それが権力政治の面での拡張を促進したのである。この支配の拡張、これは戦争経済が拡大し、政治的、軍事的権力が蓄積される中で自ずと強化されるという性質をもつ循環を生み出すものであった[22]。マクニールの二つ目の着眼点としていえるのが、戦争が産業化することと結びついて生じた国家及び経済の統制的な繋がり、すなわち「軍産複合体」の出現である。それは、はじめイギリスで一八八〇年代に生まれ、第二次世界大戦以降、工業国へと広がった[23]。

ホワイトの解釈に対してディーター・ヘーガーマンが行った議論のなかで、論証されるのは以下の点である。すなわち、経済と技術の一般的な発展に着目するとき、個別の軍事技術の革新と広範囲に及ぶ支配の政治的転換との間に決定論的な繋がりを導こうとするテーゼが、いかに疑わしいものとなりうるかということである。彼の結論によれば、あぶみやその他、個々の革新によってカロリング朝の帝国の基礎が築かれたのではなく、むしろその原因は「社会がもつダイナミクス」、すなわち技術が徐々に用いられることで生じる、生活様式の全次元でのダイナミクスにこそあったというのである[24]。

技術を巡って近年なされた一連の議論の二番目の潮流が、「技術がもつ社会的構造」というトポスの下、前に強く押し出すのは、そこに関与する（個人ないしは集団的な）アクターや研究者、技術設計者及び関係諸団体が生み出す直接的な文脈である。そこで着目されるのは、関係する科学者コミュニティーや、大規模な経済組織もしくは国家官僚といった、ミクロ及び中間層の次元で生じる権力と利害関係の複合的状況である。そしてまた同時に着目されるのが、関係アクターが備える文化的態度、つまり、例えば彼らの伝統的な気質あるいは、経済的、科学的発展に対する彼らの前提理解や未来像などである。ここではもはや技術の発展は、ある直線的な過程、すなわち頭に浮かんだ構想から実際の発明を経て、革新され、普及するといった連続したものとは理解されておらず、むしろ多くの断絶と相互参照とを伴い進展する過程として理解されている。そしてそうであるがゆえに、発展という概念が、使用という領域にまで及ぶのである。つまり使用されることによってはじめて、その構造が機能上必要でかつ需要に沿う形で変更されるばかりでなく、しばしばそこで生じるのが、ある人工物の性質そのものが非常に異なる用途で使用されることで初めて決定されるという事態である。そして、まさにこの使用という点において、文化面での志向性——これは権力を生み出す要因をも含むものであるが——が焦点化されることによって試みられるのが、社会の技術化という問題がもつマクロ領域への橋渡しである[25]。もちろん、これらの極めてユニークな着想がもっぱら対象とするのは、近代以降の技術的発展がいかに複雑な前提条件を備えているかという点ではあるが、しかしそれでもなおそこからは、歴史上の普遍化しうる視点を得ることが出来る。

たとえば、ヘンニング・アイヒベルクが、一七世紀の城塞建築に関する地方史料に基づいて明らかにしたのは、いかに物事や人間が首尾一貫した秩序に埋め込まれているのかという点である。アイヒベルクはミシェル・フーコーがベンサムのパノプティコンに付与した役割と対応する形で、城塞を、「城塞的組織がもつ、内部の構成原理[26]」として、すなわち、人間と事物を社会的な幾何学に沿って統一し、また細分化、区分し、空間的に分類するような、美学及び政治的表象の一表現として提示している。その議論を端的に述べるならば、領土に城塞及び工房が設営される際、それは決して技術的な必要性に従っていたわけではなく、むしろ権力のある特殊な配置、すなわち社会を規律化するためのある特定の計算に従ってなされていたというのである。

細部の記述ではほとんど魅力はないが、その代わり、歴史の局面を切り出すという点で印象深い試みが、その文化的志向性に関する入門書でジョン・キーガンが行った、技術と戦争遂行そして政治権力の拡張との間に存在する関係性を整理しようとする試みである[27]。戦争遂行の方法——その中心軸は間接的な戦略対決戦という二分法である——と並んで、技術的な構成要因の発展もまた、キーガンにとっては個々の文化的立ち位置をあらわすものである。そこで彼が各時代区分と結びつけて考えるのが、手元にある技術、より正確にいうならば、個々の武器を本質的に構成する材質、すなわち、石、肉（人間ならびに馬）、鉄、火、といったものである。もっとも、これらの発展は、暴力の激化という、機能的なある論理に従ったものではない。むしろ——そしてまさにこのことを見誤っているとして彼はクラウゼヴィッツを批判するのだが——「軍事的手段を選ぶうえで、文化の影響は政治の影響と同じくらい強いものであり、（しばしば）政治もしくは軍事的な論理に優先するのである[28]」

ファン・クレフェルトもまた、そのような文化的態度、つまり軍事技術の発展における宗教的、または道徳・倫理的な諸次元、すなわち、ある軍事技術が革新され、利用される際に、あるいは積極的ないしは消極的に導入される際に、そしてまたその技術に負の烙印を押し、使用を禁止する際に現れる、特定の象徴的意味合いの付与とそれらに対する内面的イメージとを問題にしている。その際、美的側面は、たとえば「不公平」、「臆病」、「不気味な」あるいは「心理的影響をもつ」[29]というような、魔術的な意味合いの付与もしくは象徴的なコード化と同程度に重要な役割を果たしているという。このため最終勝利をもたらすもの、もしくは最終防衛を成功させるものとして現れた武器が、いずれにせよ（一見すると）実現化したユートピアや実用化された「サイエンス・フィクション」であるということはめずらしくない[30]。

無論、現実の軍事的発展において構想から配備にまで至る直線的な道は存在せず、また、配備の際の適切な原則もまた当初より手元にあるわけではなく、実際に使用されるなかではじめて形作られると同時に再び修正が加えられるということ、これは軍事史において自明の理である[31]。ただここで問題となるのが、ある種の「文化的なラグ」を前提としたとき、そこで描かれる状況ははたして適切なものといえるのかどうか、という点である。その「ラグ」は、例えば組織の柔軟性の欠如や、戦略面、戦術面あるいは情報活動面での流動性の不備といったものであり、軍事組織が常に（少なくとも第一次世界大戦までは）技術的発展に対して遅れをとる原因となったものである[32]。デニス・ショーウォルターは、軍事史におけるそのような決定論に対して明確な反論を加えようとするある論文集のなかで、プロイセンの事例をもとに以下のことを示している。すなわち、武器や、参謀本部制度、戦略上の選択肢、並びに作戦及び戦術の遂行、これらは相互に重なり合いつつ発展することで偶然に基づく道筋を辿っており、技術革新は社会的な帰結をもたらすといった一方向のモデルでは、その発展の道筋をほとんど理解できないということである[33]。彼によると、電話のような一見すると単純な情報伝達手段においても、その導入以来、軍隊内でなされたさまざまな利用の仕方が、いわばその手段自身から生じた利用方法に対応してきた結果であるとはみなせない。むしろその中には、管理や、規律及び軍事遂行に関するさまざまな観念が反映されており、その観念は、さまざまなヒエラルキーの次元で互いに競合するものであり、とりわけ社会政策が転換する過程で変遷を遂げるのである[34]。

三　共生——ネットワークと共演成分

人工物の中に規範の設定や規則、指示が包含されていること、そしてそれによって社会と技術の繋がりや両者の適応関係とが規定されていること、これらのことをまずもって否定出来ない以上、技術的発展の道筋が、社会に刻まれた認識によって大きく影響を受けており、またそれらの事物との付き合い方が、多様な文脈のなかで、個々の意味付けによって左右されることにより、極めて異なったものとなりうるということもまた否定しえない。従って、技術が発展する過程は、経験的次元でいうなら、まず下書きされ、清書され、最後に書き加えられるという再帰的な過程として理解しやすいのかもしれない。そして、軍隊と戦争、現代のコミュニケーション手段、これらの密接な関係性に関し、そのような再帰的過程が歴史的に展開するということは既に示されているのである。すなわち特定のコミュニケーションや組織、計画設定を構築しようと加わる力——これは個々のメディアがもつものから、戦術上、作戦上、戦略上の選択肢が情報技術によって具現化することで生じるもの、また、さまざまなヒエラルキーのレベルという文脈のもとで多様化した個々のメディアの使用方法がもつ変動域によって生まれるもの、そして、異なる政治的、文化的自己理解によって生じるものまであるが——、それらの諸力の間で、技術の設計や軍事組織、そして両者の融合という多くの相互参照と変遷とが姿を現すのである[35]。

多くの優れた技術社会学の研究が試みているように、この互いに混じり合った意味付けの諸様式を相互に関連づけようとしたとき、我々はある決定的に重要な問いへと行きつくことになる。その問いとはすなわち、技術的人工物は、社会的主体と同程度に、行為者としてみなしうるのか、という問いである。あるいは換言すると以下のようにもいえる。すなわち、物質的、技術的に規定されているプロセスは、通常、社会的行為として理解される事柄とどのように異なるのか、と。そして、かくのような問いかけに対する――まさしく挑発的な――答えの一つが、そこに何ら違いはない、というものである。この平準化をもたらす回答様式の一つめは、マヌエル・デ・ランダ（Manuel DeLanda）によるものである。それは、ジル・ドゥルーズとフェリックス・ガタリが「戦争機械（Kriegsmaschine）」に対して行った考察[36]へと立ち戻ることで生み出されたものであるが、コンピュータ化の時代における軍事全般という点で、奇妙ながら納得のいくものとなっている。「知的な戦争機械」――これは今日のロボット技術によって実現されつつあるものを想像するとわかりやすいが――という脱中心的な地点から、デ・ランダは、過去を遡り、戦争機械の進化を辿るとともに、以下の点を明らかにする。すなわち、無機的（技術的）な要素と有機的（人間的）な要素とを区別せずに、両者をある特殊な分類体系を構成する機能部位として理解することで、我々は軍事全般が経た形質転換（トランスフォーメーション）について大変多くのことを学ぶことができるという点である。その分類体系とは、すなわち進化の階梯であるとともに、デ・ランダがドゥルーズとガタリの表現を援用しつつ言い表すには、ある「機械門（なおここでの「門」とは生物分類学上の区分を指しており、原語では、Phylm に対応する）」を構成するものである。そして一六世紀以降、「機械門」はぜんまい仕掛けとして、動力機器として、そして最終的にネットワークとして姿を現す[37]。

技術的なプロセスと社会的行為とがどう異なるのかという先の問いに対する二つめの回答、これはその種の（ある意味思弁的ともいえる）進化論的脱中心化とは関わりを持たずに済むものである。それは、社会的なものと非社会的なものとの間で生じる相互作用のプロセスをより詳細に検討することで見えてくる。つまり、例えば実験室で何が、あるいは人工物が作られる際にどのようなことが、そして技術が利用されるにあたり如何なることがそれぞれ生じているのか、これらの問いを立てることによって、答えを導くことができるのである。すなわち、そこではネットワーク、つまり従来的な理解では自然のもの、技術によるもの、あるいは社会的なものとそれぞれ見なされてきた事物の間に諸々の繋がりが生じているというのだ。そしてそれがために、それらの繋がりを生み出しうる全ての要素をして、ある意味の行為者、すなわちブルーノ・ラトゥールがいうところの、「共演者（Aktanten）」[38]とみなすことができるという。このような理解によって、社会的なものが、その外部に存在する技術にとってのコンテクストとみなされることはなくなる。そしてまた逆にいったとき、自然と技術は、社会的なものの外部に存在するその前提条件ではなく、そこで問題となるのは、むしろ、物質と社会的なものとの混淆であるというのだ。

大陸間弾道ミサイルの制御システムに関するドナルド・マッケンジーの研究は、見事な方法でそのようなネットワークの成り立ち、持続、変化をたどっている[39]。彼は一九世紀末に生み出されたジャイロスコープに関する一連の知識、技能そして機器そのものから、一九九〇年に導入されたアメリカ潜水艦隊のトライデントD5ミサイルに至るまでの時期に焦点を当てている。研究室内部の生活から、海、空軍の関係幕僚たちを経て、政府の部局までを辿ることで、マッケンジーが追うのは以下の点である。すなわち、いかにして個々のアクターと組織とが、正確な制御システムを設計するというプロジェクトに全体として結びついていたのか、いかにそれらが同システムを世へと送り出したのか、そしてそれによって如何に、個々の、並びに集団としての諸アクターにとって根本的に異なる行為の枠組みが生まれたのか、という諸点である。彼によるとこのプロジェクトが動き出したのは、たとえ大陸をも越えるような距離があったとしても、命中精度をなお劇的に向上させることが可能であるという信念によるものであった。そして同計画は、核ミサイル搭載の潜水艦隊を支柱とした全体的抑止（totale Abschreckung）という戦略ドクトリンと同程度に、当時の物理学理論とは相容れないものであったにもかかわらず、制度的に定着することができた。つまり、ある組織的枠組みが作り上げられ、資金の継続的な流入が確実になることで、最終的に「精度」に対する関心をもたれ続けうる――当初は具体的なものではなかった――領域、すなわち、核ミサイルによる報復攻撃という一領域が生じることになったのである。従ってマッケンジーが明らかにするように、内在的な技術というロジックは、プロジェクトの設立においては勿論、どのようにして精度を上げるのかに関する、それ以降の更なる個別の詳細な決定においても、問題とならなかったのである。そして、逆に彼がそれによってまさに明らかとしているのは、政治という場は決して、技術に関する決定を下す唯一の極でもないということである。戦略上の選択肢を巡る、そして核兵器の存在や同兵器に対応して将来採用される技術様式、それぞれの正当化という問題を巡って生じるコンフリクトの中で、他に優先する絶対的決定は生じていなかったというのである。むしろ、技術や軍事、政治という各次元での集団的及び個々のアクターが、種々の異なる技術的プロジェクトと結びつくことによって、出発点である当初の目標設定はそれらの諸次元において、組織、計画という側面より変更がしばしば加えられたというである。従ってポラリス計画は、例えば海軍の核戦略が形となって現れたといったものではなく、むしろ反対に、潜水艦に核ミサイルを配備するという選択肢によって、その戦略上の立ち位置が方向転換させられたものなのである。というのも、海軍はその選択肢によって国防に対する重要な貢献を果たせるに違いないと考えたからである。合わせて、計画が生じていく過程に着目することで見えてくるのが、その問題がソヴィエト連邦による脅威や核による破局を阻止するといった政治的なものというより、むしろ日常の決まりきった仕事や、名望をめぐっての争い、あるいは契約や、予算、その他に関するものであったという点である。

アクター・ネットワーク理論の考え方全般にもいえるように、マッケンジーの分析もまた勿論政治的含意をもつものである。つまり、技術を政治から引き離すことはできず、また政治もまた同様に技術から離れることができない、そしてまたあらゆる科学的学知とあらゆる技術的人工物とが不可避的に政治的に重要な意味をもつとともに、軍事技術の領域ほどこの点において論議を呼ぶ領域はない。これらのことを認めることでいえるのは、政治、経済、技術という極端な区分はまさに一つの偽装戦略を意味しているということだ。すなわちそれらの区分の存在によって、自然に対する知識や技術面での獲得物として生じるもの、これらが極めて強い政治的性格を帯びていることが隠蔽されてしまうのである。公共圏というアリーナの向こう側で議論され、日々の決まりきった仕事を通じて、そして職業上の競争関係の中で生み出された政治的現実こそが、その獲得物として生じたものであるにも関わらず、である。まさにこの意味において、マッケンジーもまた自身の研究をして以下のように理解している。すなわち、それは「発明」がまさに政治的事情そのものであり、そうである以上、少なくともある程度は退行可能なものである、ということを明確にするものであったと。従って彼の著作の終章に対して与えられた目的設定的な題名、これはその意図に即するものである。すなわち、「爆弾は創造されたわけではない」[40]

四　技術中心的な軍事・戦争史の展望

以下の三点が仮にいえるとき、それが意味するのは次に述べることである。すなわち、自然界の物質が軍事技術と結びつけられる科学の実験室こそが問題であること。そして、兵器運用システムと政治の担い手とは同一視されるものであること。最後に、機械化されたある特定の戦闘形態が備える、倫理的、道徳的ないしは宗教的な戒律もしくは禁忌が言及の対象とされ、また、兵器がもつ美学的な質もまた関連性をもつ。そうであるならば、技術という言葉でもって意図されるのは、ものそのもののみならず、ギリシア語の概念であるテクネー（technē）が含意するもの、つまりものを扱う技能もまた常に含まれているということである。そして槍や甲冑、あるいは小銃と大砲、戦車及び潜水艦、大陸間弾道ミサイルが、馬やあぶみ、鉄道と電信、ジャイロスコープ及び電話、知能機械（Intelligente Maschienen）と同列に語られるとき、そこで意味されているのはとりわけ以下のことである。すなわち、本稿で戦争テクノロジーもしくは戦争技術として理解されている事物において、「兵器運用システムといった特定の軍事的、技術的産物」が重要となることは決してなく、また「軍事技術の歴史[41]」も同様に重要ではない。むしろここで肝要となるのは、技術的な「ハードウェア」と軍事的な「ソフトウェア」が如何に混淆しているのか、つまり如何にして共生関係を構成するのかを解明することである。

それでは、ここで関わりをもつことになる科学＝技術面での、経済面での、政治、宗教、社会、文化や軍事面での諸現実とそれらがもつ影響力、これらはどの程度まで、考慮にいれられるべきなのだろうか。すなわち、換言するなら、ネットワークの糸をどの程度まで辿ればよいのだろうか。ただ、これらを定式的に定めることはできない。というのもそれらの度合いは、個々の研究者がもつ認識面での関心や問題設定、そしてとりわけエネルギーによって左右されるからである。また勿論のこと、その度合いは歴史状況にも左右されるものである。つまり、モノと兵士の関係性が絶えず同様な繋がりを深くもつわけはなく[42]、また技術及び軍事の混交物の全てが、歴史的に見たときに、広範ないしは持続的な影響力をもつわけでもないからである。ただここで議論の余地なきこととして指摘できるのは、そこで語られるのが技術化の過程、すなわち、徐々に進展する技術と軍事の混交化の問題であろう、ということである。では、その過程をどのような基準に則って測るべきなのであろうか。そしてその過程を測ることができたとして、それはどの時代の潮流に位置しているのであろうか。明確なのは、技術的な変化のみがその基準となるわけではないということである[43]。ここで仮に技術と戦争とが絡み合い、それが進行するモーメントを対象化したとき、ファン・クレフェルトによる時代区分は、本質的な変遷を的確に捉えたものであるように思われる。一五〇〇年までの道具の時代から、一九世紀まで続く機械の時代、そして鉄道と電信の導入によって始まった工業システムの時代、そしてサイバネティクスを用いた制御システムと核兵器の導入以来続くオートメーションの時代、これら各時代の流れの中において、量的な意味においても質的な意味においても、その都度、大変革が生じていたことを認めることができる。そしてまたそれぞれは、各段階で、新たな各種の営為に対する諸々の専門技術の重要性がその都度必ず増大し、そしてそれら諸専門技術もまたその都度相互に必要とする度合いを増すという点で、段階的な構造をとっているといえよう。同時にこれら種々の技術並びに技術の諸体系と結びつくのが、新たな、そして絶えず細分化する軍事（ならびに経済、政治、科学）分野の諸組織である[44]。ところでこれら諸段階のうち最後の三段階であるが、デ・ランダがぜんまい仕掛け、動力機器、ネットワークという順で述べたところの「戦争機械」に従うなら、同時進行的な変遷過程としてよむべきである[45]。しかしながら、まさにこの点に関してファン・クレフェルトは、デ・ランダと対立する形で、技術化されてゆく過程を不可逆的な進化の歴史として捉えることに対して警鐘を鳴らしている。彼が核の潜在的破壊力に代表される発展をして予測するには、ハイテク軍隊もまた、将来的に低強度紛争によって退けられその地位を取って代わられる可能性があるというのだ[46]。

共生関係が生まれるのは、勿論のこと軍事的に利用される人工物全てにいえることであり、伝統的に武器と呼ばれるもののみに限られるわけではまずもってない。従って、方法論的理解からすると、元来「民生」技術であったのか、以前より「軍事」技術とされていたのかということは、何ら違いを生み出しはしないのである。さらにまた、各種メディア理論を援用することで示されるのが、以下の点である。すなわち、電信技術の導入以来、戦争遂行の形態が如何に本質的に、遠距離通信網と結びついてきたのかという点、そして、ジル・ドゥルーズによる「抽象機械（abstrakte Maschinen）」テーゼに影響を受け、それを志向する人工知能の進歩の歴史は、その分析の場を、一六世紀以来発展、展開してきた戦争機械のうちに見いだしているという点、また、アクター・ネットワーク理論を用いることによって研究室の日常と核戦略とが如何に結びついているのかが見えてくるという点、それと同時に、そのことが「民生」技術と「軍事」技術の差異というものに対して何を意味しているのかという問いをも生むという点、以上である。両者の差異は、憂慮を抱えた技術者らによるでっちあげといったものであり、結果、彼らの行為がもつ政治性を隠蔽するとともに、現代性と技術の進歩とが備える戦争暴力との関連性を免罪するといった作用を及ぼしているのではないだろうか[47]。これまでに紹介した各研究はまさにこれらの問いに対して取り組んだものであり、それらは、現代における暴力の形成過程が辿った紆余曲折の道、すなわち、どのようにして暴力に対し物質的、非物質的な姿が与えられたのかという点に関する手がかりをつかもうとしてきたのである。そしてその試みがゆえに、それらの研究は、現代における暴力構成が備える諸々の特殊性が如何なるものかを解き明かそうとする、人類学的かつ文明論的、権力理論的問いへと繋がってくるのである[48]。

1　Heinrich Walle, Die Bedeutung der Technikgeschichte innerhalb der Militärgeschichte in Deutschland. Methodologische Betrachtungen, in: Roland G. Foerster und Heinrich Walle (Hrsg.), Militär und Technik. Wechselbeziehungen zu Staat, Gesellschaft und Industrie im 19. und 20. Jahrhundert, Herford, Bonn 1992, S.23-72. ここでは、S.59f. 二五年前、すでに同様の手法で取り組まれた研究としては、以下のものがある。Heinning Eichberg, Militär und Technik als historische Problemstellung. Ein methodologischer Versuch, in: Ursula von Gersdorff (Hrsg.), Geschichte und Militärgeschichte. Wege der Forschung, Frankfurt/M. 1974, S.233-257. ここでは、S.253 ff.

2　この点に関しては、技術が軍事組織と戦略とを統合する構成要素であることを強調するヴァレの場合でさえ、やはり以下のような時代遅れの意見が見受けられる。すなわち彼によれば、「この生存をめぐる闘争（つまり、戦争：筆者）においては、最良の補助手段と道具を用いうる者こそが最も容易に自身を守り通せるであろう」というのだ。Walle, Bedeutung, S. 24.

3　人工物と社会的なものの共生関係についてはヴォルフガング・エスバッハが語っている。Wolfgang Eßbach, Die Gemeinschaft der Güter und die Soziologie der Artefakte, in: Ästhetik & Kommunikation, Heft 96 (1997), S.13-20. ここでは、S.17ff.

4　軍事技術を扱った英米圏での歴史叙述のうち国際的に先駆的な研究を、見事に見通し叙述したものとしては以下のものを参照されたい。Barton C. Hacker, Military Institutions, Weapons, and Social Change: Toward a New History of Military Technologiy, in: Technology and Culture 35 (1994), S.768-834.

5　以下を参照されたい。Heinrich Popitz, Phänomene der Macht. Autorität-Herrschaft-Gewalt-Technik, Tübingen 1986,

S.107-129.

6 Ebd. S.124.

7 Robert L. O'Connell, Of Arms and Men. A History of War, Weapons, and Agression. New York, Oxford 1989, S. 6 f. もっとも、兵器こそが戦争を遂行するうえで、大幅に変更を加えうる唯一の要素とみなすオコーネルの見解に賛同し同様の見解を示すことは、恐らく誤りであろう。

8 軍事技術における主要な諸革新と、それらと相関関係にある権力の移行に関して、石器時代から始まり現代にまで至る概観を分かりやすく提示してくれるものとしては、以下の研究がある。Barton C. Hacker, Military History and World History: A Reconnaissance, in: The History Teacher 30 (1997), S.461-487.

9 Leonard M. Dudley, The World and the Sword. How Techniques of Information and Violence have shaped our World, Cambridge, Mass/Oxford 1991, S. 47-76.

10 ここでダッドリーは、後に本稿でも素描するマクニールのテーゼに則りつつ、幾分異なった解釈の方向性を与えているといえる。Ebd., S. 101-137.

11 Lynn Jr. White, Medieval Technology ans Social Change, Oxford 1962, S.38.（リン・ホワイト・Jr.、内田星美訳『中世の技術と社会変動』思索社、一九八五年）.

12 Dudley, World, S. 77-99.

13 Ebd., S. 181-219.

14 以下を参照されたい。Paul Virilio, Revolutionen der Geschwindigkeit（初版は一九九一年）, Berlin 1993, S. 20f. なおこの点についてであるが、ヴィリリオの著作の多くがそうであるように、彼の思想は魅力的に定式化され、また確かに刺激的なものであるのだが、実証的に正確なものとはいえない。ところで二〇世紀に連邦共和国でなされた軍事技術がもたらす諸々の帰結を巡る、政治的、社会哲学的議論は、二人の対照的な思想家によって大きな影響を与えられることになった。すなわちカール・シュミット (Carl Schmitt) とギュンター・アンダース (Günther Anders) である。シュミットにとって戦争の総力戦化 (Totalisierung) は、空軍と無線技術によるコミュニケーション手段とが現れるのに伴って生じるものであり、とりわけこのことは、敵の措定に関していえることである。そこで押し通されるのは、戦争のある種のイデオロギー化、すなわち核兵器というダモクレスの剣の下においては、パルチザン戦法が典型的な戦争の形態となるというものである。これに対してアンダースは、核という人類絶滅の潜在的危機を抱えた時代を考察するにあたって、どちらかといえば歴史哲学的なアプローチでその問題に取り組んでいる。ただ、その彼の考察は、少なくともシュミットの思想のうちのひとつを確認している。つまり、技術による倫理との差異の増大、すなわち、技術の進歩によって行使可能な暴力が増大することで倫理的な認識能力を追い越してしまうことは、「プロメテウス的落差」という概念でもって、アンダースにとっての主要原理となる。人類史の終焉をもたらしうる力を備え、ある新しい次元へと達することになった落差、これは全くもって新しい、時代の計測方法をもたらすというのだ。Carl Schmitt, Der Nomos der Erde im Völkerrecht des Jus Publicum Eurpavum. Berlin 1950, S. 285-299（カール・シュミット、新田邦夫訳『大地のノモス　ヨーロッパ公法という国際法における』慈学出版社、二〇〇七年）; Günther Anders, Die Antiquiertheit des Menschen. Bd. 1: Über die Seele im Zeitalter der zweiten industriellen Revolution（初版は一九五六年）, München 1987, S. 233-324（ギュンター・アンダース、青木隆嘉訳『時代おくれの人間』法政大学出版局、上）を参照。

15　規範理論という観点から描かれた技術の社会史の一例としては、以下を参照されたい。Bernhard Joerges, Technische Normen – Soziale Normen, in: Soziale Welt 40 (1989), S. 242-258.

16　組織内の力学の分析を中心に据えた軍事社会学の基本書のひとつであり、また、軍事社会学が如何にして第二次世界大戦中のアメリカ合衆国において成立したのかという点については、以下の書を参照されたい。Morris Janowitz, The Professional Soldier, Glencoe 1960. また、ドイツの軍事社会学にとって依然重要となる主要参考文献としては、以下のものが挙げられる。Johannes H. von Heiselder, Militär und Technik. Arbeitssoziologiesche Studien zum Einfluß der Technisierung auf die Sozialstruktur des modernen Militärs, in: Georg Picht (Hrsg.), Studien zur politischen und gesellschaftlichen Situation der Bndeswehr, Witten/Berlin 1966, S. 66-158.

17　Martin van Creveld, Technology and War. From 2000 B.C. to the Present, New York/London 1989, S. 1.

18　Ebd.

19　O'Connell, Arms, S. 10.

20　この種の技術史、そして科学史の形態は七〇年代において、とりわけエコロジーに対する関心の高まりによって生じた技術批判という背景のもと支持された。同批判の枠内において精緻に考察されたのが、技術、経済そして権力の間に存在する繋がりである。この種の批判は古典的研究において提唱されたテーゼ、例えばマルクスが定式化した資本主義的支配と産業における生産様式の関係性といったテーゼへと遡ることのできるものであった。例えば以下を参照。Otto Ullrich, Technik und Herrschaft. Vom Hand-Werk zur verdinglichten Blockstruktur industrieller Produktion, Frankfurt/M. 1977.

21　William H. McNeill, Krieg und Macht. Militär, Wirtschaft und Gesellschaft vom Altertum bis heute（初版は一九八二年）, München 1984, S. 111.

22 ただマクニールの研究は、世界史全般を扱った歴史叙述という観点においても、ひとつの画期をなすものである。というのも彼は、軍事技術と軍事機構が、経済的、政治的発展において果たす中心的役割を認めているからである。マクニールと類似した方法で西洋の台頭を解釈するものとしては、以下の研究がある。Geoffrey Parker, Die militärische Revolution. Die Kriegskunst und der Aufstieg des Westens 1500-1800（初版は一九八八年）, Frankfurt/M. 1990（ジェフリ・パーカー著、大久保桂子訳『長篠合戦の世界史　ヨーロッパ軍事革命の衝撃一五〇〇〜一八〇〇年』同文館出版、一九九五年）. マクニールが描いた、戦争と経済、政治それぞれに関する権力が互いに作用しながら増大していくという循環。これを彼は周辺的にしか扱わなかったが、それは近代国家の成立を扱う歴史社会学においてこれまで盛んに論じられたものであり、今日多くの成果が上がっている。この循環の概観に関して、挑発的ながらも的確に述べたのが以下の文献であり、その定式化はこれまでに幅広い議論を喚起してきた。Charles Tilly, War Making and State Making as Organized Crime, in: Peter B. Evans/Dietrich Rueschemeyer/Theda Skocpol (Hrsg.), Bringing the State back in, Cambridge/Mass., New York, Melbourne 1985, S. 169-181.

23 同複合体及び、軍備を巡る政治の動きという問題については、本書のステファニー・ヴァン・デ・ケルクホーフの論考を参照。

24 Dieter Hägermann, Das Karolingische Imperium – Ein Resultat kriegstechnischer Innovationen? in: Technikgeschichte 59 (1992), S. 305-317. 引用は S. 317. また以下も参照されたい。Kelly DeVries, Medieval Military Technology, Lewiston, N.Y. 1992, S. 95-110.

25 ある技術がもつ文脈に即した形で問題設定するという点に関して基本文献となるものとしては、以下のものがある。Bernward Joerges, Überlegungen zu einer Soziologie der Sachverhältnisse, in: Leviathan 7 (1979), S. 125-137. また、社会構築主義的なアプローチに関して、要点を抑えかつ歴史上の事例をひきつつ明確な整理を行った研究としては、以下を参照されたい。Wiebe E. Bijker/Thomas P. Hughes/Trevor J. Pinch (Hrsg.), The Social Construction of Technological Systems. New Directions in the Sociology and History of Technology, Cambridge/Mass. London 1987. 社会学的なアプローチから、技術が発生し発展していく過程を扱った研究としては、以下を参照。Werner Rammert, Wer oder was steuert den technischen Fortschritt? Technischer Wandel zwischen Steuerung und Evolution, in: Soziale Welt 43 (1992), S. 7-25. そして、権力理論及び文化理論、それぞれの観点からの考察がいかなるところに収斂するかについては、以下を参照されたい。Karl H. Hörning, Technik und Kultur. Ein verwickeltes Spiel der Praxis, in: Technik und Gesellschaft 8 (1995), S. 131-151.

26 Henning Eichberg, Festung, Zentralmacht und Sozialgeometrie. Kriegsingenieurwesen des 17. Jahrhunderts in den

Herzogtümern Bremen und Verden, Köln/Wien 1989, S. 584. ちなみにアイヒベルクはこの著作において、彼が多彩な分析の出来る人物であることを示している。これは、彼のフェルキッシュな著作物や「新右翼」的活動における筆法とは、全くもって対照的である。

27 文化という言葉でもってキーガンが理解しているのは「共有された信念や価値、連想、神話、タブー、要請、習俗、伝承、振る舞いや思考の仕方、言語ならびに芸術といった脚荷、すなわち、あらゆる社会が平衡状態を保つための、社会の基底に存在する重り」である。John Keegan, Die Kultur des Krieges（英語版原著は一九九三年）, Reinbeck 1995, S. 84（ジョン・キーガン著、遠藤利国訳『戦略の歴史　抹殺・征服技術の変遷　石器時代からサダム・フセインまで』心交社、一九九七年）.

28 Ebd., S. 74. このことを表した事例として、彼は、マムルーク騎兵たちが火器を用いての訓練を拒否したことや、あるいはこの種の武器の日本での意図的な排除を挙げている（S. 70f および 78 ff. を参照）。もっとも、キーガンが文化的特徴として認めたものは、個々の事例において、しばしばステレオタイプであったり、全くもって疑わしい解説を伴ったものであったりする。その事例としてたとえば彼は、モンゴル人の大遠征が「復讐を求める原始的な渇望が、異常なまでに巨大に発達したもの」と考えるとともに（S. 302）、ローマ人らは「生け贄の動物に対して襲いかかるように、他の人々を襲うことのできる、十分な狩猟本能を」、保持していたに違いとしている（S. 385）。なお、本論との関係でいうなら、シュミットヒェンもまたキーガンと同様、中世後期の戦争において、技術の持つ機能性が決して決定的な基準ではなかったことを確認している。Volker Schmidtchen, Kriegswesen im späten Mittelalter. Technik, Taktik, Theorie, Weinheim 1990, S. 100を参照。

29 Creveld, Technology, S. 67-78.

30 Michael Salewski, Technologie, Strategie und Politik oder: Kann man aus der Geschichte lernen?, in: Militärgeschichtliches Beiheft zur Europäischen Wehrkunde, Wehrwissenschaftliche Rundschau 36 (1987), S. 1-11; ders., Geist und Technik in Utopie und Wirklichkeit militärischen Denkens im 19. und 20. Jahrhundert, in: Foerster/Walle, Militär, S. 73-97.

31 なおデュプイの考えによれば、通常、軍事技術上の発明が起き、それが利用されるまで二〇年ほどかかる。それはとりわけ、新たな軍事技術に対応した戦略面での基本原則が発展するのに時間を要するからである。Trevor N. Dupuy, The Evolution of Weapons ans Warfare, London, Nez York, Sydney 1980, S.338.

32 このようなイメージを補強する古典的な事例のひとつが、一九世紀末から二〇世紀初頭にかけて、火力の過度な増大に直面した軍隊が抱えた戦術上及び戦略上の困難さであったことは確かである。Dieter Storz, Kriegsbild und Rüstung vor 1914.

Europäische Landstreitkräfte vor dem Ersten Weltkrieg. Herford. Berlin. Bonn 1992.

33 Dennis Showalter, Weapons and Ideas in the Prussian Army from Frederick the Great to Moltke the Elder, in: John A. Lynn (Hrsg.), Tools of War. Instruments, Ideas, ans Institutions of Warfare 1445-1871, Chicago 1990 S. 177-210.

34 以下を参照されたい。Stefan Kaufmann, Telefon und Krieg – oder: von der Macht der Liebe zur Schlacht ums Netz, in: Jürgen Bräunlein/Bernd Flessner (Hrsg.), Der sprechende Knochen. Perspektiven von Telefonkulturen, Würzburg 1999, S. 7-25.

35 Stefan Kaufmann, Kommunikationstechnik und Kriegsführung 1815-1945. Stufen telemedialer Rüstung, München 1996.

36 Gilles Deleuze/Félix Guattari, Tausend Plateaus. Schizophrenie und Kapitalismus（初版は一九八〇年）, Berlin 1997, S. 281-585.（ジル・ドゥルーズ／フェリックス・ガタリ著、宇野邦一ほか訳『千のプラトー　資本主義と分裂病』河出書房新社、一九九四年）

37 Manuel DeLanda, War in the Age of Intelligent Maschine, Cambridge, Mass/London 1991.（マヌエル・デ・ランダ著、杉田敦訳『機械たちの戦争』アスキー、一九九七年）

38 ミシェル・カロン (Michel Callon) に、カリン・クノル＝ツェティナ (Karin Knorr-Cetina)、ジョン・ロー (John Law)、そしてこの間、最も成功を収めている人物としては、ブルーノ・ラトゥール (Bruno Latour)、彼らは、こういった科学・技術社会学的方向性を思考する理論において、中心的な役割を果たしている。多くの参考文献を示す代わりに、ここではそのテーゼを技術社会学的な問題に特化して記し、その概観を端的に示したものとして、以下の研究を挙げたい。Bernhard Joerges, Prosopoietische Systeme. Probleme konstruktivistischer Technikforschung, in: Technik und Gesellschaft 8 (1995), S. 31-48.

39 Donald A. MacKenzie, Inventing Accuracy. An Historical Sociology of Nuclear Missile Guidance, Cambridge, Mass/London 1990.

40 前掲書を参照。なおこのような主張に対して、オコーネルのように、製造しうる者は、学問的、技術的進歩という、ある一定のプログラムに基づいた自動機構が、ある一定のノウハウという地点に達するや否や製造されてしまうものであり（そしてさらに、武器が人類にとって根源的な攻撃である）という考えを前提とするものたちにとって、この種の研究の観点は全く意味を見いだせ得ないものである。また応用という意味合いにおいても、ヴァレが技術史の分野で以下のような問いでもって認めているように、この種の観点は異質なものであるといえる。ヴァレの問いとは、すなわち、時代遅れとなった技術は異なる条件のもと、果たしてどの程度まで再利用可能となるのかというものである Walle, Bedeutung, S. 41.

41　ヴァレはこのように、その軍隊と技術に関する綱領的な論文において定式化している。ただ、ここで引用した両者に拘泥することは、技術社会学の分野において多くの着想をもたらすような、研究視野の決定的狭窄へと繋がりかねないであろう。そしてヴァレの思想そのものもまた、最終的にはその着想に恩恵に預かっているのだ。Walle, Bedeutung, S. 61.

42　モノと兵士の関係性であるが、例えば、スタンリー・キューブリック監督による映画「フルメタル・ジャケット」のドイツ語吹き替え版において、ヴェトナム戦争派遣に備えて訓練キャンプで教練を受ける兵士たちは、行進曲にあわせて「俺の武器は俺のフィアンセだ」とかけ声をあげている。また第一次世界大戦で用いられた移動式大砲は「太っちょベルタ」との名がつけられたが、これはクルップ社長夫人の名にちなんだものであった。また機体に女性の名前を付けた戦闘機や爆撃機のパイロットも少なくなかった。従って、核物理学者たちの発想は決して貧弱なものではなかったのである。つまり、「トリニティ（三位一体：訳者補足）実験」、「リトル・ボーイ」そして「ファット・マン」は周知のように歴史を作ったのである。

43　この点について、技術一般の歴史に関して十分に納得のいく形で時代区分したものとしては、例えば以下をみよ。Heinrich Popitz, Epochen der Technikgeschichte, in: ders., Der Aufbruch zur Artifiziellen Gesellschaft, Tübingen 1995, S. 13-43. もっともこの区分を、直接軍事技術に当てはめることはできない。というのも、技術が火器という形で戦争に動員されるというラディカルな変性が、彼が描いた時代の断絶とは合致することはないからである。

44　以下を参照されたい。Creveld, War.

45　De Landa, War, S. 3.

46　Marin van Creveld, Die Zukunft des Krieges（初版は一九九一年）, München 1998, S. 327ff.（マーチン・ファン・クレフェルト著、石津朋之訳『戦争の変遷』原書房、二〇一一年）.

47　勿論、この両者を区分して考えることで、両者の間で生じる多くの技術伝達の存在が観察できる。Hans-Georg Knoche, Wechselwirkungen zwischen militärischer und ziviler Forschung, in: Armin Hermann/Hans-Peter Sang (Hrsg.), Technik und Kultur, Bd. 9, Düsseldorf 1992, S. 431-446.

48　現在のドイツの社会学における論争に関して、簡潔に概要を記したものとしては、以下を参照されたい。Stefan Kaufmann, Der neue Blick der Soziologie auf Gewalt, Militär und Krieg, in: Newsletter AKM 7 (1998), S. 9-12.

第十二章　ディスクールと実践——文化史としての軍事史

アンネ・リップ　新谷卓訳

歴史学内部で今話題になっている理論に関する議論は、社会の歴史ないしは社会史に対する境界設定であれ補足であれ、歴史研究に文化的な側面から支柱を入れて補強しようとする試みである。このことが軍事史の構築様式にとってどのような結果をもたらすのか、どのような従来の研究成果の上に文化史として軍事史が建てられるのか、そして最終的にその基礎が戦争の文化史をも担うのかどうか、ここにおいて検討されることになる。本論では、さしあたってドイツにおける文化史的な議論の現状を簡単に概観し、軍事史の対象領域に対する実質的な意味、そして方法論に関する理論的な意味について問題にする。その後、これを基礎にした上で比較的最近の研究をてがかりに、文化史に方向づけられた軍事史の成果を示す。

一　「文化」と「文化史」をめぐる現在の議論

「文化」あるいは「文化史」というタイトルがついている論文や論文集は、数年来、遅くとも『歴史と社会』誌以来、議論の場をほとんど独占しており、我国でも大流行である[1]。文化史は、もっとも広い意味で、意味、思考の型あるいは意味体系に関わるあらゆる研究にとって、中心的な概念になってきているように見える。いずれにせよ話題になっている議論は、多くの分野で、そして多くの複合的な分野に関して行われている。それは、しばしば、「文化」と「文化史」という旗の下に航海に出ることが、まったく見通しのないまま出航するといったような印象を生みだしている。そのことは、すでに一九九六年に出版された『歴史と社会』の特別号で「文化史の今日」というタイトルの下に寄稿された論文の中に現れている。そこで見られる多様性は、認識理論の問題から、政治文化的アプローチ、心性史や心理史のアプローチ、そして**言語論的転回**、たとえば、ブルデューの実践理論によるアプローチ、あるいはフーコーのディスクール理論的なアプローチにまで及んでいる。もとより認識を導く関心や方法のこうした多様性こそが、文化史の共通性を取り出すことを難しくさせている。

それにもかかわらず、文化史の要求に最小限の共通理解があるとすれば、社会史を内容的にそして方法的な次元で拡大するということにあるように見える[2]。内容的に拡大するというのは、世界像や社会像、そして価値体系、意味体系、判断体系を文化構造として理解することが重要な場合である。その場合、文化構造は、政治構造、経済構造、そして社会構造と同じように、個人的な行為、社会的な行為、そして共同体の行為の枠組みを提供する[3]。一方、方法論的に拡大するというのは、実践理論に方向づけられた文化史が、構造とアクターとの間の無意味な対立を止揚し、そして社会学あるいは文化人類学のような隣接する学問に依拠して、構造とアクターの間を媒介する行動理論的な概念を適用しようとする場合、そのときには方法的ということになる。構造は、社会的なものであれ、政治的なものであれ、経済的なものであれ、あるいは文化的なものであれ、実践の外に存在して実践を決定するものではなく、柔軟でダイナミックなものと見なされる。いわば、社会的な実践を決めるとともに、社会的な実践を通じて決まる大枠ともいうべきものなのである[4]。

さらに次のようなことについての共通理解がある。すなわち、文化構造の成立や作用もまた具体的な行動の文脈に沿ってのみ研究されうるということ、それゆえ、文化というものは、対象領域として社会の外に成立するのではないということである。最終的に、イングリッド・ギリヒャー・ホルタイによれば、文化を「媒介なくそれ自身で存在する（an sich）」対象として考察するのではなく、むしろ「具体的な制約関係や影響関係、文化的、社会的、経済的、そして政治的な過程の協同作用をそれぞれの状況分析の中で発展させること」が問題なのである[5]。

こうした予備的な考察からおのずと明らかになることは、文化史に沿った研究は、理念的には、ディスクール[6]と実践が緊張する場面を常に注視しているということである。とくに徹底的に究明すべきことは、どの程度まで、既存の世界像や社会像が個人的行動や社会的行動を規定するのか、どのような行為に対する強制が、とくにまたどのような行動の範囲が、既存の世界像や社会像によって（前もって）与えられているのか、ということであろう。同じように、それとは反対に、どのように実践を通じて、有効な解釈規範が変えられるのか、あるいは完全に廃棄されるのか、といったことが問われるべきなのである。

とくにブームになっている戦史や軍事史は、知識社会学に基礎づけられたダイナミックな経験概念によって、ディスクールと実践の相互依存性を理解しようと試みている[7]。経験過程の前提条件、経過、影響に対するラインハルト・コゼレックやその他著名な知識社会学者の考え方が、それに影響を及ぼしている[8]。知識社会学に基礎づけられた経験概念が、世界像や社会像の意味を真剣に受けとめるのは、それが歴史的アクターの行動や表現の中で、アクターの認知過程、解釈過程、そして意味付与過程を社会的な現実を構成する要素として研究する場合である。このような経験概念は、「経験史」がアクターの「活動や行動の条件」を視野から見失うという「経験史」に向けられた非難さえ退ける[9]。

文化史的なプログラムの成果を軍事史がどの程度受け入れ可能なのか、という問いは、今や軍事史の対象領域をどの程度狭く捉えるのか、あるいは逆に広く捉えるのか、ということに関係している。文化史に方向づけられた軍事史が、軍事的に定義された個々の集団並びに軍隊の役割に、そのつど社会的な文脈の中で必ず関わるということは、議論の余地のないところであろう。それとは逆に、どの程度、軍事史が**戦争の文化史**にも場所を提供できるのか、そしてそうすべきなのか、という問いに答えることは、さほど簡単ではないように思える。出来事としての戦争は文化構造を透けて見えさせる。そうした視点で見た戦争には、文化史としての軍事史というプログラムにおいて重要な役割が与えられる。それというのも、例外的な状況である戦争においてこそ、歴史的な主体を、とりわけ将校階級以下の主体をよりよく理解することができるからである。ありとあらゆるやっかいなものを伴う戦争を、文化史的な視点の中におき、出来事やその軍事的に定義されたアクターだけに考察を限定しなければ、狭義の意味での軍事史の枠組みをはっきりと超える研究分野が現れてくる。そのような拡大には、少なくとも二つの方向性が示される。第一に、それはたとえば国民観とか、それに関連した自国のイメージや他国のイメージのように、文化構造に即して戦争を変化させる力と関係している。第二に、それは、想像上のあるいは記憶の中の戦争と同じように、目下起きている戦争についての相互に絡み合ったコミュニケーション全体と関係する。こうしたテーマは、文化史の方向へ拡大された軍事史というよりも、**戦争の文化史**と呼ぶ方がふさわしい研究領域の輪郭を明確にしてくれる。

いったい本当のところ、軍事史の対象とは何か、単に軍隊なのか、国家や社会の中に軍隊を束ねることなのか、あるいは、ありとあらゆる厄介なものが伴う戦争なのか、といった問いは、さしあたって未解決のままである。軍事史を文化史の方向へ広げることによって出来上がる輪郭線は、戦争の文化史のかなり狭い領域にとっても、より広い研究分野にとってもまた、今や現在の研究状況の最も重要な研究領域を視野に入れて示されるべきである。

二　文化史の視点における軍隊とそのアクター

軍隊の役割や、軍事的に定義された集団の役割を扱っている狭義の軍事史の分野にとって、文化史的なアプローチの受け入れ方は、次の三つである。第一に、それは、解釈構造や認知構造、世界像や社会像、そして価値規範や判断規範を、軍事的に定義されたアクター集団が行う行為と関係するものとして研究しなくてはならないということである。第二に、文化史としての軍事史は、軍事的な解釈規範が（市民）社会の意味体系や判断体系、そして思考様式や行動様式に与える影響をテーマとすることである。第三に、文化史の構造概念は、実践理論の優位の下にあり、それが意味することは、軍事的な行動にとって重要な文化構造や、そして軍事的な行動を通じて刻印される文化構造を、構造と実践との関連の中においても、そして構造の実践への依存においても考察するということである。それゆえ、文化史としての軍事史は、構造の地平に焦点をあてるのみならず、同じように、この文化構造がアクターの実践を通じて確認され、変更され、廃棄され、あるいは新たに生みだされる過程にも焦点をあてる。

軍隊と市民社会の間の関係と並んで平時の軍隊について、この章の最初の部分で取り扱うことにするが、その際、帝政期の研究成果を利用する。戦時において軍事的に定義されたアクターや、ここで文化史に沿った軍事史の展望を開く視点については、後半で二つの世界大戦の事例に沿って取りあげる。

平時における軍隊と市民社会

「特定の思考様式、意味地平、そして解釈規範を表す（…）文化システムとして」[10]軍隊と軍事的なものを見る見方は、文化史としての軍事史を研究する際の最初のポイントである。さしあたって、アクターが自らの行動を決定し、同時に再生産し、さらに変えることができる軍事制度内部の文化構造を規定することが重要である。軍隊の内部でそのつど現れる思考スタイルや解釈規範をディスクールの歴史として研究することは、比較的容易であろう。仮にこうしたディスクール構造と行為の関連性を示すことができないとしたら、もちろん文化史的な研究は不完全なままとなろう。たとえば、帝政期の将校の社会的な実践において、「職務遂行上の名誉、王に対する忠誠、自己犠牲と献身、（…）秩序への愛と几帳面さ」といったような主要な表象が、将校に、身分コードとして前もって与えられていたということは、何を意味しているのだろうか[11]。たとえば、名誉という概念はディスクールを規定するのみならず、決闘という場面では、まさしく将校団にとって不可避な実践との関連性を示している。このことを示したのはウーテ・フレーフェルトの研究である[12]。

文化史的に整理された軍事史が示しうるのは、それぞれの社会的な文脈の中で、軍の指導者が、どのような別のコード化された思考基準や行為基準によって影響を受けるのか、ということであろう。行為を決定していくディスクールの範囲を明らかにすることは重要であるが、しかし、まさしく実践と関係している構造が、常に変化する可能性にさらされていることを見ておくことも重要である。その際、構造は、硬化するのと同じように柔軟にもなりうる。

文化史としての軍事史のさらに重要なポイントは、軍人の解釈規範と市民の解釈規範、軍人の思考様式と市民の思考様式、そして軍人の行動様式と市民の行動様式との間の相互作用である。ここにおいてはまず、帝政期についてとくに研究され、知られるようになった、社会的軍国主義の問題がまずもって言及される。もちろん、文化史的な方向に編まれた軍事史が、この対象を主題としたのは初めてではない。エッカート・ケーアは、学問的にこれに取り組んだ最初の一人である。ゲルハルト・リッターは主著である『国家政策と戦争手段』において、この主題領域を引き受けた。そしてドイツ「特有の道」論争の文脈において、それが重要な役割を果たしている[13]。予備役将校や在郷軍人会の人々に着目することによって、軍事的に特徴づけられた様式や判断規範が市民社会へと浸透する際に媒体となった組織が研究された[14]。

それに対して、文化史的な方向に沿った研究は、解釈の地平の上で媒介の道筋をテーマとし、帝政期の社会において軍事的なものを最優先するディスクールの結びつきを探求する。もっとも重要で、重大な結果をもたらす結びつきは、疑いもなく、意味体系あるいは判断体系である「国民」と軍隊との結合である。最近の研究では、同時代人の軍隊を媒介にしてその国の国民であるということを自覚できるようになった制度に注目が集まっている。ヤコプ・フォーゲルは、フランスとドイツにおける軍事式典の比較研究において、こうした式典では、単なる軍隊というのではなく、両国において、「武装せる国民（Nation in Waffen）」が表されていることを示した[15]。こうした仕方で、国民的なものの儀式を演出し祝福する機関として軍隊が登場した。

軍事式典よりずっと、大部分の男性にとって国民なるものを直接的に体験できるようになったのは、兵役の義務を通じてである。一般兵役義務が男性の大部分に関係するという事実と並んで、とりわけ、ディスクールの結びつきは、「兵士」であり「国民」であるという両属性の中に意味を持っている[16]。兵役において軍隊への帰属だけが記号化されるのではなく、同じように国民に対する帰属も記号化されるのである。直接的には国民と定義されない社会に属している市民にとってはとくに、一九世紀の支配的なモデルと彼らが結ばれていることを目に見える形で示すことができる場所は、軍隊であった[17]。国民的なものの具体化として、そして国民へのアイデンティティ形成過程の結果として軍隊を認識し解釈すると、軍隊と市民社会の間の境界がぼやけてしまう。

文化史的な問題設定へのアプローチとしての戦争という例外的な状況

二つの世界大戦における兵士がますます研究の中心となることによって、内容的にもそして方法的にも軍事史の多様性がここ数年間でかなり拡大されてきたのは周知の通りである。なるほど軍事史の記述に、行為する人々の、もっと正確にいえば、行為する男性たちの記述が決して欠けているわけではなかった。だが、長い間もっぱら歴史家の関心を引いてきたのは、ただ「指導者」、すなわち「より上位の、さらにはもっとも上位の指導層に属するわずかなグループ」だった[18]。カール・ディートリヒ・エルトマンは、第一次世界大戦の兵士たちを一九七三年においてもなおも「鉄兜の影によって顔が隠され、国防軍の灰緑色の軍服を着て、じっと耐えている戦士が何もいわずに立っている」[19]ともったいぶって語ることが可能だった。これは、これらの兵士が何も語ることがなかったのではなく、むしろ、歴史家が一九四五年以降彼らについて関心を示してこなかったということである[20]。

そうした状況が一変するのは、一方において一九七〇年代そして八〇年代の高度な核武装を目前にして起きた平和運動によって、戦争へと発展しかねない危険性に対して多くの人々が敏感になったとき、他方において、日常史が、非ブルジョワ的な歴史主体という観点にも研究に値する場所を勝ち取り始めた時のことである。軍隊と戦争という観点から見るとき、そのことが意味していることは、戦争においておぞましいほどの犠牲を強いられてきた大多数の人たち、つまり、ふつうの兵士を研究の対象とするということである。一九九二年に出版されたヴォルフラム・ヴェッテの論文「名もなき人の戦争」は重要な試みの一つであった。というのも、ここで、「まずもって彼（つまりふつうの兵士）に関心を持ち、状況を見る彼らに固有な方法をテーマにし」、それと並んで「どのようにして『名もなき人』が、一面では犠牲者、他面では犯罪者となるという二重の役割の中で軍隊と戦争を体験し、苦痛を蒙ったのか」という問いを投げかけているからである[21]。

この間、すでに、ふつうの兵士の戦争体験に関するかなりの数の研究論文が刊行されてきている[22]。これらの研究のどれもがただ下からの視点をなぞっているだけではない。どの研究においてもその帰結をもっと大きな文脈の中に位置づける。すなわち、生命の危機にさらされるような戦闘状態にあっても、兵士が耐えることができるのはどのような理由からなのか、と問うときには、それは、軍事社会学的な文脈の中で解釈される[23]。地上戦特有の戦争体験やその中での解釈規範や意味付与規範が研究されるときには[24]、それは、社会史的な文脈の中で解釈される。だがまた、言語が研究の出発点となり、意味の付与過程で現れる意味がテーマとなるときには、それは、文化史的な文脈の中で解釈されることになる[25]。

文化史としての軍事史もまた、比較的最近になって、とくに戦争の時代について言及してきた。それはたいして驚くことではない。というのも、まさしく戦争こそが文化史的な問題設定へのアプローチを切り開いたからである。その時代に生きた人々は、身にせまる例外的な状況に対して態度を決めるように強いられるか、あるいはその状況に挑むものと自覚していた。職業的な作家、あるいはそれ以外のことがきっかけであったにせよ、解釈することを使命だと感じている書き手は、彼らが行った戦争解釈によって世に知られるようになった。およそ戦争に参加した者は、前線で戦っていたにせよ、後方にいたにせよ、自分の思い出を描いた。兵士とその家族が空間的に離されることによって、手紙を交換し合うしか手段がなくなると、別の文脈の中ではまったく見えてこないコミュニケーションの意味内容が理解されるようになる。こうした戦争に影響を受けたあらゆる表現の中に、これによってこの時代の人々が戦争の現実を説明し、自分のものとした認知構造や解釈構造、価値規範や判断規範、世界像や社会像が透けて見えてくる。こうした文化構造は、二重の観点において興味を引く。一つには、歴史的なアクターの見方に刻印する要素としての構造の機能において、そしてまた、戦争の時代を体験することによってアクター自身が変化するという観点から興味深いといえる。

ふつうの兵士の視点が文化史的な問題設定の下で研究されるべきだとすれば、兵士を抑圧された軍事マシン、戦争マシンの犠牲者としてのみならず、自己責任を伴ったアクターとして考察してもよかろう。そういったものとして、ふつうの兵士は、彼らの認識、解釈、行動を構造化したディスクールの判断規範の網の目の中で動いていた。それゆえまず、文化史的な研究は、戦争の中で行われるコミュニケーションを、そして戦争についてのコミュニケーションを研究の対象とする。戦争に参加した人々の発言は、表現に内在している知覚カテゴリーや解釈カテゴリーに照会される。兵士の自己解釈や世界解釈を研究する第二の可能性は、兵士が軍事規律を守らない、あるいは明らかさまに反抗するといった場面で生じる。兵士の行動を基礎づけているものを知りたければ――これを理解できる範囲において――兵士が心底大事にしているものを見ればいい。第三のアプローチは、最終的に、歴史の縦断面において規定された解釈規範に注目する。この仕方で、彼らの行動や経験を導くいくつかの次元を発掘したり、歴史的な経験過程を通じて彼らが変化する可能性も示されるのである。軍事史的な文脈において、トーマス・キューネの「戦友」をテーマとした企画は、今日までなされたものでは、唯一の文化史的なものである。そこでは、広く集めた兵士の経験を基礎にして、そして長い期間に渡って、同じような仕方で、軍事的な解釈規範が持つ効力の強さと並んでその変化の可能性が研究されている[26]。

兵士の認知傾向や解釈傾向を彼らの手紙によるコミュニケーションの中に見いだそうとしている文化史研究の典型的な事例として、クラウス・ラッツェルのドイツ国防軍兵士に関する研究がある。彼の出発点となった素朴な問いは、「兵士、下士官、下級士官は、この戦争をどのように見ていたのか」ということにある。もちろん、ふつうの兵士たちの視点を研究すること自体が目的なのではない。ラッツェルは、手紙の中に反映されている「深く根付き、長い期間影響力を保持している『忠誠心』、すなわち個々人を国家、軍隊、そして最終的には戦争計画に結びつけていた『忠誠心』」[27]に従っている兵士の軍事郵便に注目している。ラッツェルは、国防軍兵士による戦争の現実に対する認識と解釈が、どのような範囲で、ナチのイデオロギーの諸要素によって導かれ、そしてその前提となる構造となったのか、ということを示すことに成功している。こうした解釈と行動との関係を問題にすれば、研究は、史料に特有な限界に突き当たる。国民社会主義的なイデオロギーという大道具によって、兵士の態度を解釈する可能性だけでなく、動機の可能性もわかるのかどうかは[28]、解明されないにちがいない。それに対して、国民社会主義による現実の解釈に影響された兵士の解釈構造や認知構造が、戦争が終ってからも、どの程度、戦争のイメージや戦争を解釈する際に残っていたのか、そして、それによって国民社会主義の犯罪に多数の人々が関わったという事実分析をさらに困難にしてきたのか、という問題はもっと明らかにされなければならない。戦後社会において、国民社会主義の解釈規範が持続している事例は、とくに戦争出撃を回顧する兵士や他の戦争解釈者の解釈規範に見てとられる。

兵士の解釈傾向や行動傾向を知るのに手がかりになりそうなものがさらにある。その一つに、兵士の反抗的な行動の研究がある。兵士たちが戦闘や彼らに果たされた義務から逃れようとするとき――兵役逃れのための自傷行為であれ、不法な離脱であれ、脱走あるいはあからさまな命令違反によるものであれ――彼らはどのような理由でそれを実行に移すのであろうか。反抗的な態度は、根底にある価値規範や解釈規範に単純に還元されえないことは確かである。逃亡兵の行為の動機を探ることが、いかに難しいかということを、クリストフ・ヤールは、つい最近、第一次世界大戦の比較研究において示した。逃亡は個々人の行為である。そして裁判となれば、たいていの被告人は、自分の行った軍事行動が状況に制約を受けていたこと、あるいは純粋に個人的な動機をあげて、自分の行動を理由づけする[29]。反抗という行為は、純粋に個人的な特徴を持っており、特定の目的を持って共通の行動をとるという意味において集団的ではない。そのため反抗という行為は、兵士の根底にある自己理解や行為を導く価値判断を取り出すためには、相応しくないことは明らかである。これに関連して集団的な反抗行為がはるかに説得力を持ちうることは、一九一七年のフランスの第五師団の中で公然と起きた反乱についての研究が示している通りである[30]。兵士の拒絶は、著者の議論に即していえば、市民兵士として民主主義的な自己理解からなされたものである。彼らは、戦争という条件下であっても市民の権利を持つ兵士として扱われることを要求した。反乱をおこした兵士は――ロシア軍兵士とは異なり――どのような場合でも国家機構を問題にしていたのではなく、国家機構は、軍の内部においてもまた市民的、民主主義的な自己理解の原則に従って機能する、ということを求めたのである。こうした解釈に従うならば、あからさまに命令を拒否するという例外的な状況は、第三共和国において市民的なアイデンティティ形成がうまくいっているということを示す行動の可能性や解釈の可能性を明らかにしている[31]。

言及してきたアプローチすべてにおいて、それが定められた解釈規範から出発しようと、手紙のやりとりであろうと、あるいは兵士の反抗的行為であろうと、そのどこから出発しようとも、文化史の方向に拡張された軍事史の利点がどこにあるのか、ということがはっきりと示されている。すなわち、文化史的な軍事史は、現実に対する主体の無力、あるいは主体の抵抗を記述するにとどまらず、戦争中の「名もなき人」の実践がまた構造にどの程度関連しているのか、それゆえ、どのように彼らの態度が諸構造を存続させ、修正し、あるいはまったく新しく生まれ変わらせるのか、ということを問うているのである。それによって、戦争における兵士の犯罪行為という扱いにくい問題が言及される。それは、とりわけ第二次世界大戦の研究の中で直面している問題である[32]。手紙によるコミュニケーションを調べたラッツェルの文化史的な研究は、歴史的なアクターの動機の説明可能性という問題において、服従義務と自己責任の間の二つの微妙な混合比へと目を向けさせている。

実際の戦闘への兵士の自己責任での参加、それどころか兵士の大量殺戮場面への関与を今までアメリカ人の著者だけが取りだそうとしてきたことは注目される[33]。それらの著者の中でもっとも有名で、そして評価が定まらないのは、ダニエル・J・ゴールドハーゲンである。いわゆるゴールドハーゲン論争は、それがドイツにおいてなされるやいなや、大胆で、証拠を示して証明することが難しい連続テーゼ、すなわち、ドイツ人〔が持っている特質〕が「抹殺志向の」反ユダヤ主義へ繋がっていくという危ういテーゼに何よりも嚙みついた[34]。この著作の本当の長所は[35]、犯罪者の「意味の構成、行為の傾向、そして行為を刻印づけるメンタリティ」をテーマとしているところであり、それは、その際今まで十分に議論されないままできた。戦争末期における一〇一警察大隊、強制収容所、死の行進といった三つの事例すべてにおいて、ゴールドハーゲンは、「犯罪者たち」の行為空間や、ひょっとしたらありえたかもしれない別の行為に照明を当てることによって、「犯罪者たち」の中にある態度を決める潜在的な動機にせまっている。それらは、たいてい採用されないままであるが、採用されないということは、反ユダヤ主義の立場から行為がなされる可能性を示している。別の態度をとる可能性が実際にあったことを示す同じようなアプローチがあれば、「**絶滅戦争　一九四一年から一九四四年までの国防軍の犯罪**」展において新たに何回も火をつけることになった[36]、第二次世界大戦の国防軍兵士をめぐる相変わらずの感情的な議論ももっと客観的なレベルへともたらすことができたであろう。

最終的に確認されることは、第一次・第二次世界大戦における兵士の歴史学的研究は、この間に高度な水準にまで達しているということ、それに対して、文化史的な問題設定による軍「高官」についての研究は、これまで長く触れられないままだったということである[37]。それは、将校や従軍牧師あるいは軍医が戦争の現実を解釈し、戦争の解釈を提供する認知構造や解釈構造に鑑みてそのようにいえる[38]。文化史としての軍事史は、「下から」の歴史、あるいは「名もなき人」の歴史以上のものでなければならない。文化史的な議論内部で要請された方法の転換を真剣に考えるならば、それが意味するところは、まさしく軍のエリートの実践もまた、その文化構造への実践の依存において、そして文化構造を実践が形成する可能性において分析するということである。ヴァイマル共和国の攻撃的でナショナルな解釈者が戦争の現実を表したキャッチフレーズ、たとえば、「戦争体験」「前線の兵士」、あるいは「戦場での不屈」といったフレーズは、たしかに兵士たちの戦争体験という点で共通点はわずかかもしれないが、戦争における軍事エリートの解釈基準から見れば、共通点はむしろ多い。ヴァイマル共和国においてこうしたキャッチフレーズが非常に魅力的だったことによって、戦争のイメージと兵士のイメージを構成する過程に関する問題が提起される。それらの影響についての歴史研究は、軍事史を戦争の文化史へともっと拡大して規定していく可能性を示唆するものである。

三　戦争の文化史

実際の戦闘行為が終わっても、戦争はすぐには過去のものとはならない。すべての戦後社会が戦争の文化的な遺産と対決しなければならない[39]。それは、一方において、たとえば、国家観やそれに結びつけられた自国のイメージとか敵のイメージといったように、戦争を通じてかなり歪曲されてしまった文化構造に関係するものである[40]。他方において、戦争にまといついている記憶と神話、イメージと象徴といったものが、社会の文化構造の一部となっている。社会が「戦争」に対して作り上げているイメージ、その出来事に書き加える想像力あるいは破壊力、そしてそのやり方は、〔実際の〕戦争に対するのと同じように、肯定的に語られるにせよ否定的になされるにせよ、もとより社会的な関係や暴力の受容を見る一つの指標なのである。

自己のイメージと敵のイメージ

戦争の文化構造への影響については、いままでとりわけ秩序規範である国家について研究されてきた[41]。それは二つの根を持っているといえよう。その一つは、国家は、解放戦争以来、もっとも高度な正当性をもった機関へと移行したということにある。というのも、戦争を行う国家が、もはや傭兵部隊ではなくなり、徴兵制によって招集された軍隊を危険な地域へと送り込む必要がでてきたときに、住民に対して、どのような戦争であれ、それを正当化しなければならなくなったからである。第二に、自国のイメージと敵国のイメージが、戦争を通じて先鋭化していったということにある。

正当性の規範としての「国民」が、同時に、動員戦略でもあったとき、一九世紀の初頭以来、戦争が起きたときには、どの程度、国家の関心が国民運動の関心に結びつけられたのか、ということが問われるべきである。さらにその問いには、どの程度、戦争中の国民的な思想が持つ動員力が国民運動以外でもまた国民という理念の受け入れを促すことに貢献したのか、という問に関係してくる。その受け入れの促進は、なるほど封建領主の統治下ほどではないにせよ、しかしいずれにせよ、軍人の指導の下でなされている。こうした複合的な問題は、いままでまだ体系的に研究されてこなかった[42]。

戦争の意味に関する研究成果がさらに期待されるのは、国民という観点で自己と他者をわけ、それぞれのイメージを作り出す場合においてである。国民的集団への統合を成功させる過程で、敵のイメージが中心的な役割を果たすことをかねてから指摘していたのは、オイゲン・レンベルクの幅広いペースペクティブを持ったナショナリズム研究である。「価値が強調され、義務を負わせる世界のイメージや社会のイメージは、国民的な、あるいは国民に類似した集団を統合し、その外界から区切る。だが一方で、それらのイメージには、敵の像や共通の危険を表している表象もまた、集団を統合するために含まれているにちがいない」[43]。国民的な自己定義と境界の議論との関係、そしてドイツやフランスにおける国民意識の成立における戦争の意味といったものを、ミヒャエル・ヤイスマンもまた際立たせてきた[44]。もちろん、直接的に起きている戦争だけではなく、同じように戦争を予期させることでも、国内での国民形成の過程において国民を統合する効果を促すことができた。ドイツの事例で見れば、それは、統一戦争が帝国創設にあたって、その誕生の手助けをする役割を果たした後初めてなされたのではなく、それに先立つ二〇年前からすでにそうした役割を果たしていたのである[45]。

戦争の文化的な遺産は、社会内部の境界についてのディスクールにおいても見てとられる。すなわち、戦争、同じように勝利、いやそれ以上に敗北が、国民的統一の内部でもたらす、あるいは強める自己と他者の区分の中に見てとられるのである。国内での敵の形成と社会的な暴力態勢の高まりとの関連を、少なくとも、ヴァイマル共和国の事例が明らかにしているように見える[46]。すでにこの時代の人々の間では、公の議論の中で敗北や革命の責任をユダヤ系ドイツ人に帰する贖罪の機能が指摘されていた[47]。責任をユダヤ人に帰する議論のかたわらで、暴力態勢の高まりという社会全体の文脈の中で見てとられる、ユダヤ人に対する直接的で日常的な暴力の行使さえ行われた。このことは、現在反ユダヤ主義研究の中で明らかにされている[48]。戦争と革命がここにおいて引き起こす二つの極に分裂する過程は、本格的にもっと研究されなければならない。一般的に、国内の統合過程という観点から、そしてまた国内に敵を形成するという運動を注視することによっても、戦争を考察することは、研究しがいがあろう。

想像上の戦争と社会の暴力

戦争のイメージや戦争神話において、戦争の文化的な遺産が最も直接的に示される。それらを社会的あるいは集団に固有な表象を表すものとして読めば、その言葉の持つ力は示されたものを越えて広がっていく。ヤン・フィリップ・レーンツマによれば、社会科学者は、戦争の記憶の中に戦争のイメージを再構築するのみならず、「社会が思い描く戦争のイメージの中で、社会自体が自ら作り上げた、戦争と社会との関係についてのイメージを再構築するのである」[49]。それに補足すれば、社会やその社会的な集団が戦争についてコミュニケーションをするやり方は、暴力がその集団内でどのような位置を占めるのかを計る一つの尺度であると定式化することができるだろう。そこへの接近は、語られた、そして言語によって書かれたコミュニケーションという月並みな形を示すともに、さらに勝利の祝祭あるいは記念碑、博物館や展示会における戦争の象徴化をも示している[50]。

第一次世界大戦の始まりを変わらない現実からの脱却として、そして社会革新に向けたチャンスとして歓迎していた作家、芸術家、そして学者が少なからず存在していた[51]。そういった夢物語は、近代戦争の現実に直面すれば、長く続くことはなかった[52]。それにもかかわらず、彼らは、この種の戦争一般の無害化を可能なものとして考えてきた過去の展開に目を向けさせる。戦争は、帝政期の時代の大多数の人々には避けられないもの、それどころか政治の正当な手段とみなされていたということは、かなり以前から知られている[53]。それに対して、我々は、この解釈傾向や行為傾向の文化的な根について知っていることはわずかである。たとえば、戦争勃発に有利なように、戦争の破壊力を目立たなくする社会的なコミュニケーションの過程についてあまり知らない。帝政期、同時代の観察者は、軍の特別な位置と戦争の無害化との間の連関に注視し、こう述べている。「尊敬がリベラルな新聞雑誌に特徴的であるように、今日、まったく何も恐ろしいものがないかのように、戦争勃発の問題が報道によって、大部分輿論において落ち着いて、そして冷静な考え方で語られているという非常に注意を引く現象は、おそらくは軍事的な存在に対するこうした尊敬と関係している。二〇年前まではまだ、世界中で戦争をめぐるむき出しの思考に恐れおののいていた。そして思慮のある政治家達は、戦争を進歩的な教育やヒューマニズムによって、ほぼ不可能な事態となったとみなした。しかしながら、今日、誰しも戦争に対する思考と慣れ親しんでいる」[54]。

戦争についてのコミュニケーションは常に暴力に対するコミュニケーションでもある。すなわち、戦争を無害なものに見せかけることは、常にまた暴力の無害さをも意味している。そしてその反対もまた成り立つ。コミュニケーションによって生まれた戦争のイメージの分析は、社会に内在する暴力態勢の文化的な根、並びに程度を暴く。

ラインハルト・コゼレックによってすでに一九七〇年代から取り組まれてきた研究、すなわち戦後社会における死者崇拝と戦争の記念碑についての研究は、戦争の象徴化を、社会的なあるいは集団に特有な暴力態勢の指標としても示している[55]。戦間期の戦争の記憶の図像学は、フランス、イギリス、ドイツでかなり研究されている。その結果、それらを比較すると、国民の特徴がはっきりと現れる[56]。連合軍の多くの戦争記念碑は、哀悼という要素によって、特徴づけられていたが、一方、敗戦国の下では、報復思想が公の戦争記憶の中に満ちていた。ドイツにおける戦争記念碑は、新たな戦争を呼びおこした[57]。

戦争に関するコミュニケーションの中で、統合過程あるいは分極化の過程が理解されるにせよ、あるいは戦争のイメージにおいて、戦争の神話において、暴力が社会の中で置かれている位置がつきとめられるにせよ、いずれの場合においても、軍事史の対象はかなり拡大される。

四　文化史としての軍事史——狭い範囲あるいは無限の広がりか？

ローレンス・コールは、最近『オーストリア歴史学』誌の中の「軍・戦争・国家そして社会」をテーマとする冊子の中で次のように論じている。「軍事史自体が新たに書かれうるのかどうか、あるいは研究領域が新たな問題設定によって多くの分野で――いわば分業化されて――さらに成立するのかどうか」は、「戦争」と「軍隊」に対する新しい研究動向を見ても、まだ決定的ではないと[58]。文化史としての軍事史の研究結果はどのように見えるのだろうか。そのテーマには、疑いもなく将校や兵士の解釈構造や認識構造、世界像や社会像、価値規範や判断規範を研究すること、そして、それを社会的な実践に関係づけることなど多様なテーマが属していることは確かである。それに対して、戦争や軍隊の社会的な関わりや、コミュニケーション過程や相互作用過程における軍隊の価値を、無制限に文化史として軍事史の対象領域にすることは、かなり難しいように思える。そのような研究領域は軍隊やそのアクターの視点からのみ発展させられるのではない。

一九世紀のディスクールの中で軍隊と国民、あるいは軍隊と男性が結びつくことによって、軍事的な要素が市民社会の価値規範や判断規範の中に入り込むことになった。国民的なものを背負わせられている兵士像や、あるいは逆に軍事色に染まった国民像が構築される過程に（非軍事的な）市民の輿論がかなり関与していた。こうした側面が考慮されなければ、軍隊と市民社会の関係は、十分に理解されないのである。しかし、自らのディスクールによって兵士のイメージや戦争のイメージを作り出す市民は、はたして軍事史の対象領域なのだろうか。ここにおいて、文化史としての軍事史の限界――あるいは逆に無限の広がりといってもよい――が現れてくる。文化史としての軍事史は、文化史的な観点において、軍隊とそのアクターだけを研究の対象としようとするのか、あるいは、軍事的なものにその社会的な価値を認めるすべての過程にも研究対象を広げようと欲しているのか、こうした問いは軍事史をどのような立ち位置で見るのかによって異なってくる。後者を選択した場合には、市民研究あるいはナショナリズム研究と、広範囲に文化史の方向に拡大された軍事史との間に境界線を引くことは、もっと難しくなるだろう。

同じような問題は、軍事史が、かなり広範囲に影響が及ぶ戦争の文化史的側面を含むことができるのか、そして含めようとしているのか、と問う際にもある。いずれにせよ、戦争の文化史を構築することは、望ましいことである。その際、戦争の文化史が、同じように文化史に場所を割いている社会史の中に、そしてさらに発展が期待できる暴力の歴史の中に[59]、そしてとくに軍事史の中に、それを支える支柱を見いだすとき、戦争の文化史の成功はたぶん容易に保証されるだろう。

1　一九九二年以来、『歴史と社会』誌において、理論的に基礎づけられた文化史に向かっている、精神科学の新しい方向に取り組んでいる論文が、毎年少なくとも一つは公表されている。近年それに関する多くの論文集もまた出版されている。Wolfgang Hardtwig/Hans-Ulrich Wehler (Hrsg.), Kulturgeschichte Heute,Göttingen 1996; Thomas Mergel/Thomas Welskopp (Hrsg.), Geschichte zwischen Kultur und Gesellschaft. Beiträge zur Theoriedebatte, München 1997; Christoph Conrad/Martina Kessel (Hrsg.), Kultur & Geschichte. Neue Einblicke in eine alte Beziehung, Stuttgart 1998; Hans-Ulrich Wehler, Die Herausforderung der Kulturgeschichte, München 1998.

2　目下話題になっている文化史の議論の中心的な観点は、本論では隠されている。それは、とりわけ重要な認識理論的な議論の筋道やそれに関連する歴史家の視点拘束性などがそうである。それについては、専門家集団の中で再発見された、よく引用されるマックス・ヴェーバーの論文を参照せよ。Die „Objektivität" sozialwissenschaftlicher und sozialpolitischer Erkenntnis, in: Max Weber., Gesammelte Aufsätze zur Wissenschaftslehre, Tübingen51982, S. 146-214; これに加えて、Otto Gerhard Oexle, Geschichte als Historische Kulturwissenschaft, in: Hardtwig/Wehler, Kulturgeschichte, S. 14-40 も参照。

3　これは、文化史の議論の主唱者の計画に沿って提案されている要請に対応している。以下 Ute Daniel, „Kultur" und „Gesellschaft". Überlegungen zum Gegenstandsbereich der Sozialgeschichte, in: GG 19 (1993), S. 69-99, S. 72 und Reinhard Sieder, Sozialgeschichte auf dem Weg zu einer historischen Kulturwissenschaft?, in: GG 20(1994), S. 445-468, S. 449 を参照。これらの論文は、言葉の選択に至るまで、同じように文化史の対象領域として「知覚、意味、意味付与の地平」を考慮するよう求めている。「文化構造」という概念は、目下問題となっている議論において、なるほどときどき使われているが、それでもこの概念は、政治構造、経済構造あるいは社会構造のように、まだ一貫したものとして見なされていない。これは、もちろん、どのような種類の構造であれ、構造を扱うことに対して常に不安を示している若干の主唱者が明らかにいるということに関係しているのかもしれない。ラインハルト・ズィーダーでさえも、彼の啓発的な論文の中で、なるほど、構造を、再びこうした行為を通じて現れ、再生産され、あるいは変更される、行為を制約する枠組みと見なしているが、しかしながら、それによって、彼が念頭に置いているのは、「社会的なもの、経済的なもの、政治的なものの構造」であることは明らかである。「文化構造」という概念を導入するための弁論としては、Philipp Sarasin, Arbeit, Sprache - Alltag. Wozu noch „Alltagsgeschichte"? in: Werkstatt Geschichte 15 (1996), S. 72-85, ここは、S. 76; Sarasin, Subjekte, Diskurse, Körper. Überlegungen zu einer diskursanalytischen Kulturgeschichte, in: Hardtwig/Wehler, Kulturgeschichte, S. 131-164を参照。

4 こうしたプログラムの下に、メルゲルとヴェルスコップ編集の論文集がある。最近では、Thomas Welskopp, Die Sozialgeschichte der Väter. Grenzen und Perspektiven der Historischen Sozialwissenschaft, in: GG 24 (1998), S. 173-198 も参照。

5 Ingrid Gilcher-Holtey, Kulturelle und symbolische Praktiken: das Unternehmen Pierre Bourdieu, in: Hardtwig/Wehler, Kulturgeschichte, S. 111-130, S. 112.

6 「ディスクール」という言葉は、この論文においては、フーコーに依拠して用いられている。すなわち、ディスクールとは、公共のコミュニケーションの連関の中で成立し、それによって行動と関係するようになる社会的に制度化された話し方を意味している。Peter Schöttler, Mentalitäten, Ideologien, Diskurse. Zur sozialgeschichtlichen Thematisierung der „dritten Ebene", in: Alf Lüdtke (Hrsg.), Alltagsgeschichte. Zur Rekonstruktion historischer Erfahrungen und Lebensweisen, Frankfurt/M.1989, S. 85-136 を参照。

7 こうしたコンセプトは、一九九九年にテュービンゲン大学において設立された特殊研究領域「戦争体験—近代における戦争と社会」の根底にある。Klaus Latzel, Vom Kriegserlebnis zur Kriegserfahrung. Theoretische und methodische Überlegungen zur erfahrungsgeschichtlichen Untersuchung von Feldpostbriefen, in: MGM 56 (1997), S. 1-30 も参照。

8 とくに Reinhart Koselleck, Der Einfluß der beiden Weltkriege auf das soziale Bewußtsein, in: Wolfram Wette (Hrsg.), Der Krieg des kleinen Mannes, München 1992, S. 324-343; Alfred Schütz/Thomas Luckmann, Strukturen der Lebenswelt, 2 Bde., Frankfurt/M. 1979 und 1984; Peter L. Berger/ Thomas Luckmann, Die gesellschaftliche Konstruktion der Wirklichkeit. Eine Theorie der Wissenssoziologie, Frankfurt/M. 1969 を参照。

9 Sieder, Sozialgeschichte, S. 454 を参照。

10 Ute Frevert, Gesellschaft und Militär im 19. und 20. Jahrhundert: Sozial-, kultur- und geschlechtergeschichtliche Annäherungen, in: dies. (Hrsg.), Militär und Gesellschaft im 19. Und 20. Jahrhundert, Stuttgart 1997, S. 7-14, S. 10.

11 Oldwig von Uechtritz, Der Offizier des Beurlaubtenstandes in seinen Beziehungen zum gesellschaftlichen und staatlichen Leben, in: Militär-Zeitung 11 (1888), Nr. 2, S. 13-16, S. 14.

12 Ute Frevert, Ehrenmänner. Das Duell in der bürgerlichen Gesellschaft, München 1991.

13 Eckart Kehr, Zur Genesis des Königlich Preußischen Reserveoffiziers, in: Kehr, Der Primat der Innenpolitik. Gesammelte Aufsätze zur preußisch-deutschen Sozialgeschichte im 19. und 20. Jahrhundert, hrsg. v. Hans-Ulrich Wehler, Berlin 1965, S. 53-63; Gerhard Ritter, Staatskunst und Kriegshandwerk. Das Problem des „Militarismus" in Deutschland, 4 Bde.München 1954-1968, を参照。とくに Bd. 2, S. 117-131 を参照。「特有の道」テーゼについては、とくに Hans-Ulrich Wehler, Deutsche Gesellschaftsgeschichte, Bd. 3: Von der „Deutschen Doppelrevolution "bis zum Beginn des Ersten Weltkrieges, 1848/49-1914, München 1995 を参照。

14 Kehr, Genesis; Hartmut John, Das Reserveoffizierkorps im Deutschen Kaiserreich 1890-1914. Ein sozialgeschichtlicher Beitrag zur Untersuchung der gesellschaftlichen Militarisierung im Wilhelminischen Deutschland, Frankfurt/M. 1981; Thomas Rohkrämer, Der Militarismus der„kleinen Leute ". Die Kriegervereine im Deutschen Kaiserreich 1871-1914, München 1990; Rohkrämer ,Der Gesinnungsmilitarismus der„kleinen Leute" im Kaiserreich, in: Wette, Krieg, S. 95-109 を参照。

15 Jakob Vogel, Nationen im Gleichschritt. Der Kult der ,Nation in Waffen' in Deutschland und Frankreich, 1871-1914, Göttingen 1997; Vogel, Militärfeiern in Deutschland und Frankreich als Rituale der Nation (1871-1914), in: Etienne François/Hannes Siegrist/Jakob Vogel (Hrsg.), Nation und Emotion. Deutschland und Frankreich im Vergleich, Göttingen 1995, S. 199-214; Vogel, „En revenant de la revue". Militärfolklore und Folkloremilitarismus in Deutschland und Frankreich 1871-1914, in: ÖZG 9 (1998), S. 9-30.

16 Michael Geyer, Eine Kriegsgeschichte, die vom Tod spricht, in: Thomas Lindenberger/ Alf Lüdtke (Hrsg.), Physische Gewalt. Studien zur Geschichte der Neuzeit, Frankfurt/M. 1995, S. 136-161; Ute Frevert, Soldaten, Staatsbürger. Überlegungen zur historischen Konstruktion von Männlichkeit, in: Thomas Kühne (Hrsg.), Männergeschichte - Geschlechtergeschichte. Männlichkeit im Wandel der Moderne, Frankfurt/M. 1996, S. 69-87; 兵役義務については、Stig Förster, Militär und staatsbürgerliche Partizipation. Die allgemeine Wehrpflicht im Deutschen Kaiserreich 1871-1914, in: Roland G. Foerster (Hrsg.), Die Wehrpflicht. Entstehung, Erscheinungsformen und politisch-militärische Wirkung, München 1994, S. 55-70 も参照。

17 Ute Frevert, Das jakobinische Modell: Allgemeine Wehrpflicht und Nationsbildung in Preußen-Deutschland, in: dies., Militär, S. 17-47, ここは、S. 34.

18 Wolfram Wette, Militärgeschichte von unten. Die Perspektive des„kleinen Mannes", in: Wette, Krieg, S. 9-47, とくに. S. 11.

19 Karl Dietrich Erdmann, Der Erste Weltkrieg, Stuttgart [8]1991, S. 233.

20 戦間期の「下からの」視点を利用しているものには、Bernd Ulrich, „Militärgeschichte von unten". Anmerkungen zu ihren Ursprüngen, Quellen und Perspektiven im 20. Jahrhundert, in: GG 22 (1996), S. 473-503; Ulrich, Feldpostbriefe des Ersten Weltkrieges - Möglichkeiten und Grenzen einer alltagsgeschichtlichen Quelle, in: MGM 53(1994), S. 73-83 を参照。

21 Wette, Militärgeschichte, S. 23 f.

22 Omer Bartov, Hitlers Wehrmacht. Soldaten, Fanatismus und die Brutalisierung des Krieges, Reinbek 1995; Benjamin Ziemann, Front und Heimat. Ländliche Kriegserfahrungen im südlichen Bayern 1914-1923, Essen 1997; Bernd Ulrich, Die Augenzeugen. Deutsche Feldpostbriefe in Kriegs- und Nachkriegszeit 1914-1933, Essen 1997; Klaus Latzel, Deutsche Soldatennationalsozialistischer Krieg? Kriegserlebnis - Kriegserfahrung 1939-1945, Paderborn 1998; Christoph Jahr, Gewöhnliche Soldaten. Desertion und Deserteure im deutschen und britischen Heer 1914-1918, Göttingen 1998; 次の文献も参照。Aribert Reimann, Der Große Krieg der Sprachen. Untersuchungen zur Historischen Semantik in Deutschland und England zur Zeit des Ersten Weltkrieges, Essen 2000; 以上の論文とは対照的に、フランク・クーリヒの次の研究は、方法的にあまり成功していない。Frank Kühlich, Die deutschen Soldaten im Krieg von 1870/71, Frankfurt/M. 1995.

23 Ziemann, Front; 大英帝国については、J. G. Fuller, Troop Morale and Popular Culture in the British and Dominion Armies 1914-1918, Oxford 1990 を参照。

24 Ziemann, Front.

25 Latzel, Soldaten; Reimann, Krieg.

26 Thomas Kühne, Kameradschaft - „das Beste im Leben des Mannes". Die deutschen Soldaten des Zweiten Weltkrieges in erfahrungs- und geschlechtergeschichtlicher Perspektive, in: GG 22 (1996), S. 504-529; Kühne, Zwischen Männerbund und Volksgemeinschaft: Hitlers Soldaten und der Mythos der Kameradschaft, in: AfS 38 (1998), S. 165-189.

27 Latzel, Soldaten, S. 15 f.

28 ラッツェルのもとで承認されている。Latzel, Soldaten, S. 18.

29 Jahr. Soldaten, S. 135 f.

30 Leonard V. Smith, Between Mutiny and Obedience. The Case of the French Fifth Infantry Division during World War I, Princeton 1994; 同じ著者の Remobilizing the citizen-soldier through the French army mutinies of 1917, in: John Horne (Hrsg.), State, Society and Mobilization in Europe during the First World War, Cambridge 1997, S. 144-159 も参照。

31 Smith, Mutiny, S. 258.

32 問題の見取り図として、Manfred Hettling, Täter und Opfer? Die deutschen Soldaten in Stalingrad, in: AfS 35 (1995), S. 515-531 を参照。

33 国防軍については、Bartov, Wehrmacht; zum Vernichtungskrieg を参照。絶滅戦争については、Christopher R. Browning, Ganz normale Männer. Das Reserve-Polizeibataillon 101 und die „Endlösung" in Polen (zuerst 1992), Reinbek 1993; Daniel J. Goldhagen, Hitlers willige Vollstrecker. Ganz gewöhnliche Deutsche und der Holocaust, Berlin 1996 を参照。

34 ドイツにおける議論については、Julius H. Schoeps (Hrsg.), Ein Volk von Mördern? Die Dokumentation zur Goldhagen-Kontroverse um die Rolle der Deutschen im Holocaust, Hamburg 1996; Michael Schneider, Die „Goldhagen-Debatte". Ein Historikerstreit in der Mediengesellschaft, in: AfS 37 (1997), S. 460-481 を参照。

35 Ingrid Gilcher-Holtey, Die Mentalität der Täter, in: Schoeps, Volk, S. 210-213. 引用は、S. 210. 議論に参加した多くの歴史家の中で、イングリット・ギリヒャー・ホルタイは、ゴールドハーゲンの著作が持つ文化史的な観点を評価した数少ない歴史家の一人である。ゴールドハーゲンの理論のアプローチを否定的に見ているものとしては、Volker Pesch, Die künstlichen Wilden. Zu Daniels Goldhagens Methode und theoretischem Rahmen, in: GG 23 (1997), S. 152-162 を参照のこと。

36 「国防軍犯罪展」をめぐる公開討論を記録しているものには、Heribert Prantl (Hrsg.), Wehrmachtsverbrechen. Eine deutsche Kontroverse, Hamburg 1997; Hans-Günther Thiele (Hrsg.), Die Wehrmachtsausstellung. Dokumentation einer Kontroverse, Bremen 1997; Bilanz einer Ausstellung. Dokumentation der Kontroverse um die Ausstellung „Vernichtungskrieg. Verbrechen der Wehrmacht 1941 bis 1944" in München, hrsg. von der Landeshauptstadt München, München 1998.

37 こうした方向で効率的に読めるのは、クリストフ・ヤールの論文であろう。というのも、彼の作品は、軍事裁判権におけるアクターの解釈傾向や行為傾向をもテーマにしているからである。

38 最近出版された、ヴィルヘルム二世の大本営の中でカトリックの従軍牧師として働いていたルートヴィヒ・ベルクの日記帳は、どのような生産的な分野が、軍事的なエリートの文化史的な研究を広げられるのか、ということについて一つの考えを示してくれている。„Pro Fide et Patria!“.Die Kriegstagebücher von Ludwig Berg 1914/18, hrsg. v. Frank Betker und Almut Kriele, Köln 1998. を参照。

39 第1次世界大戦の文化的な遺産については、とくに、Die Beiträge in Gerhard Hirschfeld/ Gerd Krumeich (Hrsg.), „Keiner fühlt sich hier mehr als Mensch ... “ Erlebnis und Wirkung des Ersten Weltkriegs, Essen 1993 を参照。並びに Gerhard Hirschfeld u. a. (Hrsg.), Kriegserfahrungen. Zur Sozial- und Mentalitätsgeschichte des Ersten Weltkrieges, Essen 1997 を参照。

40 第一次世界大戦と並んでナポレオン戦争、ドイツ統一戦争時代の国民的統合と脱統合の過程と戦争体験との間の連関を、「戦争体験——近代における戦争と社会」というタイトルが付けられたテュービンゲン大学の特別研究領域の一プロジェクトが研究の対象としている。

41 国民という集団意識の成立を説明するに際して、構成的な特徴としての戦争と暴力を強調しているのは——とりわけイギリスの研究の視点においても——Dieter Langewiesche, Nation, Nationalismus, Nationalstaat: Forschungsstand und Forschungsperspektiven, in: NPL 40 (1995), S. 190-236.

42 最初のアプローチは、Michael Jeismann, Das Vaterland der Feinde. Studien zum nationalen Feindbegriff und Selbstverständnis in Deutschland und Frankreich 1792-1918, Stuttgart 1992, S. 39で見られる。この著作では、解放の叙情詩と軍隊的な表現との間の意味論上の類似が指摘されている。

43 Eugen Lemberg, Nationalismus, 2 Bde., Reinbek 1964, Bd. 2, S. 82-86, 引用文は、S. 82.

44 Jeismann, Vaterland.

45 Nikolaus Buschmann, Volksgemeinschaft und Waffenbruderschaft: Nationalismus und Kriegserfahrung in Deutschland zwischen „Novemberkrise“ und „Bruderkrieg“, in: Dieter Langewiesche/Georg Schmidt (Hrsg.), Föderative Nation. Deutschland von der Reformation bis zum 1. Weltkrieg, München 1999, S. 83-111.

46 Bernd Weisbrod, Gewalt in der Politik. Zur politischen Kultur in Deutschland zwischen den beiden Weltkriegen, in: GWU 43 (1992), S. 391-404. 過去の戦争に関するコミュニケーション内部の政治的な分極化の過程については、Michael Scherrmann, Feindbilder in der württembergischen Publizistik 1918-1933: Rußland, Bolschewismus und KPD im rechtsliberalen „Schwäbischen Merkur“, in: Hirschfeld u.a., Kriegserfahrungen, S. 388-402 を参照。

47 Werner Jochmann, Die Ausbreitung des Antisemitismus, in: Werner E. Mosse (Hrsg.), Deutsches Judentum in Krieg und

Revolution 1916-1923, Tübingen 1971, S. 409-510.

48 Cornelia Hecht, Antisemitismus und Gewalt 1918-1923, Tübingen 1996 (Ms.); Dirk Walther, Antisemitische Kriminalität und Gewalt. Judenfeindschaft in der Weimarer Republik, Bonn 1999.

49 Jan Philipp Reemtsma, Die wenig scharf gezogene Grenze zwischen Normalität und Verbrechen. 一九九七年四月のフランクフルトのパウロ教会における国防軍展での開催の挨拶。引用は以下からとったもの。Prand, Wehrmachtsverbrechen, S. 187-199. ここでは、S. 187.

50 いわゆるテュービンゲン大学の特別研究領域の中で、戦争体験の象徴化をテーマとするかなり多くの研究が成立した。身体の歴史として、宮廷の祝典の中で、造形芸術として、そして戦争についての博物館の展示の中で戦争体験が象徴化された。

51 Wolfgang J. Mommsen (Hrsg.), Kultur und Krieg. Die Rolle der Intellektuellen und Schriftsteller im Ersten Weltkrieg, München 1996.

52 Mommsen, Kultur, die Beiträge von Helmut Börsch-Supan: Die Reaktion der Zeitschriften „Kunst und Künstler“ und „Die Kunst“auf den Ersten Weltkrieg, S. 195-207 und Günter Häntzschel, Literatur und Krieg. Aspekte der Diskussion aus der Zeitschrift, Das literarische Echo“, S. 209-219 を参照。

53 Stig Förster, Der doppelte Militarismus. Die deutsche Heeresrüstungspolitik zwischen Status-Quo-Sicherung und Aggression 1890-1913, Stuttgart 1985; Jost Dülffer/Karl Holl (Hrsg.), Bereit zum Krieg. Kriegsmentalität im wilhelminischen Deutschland 1890-1914, Göttingen 1986; そしてまた最近では Bernhard Rosenberger, Zeitungen als Kriegstreiber? Die Rolle der Presse im Vorfeld des Ersten Weltkrieges, Köln 1998.

54 Die Vorrechte der Offiziere im Staat und in der Gesellschaft, Berlin 1883 (anonym), S. 25.

55 Reinhart Koselleck, Kriegerdenkmale als Identitätsstiftungen der Überlebenden, in: Odo Marquard/Karlheinz Stierle (Hrsg.), Identität, München 1979, S. 255-276; Reinhart Koselleck/Michael Jeismann (Hrsg.), Der politische Totenkult. Kriegerdenkmäler in der Moderne, München 1994.

56 Für Frankreich Pierre Nora (Hrsg.), Les lieux de mémoire, Paris 1984-1992; Annette Becker, La guerre et la foi. De la mort à la mémoire 1914-1930, Paris 1994; für Großbritannien D. Boorman, At the Going down of the Sun: British War Memorials, York 1988; Adrian Gregory,The Silence of Memory. Armistice Day 1919-1946, Oxford 1994; C. Moriarty, Private Grief and Public remembrance: British First World War Memorials, in: Martin Evans/Kenneth Lunn(Hrsg.), War and Memory in the Twentieth Century, Oxford 1997, S. 125-142; 以下の視点も比較参照。Jay M. Winter, Sites of Memory,

Sites of Mourning. The Great War in European Cultural History, Cambridge 1995.

57 Michael Jeismann/Rolf Westheider, Wofür stirbt der Bürger? Nationaler Totenkult und Staatsbürgertum in Deutschland und Frankreich seit der Französischen Revolution, in:Koselleck/Jeismann, Totenkult, S. 23-50, とくに S. 29. Sabine Behrenbeck, Heldenkult oder Friedensmahnung?Kriegerdenkmale nach beiden Weltkriegen, in: Gottfried Niedhart/Dieter Riesenberger(Hrsg.), Lernen aus dem Krieg? Deutsche Nachkriegszeiten 1918 und 1945, München 1992, S. 344-364, とくに S. 346.

58 ÖZG 9 (1998), S. 7.

59 Dirk Schumann, Gewalt als Grenzüberschreitung. Überlegungen zur Sozialgeschichte der Gewalt im 19. und 20. Jahrhundert, in: AfS 37 (1997), S. 366-386, とくに S. 366 f.

第十三章　戦争と軍隊のジェンダーについて

――新たな議論に関する研究の見通しと考察[1]

クリスタ・ヘメルレ　今井宏昌訳

はじめに――ひとつの疑問

軍事史をジェンダー史として営むことは果たして可能だろうか。それも、ここのところはっきりと言及することが可能となった、ドイツにおける当該テーマと関連学会における、いまだかつてないほどの盛り上がりが示すような形で。私はオーストリアに身を置くという特殊な境遇にあるが、にもかかわらず、とりわけ歴史学におけるこれら二つの領域の共存と相互的無関心、そして両者の間に存在する認識を導くような領域での差異や、内容的な違いについて力説し、さらには軍事史「と」ジェンダー史について考察する誘惑にかられるだろう。

もし仮に、こうした歩み寄りが行われるとすれば、それはいずれにしても、全く新しい試みだといえる。そしてそのような新しさは、とりわけドイツ語圏において際立っている。なぜならそこでは、ほんの少し前まで、女性史・ジェンダー史が戦争の分析に深く立ち入ることはなかったし[2]、純粋な軍事史研究もまた、女性史・ジェンダー史の問題設定や理論的および方法的な前提に対して、まともな関心を寄せてこなかったからである[3]。

さらに言うと、ジェンダー史という認識論的挑発への転回は、軍事史が歴史研究の新たな趨勢を形作り、社会史・文化史・心性史的な問題設定をとりこみ、「新しい軍事史（New Military History）」へと歩みを進めた場所においてすら、依然として、あるプロセスの後塵を拝している[4]。それは「公定歴史叙述の勢力圏」[5]のなかで、あるいは軍隊の「自分史」として、きわめて長い間営まれてきた軍事史を起点とするプロセスである[6]。

今日、こうした相異なる二つの個別分野の歩み寄りを議論することができるのは、軍事史が「戦いの向こう側」[7]の出来事をもその対象としているからであり、同時に一九八〇年代以降、女性史がジェンダー史へと拡張を遂げたからである。ジェンダー史はフェミニズム歴史学の視線を、男性のみで占められる機関ないし「交流サークル（Verkehrskreise）」へと向けさせることに成功した。ドイツにおけるジェンダー史研究の騎手たるフレーフェルトが、一九世紀のギムナジウム、大学、そして軍隊を観察しながら的確に述べたように、それらの場所では「ある意味での男らしさが『純粋な形で』発揮された」のである[8]。またこうしたジェンダー史の展開と合わせて、「男性史」[9]の方法論が初めて打ち立てられるとともに、ヨーロッパの軍隊に関する新たな研究がドイツ語圏でもいくつか登場した。本稿ではこれらの研究について、集中的にとりあげるとしよう。

ただし、こうした傾向は、戦争と軍隊に関する女性史の問題設定ならびに仮定が時代遅れになったことを意味するものではない。というのも、この分野においては、その点さえいまだ十分に論じられていないのが現状なのである。したがって本稿では、考察の対象をいくつかの点に絞ることとしたい。それらの点は女性史からジェンダー史への内的な展開に関するものであるが、と同時に、さまざま試みと展望が、研究という実践において幾重にも折り重なっていることを明らかにするものである。ここではこのことを念頭に置きながら、「新しい」軍事史にとって中心的と思われるような、いくつかの概念や方法、そして内容を議論の対象としてみよう。その作業は、従来の軍事史において用いられることのなかった、ジェンダーという分析カテゴリーの体系的応用を考慮しながら進められる。

あらかじめお断りしておくなら、その際、私は自らの研究領域にもとづく形で、主として一九・二〇世紀を対象とする。ただし第一節に限っては、近世をも含めて検討することとしたい。これはとくに、一八世紀後半から発生したヨーロッパ兵制史上の重大な転換を具体的に説明するためである。それが市民的な時代のジェンダー秩序ないしは男らしさ・女らしさの構築にとって大きな意味をもつことは、すでに異論なきところであろう[10]。

一　「輜重隊の女」から「従軍女性補助員」へ——女性軍属と女性戦闘員の歴史

「女傑（Heldenjungfrau）」と「アマゾネス」、「輜重隊の女」、そして「娼婦」、女性兵士など、歴史上における女性像を参照しつつ、カレン・ハーゲマンは自身の最初の、そして包括的な研究動向の一つの章に、近世における「軍隊、戦争、そしてジェンダー」というタイトルをつけた。そこでは、軍隊社会と市民社会の分離といった、近代特有の現象が起きる以前の数世紀を対象としながら、女性が軍事の領域において、どれほどまでに大きな意味と多様な役割を有していたかが明らかにされる。要するに、武器を手にし、積極的に戦闘に参加し、ほとんどの場合、男装によって自らを「カムフラージュ」し、死後に初めてその正体を「暴露」された女性であれ[11]、また常備軍付きの輜重隊のなかで生活し、結婚の有無にかかわらず、酒保、洗濯、そして料理ないし売春を生業としていた女性であれ、彼女らは皆、軍事に深く関わっていたのである[12]。そうした女性たちはいつの時代もかなりの数にのぼり[13]、たいていの場合、評判が悪かった。その生活基盤は脆弱であったものの、彼女たちの存在を抜きにして、近世の軍事を考えることはできない。つまりそうした女性たちは、傭兵の身の回りの世話という日課のみならず、戦闘行為にも——少なくとも間接的な形であれ——関与していたのである。

ヤン・ペータースは、たびたび引用される三十年戦争期の傭兵の伝記のなかで「略奪と生産のペア」という概念を定めているが、こうした概念は前述の状況を的確に表している[14]。ペーター・ブルシェルもまた、「輜重隊の事していた[16]。

女」が作戦に関与し、最終的には金銭を対価に殺人に手を染めるなどということは、それ以外の女性たちでさえ、鍬や箒、熊手、料理包丁、そして脱穀用の殻竿で武装し、お上に対する「女の戦い」を展開できた時代[15]にあって、むしろ広く見られた事象であったと述べている。さらに「輜重隊の女」は、輜重隊内での慣れ親しんだ家事とならんで、要塞建設の際の土木作業や下働き、将校のお付きの仕事や最初期の軍服マニュファクチュアにも従事していた[16]。

一八世紀の駐屯地や兵士の宿営地においては、性別はいまだ曖昧模糊としており、また軍人と市民が入り乱れるという状況があった[17]。しかし二〇世紀初頭の状況は、これとまったく異なる像を結んでいるようにみえる。つまり時代的なズレはあるにせよ、一八世紀後半以降の徹底的な〔軍事史上の〕変化にともなう形で、ヨーロッパのほぼすべての国々において、輜重隊が徐々に解体されていくという現象が生じたのである。こうした変化は、結果として一般〔男子〕兵役制の導入と兵士の兵営化への道を拓くこととなる[18]。

結婚禁止令が〔軍人に対して〕ますます限定的にしか発せられなくなるにつれて、女性兵士の置かれた状況は、これまで以上に劣悪なものとなっていった[19]。さらに兵士の勤務期間の短縮は、青年と成人の境目にある新たなタイプの兵士の登場を促した[20]。国民国家というコンセプトは、兵士という地位に対し、あらゆる男性市民にとっての前提条件という輪郭を与えた[21]。フランス革命やプロイセンのナポレオン解放戦争に際し、女性たちが要求した「アマゾネス軍団」は実現を見ることなく、逆に女性の兵役はジェンダーに従う形で禁じられることとなった[22]。その代わりに、国民皆武装、「大衆総動員（levée en masse）」に関する一七九三年八月のフランス法は、兵士のためのテントと軍服の調達、ならびに罹病ないし負傷した兵士の看護を、女性が戦時に果たすべき一般的な課題として定めたのである[23]。

またナポレオン戦争中にドイツとオーストリアで設立された「愛国女性協会」に求められたのも、もっぱらそうした兵士の世話や慈善的な役割であった[24]。「愛国女性協会」は、それから一九世紀を経るなかで枝分かれしていき、「戦時福祉」ないしは「戦時扶助」の原点を形作った。そしてこれらの事業には、「市民的性別役割分業」[25]に従う形で、女性的な意味合いが付与されることとなる。ただしこの点については、目下のところ部分的にしか明らかにされていない[26]。またこうした動きは、最終的に「祖国女性協会」[27]ないし「赤十字愛国女性救助協会」[28]という形態をとりながら、女性による戦傷者看護の職業化という流れを経て定着していった[30]。それを可能にしたのは、「精神的母性」[30]というコンセプトのもとに一致団結し、開戦に向けて「陣形を整えて」いった看護学校や看護コースであった。その数は第一次世界大戦前まで恒常的に上昇傾向を描き、一九一四年八月からは爆発的に増大した[31]。

「性別分離の成功」といった、より広範なコンテクストに即した場合、こうした事象が物語るのは、〔第一次世界大戦の〕開戦をきっかけに、伝統的女性像のイデオロギー的ルネサンスが始まったということである[32]。また、これとパラレルな形で出現し、市民的女性運動の大部分にも共有された覇権的な言説は、当時の戦時社会に対する私たちの理解さえも、のちのちまで規定し続けることになる。この点については、なお解説を要するところであろう。したがってここでは、戦場と軍事的諸団体において女性が有していた歴史的なプレゼンスについて、二〇世紀初頭を終着点としながらおおまかに述べておきたい。というのもそれらの場所では、女性がいち早く軍事史の注目を集めたからである[33]。

最近の研究で強調されるのは、女たちもまた、軍事的領域にとどまり続けたという点である。オーストリアの歴史家ハンナ・ハッカーの言うように、それは多くの場合、「軍の周縁部」における、あるいは「女であること」が不問とされるような、限定的な条件のもとでの出来事であった[34]。またハッカーは、第一次世界大戦において軍事的領域が完全に単性的〔男性的〕な形へと変質してしまった、という従来の歴史認識を、発見的手法によって覆すことに成功した。ここでいう従来の歴史認識とは、つまるところ女性を「後背地」ないし「銃後」と同一視するような月並みな考え方にほかならない。しかしながら、ハッカーはそうした月並みな思考のもつ言説的な支配力にとらわれることなく、女たちの戦場・前線経験を検討したのである。

第一にハッカーが明らかにしたのは、一九一七年春以降、軍隊が公式な形で五万人以上もの「戦地の軍隊に所属する女性補助員」を受け入れていた事実だった。彼女たちはそこで、電話交換手、料理人、仕立屋、そして野戦病院補助員や事務補助員として使役された。そうした活動は女性専門の仕事とされていたが、にもかかわらず、彼女たちの存在は男たちによる「絆の排他的独占」を公然と揺るがした。また歴史上に存在した「女性兵士」ないし「武装した女」と同じく[35]、彼女たちはたびたび性的な対象とみなされ、道徳的な非難を受けることとなった[36]。一九四四年以降、強制的に召集された第二次世界大戦下の「国防軍女性補助員」は、こうした観点からしても、人類史上最初の「産業的」戦争〔つまりは第一次世界大戦〕にその前身を有していたといえる[37]。

第二にハッカーがたどり着いたのは、「兵士」であり続けるため、さまざまな動機から「異性装（cross-dressing）」をしていた女性たち、そして戦闘員として公式な形で戦闘行為に参加した女性たちの姿であった。これはとくに、オーストリア＝ハンガリー帝国の東方で結成された非ドイツ国籍の諸部隊や、戦闘部隊のなかでも評価の低い組織において見られた事例であった。彼女たちは時として、そこで上等兵、士官候補生、曹長、軍曹ないし兵長といった軍階級を手に入れた[38]。

以上のようなハッカーの研究は、この間書籍としても刊行された[39]。そこからは疑う余地なく、ある現状に向けた一つの興味深い曲線を引くことが可能である。すなわち、現代の軍隊が部分的にではあれ、ふたたび女性を受け入れている現状である。そしてこの点をめぐっては、フェミニスト女性のみならず、輿論全体をも巻き込む激しい論争が展開された。むろん、実際の戦闘部隊において女性の受け入れが許されるのは、たいていの場合、外部からの強大な圧力によってのみである[40]。

本稿では、こうした〔軍隊における女性を扱った〕研究について、より立ち入った紹介を行いたい。それは一方で、現行の女性史・ジェンダー史が、犠牲者／加害者といった極端な二分法的思考をとっくの昔に手放しているのだということを、具体的に説明するためである。個別細分化された歴史研究は、戦争と暴力行為に対する女性たちのさまざまな形での「共犯」をも白日のもとにさらすこととなった[41]。他方で、ハンナ・ハッカーの研究を参照することは、冒頭で述べたフェミニズム歴史学内部のパラダイム転換に対する注目を、いま一度喚起するだろう。なぜなら事実として、彼女の研究はこれまで男性によって占拠されてきた歴史空間のなかに、程度の差はあれ、例外的な存在である女性を「発見」し、さらには新たな主体として統合したのであり、その意味において、徹頭徹尾「女性史」をやっていると言ってよいからである[42]。

さらにハッカーは、こうした手続きに含まれる理論的な意味を、徹底的に明らかにしている。第一次世界大戦中の軍隊において、「女」はどのみち「男」として振る舞うことができたものの、時に「女」としての軍事的価値を認められてもいた[43]。こうした「女」が軍隊内にいることは、「女」の「女らしさ」に疑問を投げかけるだけでなく、むしろ軍事的領域の「男らしさ」をもとりわけ疑わしいものとし、またさらには、「女」なるものの構成的性格を暴露することにもつながった。かくして「軍事権力のもつ戦争関連のカテゴリーは危機に陥る。それはつまり、男／女という一般的な二分法だけでなく、軍人／文民という二項対立や、『女らしい』後背地と『男らしい』前線という構成概念さえも揺らいでしまうことを意味する」[44]。

二　「兵士的男性」と「平和的女性」――二極的ジェンダー秩序とその脱構築について

そうしたアプローチの方法は、社会史と近しい関係にある女性史[45]が概念的な部分でジェンダー史へと拡張を遂げる契機を、パラダイム的に示している。ジェンダー史は、これまで多くのフェミニスト女性歴史家が唱えてきたことに対して、よりいっそうくっきりとした輪郭を与えた[46]。つまり、男性のジェンダーを女性のそれと同じように徹底して歴史化することで、「女性についての新たな知見」[47]を補完し、再検討していく必要性である。

ジェンダー史はまた、ジェンダーを「関係性のカテゴリー」[48]として、アプリオリに定義してきた。このことは、男女間の異なる経済的・社会的状況や、時にさまざまな形で構造化される男女の経験と行為、したがって歴史における男女の社会的実践を——言うなれば、社会的カテゴリーとしてのジェンダーという問題を——可視化するにとどまらない。ジェンダー史は、フェミニストの（また多くの場合、ポスト構造主義やポストモダンを志向する）女性研究者が決定的に関与している、新しい文化史のプロジェクト[49]と結びつきながら、ますますもって、ジェンダーのもつ象徴的意味にその関心を向けるようになってきている。

その際問題とされるのは、女らしさ・男らしさという概念が、多様な歴史状況と時代の流れのなかで、いかにしてその都度構成され、またいかなる関係を互いに取り結んでいたのかであるし、またそうした概念が社会や政治を定義し構成し、権力関係を形作り支えるうえで、いかなる形で効力を発揮してきたのかである。つまり、文化的構成概念としてジェンダーを理解することは、たとえば文化／自然、国家／家族、公共圏／親密圏、労働／セクシュアリティ、またあるいは戦争／平和といったような、現行の二分法的カテゴリーを脱構築するうえでの、不可欠な過程にほかならないのである[50]。

一九世紀から二〇世紀初頭にかけての軍隊のジェンダー史に関する目下の研究動向もまた、イデオロギー批判や実証的言説分析の手続きを用いた脱構築（脱構築主義）の概念に特徴づけられている[51]。ジェンダーというカテゴリーが、一九世紀の経過とともに「第一級の社会的秩序カテゴリーへと発展した」[52]という認識は、市民社会を理解するうえで重要である。そしてこの認識を出発点としながら、これまで所与のものとされてきた市民的ジェンダー二分法が、軍事的なものの領域において、いかに確立されたのかが分析されるだろう。また、そこからさらに翻って考えると、私たちの眼前にはある問いが立ち上がってくる。すなわち、軍隊は「基本的なジェンダー・ポリティクスの価値観が言及され普及していくうえでのマトリクスとしても」機能したのか、したとすれば、それはいかに機能したのか[53]。

事例としてはとりわけ、先に言及した一般兵役義務の概念がまっさきに、そしておのずから注目を集めることとなった。最近のドイツ連邦共和国における軍事史は、この概念をより集中的に検討している[54]。軍隊がすべての国家市民――そこでは男性のみが想定される――のための「国民の学校」として機能し、近代国民国家形成のプロセスにおいて重要な役割を担ったという指摘につけ加える形で、ジェンダー史はさらに、「近代的」軍隊が「男らしさの教育」[55]にとっても中心的な役割を担ったと指摘した。こうした軍隊のもつ「男らしさの教育」としての機能は、その「国民の学校」としての機能と密接に結びつくものである。しかしながら、この点についてはこれまでほとんど注目されてこなかった。

「男らしさの教育」は、とりわけまずプロイセンにおいて、解放戦争を通じて言説上初めて形作られ[56]、一九世紀を通して軍隊の政治的・社会的地位が向上していくなかで[57]、徐々にその価値を認められていった。なるほど、確かにそれは一筋縄ではいかないような過程であった。この点についてはとくに、ザビーナ・ローリガやウーテ・フレーフェルトが豊富な史料や事件をもとに明らかにしている[58]。しかし一九〇〇年前後にもなると、軍隊はまずもって若き新兵を「真の男」へと教練し、それを通じて重要な社会的使命を果たす存在である、とのイメージが、かつてないほど人々の心に受け入れられ、広まっていった。

これはある程度、スイスにもあてはまることである。スイスの民兵軍については、これまでどちらかといえば、共和主義的な観点から説明される傾向にあった。しかしながら、それは一九〇七年の徹底した陸軍改革を通じて、プロイセンを手本としながら、以前にも増して強力な形で組織されたものだった[59]。また同様のことは、オーストリア＝ハンガリーについてもいえる。確かにそこでは、一八六八年に初めて一般兵役義務が導入され、「国民形成と国家形成とのあいだの深刻な矛盾が、〔プロイセンとは異なる〕もうひとつのモデルを成立」させた[60]が、にもかかわらず、「軍事的に加工された男らしさを賛美する言説」は、そこでも早い段階から存在していた。そしてエルンスト・ハーニッシュが述べたように、それはジェンダーの差異をよりいっそう強化する役割を果たしたのである[61]。

この点を深く掘り下げ、比較検討する作業を経ずとも[62]、「軍事的に加工された男らしさを賛美する言説」の存在は、間接的にではあれ、「近代的」兵士の構築にとって何が重要かを示している。つまりそこからは、兵士が国民国家の「代表者」、「守り手」、そして「救済者」として機能すべきだという、いわば兵士と国民国家概念とのイデオロギー的な同一化のみならず、男らしさと軍隊との質的な面での新たな結びつきもまた、それと同程度に重要だということが明らかとなる[63]。このことは、〔一九〇八年二月二七日にスイスの軍事省が示した〕以下の方針に顕著である。「兵士的教育の目的は男子としての本質を育むことにある——艱難辛苦を平然と耐えぬき、いかなる状況でも誠実なる責務の遂行を是とし、障害を乗り越えるなかで鍛えられ強められた意志の力をもつ、真なる兵士の精神。これぞまさに男らしさのもつ最大の力である」[64]。

そうした言説が、ジョージ・L・モッセによって診断された第一次世界大戦における「男らしさの崇拝」に影響を及ぼしたことに関して、ここでは言及するのみにとどめたい[65]。研究上、その顕著な例として挙げられるのは、「八月の体験」[66]や、大挙して参戦を申し出た「戦時志願兵」「ランゲマルク神話」そしてとくに「ヴェルダンの神話」である。教養市民層に限定的な、あるいは青年運動の環境に根をもつそれらの神話は、第一次世界大戦後ドイツの「鉄兜」世代にとって、ひとつの理想像を形作った[67]。そこで浮かび上がるのは、一九世紀における「近代的」兵士の生成から「兵士的男性」のナチズム的な模範までをもとり結ぶ、ひとつの直線である。ここでいう「兵士的男性」については、「ドイツにおける性の歴史としての男性史研究」[68]の第一人者であるクラウス・テーヴェライトが、すでに義勇軍将校〔ここでは、第一次世界大戦後ドイツの義勇軍（Freikorps）で活躍した将校を指す〕を例に分析している[69]。そしてテーヴェライトはさらに、「軍事化された男らしさ」が女性、あるいは「女々しいやつ」を排除することで成り立っていたことを、心理分析の観点からも指摘したのである。

しかし私はここで、それらの概念を別の観点から相対化したい。軍隊における女性の歴史的な排除は、まずもって一九世紀後半以降、兵営が数多く設立されていくなかで[70]、まさに軍隊の公式教本における「男らしさの固定観念」[71]に導かれながら顕在化した。しかしこうした排除は、「女々しいやつ」を完全に追放することを意味するのではない。この点については、前述したクラウス・テーヴェライトの分析においてすでに明らかにされている。二極的かつヒエラルキー的なジェンダー秩序のロジック、そしてそうした模範像に含まれる差異のイメージと対応する形で、女らしさはさらに、「異質なもの」つまりは「軟弱さ」や「非軍事的なもの」へのメタファー、あるいは軽蔑を込めた叱責の言葉として機能したのである。

最近の研究でいうと、たとえばフランク・J・バーレットがこの点を確認している。彼はシンシア・エンローやスーザン・ジェフォーズなどの英米系女性研究者の研究に依拠する形で、世界の多くの軍隊に見られる慣習を指摘している。すなわち、潜在的な、あるいは打ち負かした敵を、「女々しい」と見なすことで侮辱するという慣習を[72]。こうした見方は当然ながら、少なくとも国民的戦争指導の端緒にまでさかのぼるような、長い伝統を有しており[73]、したがって一九世紀末の、兵役義務の軍隊という言説のなかにも存在していた。この点については、エンローがいくつかの調査を通じて明らかにしている。

これと同じように、若手女性歴史家カトリーン・デーニカーは、一九〇〇年前後のスイス軍において、ジェンダー的な帰属性が有していたシステマティックな性格に注目し、それが市民的男らしさに対する軍人的男らしさを際立たせるうえで一役買ったことを明らかにしている。この場合、市民的男らしさは、「劣等で、なおかつ女性化の危機に瀕していると認識されていた」[74]。またデーニカーはさらに、純然たる男性組織としての軍隊の内部構成に目を向けながら、未熟な新兵の男らしさを脅かすような、潜在的な「女性化」の危険性について、三つの段階ないし傾向を挙げている。第一に、軍服を着た国家市民は、ひとつの「大量生産物」として、自らの市民的男らしさを集団的に発揮する機会を奪われていた。なぜなら市民的男らしさの核心は、まさに「自由」と「個性」にあったからである。第二に、軍隊における男性は、身体のレベルにまで還元され、それとともに客体へと固定化された。しかしそうした客体は、ジェンダー言説において、本来的には女らしさを意味していた[75]。そして第三に、新兵が兵営の日常のなかで営んだ数々の活動もまた、女らしく意味づけられるような活動でありながら、重要な意味をもつものだった。すなわち、新兵が「男になること」とは、ベッドメイキングや衣服の修繕といった几帳面な作業の習得、靴磨きや装具磨き、さらには床磨きやそれに類することを前提としていたのである[76]。そしてこのようなアンビヴァレンスに直面するなかで、きわめて特殊な戦略が必要とされた。それは兵士の男らしさにさらなる根拠を与え、その軍事的な規律化を女性の抑圧という思考観念から切り離すための、言説上の戦略であった。こうした議論は非常に説得的であるものの、いまだなお主題化されていない[77]。

しかしながら、社会における男性優位が、さまざまな抵抗に直面しうるものである「にもかかわらず」、いかなる形で象徴的に作り上げられるのかという点については、かろうじて具体的な情報をつかむことができる。これはまさに、命令と服従の原則にもとづいて厳密に組織された機関においての、実践にかかわる問題である[78]。「近代的」軍隊がもつ規律化の力については、ミシェル・フーコーの草分け的業績が登場する以前から、すでに熱心に検討され、繰り返し究明されてきた[79]。ただ、そうした基礎的研究をジェンダー史の理論的省察に接続する作業もまた、これまで述べてきたように十分とは言いがたい[80]。

それとは反対に、軍事的規律の歴史に関する最近の研究は、以前にも増して逸脱や兵役拒否のさまざまな形態に焦点をあてている。そして私はこの点を指摘することで、第二の視点へと移りたい。その視点とは、一九世紀から二〇世紀初頭にかけての兵士的男らしさの生成に関する、きわめて一元的な理解を相対化するためのものである。一般に言われるように、そうした一元的理解は、常に存在する覇権的な[81]男らしさと覇権的でない男らしさとの共存および対立と関係している。あるいはそれは、ある一定の男らしさの像が文化的なヘゲモニーを有しているにもかかわらず、私たちが「さまざまな男らしさ（ないしは女らしさ）のイメージ」という多様性や、そのあいだの「対立を孕んだ競合状態」[82]をも、おしなべて前提とせねばならないことと関わっている。

このことは兵士的男らしさと同様、市民的男らしさにもあてはまることである。そして後者に関しては、アン＝シャルロット・トレップの浩瀚な研究が、一八〇〇年前後の「柔和な男らしさ」と「自立した女らしさ」について検討を行っている。彼女はそこで、一九世紀のうちに定められ、支配的な力を発揮するようになった市民的ジェンダー定義に目を向けるよう私たちを促し、それとともに「ジェンダー関係が、二分法的『ジェンダー・セット』とは異なる形で鋳造され、ないしは別々のタイミングで展開していくという問題を、非同時的なものの同時性という意味において、これまでよりもはっきりと、その社会的かつ文化的な実践のなかで解明し解説していく」べきだと主張している[83]。

もちろんそれと同時に、ジェンダー史志向の軍事史・戦史の文脈において、いまだなお検討されていない展望が存在することについては、もう一度付言しておかねばなるまい。少なくとも議論を概観した限りにおいて、「軍隊」という男性集団内部の軋轢に注目する傾向は、これまで将校と一般兵士とのあいだの複雑な矛盾や摩擦が徹底して問題とされてきた反面、明確な軍事史的方向性をもったいくつかの研究のなかにしか見いだすことができない[84]。そのような軍隊の決定的かつ社会的な分裂と同時に、さまざまな男らしさの概念が組み立てられていったにもかかわらず、この点についてはほとんど解明されていないのが現状なのである[85]。こうした研究の不在という問題は、数年前に公刊された（将校の）決闘に関するウーテ・フレーフェルトの研究を唯一の例外として[86]、基本的に将校と一般兵士の双方にあてはまる。

マルティン・ディンゲスの研究は、一八世紀を生きたあるロシア人将校の浩瀚な回想録を史料としながら、そこに叙述される物理的な苦痛と心理的な苦痛という、位相の異なる二つの苦痛の経験を検討している[87]。彼の研究は当分の間、そのオリジナリティを発揮し続けるだろう。またこれと同じく独創的なのが、ペーター・メリヒャーによる最近の試論である。つまり彼は、一九九九年のオーストリア現代史学会において、一九一八年の敗北後に「奇妙な死を遂げた」オーストリア＝ハンガリー帝国の旧職業将校たちの回想録を史料としつつ、そこにおける男らしさの典型をテーマとしたのだった[88]。

すでに述べたアメリカの社会学者フランク・J・バーレットの研究書は、現代のアメリカ海軍における覇権的男らしさの構築をテーマとしており、男らしさというカテゴリーを用いた厳密な差異化に関する私の知見を、新天地へと誘ってくれている[89]。バーレットが明らかにしているのは、将校という「男」の理想像へと肉薄した男性たちが構成する、社会的に名高いグループの内部においてさえ、さまざまな男らしさの概念が効力を発揮しており、なおかつそれによって、将校同士の洗練された、しかしながら決定的なヒエラルキーが確立されている点である。つまりアメリカ海軍では周知のように、飛行士が圧倒的上位に位置づけられる一方で、補給将校が最低の位階にあり、それどころか彼らは、戦闘部隊の将校から「兵站のカマ野郎」とさえ呼ばれているのである[90]。

戦友関係は、軍隊と退役軍人団体が伝統を育み継承するうえで、効果的な道具として機能した。だが、そうした戦友関係もまた、二〇世紀が進むにつれて、相反するさまざまな定式化を経験することになる。トーマス・キューネはこの問題を、第二次世界大戦下の一般兵士の認識と解釈に焦点を絞りながら注意深く観察した。彼はそうすることで、伝統的な軍事史に関する、このような議論の多い構成概念への新たなアプローチに成功している[91]。キューネは「男らしさの社会化の原動力」と定義された戦友関係を二つの形態に峻別した。一つは、「より軟弱な」傾向をもつ平等志向の形態であり、これは第一次世界大戦の塹壕共同体において支配的な力を有していた。もう一つは、「ハード」かつ「勇猛果敢、男性同盟的なミソジニー（女嫌い）のモデル」であり、これはナチによって宣言されたものだった[92]。後者は戦間期の「保守革命」[93]の趨勢のなかで、すぐさま覇権的概念となった。これに対し、戦友関係の「より軟弱な」諸要素は、男たちのなかで家族の代用や安心感と結びつけられながら、もはやニッチな機能しか果たさなくなった。

このことは第二次世界大戦の数年間にもあてはまる。戦友関係のシステムは、兵士生活における社会的な実践のなかで常に多義的なものであり続けたし、また「上と外に対する団結」という機能において、前線におけるナチズムの支配システムを重圧に耐えうるよう強化していった[94]。キューネは終戦がふたたび戦友関係の解釈の反転をもたらしたことを確認している。つまり彼は、支配的立場にあった「ハードな」男らしさという理念が、終戦を機に「その『軟弱な』片割れに取って代わられた」と考えているのである[95]。キューネによれば、それは一九四五年以降の戦争の記憶をも規定した。

このことはおそらく、とりわけ第二次世界大戦後のドイツ連邦共和国にあてはまる。つまりそこでは、ナチ国家の戦争責任とジェノサイドが白日のもとにさらされると同時に、兵士的男性の覇権的な模範像が最終的に撤去されたのであった。そうしたなかにあって、「母性的」ないしは「柔和な」男らしさが出現し、それが戦友関係の軍事的・男性的な模範像に取って代わったという議論は、これまで見てきたように、説得的であると思われる[96]。だが、そのような傾向は、日進月歩の発展を遂げている今後の研究によって正しく究明され、より広範なジェンダー史的文脈のなかに位置づけられるだろう、と私は考えている。おそらくその作業は、最後まで戦争への出撃を「貫き通し」、さらにはこうした行為を「男」という自画像のなかに統合しようとした兵士の歴史を、別の男性たちの他者像・自画像と比較することを意味している。そしてその男性たちとは――とにかく、いかなる動機からであろうと――男らしさという戦時の覇権的な構成概念から、おそらく最も断固として距離をとった人々であった。彼らは(もはや)前線に赴けなくなるように「自傷行為」に及ぶか、前線で「戦争ノイローゼ」にかかるか、ないしは脱走するかして、それを成し遂げたのである。

すでに述べたように、第二次世界大戦以前の時代を扱うドイツの研究においても、数年前からそのような問題設定に注目が集まり、それが優れたものであるという認識が広まりつつある[97]。もちろんそうした問題設定を、ジェンダー史的に表現する試みは、今なお実践されるに至ってはいない[98]。とはいえ想定できるのは、先に述べた「近代的」兵士と男性的な「ジェンダー・キャラクター」のもつ生物学的構成概念との共生が、一九世紀末以降急速に進んだ、「雄々しい」兵士像から逸脱するような振る舞いの「病理化」という現象[99]に、決定的な前提条件を授けた点である。この結果、兵役拒否という振る舞いも、「健康」あるいは「病気」と診断された男性の「内面」を参照することで、彼らの「神経」や「脳」、ないしは「遺伝子」に由来するものであると説明されたし、その傾向はますますもって強まっていった。

このことは、過去において最も良く記録されてきた脱走兵の歴史からも明らかである。第一次世界大戦期におけるドイツの軍事裁判は、脱走兵を比較的穏便に扱っていたものの[100]、ナチ国家はそうした行為を前例のないほど過酷に追及し、脱走兵の大部分に「反社会的」ないし「サイコパス」という評決と、有罪判決を下したのだった[101]。「戦友たち」のなかで、こうした国防軍兵士におけるマイノリティへの気遣いを見せる者は、当然ながらごくわずかであった[102]。そこにおいて噴出した、脱走兵に対する「裏切り者」ないしは「腰抜け」といった誹謗中傷は、オーストリアでの輿論を巻き込んだ最近の論争が示しているように、今日にいたるまで引き続き繰り返されている。オーストリアでは〔一九九〇年代末の〕現時点で、ナチ時代の脱走兵に対する全般的な名誉回復はなされていない[103]。それゆえ日刊紙『シュタンダルト』が報じたように、当事者である男性たちは、かつてのナチによる判決の廃止を求め、自らの行為の正当性を何が何でも宣言せねばならない。すなわち、「自分たちは臆病だから脱走したのではなく、〔ナチへの〕抵抗活動として脱走したのである」と[104]。

こうした事例は、兵士的男らしさの理念が持続的な意味をもつこと、そして脱走に関する研究もまた、ジェンダーという発見的カテゴリー抜きには成立しえないことを、鮮烈に物語っている。このことは基本的に、別の視点からも裏づけられる。たとえば最近の研究では、脱走者が軍事法廷で自身の行為の正当性を主張する際に、「勤務上の問題」とならんで、いわゆる「私的な」動機をしばしば持ち出したことが明らかとなっており、また第一次世界大戦においては、既婚男性が未婚男性に比べて、ごくまれにしか脱走しなかったという事実が詳細に分析されている[105]。膨大な証拠が物語るように、既婚男性の方が未婚男性よりも脱走の可能性が低いという状況は、すでに一八世紀の常備軍においてもみられた。とはいえ、そうした実態とは裏腹に、この当時は異性との関係が

「脱走という悪習」の「原動力」であると見なされていたし、また女性たちが脱走した兵士を匿う事例もしばしば見られた[106]。

研究対象とされる双方の時期〔一八世紀と第一次世界大戦〕にはっきりと当てはまるのは、婚姻と緊密な血縁関係を通じて定式化されたジェンダー関係が、脱走を予防し罰するうえでの道具として、複雑な形で横領されたという点である。つまり罰則措置は何も脱走兵のみに向けられたわけではない。それは脱走兵の財産の没収（そこには、これまでの贈与分も含まれる）や、居住権ないしは国家公民としての資格の剥奪から、親族に対する国家的弾圧を経て、「軍務に就く家長があからさまな脱走の疑いを持つ際」、その家の女性たちの「娯楽費補助を打ち切る」という、第一次世界大戦中のオーストリア＝ハンガリーにおいて広く普及した措置に至るまで、多岐にわたっていた[107]。

加えて私たちが新たに目を向けるべきは、女性や女らしさの言説を同時に問わない限り、「男性史」を扱うことは不可能だということである。それはたとえ、純然たる「男性同盟」や、それと関係をもつ男性像が関心の中心にある場合においても、同様である。そうした意味で、私はここで、覇権的でない男らしさの構成概念を、より包括的な形で研究対象にとりいれるという試みを、今まで以上に高らかに支持したい。このことは、トーマス・キューネが検討した一九四五年以降の「柔和な」男らしさの優位を、同じく終戦直後に宣伝された女らしさの概念や、そこでの決定的な女性認識と関連づけるという、さらに一歩踏みこんだ議論を意味すると思われる。一九四五年五月以降のドイツやオーストリアにおいては、しばしば言及される、廃墟の瓦礫を片づける女性たちが存在し、彼女たちは逆説的な「つかの間の英雄生活」を送っていたのである[108]。

にもかかわらず、多くの女性史・ジェンダー史研究が裏づけるように、第二次世界大戦後には、市民的ジェンダー秩序が瞬く間に、さまざまな形で固定化されていった。それに貢献したのはとりわけ、「秩序や庇護に対する感傷的で和やかな欲求」をもつ帰還兵士だった[109]。彼らは妻の前では、傷を負い「軟弱」になった「英雄」として立ち回ろうとした[110]。だがその一方で彼らは、さまざまな事情を胸に過日の「敵」との交際に踏み切った女性たちを、最も激しく蔑んだ人々であった。

例として挙げられるのは、いわゆる「アメ公の嫁（Ami-Braut）」である。イングリット・バウアーは、一九四五年から一九五五年までのオーストリアの戦後を対象に、そうした像が「分断された者たちの拠り所（Platzhalterin für das Abgespaltene）」として、多岐にわたり利用された事実を明らかにしている。「帰還兵は並々ならぬ怒りに満ちていた（…）」という一文を引きながら、そうした男性たちこそが最も熱心に、「アメ公の嫁」に関係する公的論争の口火をきったのだという見解をバウアーは示した。当該女性たちにいかなる措置がとられるべきかについて、帰還兵は「ふしだらなアバズレ女どもをぶん殴るための棍棒」から、オーストリアの「栄誉」に泥を塗った「売女ども」を収容するための「強制労働施設」にいたるまで、ありとあらゆる手段を要求した[111]。そこでは、「帰還兵の恋人と占領兵の情婦といった二項対立の組み合わせ」をベースに、「国民」と「女性」という構成概念が組み合わされ、影響力のある解釈手段が生み出された。そしてそれは、戦後の平常化のプロセスや、それと結びついた、女らしく望ましい「正常なバイオグラフィ」が定義されていくうえで、決定的な意味をもったのである[112]。

こうした「正常なバイオグラフィ」という概念は、その当時とりわけ女性的とみなされた「平和好き」のイメージを、新たな意味内容として獲得した。確かにこのことは、多くの女性たちが過去、第二次世界大戦を積極的に支援する構えであったことを考えると、不可解に思われるかもしれない。にもかかわらず、「平和的女性」の像は長い間、それと対をなす「兵士的男性」の像と同じくらい、ヨーロッパ社会にしっかりと定着していたのである。したがって、その脱構築は避けられまい。この点については、これまで多くのことが語られてきたが、そこにおいては、「平和的女性」と「兵士的男性」という二つの概念が、ほぼ時を同じくして成立した、覇権的なジェンダー構成概念として位置づけられている。

クラウディア・オーピッツは「平和的女性」の生成を、女性が軍事から排除された時期と同じ一八〇〇年前後に見いだした。つまり、その時期に「平和を愛し、またそれゆえに、一見すると戦争とは縁遠い女性が誕生した」のである[113]。こうした女性像は大きな影響力を有していたが、その根本は「平和的であること」を「女性的資質」に帰するような、啓蒙期のジェンダー的本質還元論にあった。ここでいう「資質」とは、「養育、出産、そして身の回りの世話」と特別な親和性を有し、そうであるがゆえに、守るべき価値のあるものとされた。と同時にここで証明されたのは、「近代戦争」が事実上、度重なる肥大化を遂げるなかにあって、一九・二〇世紀の軍隊だけが、そうした矛盾にさらされたわけではないという点である[114]。

女らしさのジェンダーがもつ、真の「平和好き」のイメージは、女性平和運動の立論にすら影響を与えた。そこでは、母としての女性の「本能的な」、ないしは「本質に従った」使命と役割を参照しつつ、平和と軍縮への要求が声高に叫ばれたのだった[115]。ただし、ここで忘れてはいけないのは、市民的女性運動の言説が支配的なジェンダー定義により広範に規定されるなかにあって、それでもなお、そうした動きに抗おうと、より包括的なプログラムを主張した女性活動家や傾向もまた、わずかではあれ存在したという事実である。そうした女性活動家や傾向は、女性運動を担う協会や代表者の大部分が、第一次世界大戦中に「銃後」の組織化へと順応していき、独自の「戦時福祉」ないし「戦時扶助」を運用し、その活動を「社会的」ないし「精神的母性」、そして普遍的な「愛」によって正当化したときでさえ、例外なく抵抗を続けたのである[116]。

もちろん、「平和的女性」は再度相対化されるべきだし、対抗的言説と突き合わせながら、より精緻な形で再定位されるべきであろう。そして私がすでに、ハッカーの研究を参照する形で明らかにしようとしたことも、そうした像のもつ影響力の産物にほかならない。つまり、私たちは戦時社会を概念化する際、常に男性と男らしさを「前線」と結びつけ、女性と「女らしさ」を「故郷」ないし「銃後」と結びつけている。このことは軍事史だけでなく、女性史・ジェンダー史研究の多くにあてはまる。レギーナ・シュールテは第一次世界大戦に目を向けながら、そこで長らく「最初期の女性研究における古めかしい二元論が、認識を導く枠組みであり続けてきた」ことを確認した。「家族、家庭、職業、そして故郷への奉仕を義務づけられた女性が、前線の男性と対置される。銃後と前線は、それぞれ男らしさ、女らしさと対極の関係にあり、ますますお互いに遠ざかっていくような、二つのブロックとして出現したのである」[117]。

こうした二分法からこぼれ落ちてしまう存在として挙げられるのは、主として貴族的・市民的な女性たちからなるグループであり、つまりは当時相当数にのぼった従軍看護婦たちである。彼女たちの歴史だけが、これまで多少なりとも詳細に検討されてきた。第一次世界大戦期におけるその歴史については、数年前にレギーナ・シュールテが指標とすべき研究報告書を上梓している[118]。

女性たちに割り当てられたこのような〔「銃後」との同一視という〕言説上の位置は、確かに、彼女たちが身につけるべきとされた立ち居振る舞いと同様、二極的なジェンダー秩序のなかに明白に根ざしていた。ヤーコプ・フォーゲルは最近、このような定着をさらに裏づけることに成功したが、それは何より、彼がジェンダー比較の手法を用いたからにほかならない。フォーゲルはそこで、一九一四年以前のドイツ赤十字の男性・女性協会に注目し、男性の「救護班」が長い間、自らを「闘う戦士」の像と同一視しようとしていたことをつきとめた。彼らは「直立不動の軍人的態度」を発揮し、独自の「軍事演習」を行っていたのである[119]。これに対し、赤十字「愛国女性協会」は心の姉妹という理念を志向し、負傷者看護の前提として、「気だての良さ」や「上品さ」、「密やかさ」ないしは「慎み深さ」といった、女性的な属性を重視していた[120]。フォーゲルのいうように、かくして赤十字協会内部においても、『男らしさの』兵士性と『女らしさの』母性といった古典的二分法に従いながら、性別役割分担が原則として支配的な存在になっていった[121]。

これと同じく重要なのは、そうして導き出された適性の振り分けが、すでに大戦前に行われていた点である。性別役割分担はとりわけ、開戦に関する議論と同時に、赤十字看護婦たちに与えられるべき具体的な地位について議論がなされた場所において、激しい摩擦を生み出した。それは、こうした女性たちが戦闘地域に直接投入されるべきなのか（ないしは投入されても「差し支えない」のか）、それとも「前線」後方の「兵站地」での野戦病院に「のみ」投入されるべきなのか（ないしは投入されても「差し支えない」のか）、という論点をめぐるものであった。

今日の私たちは、第一次世界大戦が実際のところ、そうしたジェンダー配置を恒常的に打ち砕き[122]、その結果として、硬直した軍事的領域が徐々に、そして確実に解体されていったことを知っている。当該する女性たちに課された重労働と、彼女たちが投入された場所は、しばしば戦況に応じて変化した[123]。この変化は彼女たちの経験の空間（Erfahrungsraum）を拡張し、リスクを高めた。そしてそれゆえに彼女たちは、自分たちへの賞賛が戦時を超えて残り続けるであろうと期待をふくらませたのである。「いつか今次の世界大戦の歴史を叙述しようとする者は、われらが婦女子たちが、いまだかつてないほどの途方もない生存競争に対し、多大なる貢献を果たしていることにも言及せねばなるまい」。たとえばこれは、大戦中盤にウィーンで編纂された、従軍看護婦個々人による自称「真実の」体験報告アンソロジーの一文である。そしてこのアンソロジーは、次のような点を強調するために世に送り出されたのであった。「とりわけその叙述者は、赤十字看護婦や志願看護婦の、なみなみならぬ功績を強調せねばならないだろう。今次の戦争においては、彼女たちが学問や人材育成に従事する社会的戦士、ないしは勇猛果敢な兵士であることが実証された。彼女たちは屋外の戦場においては、最も困難な時を過ごしているわれわれの勇敢な戦士を援助し、療養所においては重傷者のベッドに座し、弱り切った心のなかにいくばくかの快活さと生きる勇気を魔法のように生み出し、粘り強い闘いのなかで戦争の手からその犠牲者の大部分を奪還したのである」[124]

三　言説と経験——第一次世界大戦のジェンダー史についての考察

しかしながら私たちは今日、第一次世界大戦における赤十字看護婦の戦争体験、業績、そして犠牲が、大戦後の社会的追憶のなかから次第にフェードアウトしていったことを知っている。それは少なくとも、大戦後新たに建設されたオーストリア共和国、そしてヴァイマル共和国においてみられた現象だった。たとえばイギリスでは、一九一八年一一月二一日以降、「ミリタリー・ナース」が公式の戦争記憶のなかで尊敬すべき地位を与えられた。しかしながら、大戦後のオーストリア共和国やヴァイマル共和国の状況は、これとまったく異なっていた。その第一次世界大戦における戦争参加について、多くの場で論じられてきた女性たちは、これらの国々において完全に「忘却」されるか、ないしは男性的な目線によって、引き続き「周縁化」され「性的に対象化」されるしかなかった[125]。

元従軍看護婦の自伝的証言は、戦争へと突き進むナチズムの航路を後追いする形で、初めて、そして注目すべき形で刊行されることとなった。そのタイトルは『看護婦という戦友（Kamerad Schwester）』ないしは『前線の看護婦たち——とあるドイツの顕彰書（Frontschwestern. Ein deutsches Ehrenbuch）』であった[126]。これらのテクストは、すでに第一次世界大戦中に公式化されたこの種の女性たちの（自画）像、つまりは負傷した兵士にとっての「姉妹」や「母」としての像を絶対視した。このことは、彼女たちが自らの経験を——多かれ少なかれ破綻をきたすことなく——二極的ジェンダー・ヒエラルキーのなかに埋め込み、そしてレギーナ・シュールテがいうところの「前線の家族という幻影の復元」作業に携わるようになって、初めて可能となった。その際、従軍看護婦は自ら、家族的な関係性のなかに埋め込まれた「戦争体験」だけを温存させようと腐心した。このことは、彼女たちの戦争経験が公的かつ政治的な文脈に組み込まれる機会を、ますますもって失わせた。

結局のところ、彼女たちの戦争からの「帰還」は、出身家庭や、騎士団のように厳格に組織化された看護婦養成所といった、窮屈極まりない空間への「帰還」に過ぎなかったのであり、したがって〔シュールテの研究において〕それは「不本意」かつ屈辱的な形で体験された「帰還」として表現されている。元従軍看護婦の存在が「戦友関係へと、そして国民的な意義へと解放されたことは、あくまで古い構造の内部の出来事だった」のである[127]。

第一次世界大戦はしかし、女性的なジェンダー・ロールにかなりの幅広い動きをもたらし、さらには市民的ジェンダー秩序を複雑な混乱状態に陥れた。このことは研究史上しばしば強調される点であるが、そうした研究はとりわけ、長い間過大評価されてきた戦時下での女性の所得労働の配置換え、ならびに数多くの女性協会による公的ないし半公的な「戦時扶助」活動に焦点を当てながら[128]、あるいは大戦中の社会政策的措置における特殊なアンビヴァレンスに注目する形でなされたものである[129]。

最初に挙げた配置換えという現象については、それが女性たちにとって「増大する自尊心の源泉」となりうることが確認されたが[130]、同じことは従軍看護婦にも基本的にあてはまる。彼女たちもまた、動員が進むにつれて自分たちのための新たな場所と権利をはっきりと要求し、それと同時にさまざまな点で確実に自立し、また自覚的になっていった。したがって多くの研究が指摘するように、第一次世界大戦期や、その後のナチ期に出版された彼女たちの証言集は、本来ならばより多くの矛盾を孕み、なおかつ幅広いものであるはずの戦争経験を、「成功」経験として公的に同質化していく過程で生み出されたものだった。こうした従軍看護婦の戦争経験は、社会史的・日常史的な史料、ないしは彼女たちの未公刊の活字史料を駆使して明らかにされるだろう。

その場合問われるのは、たとえば次のような点である。ある赤十字看護婦がその活動を展開していくなかで、コンスタンティノープル、イェルサレム、そしてベエルシェバといったさまざまな戦場へと赴いたのが、果たしていつなのか、また自分の子どもを、当時親しい関係にあった負傷兵たちのもとで育てた既婚女性マリア・ゾネンタール＝シェーラーとは、いかなる人物だったのか。ゾネンタール＝シェーラーは、一九一五年三月からコレラで病死する一九一六年九月まで、少しの中断を除いて、単身で戦地での勤務に励み続けた。それはシュタイアーマルクの田舎医者である夫が、赤十字衛生部隊の軍医長としての任務を中断せざるを得ない事情があってのことだった[131]。こうした婚姻関係と個人的決断は、覇権的ジェンダー秩序に対して、少なくとも部分的なショックさえもたらさなかったのだろうか。実際のところ、「より良い」境遇にめぐまれた赤十字看護婦は、軍隊の硬直した階級構造に対する、ないしは公式の職業分担や経験されたジェンダー・ヒエラルキーに対する、いかなる批判や抵抗も行わなかった。これらの女性たちによる自己叙述の多くは、戦争プロパガンダや検閲にどっぷりと浸ると同時に、それらによって歪められた公共圏の庇護を受ける形で刊行されたのである。

それでは、こうした叙述は何を演出していたのだろうか。また、こうした女性たちは四年間の戦争のあいだに、いかなる行動に出たのだろうか。誰と仕事をし、誰から監視されていたのだろうか。前線付近における彼女たちの生活条件は、いかに整えられただろうか。彼女たちの給料はいくらで、辛い日課とはいかなるものだったのだろうか。彼女たちはいかなる友情を育んだのか。そしてとりわけ問題となるのが、養成所に所属していない看護婦が戦後どうなったのかということである。確かに大戦後においても、女性社会福祉労働の職業化という傾向は継続していた。しかし同時に、大戦中の公的な言説においてさえ、常に一時的なものとしか見なされてこなかった女性の就業機会は、大戦後になると即座に撤廃されてしまったのである[132]。

ここでは、単なる例証として挙げた問いとともに、私はとりわけ次のことをはっきりとさせたいと思う。つまり、言説のレベルだけでは、ないしは同時代に公刊された証言だけでは、女性史・ジェンダー史の多くのテーマに答えることは不可能だということである。そのために私たちが必要とするのは、さまざまな証言と複数の史料を組み合わせることであり、つまりは脱構築と再構築の並存・共存である[133]。そしてそれによってふたたび、社会史・日常史・心性史・経験史的な研究の端緒が開かれるのだ。

確かにこうした研究は一方で、〔第一次世界大戦の〕開戦がまずもって、市民的ジェンダー・ロールというイデオロギーの存在を証明していたことを示している[134]。男らしさと結びついた「前線」と、女らしさと結びついた「故郷」という二分法は、戦時社会の構造化のための重要なイデオロギーとして戦争プロパガンダに貢献し[135]、一九一八年以降の匕首伝説（訳注：「不敗のドイツ軍」が社会主義者やユダヤ人による「背後からの一突き」によって敗北したという、第一次世界大戦の戦争責任をめぐる神話）において重要な次元に達した。それはまさに、軍事的敗北の責任を徹底して負わされた女性にとってこそ重要だった[136]。フランソワ・テボーはこうした関連から、本来の戦争のあとに起きた「ジェンダー戦争」について述べている。それは女性をその伝統的な役割と空間のなかにふたたび押しこめ、古めかしいジェンダー秩序を復活させることを目的としたものだった[137]。このことは、現行の時代区分を女性史の考察対象とした際、それがいかに不確かなものとなってしまうかの証左であろう。

他方で第一次世界大戦への経験史的展望は、男たち・女たちの戦争体験の多様さと複雑さを示している。彼ら・彼女らの体験は、ある特殊な緊張関係において構成される。それは女性史・ジェンダー史的な傾向において、しばしば「疎外化」と意味づけられてきた関係であり、それとともにジェンダー関係における深刻な危機の発露としても見なされた[138]。事実として、戦争が進むにつれて、「故郷」と「前線」における生活世界や経験が、より一段とドラマティックに変化する事態が生じた。大戦後の離婚率の急増は、こうしたプロセスが表面化したものにほかならず、膨大な証拠資料がそれを物語っている[139]。

しかしながら、ベンヤミン・ツィーマンが的確に述べているように、「〔「前線」と「故郷」という〕二つの経験の範囲が完全に遠ざかってしまっているのは、彼ら・彼女らの体験においてのみであり、両者のあいだには内的連関が存在している」ということも、同様に重要である[140]。ゲルト・クルマイヒも最近、「お互いに離れて漂う二つの概念の生活世界は（…）それにもかかわらず、互いに折り重なる形でしっかりと関係しあったままなのである」と述べることで、二分法的現実としての「前線」と「故郷」という固定観念を問題視した[141]。その際、ツィーマンやクルマイヒが〔史料として〕再度注目したのは、野戦郵便であった。まさに「故郷」と「前線」を結ぶ「仲介物」として機能した野戦郵便は、そうした理由から、ジェンダー同士がいかなる関係をとり結んでいたのかを意識しながら、あるいは、男性または女性の戦中における、ないしは戦争についての相異なる認識の仕方・体験の仕方・眺め方の原則的な相互依存状態に注目する形で、利用することのできる史料である。しかしながら、野戦郵便のこうした形での利用は、経験史的な志向性をもつ野戦郵便研究の絶え間のない隆盛にもかかわらず、これまで断続的にしかなされてこなかった。そして野戦郵便は今日にいたるまで、兵士的な戦争体験への一義的な視点にとらわれたままである[142]。

もちろん、それと同時に明らかとなったのは、戦時の私的な通信におけるジェンダー関係が、公式の言説や「内的」および「外的」に制度化された検閲という基準を一方に、そして主体的な戦争解釈を他方に据えた、それ自体解明の困難なせめぎあいの場においてのみ、解明可能になるということである。その他の証言を利用する場合にも、その時代的制約を問題とし、公刊されたテクストと未公刊のテクストとを相互に組み合わせ、そしてそれらを突き合わせる形で慎重に検討し、精読していく作業は有効である。そうすることで、ジェンダー関係がもつ戦時限定の伝染力の範囲と位置づけ、そして個人的ないしは構造的な種々の条件という文脈における、ジェンダー関係の定着と転換をより厳密に分析していくことが可能となろう。

私は、さまざまな史料と証言を組み合わせる作業が、いかなる場合においても重要だと考える。そしてこの点で参照すべきは、今なお基礎文献としての価値を有するウーテ・ダニエルの研究である。とくに注目すべきは、この研究が構造史と経験史を結びつけている点であろう。そうすることで、彼女の研究は大戦期における「女性解放」という根強い神話に対し、ドイツ語圏で初めてシステマティックな論駁を行うことに成功したのである[143]。あらゆる調査結果が示すように、社会の関与を頼りとする「近代的」戦争においては、確かに「ジェンダーの無秩序」が必然的に存在する[144]。とはいえ私たちは、大戦中の「女性解放」といった認識に、もはや後戻りすべきではない。対して、ジェンダー秩序の長期的展開に目を向けながら、とりわけ後期近代の戦争が「きわめて保守的な性格」を有していたと指摘するような主張もまた、論拠がはっきりとしない。こうした主張は、大戦期の変動を相対化し、表面的な、あるいは一時的な現象として浮かび上がらせているにすぎない[145]。その欠点は、大戦前の状況への回帰がしばしば切望されながら、結局のところ達成されなかった事実からも明らかであろう[146]。

多くのヨーロッパ諸国において、第一次世界大戦後の女性たちが長きにわたる闘争の末、選挙権と被選挙権を手にしたのは確かである。しかし近年の評価に従えば、このことは希望に満ち溢れて理想化されてきたような、彼女たちの戦時労働の直接的な帰結であるとはほとんどいえず、それよりもむしろ、とくに大戦後の数ヶ月間の政治的状況に帰せられるべき現象だとされている。つまり、一九一四年から一九一八年までの長期戦は、その限りにおいて、女性参政権にとっての重要な触媒ではあったものの、大戦期の言説に依拠する形で今なお繰り返し主張されているような、その決定的な原動力であったとはいえないのである[147]。同時にそうした言説が、常に「前線と前線戦士に対し、経済的、社会的、そして文化的な優位性を際限なく」認め続けたという事実は[148]、ジェンダー・ヒエラルキーの存続に対する注意を促している。大戦期における女性的ジェンダー・ロールの変動が、時として物議を醸し、多くの男性たち、果ては政府でさえもが、それに対する懸念を抱いたにもかかわらず、ジェンダー・ヒエラルキーそのものが問題とされることはなかったのである[149]。

四　女性に対する性暴力の歴史について

過不足なく簡潔にいうなら、ここでは少なくとも、ジェンダー、軍隊、そして戦争が織り成す関係についての、より広範でありながら、きわめて核心的な観点が取り出される。この観点により強く示唆されるのは、戦争が暴力と、そしてさまざまな形の性暴力とも、分かちがたく結びついているということである。そしてこのような結びつきが、ジェンダー史志向の軍事史において、女性戦闘員の歴史の対極に位置するテーマと考えるのなら、それは皮相な見方だと言わざるをえない。というのも、女性戦闘員の場合ですら、彼女たちを幾重にもわたって性的に対象化する現象が認められるからである。たとえばそうした女性たちにつきまとったのは、売春を営むか、あるいはいかなるときも「尻軽」で、「道徳的過ち」を犯しながら生きている、という噂であった。

このことは近世の女性兵士にもあてはまる。兵士が彼女たちに対して行った、時として異様に乱暴な扱いは、同時代の人々により、完全にそのような文脈において解釈されたし[150]、またさらには、彼女たちを「軍事と軍陣から追放する」ための論拠としても利用されたのである[151]。一八四八・四九年の革命戦争に参加した女性[152]、第一次世界大戦の「女性軍補助員」ないしは「女性兵站補助員」、そして一九三〇年代の従軍看護婦の肖像についても、同様のことがいえる。とくに従軍看護婦は、当時の公式プロパガンダと回想文学において理想化されたにもかかわらず、そのようにみなされたのである[153]。またそれから少しして、ナチズムの戦争のなかでは、自ら召集・救急義務に応じ、幕僚・通信・海軍・空軍・高射砲・対空砲補助員として活動した国防軍女性構成員さえも[154]、「できそこない」との誹りを受けた。彼女たちはそうした悪名に苦しんだようである[155]。

このような曲線は最終的に、いかなる理由からであれ、国民軍のなかに自らの道を見いだし、そのための努力を決意した今日の女性たちへと連なっている。彼女たちが国民軍において性的干渉を受けることは珍しくない。そこには、口頭での名誉毀損ならびに性別に関係する侮辱的なあだ名、ないしは卑猥なあてつけも含まれる[156]。これらの性的干渉は、「女性の肖像を貶め、女性の品格を下げる」という点で無意識で、時に意識的ですらある[157]。女性の性的対象化や、それと同時に生み出された女性蔑視は、これまで見てきたように、軍事的領域において女性がもつプレゼンスの、まさに「理にかなった」余波といえよう。そしてそれは、歴史的な展望においても、また同様に今日においても、看過され得ないものである[158]。

またその際、歴史学の女性研究で黎明期から議論されているような、戦時における女性の特殊な当事者性にも論が及ぶ。その表出の仕方は実にさまざまであった。すなわち、一般市民の犠牲者数、とくに女性と子どものそれが急激に増大するなかで、また軍事の技術化が進むなかで、「産業的」「総合的」そして「超越的」な戦争の帰結として、あるいは占領地で頻発した軍構成員による「戦時の残虐行為」のなかに、それは存在していたのである。そうした戦時の残虐行為の残酷さと頻発性は、二〇世紀において、民族的ないし人種主義的な敵の像を作り出すプロパガンダが影響力を増していくにつれ、次第に高まっていった[159]。

女性に対する性暴力、とくにレイプの行使は、これとしばしば結び付けられた。レイプは軍隊の男性同盟的構造の内部において、いわば「勝者の権利」と見なされており[160]、それゆえしばしば軽視されるか、あるいは黙殺されたのである。またそれとともに、数えきれないほどの事例において、被害者女性自身による暴力経験のタブー化が付け加わった。実際のところ、こうした「戦争犯罪」[161]には原則として、最も重ければ死刑となるような厳罰がすべての軍隊で課されていた[162]。にもかかわらず、加害者による軽視や黙殺、そして被害者自身によるタブー化がともに作用した結果、戦時や戦後におけるレイプは、常にきわめて高い暗数をもち、そのほとんどが処罰されないままだったのである。大ベルリンを取り囲むソヴィエト占領地域では、ときおり政治的な理由から、このように多発した犯罪を徹底的に追及するようにとの指示が、軍事行政から出された。しかしそこにおいてさえ、このような努力は赤軍の兵営化が始まる一九四七年の終わりまで成果を上げることはなかった。それは「支配民族の女」をレイプすることが、ソヴィエト軍兵士にとって、何にも勝る復讐と報復の行為と見なされていたからにほかならない[163]。そうした考え方は、当時の有力な政治関係者が比較的早急に取り組んだ、女性に対する性暴力の公的な「書き換え」とほぼ一致している。つまり彼らは、ソヴィエト占領地域における性加害を、ドイツ軍兵士が侵略戦争のなかで行ってきたレイプに対する、「いわば当然の報い」と見なし、また「戦争の必然的帰結」だと評価していたのである[164]。

右で引用したクリスティーネ・アイファーの研究は、女性たちの受難が戦争と密接にかかわる目的のために利用されたことを、はっきりと示している。彼女はさらに、戦時下のレイプが明白に「軍事＝戦術上の」打算からも行われたものであり、その意味で戦略的機能を有していたことを史料から明らかにした。つまり女性へのレイプは、敵側男性に屈辱を与え、彼らを象徴的に打ち負かす行為とされたのであり、つまりは「敵側の男らしさへの攻撃」を意味していた[165]。それによって被害を受けた女性たちは、二つの観点において陵辱され、要するに二重の客体化を被ったのだった[166]。

このようなロジックのなかで、脱個人化され脱自己化された「民族の身体」が、彼女たちの身体を代表する存在となり、その「栄誉」は一度のレイプによって象徴的に汚されるものと考えられるようになった。女性の身体的不可侵性に対する物理的暴力をともなう攻撃は、そうしたロジックに起因するものだったが、それに比べて取るに足らないこととされていた[167]。こうした攻撃は、戦争をめぐる論争が行われるなかで、しばしば夫、ないしは父親が、そこに居合わせるよう強制されるという状況において発揮された。このことは近世にも同様にあてはまる[168]。当時、そうした女性の性的「名誉」に対する暴力行為は、とりわけそれと密接にからみあった男性的家父長支配の侵犯を意図して行われた。「実際のところ、重要なのは女性に対する性暴力の発現だけではない。こうした女性への加害は、家父長権力（〈ハズバンド（リー）〉）をあらゆる局面で破壊する試みと組み合わさっていた。レイプとはそもそも、女性にかかわることではなく、むしろ男性同士の相互作用の一形式なのである。レイプは残忍かつ残虐な方法で行われる、（男たちのあいだでの）反転した儀式なのであり、それが目指すのは、良き家父長権力という価値への攻撃なのである」[169]。

こうしたあらゆる結びつきを前にして、女性軍事社会学者ルート・ザイフェルトは、次のような主張を行った。すなわち、「戦闘地域の女性たちは——悲しむべき個々の特殊な事例としてではなく——、まさに女性市民として、女らしさに従う形で前線に身を置いているのである」[170]。近代戦争に注目することで獲得された認識を、まずもって経験によって裏づけていくこと、そしてそれをさらに歴史化していくことは、ジェンダー史として営まれる軍事史の将来的な課題であろう。こうした営みはまさに（軍事化された男らしさの絶頂期としての）戦時期において特徴的なジェンダー間の暴力関係が、果たして構築されたものなのかどうか、そうだとすればどの程度そうであったのか、といった問いにも答えようとするものである[171]。

その意味で最後に私は、軍事史をジェンダー史として営むことは可能だろうかという、冒頭での疑問に立ち返ってみたい。それを実行するうえでは、本稿で試み程度にしか描けなかった理論上、方法論上の前提が必要であろう。しかしながら、私はそれとは別に、もうひとつ条件をつけ加えることが不可欠だと考えている。その条件とは、女性史の始まりと、それが女性運動に根ざしていた事実を顧みることであり、つまりは政治的カテゴリーとしてのジェンダーを見つめなおす作業である。つまり、女性史・ジェンダー史をめぐるさまざまな端緒的試みは、それがありとあらゆる方向へと拡散するなかで、そしてポストモダンの理論的論争における女性という主体のラディカルな脱構築にもかかわらず、「フェミニズム歴史学」という共同プロジェクトを運営していたのである。ヘルタ・ナーグル＝ドツェカルはそれを簡明に「女性解放への興味関心を誘う歴史研究」[172]と定義したのであった。

こうして見ると、軍事史のなかでも、自身の「脱軍事化」[173]に首尾一貫して取り組み、また軍国主義という現象と密接につながるジェンダー関係の非対称について、その原因や影響を戦争や軍隊との関連から明らかにし、さらにはそうした解明を通じて両者の止揚を試みる軍事史だけが、ジェンダー史のプロジェクトに貢献可能だということがわかる。当該領域の研究は、それゆえ、自分たちがフェミニズム的歴史叙述のもつ革新的なポテンシャルの上辺だけを横領する段階にはすでになく、数多くの批判にさらされた個々の分野の評判を、純粋に高めるというところにまで達しているのだということを、はっきりと表明せねばならないだろう。そこではまさに現在、新しい軍隊の「男性史」が取り組まれているのである。

また最近、ヴォルフガング・シュマーレが強調しているように、そうした研究は「既成のジェンダー史の文脈において、女性史研究にも目を配りながら、自らを捉え直さねばならない」[174]。そしてこのことが成功すれば、軍事史・ジェンダー史の実り多き結合が、ひょっとするとさらには、それらの将来的な共生さえも、新たな一般史の屋根の下に生まれることになるだろう。それは「一体でないこと」に全幅の信頼を置き、女性と男性〔の研究者〕を同等に包み込み、そして彼らに参与を促す歴史学である[175]。障害となるものは、今よりもはるかに少ないだろう。

1 一九九八年一一月のボーフムでの研究会「軍事史とは何か」のために用意した本稿の初稿について、刺激的な示唆と批判的コメントをくださったイングリット・バウアー、フランツ・X・エーダー、そしてズザンネ・ルーテ、ならびにトーマス・キューネとベンヤミン・ツィーマンに対し、心からの感謝を送りたい。

2 第一次世界大戦およびナチズム下の女性に関する包括的研究は除くとして、ドイツ語圏における女性史・ジェンダー史の関心が戦争と軍隊という問題に集中し始めたのは、一九九〇年代初頭に入ってからのことである。この点については、雑誌『ローム』の「戦争」特集号（L'Homme. 3/1 (1992)）を参照。この号には、とくにそうした方向性をもつイタリアの研究業績を抄訳したSabina Loriga, Soldaten in Piemont im 18. Jahrhundert, S. 64-87が収録されている。またこれと並んで、Claudia Opitz, Von Frauen im Krieg zum Krieg gegen Frauen. Krieg, Gewalt und Geschlechterbeziehungen aus historischer Sicht, S. 31-44, とくにS. 32は、この分野に関する研究史の手薄さを指摘している。オーストリア女性史のなかでも優先的に扱われ、多かれ少なかれ集中的に究明された内容と、その方法・理論上のアプローチについては、きわめて内容の濃い次の研究史概観を参照。Edith Saurer, Skizze einer Geschichte der historischen Frauenforschung in Österreich, in: Barbara Hey (Hrsg.), Innovationen 2: Standpunkte feministischer Forschung und Lehre, Wien 1999, S. 319-377.

3 この点に関しては、オピッツによる批判（Opitz, Frauen, S. 31）も参照。また近世に目を向けたものとしては、Karen Hagemann, Militär, Krieg und Geschlechterverhältnisse. Untersuchungen, Überlegungen und Fragen zur Militärgeschichte der Frühen Neuzeit, in: Ralf Pröve (Hrsg.), Klio in Uniform? Probleme und Perspektiven einer modernen Militärgeschichte der Frühen Neuzeit, Köln/Weimar/Wien 1997, S. 35-88, ここではS. 37を参照。カレン・ハーゲマンとラルフ・プレーヴェが編者となって一九九八年に刊行された論集には、ジェンダー史ならびに新しい軍事史を代表する研究者による数多くの論考が収められており、こうした観点から注目すべき刷新をもたらしている。Karen Hagemann/ Ralf Pröve (Hrsg.), Landsknechte, Soldatenfrauen und Nationalkrieger. Militär, Krieg und Geschlechterordnung im historischen Wandel, Frankfurt/New York 1998.

4 このことはたとえば、最近の経験史的方向性をもつ野戦郵便研究にはっきりと示されている。これまで支配的だったパースペクティヴに対する批判としては、Christa Hämmerle, „... wirf ihnen alles hin und schau, daß du fort kommst." Die Feldpost eines Paares in der Geschlechter(un)ordnung des Ersten Weltkriegs, in: Historische Anthropologie 6 (1998), S. 431-458.

5 Rudolf Jerabeck, Die österreichische Weltkriegsforschung, in: Wolfgang Michalka (Hrsg.), Der Erste Weltkrieg. Wirkung, Wahrnehmung, Analyse, München/Zürich 1994, S. 953-971, ここでは S. 957.

6 たとえば、Laurence Cole, Editorial, in: ÖZG 9 (1998), S. 5-8, ここではS. 6を参照。ドイツにおけるこうした伝統については、たとえば、Peter Burschel, Söldner im Nordwestdeutschland des 16. und 17. Jahrhunderts. Sozialgeschichtliche Studien, Göttingen 1994, S. 19における次の一文を参照。「ドイツの軍事史叙述はしかし、今日まで古めかしい、お上を信用しきった、実践志向の参謀本部の歴史という伝統のなかに広く立脚していた」。オーストリアでは（かつての）高級将校によって取り組まれた軍事史の優位が、特別な影響力をもちながらその伝統を維持しており、そうした背景についてはいまだに問題とされないような状況がある。これついてはたとえば、Jerabeck, Weltkriegsforschung; Peter Melichar, Die Kämpfe merkwürdig Untoter. K.u.k. Offiziere in der Ersten Republik, in: ÖZG 9 (1998), S. 51-84, ここでは S. 52を参照。

7 この表現は、Regina Schulte, Die verkehrte Welt des Krieges. Studien zu Geschlecht, Religion und Tod, Frankfurt/New York 1998 の宣伝文からきたものである。

8 Ute Frevert, Männergeschichte oder die Suche nach dem ‚ersten' Geschlecht, in: Manfred Hettling u.a. (Hrsg.), Was ist Gesellschaftsgeschichte? Positionen, Themen, Analysen. München 1991, S. 31-43, ここではS. 37. また、フレーフェルトによる以下の研究を参照。dies., Ehrenmänner. Das Duell in der bürgerlichen Gesellschaft. München 1991; dies., Männergeschichte als Provokation!? in: Werkstatt Geschichte 6 (1993), S. 9-11.

9 たとえば、Thomas Kühne, Männergeschichte als Geschlechtergeschichte, in: ders. (Hrsg.), Männergeschichte – Geschlechtergeschichte. Männlichkeit im Wandel der Moderne. Frankfurt/New York 1996, S. 7-30（トーマス・キューネ「性の歴史としての男性史」同編、星乃治彦訳『男の歴史―市民社会と「男らしさ」の神話』柏書房、一九九七年、七～二六頁）; Martin Dinges (Hrsg.), Hausväter, Priester, Kastraten. Zur Konstruktion von Männlichkeit in Spätmittelalter und Früher Neuzeit, Göttingen 1998; Wolfgang Schmale (Hrsg.), MannBilder. Ein Lese- und Quellenbuch zur historischen Männerforschung. Berlin 1998. アングロアメリカ圏においてはすでに、ホモセクシュアル・男性運動の文脈において、歴史学の本流よりもいち早く、それゆえより強固な形で、男性研究が根を張っている。これについてはたとえば、Hanna Schissler,

Männerstudien in den USA, in: GG 18 (1992), S. 204-220; Anthony E. Rotundo, American Manhood. Transformations in Masculinity from the Revolution to the Modern Era, New York 1993; David D. Gilmore, Manhood in the Making. Cultural Concepts of Masculinity, New Haven/London 1990（デイヴィッド・ギルモア、前田俊子訳『「男らしさ」の人類学』春秋社、一九九四年）; John Tosh, A Man's Place: Masculinity and the Middle-Class Home in Victorian England, New Haven 1999; Michael Roper, John Tosh (Hrsg.), Manful Assertions. Masculinities in Britain since 1800, London/New York 1991.

10 ジェンダー史・軍事史を代表する研究者が集まった連邦ドイツ最初の研究会は、まさに「鞍状期」（Sattelzeit;（訳注：ラインハルト・コゼレックが提唱した時代概念。一七五〇年から一八一五年までの時期に中世的社会構造および価値観と近代的なそれらが錯綜し混交していた状態を示している））を議論の指針としていた。この研究会は一九九七年一一月にベルリン工科大学の学際的女性・ジェンダー研究センター（Zentrum für Interdisziplinäre Frauen- und Geschlechterforschung der TU Berlin）にて、近世における軍隊と社会についての研究サークルとの共催で行われた。この点については次の会議報告書を参照。Christa Hämmerle, Militärgeschichte als Geschlechtergeschichte? Von den Chancen einer Annäherung, in: ÖZG 9 (1998), S. 124-135; Ute Planert, Militärgeschichte als Geschlechtergeschichte. Ein Colloquium an der TU Berlin, in: L'Homme 9/2 (1998), S. 313-316. Die meisten Beiträge des Kolloquiums jetzt in: Hagemann/Pröve, Landsknechte.

11 この点については、Rudolf M. Dekker/Lotte C. Van de Pol, Frauen in Männerkleidern. Weibliche Transvestiten und ihre Geschichte, Berlin 1990（英語原著は一九八九年刊、邦訳は、ルドルフ・M・デッカー／ロッテ・C・ファン・ドゥ・ポル、大木昌訳『兵士になった女性たち——近世ヨーロッパにおける異性装の伝統』法政大学出版局、二〇〇七年）; Julie Wheelwright, Amazons and Military Maids. Women Who dressed as Men in the Pursuit of Life, Liberty and Happiness, London 1989; Jessica Amanda Salmonson, The Encyclopedia of Amazons. Women Warriors from Antiquity to the Modern Era, New York 1991 を参照。

12 この点については、Barton C. Hacker, Women and Military Institutions in Early Modern Europe: A Reconaissance, in: Signs 6 (1981) S. 643-671 がある。

13 Burschel, Söldner, S. 241 を参照。女性と子どもの総数は通常、傭兵の総数とくらべても決して少なくなかった。Hacker, Women, S. 647 f. は傭兵と「非戦闘員（camp follower）」の比率が一対三だったとまで言っている。

14 Jan Peters (Hrsg.), Ein Söldnerleben im Dreißigjährigen Krieg. Eine Quelle zur Sozialgeschichte, Berlin 1993, S. 226.

15 Opitz, Frauen, S. 34 f. を参照。

16 Burschel, Söldner, S. 244.

17 Loriga, Soldaten, ならびに dies., Soldats. Un Laboratoire Disciplinaire: L'Armée Piémontaise au XVIII Siècle, Breteuil-sur-Iton 1991; Ralf Pröve, Stehendes Heer und städtische Gesellschaft im 18. Jahrhundert. Göttingen und seine Militärbevölkerung 1713-1756, München 1995; ders., Der Soldat in der ‚guten Bürgerstube': Das frühneuzeitliche Einquartierungssystem und die sozioökonomischen Folgen, in: Bernhard R. Kroener/Ralf Pröve (Hrsg.), Krieg und Frieden: Militär und Gesellschaft in der frühen Neuzeit, Paderborn u.a. 1996, S. 191-217 を参照。

18 革命期のフランスと「解放戦争」期のプロイセンにおけるこうした展開については、研究報告 Hagemann, Militär, S. 78 ff. を参照。にもかかわらず、一九世紀においてもなおあちこちに輜重隊が存在していたことに言及しているのは、Gabriella Hauch, „Bewaffnete Weiber". Kämpfende Frauen in den Kriegen der Revolution von 1848/49, in: Hagemann/Pröve, Landsknechte, S. 223-246, ここでは S. 236 である。

19 Jutta Nowosadtko, Soldatenpartnerschaften. Stehendes Heer und weibliche Bevölkerung im 18. Jahrhundert, in: Hagemann/Pröve, Landsknechte, S. 297-321 を参照。

20 Sabina Loriga, Die Militärerfahrung, in: Giovanni Levi/Jean Claude Schmitt (Hrsg.), Geschichte der Jugend. Band II. Von der Aufklärung bis zur Gegenwart, Frankfurt/M. 1997（フランス語原著は一九九六年刊）, S. 20-55 を参照。

21 「市民兵（Bürger-Soldaten）」という概念については、とくに Ute Frevert, Soldaten, Staatsbürger. Überlegungen zur historischen Konstruktion von Männlichkeit, in: Kühne, Männergeschichte, S. 69-87（ウーテ・フレーフェルト「兵士、国家公民としての男らしさ」トーマス・キューネ編、星乃治彦訳『男の歴史——市民社会と「男らしさ」の神話』柏書房、一九九七年、六五～八四頁）; dies., Das jakobinische Modell: Allgemeine Wehrpflicht und Nationsbildung in Preußen-Deutschland, in: dies. (Hrsg.), Militär und Gesellschaft im 19. und 20. Jahrhundert, Stuttgart 1997, S. 17-47 を参照。

22 この点については、年次および数字データの記載された Opitz, Frauen, S. 43, ならびに Hagemann, Militär, S. 52, S. 55 を参照。

23 Hagemann, Militär, S. 53 は Rainer Wohlfeil, Vom stehenden Heer des Absolutismus zur Allgemeinen Wehrpflicht (1789-1814), Frankfurt/M. 1964 に依拠している。

24 ドイツの複数の地域については、Dirk Reder, Frauenbewegung und Nation. Patriotische Frauenvereine in Deutschland zu Beginn des 19. Jahrhunderts, Köln 1998 を参照のこと。オーストリアについては管見の限り、ナポレオン戦争に「愛国的に」参加した女性（協会）の活動に関する研究は存在しない。彼女たちが存在していたということは、第一次世界大戦初期にしばしばその存在が引き合いにだされたという事情が証明している。今や女性的な「戦時扶助」の枠内において活動する市民的および貴族的な女性たちは、その歴史的理想像を自ら構成したのである。この点については、Margret Friedrich, Zur Tätigkeit und Bedeutung bürgerlicher Frauenvereine im 19. Jahrhundert in Peripherie und Zentrum, in: Brigitte Mazohl-Wallnig (Hrsg.), Bürgerliche Frauenkultur im 19. Jahrhundert, Wien/Köln/Weimar 1995, S. 132 の指摘も参照。

25 このことは、すでに大学の女性史の最初期において理論的に公式化され、以後たびたび受容されている。Karin Hausen, Die Polarisierung der ‚Geschlechtscharaktere' – Eine Spiegelung der Dissoziation von Erwerbs- und Familienleben, in: Werner Conze (Hrsg.), Sozialgeschichte der Familie in der Neuzeit Europas. Neue Forschungen, Stuttgart 1976, S. 363-393.

26 また一八四八・四九年革命における市民的女性たちの活動を扱っているのは、Gabriella Hauch, Frau Biedermeier auf den Barrikaden. Frauenleben in der Wiener Revolution 1848, Wien 1990, und Carola Lipp (Hrsg.), Schimpfende Weiber und patriotische Jungfrauen: Frauen im Vormärz und in der Revolution 1848/49, 2. Aufl. Baden-Baden 1998. 一九世紀後半については、Jean H. Quataert, „Damen der besten und besseren Stände". „Vaterländische Frauenarbeit" in Krieg und Frieden 1864-1890, in: Hagemann/Pröve, Landsknechte, S. 247-275.

27 愛国女性協会は一八六六年の普墺戦争後のドイツにおいて、王妃アウグステによって設立され、それから「皇妃の軍隊（Armee der Kaiserin）」と見なされた。この点については、Regina Schulte, Die Schwester des kranken Kriegers. Krankenpflege im Ersten Weltkrieg als Forschungsproblem, in: dies., Welt, S. 95-116, ここでは S. 100; Henrick Stahr, Liebesgaben für den Ernstfall. Das Rote Kreuz in Deutschland zu Beginn des Ersten Weltkrieges, in: August 1914. Ein Volk zieht in den Krieg, hrsg. von der Berliner Geschichtswerkstatt, Berlin 1989, S. 83-93, ここでは S. 87; Quataert, Damen, S. 249. リーナ・モルゲンシュテルンの数々の活動については、Maya I. Fassmann, „Die Mutter der Volksküchen". Lina Morgenstern und die jüdische Wohltätigkeit in Berlin, in: Christiane Eifert/Susanne Rouette (Hrsg.), Unter allen Umständen. Frauengeschichte(n) in Berlin, Berlin 1986, S. 34-59.

28 自立的な赤十字「軍事・愛国女性救助協会（Militärisch-Patriotischen Frauen-Hilfsverein）」は、オーストリア＝ハンガリーにおいても同様に一八六六年の戦争中に設立された。それは一八七九年に赤十字「愛国女性救助協会（Patriotischen Frauen-Hilfsverein）」へと設立し直された。Friedrich, Tätigkeit, S. 146 f. はとりわけザルツブルクについての事例である。

29 このことはたとえば、一八三六年以降のカイザースヴェルトのシスターとディアコニッセにもあてはまる。ないしは一九一三年以降のことになるが、ウィーンのルドルフィン病院（Rudolfinerspital）も同様である。この点については、Schulte, Schwester, S. 99. Elisabeth Malleier, Das „Kaiserin Elisabeth-Institut für israelitische Krankenpflegerinnen" im Wiener Rothschild-Spital, in: Wiener Geschichtsblätter 53 (1998), S. 249-269, ここでは S. 267.

30 Christoph Sachße, Mütterlichkeit als Beruf. Sozialarbeit, Sozialreform und Frauenbewegung 1871-1929, Frankfurt/M. 1986を参照。第一次女性運動の大部分もまた、こうした概念からの恩恵を受けていた。

31 おそらく一九一四年の開戦以降、職業としての従軍看護が初めて設けられたオーストリアについては、Birgit Bolognese-Leuchtenmüller, Imagination „Schwester". Zur Entwicklung des Berufsbildes der Krankenschwester in Österreich seit dem 19. Jahrhundert, in: L'Homme 8/1 (1997), S. 155-177.

32 Françoise Thébaud, Der Erste Weltkrieg. Triumph der Geschlechtertrennung, in: Georges Duby/Michelle Perrot (Hrsg.), Geschichte der Frauen: Das 20. Jahrhundert, Frankfurt/New York 1995（イタリア語原著は一九九二年刊）, S. 33-91, ここではS. 38を参照。

33 オーストリアについてはたとえば、Ernst Rutkowski, Ein leuchtendes Beispiel von Pflichttreue. Frauen im Kriegseinsatz 1914-1918, in: Scrinium, H. 28 (1985), S. 343-353を参照。

34 Hanna Hacker, Ein Soldat ist meistens keine Frau. Geschlechterkonstruktionen im militärischen Feld, in: Österreichische Zeitschrift für Soziologie 20/2 (1995), S. 45-63, ここでは47.

35 近世については、Opitz, Frauen, S. 38 f.; Nowosadtko, Soldatenpartnerschaften, S. 302 ffを参照。一八四八・四九年の革命軍で戦った女性たちに注目しているのは、Hauch, „Bewaffnete Weiber", S. 235 ff. である。

36 Hacker, Soldat, S. 52: 女性補助員はその大部分が、「できそこない」とされた。ドイツ帝国の軍当局における官房勤務の人気と「女性兵站補助員（Etappenhelferin）」としての女性たちの活動については、Ute Daniel, Arbeiterfrauen in der Kriegsgesellschaft. Beruf, Familie und Politik im Ersten Weltkrieg, Göttingen 1989, S. 90 ff. ダニエルはここで、一九一七年までの期間中に兵站補助員として採用された、全部でおよそ八万八〇〇〇人の女性について言及している。さらに一九一七年一〇月から終戦までの間、兵站では男性よりも女性の方が多く採用されていた。

37 Ruth Seifert, Gender, Nation und Militär – Aspekte von Männlichkeitskonstruktion und Gewaltsozialisation durch Militär und Wehrpflicht, in: Eckardt Opitz/Frank S. Rödiger (Hrsg.), Allgemeine Wehrpflicht. Geschichte, Probleme, Perspektiven, Bremen 1995, S. 199-214, ここではS. 202を参照。ザイフェルトはここで、女性衛生部員を除く四五万人以上の女性たちがドイツ国防軍の構成員として活動していたことを指摘している。彼女たちは電信、管理、空軍の技術局、そして防空団体に勤務し、終戦間際に積極的に戦闘に参加するよう繰り返し強制された。にもかかわらず、その歴史の大部分は叙述されていない。この点については、Gaby Zipfel, Wie führen Frauen Krieg? in: Hannes Heer/Klaus Naumann (Hrsg.), Vernichtungskrieg. Verbrechen der Wehrmacht 1941 bis 1944, Hamburg 1995, S. 460-474も参照。

38 Hacker, Soldat, S. 53.

39 Hanna Hacker, Gewalt ist: keine Frau. Der Akteurin oder eine Geschichte der Transgressionen, Königstein/Taunus 1998, とくにS. 143-227.

40 カナダ、イギリス、そしてアメリカの軍隊については、Christine Cnossen, Frauen in Kampftruppen: Ein Beispiel für „Tokenisierung", in: Christine Eifler/Ruth Seifert (Hrsg.), Soziale Konstruktionen – Militär und Geschlechterverhältnis, Münster 1999, S. 232-247; アメリカの軍隊では「女性と軍隊」というテーマが一九九〇・九一年の湾岸戦争中にとりわけ頻繁に議論された。というのもこの当時、戦争準備と短期戦の最中に、全部でおよそ三万五〇〇〇人の白人、黒人、アジア系アメリカ人、そしてスペイン系アメリカ人の女性兵士の全員が、自らサウジアラビアへ転属となったからである。Cynthia Enloe, Die Konstruktion der amerikanischen Soldatin als „Staatsbürgerin erster Klasse", in: ebd., S. 248-264.

41 集中的かつ論争的に議論されたのは、犠牲者／加害者という二分法の女性史・ジェンダー史内部におけるジェンダーの差異との同一視であり、それはとくにナチズム下のドイツ人女性たちに注目する形で問題とされた。この点についてはとくに、Gisela Bock, Zwangssterilisation im Nationalsozialismus. Studien zur Rassenpolitik und Frauenpolitik, Opladen 1986; dies., Die Frauen und der Nationalsozialismus: Bemerkungen zu einem Buch von Claudia Koonz, in: GG 15 (1992), S. 563-579, ならびにClaudia Koonz, Mütter im Vaterland. Frauen im Dritten Reich, Freiburg/Br. 1991（英語原著は一九八六年刊、クローディア・クーンズ、翻訳工房「とも」訳『父の国の母たち—女を軸にナチズムを読む』時事通信社、一九九〇年、上・下）; Kirsten Heinsohn/Ulrike Weckel/Barbara Vogel (Hrsg.), Zwischen Karriere und Verfolgung: Handlungsräume von Frauen im nationalsozialistischen Deutschland, Frankfurt/New York 1997, とくにS. 7-23 (Einleitung). 最後に挙げた論集では、編者がそれぞれ異なる形で、こうした研究上の議論の展開と、その都度基礎に置かれた概念について説明している。

42 これについては女性史の第一局面におけるその支配的な方針をめぐる議論も参照。その第一局面をゲルダ・ラーナーは、分担的ないし埋め合わせ的な女性史とみなした。Gerda Lerner, Frauen finden ihre Vergangenheit: Grundlagen der Frauengeschichte, Frankfurt/New York 1995（英語原著は一九七九年刊）; Gisela Bock, Geschichte, Frauengeschichte, Geschlechtergeschichte, in: GG 14 (1988), S. 364-391も参照。

43 こうした関連からハッカーは、性的かつジェンダー的なアイデンティティ・カテゴリーの脱構築を求めるクィア理論に依拠しつつ、女性的な「始まりのジェンダー（Ausgangsgeschlecht）」について述べている。Hacker, Soldat, S. 60, Anm. 2. クィア理論についてはとくに、Barbara Hey (Hrsg.), Que(e)rdenken. Weibliche/männliche Homosexualitäten und Wissenschaft, Innsbruck/Wien 1997における個々の論考を参照。

44 Hacker, Soldat, S. 59.

45 たとえば、Joan W. Scott, Von der Frauen- zur Geschlechtergeschichte, in: Hanna Schissler (Hrsg.), Geschlechterverhältnisse im Historischen Wandel, Frankfurt/New York 1993, S. 37-58, ここでは S. 44 ff. を参照。

46 Hanna Schissler, Soziale Ungleichheit und historisches Wissen. Der Beitrag der Geschlechtergeschichte, in: dies., Geschlechterverhältnisse, S. 9-35, ここでは S. 15 f. を参照。シスラーはここでナタリー・ゼーモン・デーヴィスとジョアン・ケリーを参照している。

47 Scott, Von der Frauen- zur Geschlechtergeschichte, S. 38.

48 Kühne, Männergeschichte, S. 13.

49 ポスト構造主義／ポストモダンとフェミニズム理論との関係については、たとえば、Gudrun-Axeli Knapp, Postmoderne Theorie oder Theorie der Postmoderne? Anmerkungen aus feministischer Sicht, in: dies. (Hrsg.), Kurskorrekturen. Feminismus zwischen Kritischer Theorie und Postmoderne, Frankfurt/New York 1998, S. 25-83; Lynn Hunt, The Challenge of Gender. Deconstruction of Categories and Reconstruction of Narratives in Gender History, in: Hans Medick/Anne-Charlott Trepp (Hrsg.), Geschlechtergeschichte und Allgemeine Geschichte. Herausforderungen und Perspektiven, Göttingen 1998, S. 59-97, とくに S. 66 ff.

50 Scott, Von der Frauen- zur Geschlechtergeschichte, S. 51; Hacker, Soldat, S. 60. また Regina Becker-Schmidt, Trennung, Verknüpfung, Vermittlung: zum feministischen Umgang mit Dichotomien, in: Knapp, Kurskorrekturen, S. 84-125 も参照。

51 この点についてはとりわけ、Ruth Seifert, Militär und Geschlechterverhältnisse. Entwicklungslinien einer ambivalenten Debatte, in: Eifler/Seifert, Konstruktionen, S. 44-70, とくに S. 60 ff を参照。

52 Hans Medick/Anne-Charlott Trepp, Vorwort, in: dies., Geschlechtergeschichte, S. 7-14, ここでは S. 11, im Hinblick auf Ute Frevert, Mann und Weib, und Weib und Mann'. Geschlechterdifferenzen in der Moderne, München 1995. また Hausen, Polarisierung, ならびに Claudia Honegger, Die Ordnung der Geschlechter. Die Wissenschaften vom Menschen und das Weib, Frankfurt/M. 1991 も参照。

53 Seifert, Gender, S. 208.

54 とくに、Roland G. Foerster (Hrsg.), Die Wehrpflicht.Entstehung, Erscheinungsformen und politisch-militärische Wirkung, München 1994; Opitz/Rüdiger, Wehrpflicht に所収の各論考を参照。管見の限り、一八六八年のオーストリア＝ハンガリーにおける一般兵役義務の導入については、今日まで詳細な研究は存在しない。しかしながら、Johann Christoph Allmayer-

Beck, Die bewaffnete Macht in Staat und Gesellschaft, in: Die Habsburgermonarchie 1848-1918, Band 5: Die bewaffnete Macht, Wien 1987, S. 1-141 は多くの指摘を提供してくれている。

55 Ute Frevert, Das Militär als „Schule der Männlichkeit". Erwartungen, Angebote, Erfahrungen im 19. Jahrhundert, in: dies., Militär und Gesellschaft, S. 145-163 を参照。また一九〇〇年前後のスイスについては、カトリーン・デーニカーの非常に優れた修士論文がある。Kathrin Däniker, Erziehungsstätte der Männlichkeit. Die Konstruktion des Geschlechts im militärischen Diskurs in der Schweizer Armee um die Jahrhundertwende, Historisches Institut der Universität Bern 1995; Marianne Rychner, „Mit entblößtem Oberkörper" – Blicke auf den Mann im Untersuchungszimmer. Männlichkeit, Nation und Militärdiensttauglichkeit in der Schweiz um 1875, Historisches Seminar der Universität Bern 1996.

56 この点についてはとりわけ、Karen Hagemann, "Heran, heran, zu Sieg oder Tod!" Entwürfe patriotisch-wehrhafter Männlichkeit in der Zeit der Befreiungskriege, in: Kühne, Männergeschichte, S. 51-68; dies., Nation, Krieg und Geschlechterordnung. Zum kulturellen und politischen Diskurs in der Zeit der antinapoleonischen Erhebung Preußens 1806-1815, in: GG 22 (1996), S. 562-591; Frevert, Militär; dies., Soldaten; George L. Mosse, Gefallen für das Vaterland. Nationales Heldentum und namenloses Sterben, Stuttgart 1993（英語原著は一九九〇年刊）, S. 35 f.（ジョージ・L・モッセ、宮武実知子訳『英霊—創られた世界大戦の記憶』柏書房、二〇〇二年、三〇〜三二頁）を参照。

57 Frevert, Militär, S. 146.

58 Loriga, Militärerfahrung, とくに S. 30 ff.; Frevert, Militär, とくに S. 163 ff.

59 Armee um die Jahrhundertwende, in: Eifler/Seifert, Konstruktionen, S. 110-134; Martin Lengwiler, Soldatische Automatismen und ständisches Offiziersbewußtsein. Militär und Männlichkeit in der Schweiz um 1900, in: Brigitte Studer/Rudolf Jaun (Hrsg.), weiblich-männlich. Geschlechterverhältnisse in der Schweiz: Rechtssprechung, Diskurs, Praktiken, Zürich 1995, S. 171-184; Rudolf Jaun, Preussen vor Augen. Das schweizerische Offizierskorps im militärischen und gesellschaftlichen Wandel des Fin de siècle, Zürich 1999.

60 Ernst Hanisch, Die Männlichkeit des Kriegers. Das österreichische Militärstrafrecht im Ersten Weltkrieg, in: Thomas Angerer/Birgitta Bader-Zaar/Margarete Grandner (Hrsg.), Geschichte und Recht. Festschrift für Gerald Stourzh zum 70. Geburtstag , Wien/Köln/Weimar 1998, S. 313-338, ここでは S. 316. ここでは、ハプスブルク君主国における国民形成がそれゆえ、「国家形成の領域において」軍隊が必要とされ、まさに「バランスをとる重りとして国民的闘争のために役立つべき」とされるなかで、市民社会へと転移していったというテーゼが示されている。この点についてはさらに、Istvan Déak,

Der k.(u.)k.Offizier 1848-1918, 2. Aufl. Wien/Köln/Weimar 1995; Laurence Cole, Der Glanz der Montur. Zum dynastischen Kult der Habsburger und seiner Vermittlung durch militärische Vorbilder im 19. Jahrhundert. Ein Bericht über „work in progress“, in: ÖZG 7 (1996), S. 577-591.

61 Hanisch, Männlichkeit, S. 317.

62 私が今まさにウィーン大学歴史研究所の教授資格取得プロジェクトの枠内で設定しているのは、オーストリア＝ハンガリー帝国における軍事的男らしさ、軍事化された男らしさという覇権的構成概念の生成、鋳造、影響力という問題である。Christa Hämmerle, Das Militär als „Schule der Männlichkeit“? Erste Anmerkungen zum Projekt „Zwischen Akzeptanz und Verweigerung: Männlichkeit und Militär in der Habsburgermonarchie 1848-1918“, in: Manfred Lechner/Dietmar Seiler (Hrsg.), Tagungsband des 4. Österreichischen Zeitgeschichtetags, Innsbruck 2000.

63 Seifert, Gender, S. 203.

64 Ausbildungsziele des Schweizerischen Militärdepartements vom 27. Februar 1908, 5; Däniker, Truppe, S. 115より引用。こうした教育理念は、前述した一九〇七年の軍隊の組織化の過程において、のちの将軍ウルリヒ・ヴィレのもとで公式化された。こうした事実は、世紀転換期のスイス軍の内部において、「権威主義的」で、プロイセン的理想像を志向する方向性が押し通されたということの証左である。この点については、Jaun, Preussen, とくにS. 133-210.

65 たとえばMosse, Gefallen, S. 77（モッセ『英霊』、六七～六八頁）.

66 たとえば、Daniel, Arbeiterfrauen, S. 24 f.; Benjamin Ziemann, Front und Heimat. Ländliche Kriegserfahrungen im südlichen Bayern 1914-1923, Essen 1997, S. 39 ffを参照。ツィーマンの研究は反対に、南バイエルンにおいて戦争への不安が支配的であったことを指摘している。Benjamin Ziemann, Die Erinnerung an den Ersten Weltkrieg in den Milieukulturen der Weimarer Republik, in: Thomas F. Schneider (Hrsg.), Kriegserlebnis und Legendenbildung. Das Bild des „modernen“ Krieges in Literatur, Theater, Photographie und Film, Band I: Vor dem Ersten Weltkrieg, Der Erste Weltkrieg, Osnabrück 1999, S. 249-270, ここではS. 249, ならびに関連するJeffrey T. Verhey, Der „Geist von 1914“ und die Erfindung der Volksgemeinschaft, Hamburg 2000を参照。

67 Bernd Hüppauf, Schlachtenmythen und die Konstruktion des „Neuen Menschen“, in: Gerhard Hirschfeld/Gerd Krumeich/Irina Renz (Hrsg.), Keiner fühlt sich hier mehr als Mensch ... Erlebnis und Wirkung des Ersten Weltkriegs, Essen 1993, S. 43-84; Benjamin Ziemann, „Macht der Maschine“ – Mythen des industriellen Krieges, in: Rolf Spilker/Bernd Ulrich (Hrsg.), Der Tod als Maschinist. Der industrialisierte Krieg 1914-1918, Bramsche 1998, S. 177-189; Mosse, Gefallen,

S. 89-93（モッセ『英霊』、七七〜八一頁）を参照。管見の限り、オーストリア・ハンガリー帝国については比較可能な研究は存在しない。初期の戦時輿論においてとくに注意深く記録された出来事は、およそグローデク（訳注：現在のウクライナ領。ウクライナ名はホロドク）の会戦ないしはプシェムィシル〔現在のポーランド〕要塞をめぐる戦いだったが、それがどの程度比較可能な「神話」を生み出したのかという問題は、それゆえ未解決のままにせざるを得ない。この点については、南部の高山戦線やイゾンツォ（訳注：現在のスロヴェニア領）において、「鉄兜世代」が比較可能な戦士タイプ（Kämpfertypus）へと結晶化したのかという問題もまた同様に未解決である。Hanisch, Männlichkeit. S. 331 は反対に、オーストリアでは伝統的な戦士タイプ（Kriegertypus）がそのままだったというテーゼを代表している。

68 Kühne, Männergeschichte, S. 16（キューネ「性の歴史としての男性史」、一八頁）.

69 Klaus Theweleit, Männerphantasien, 2 Bände, Frankfurt/M. 1977/78（クラウス・テーヴェライト、田村和彦訳『男たちの妄想』法政大学出版局、一九九九／二〇〇四年、Ⅰ・Ⅱ）. この研究のもつ不動の意義については、Martin Lengwiler, Die „Männerphantasien" von Klaus Theweleit. Von einer klassischen Studie und ihrer Aktualität, in: Traverse 5 (1998), S. 141-149.

70 Alf Lüdtke, Die Kaserne, in: Heinz-Gerhard Haupt (Hrsg.), Orte des Alltags. Miniaturen aus der europäischen Kulturgeschichte, München 1994, S. 227-237, ここでは S. 235 ff.

71 Loriga, Militärerfahrung, S. 44.

72 Frank J. Barrett, Die Konstruktion hegemonialer Männlichkeit in Organisationen: Das Beispiel der US-Marine, in: Eifler/Seifert, Konstruktionen, S. 71-79, ここでは S. 77; Cynthia Enloe, Bananas, Beaches, and Bases, Berkeley 1990; Susan Jeffords, The Remasculinization of America. Gender and the Vietnam War, Berkeley 1989.

73 カレン・ハーゲマンはこの点をナポレオン戦争期を対象に調査した。Hagemann, Nation, S. 571.

74 Däniker, Truppe, S. 118.

75 マリアンネ・リュヒナーもまた、その一九世紀末のスイス軍に関する同時並行の研究において、この観点を強調している。Rychner, Oberkörper; dies., Frau Doktorin besichtigt die Männerwelt – ein Experiment aus dem Jahr 1883 zur Konstruktion von Männlichkeit im Militär, in: Eifler/Seifert, Konstruktionen, S. 94-109, ここでは S. 96.

76 Däniker, Truppe, S. 118, S. 121; 三つ目の点についてはさらに、dies./Marianne Rychner, „Unter Männern". Geschlechtliche Zuschreibungen in der Schweizer Armee zwischen 1870 und 1914, in: Jaun/Studer, weiblich-männlich, S. 149-170. この点は、ある種の伝令兵（Ordonnanz）にもつながる話である。彼らはとくに、前線における兵士の「再生」に責任を負って

いた。この点は、「中隊の母」と幾度となく呼ばれた曹長（Spieß）に関しても同様である。

77　Däniker, Truppe, とくにS. 121-129を除けば、それよりも古い三つの研究がここでは関係文献として挙げられる。Astrid Albrecht-Heide, Patriarchat, Militär und der moderne Nationalstaat, in: Antimilitarismus Information (ami) Heft 6 (1990) S. 21-36; dies., Erziehung zur „Weiblichkeit" durch Militär und Militarismus, in: Friedhelm Zubke (Hrsg.), Politische Pädagogik. Beiträge zur Humanisierung der Gesellschaft, Weinheim 1990, S. 345-357; Mario Erdheim, „Heisse" Gesellschaften und „kaltes" Militär, in: Kursbuch 67 (1982), S. 57-70.

78　この点をとくにはっきりとあらわしているのが、かつての新兵の自伝的発言である。彼らの軍事的男らしさはまず勤務期間中にある程度形成され、さらに野蛮な印象を与えるようなイニシエーションを通じても形作られた。この点についてはたとえば、Leo Schuster, „Und immer mußten wir einschreiten!" Ein Leben „im Dienste der Ordnung", hrsg., bearb. u. mit einer Einl. von Peter P. Kloß, unter Mitarbeit v. Ernestine Schuster, Wien/Köln/Weimar 1986, S. 55-75を参照。

79　Michel Foucault, Überwachen und Strafen, Frankfurt/M. 1994（フランス語原著は年一九七五刊、邦訳はミシェル・フーコー、田村俶訳『監獄の誕生―監視と処罰』新潮社、一九七七年）。また、マックス・ヴェーバーおよびエミール・デュルケーム以来の、近代的社会における規律化に関する重要な理論的試みを確かな形で総括したものとして、Ulrich Bröckling, Disziplin. Soziologie und Geschichte militärischer Gehorsamsproduktion, München 1997, S. 9-25がある。

80　このような方向性において手短なコメントを行っているのは、Seifert, Gender, S. 204 ff. であり、また社会学的視点からは、dies., Militär, Kultur, Identität. Individualisierung, Geschlechterverhältnisse und die soziale Konstruktion des Soldaten, Bremen 1996がある。

81　「覇権的男らしさ」という概念の定義については、Robert W. Connell, Der gemachte Mann. Konstruktion und Krise von Männlichkeiten, Opladen 1999（英語原著は一九九五年刊）, S. 97 ff. コーネルはここでアントニオ・グラムシの階級関係理論に依拠している。

82　Kühne, Männergeschichte, S. 19（キューネ「性の歴史としての男性史」二三頁）。

83　Anne-Charlott Trepp, Anders als sein „Geschlechtscharakter". Der bürgerliche Mann um 1800. Ferdinand Beneke (1774-1848), in: Historische Anthropologie 4 (1996), S. 57-77, ここではS. 62. また、dies., „Sanfte Männlichkeit und selbständige Weiblichkeit". Frauen und Männer im Hamburger Bürgertum zwischen 1770 und 1840, Göttingen 1996; dies., Männerwelten privat: Vaterschaft im späten 18. und beginnenden 19. Jahrhundert, in: Kühne, Männergeschichte, S. 31-50（アンネ・シャルロット・トレップ「家庭のなかでの男らしさ」トーマス・キューネ編、星乃治彦訳『男の歴史―市民社会

と「男らしさ」の神話』柏書房、一九九七年、二七～四六頁）も参照。

84 これはとくにドイツ連邦共和国の研究にあてはまる。この点で非常にきめ細かなのは、Ziemann, Front, S. 55-228である。オーストリアではそうした研究さえまったく見当たらず、Hanisch, Männlichkeit, S. 330, S. 338が示唆を与えるのみである。

85 Däniker, Truppe, S. 127 ffが、わずかながら指摘するのみである。

86 Frevert, Ehrenmänner.

87 Martin Dinges, Schmerzerfahrung und Männlichkeit. Der russische Gutsbesitzer und Offizier Andrej Bolotow (1738-1795), in: Medizin, Gesellschaft und Geschichte 15 (1997), S. 55-78.

88 Peter Melichar, Verletzte Männlichkeit bei Offizieren nach 1918? Unfertige Überlegungen zur möglichen Verbindung zwischen einer kritischen Militärgeschichte und der Geschlechtergeschichte, in: Manfred Lechner/Dietmar Seiler (Hrsg.), zeitgeschichte. at. 4. österreichischer Zeitgeschichtetag '99, Innsbruck 1999, S. 307-319. メリヒャーはすでに早い段階で、当該の回想録を別の観点から検証している。この点については、Melichar, Kämpfe を参照。

89 ルート・ザイフェルトは、とりわけドイツ連邦共和国の将校へのインタヴューに基づく研究のなかで、政治的および社会的転換という文脈から、主に彼らの志向モデル（Orientierungsmuster）に焦点をあてている。最後の章では、軍隊への女性の統合に対する将校の立場を扱っている。Seifert, Militär, S. 118-191.

90 Barrett, Konstruktion, S. 86.

91 Thomas Kühne, Kameradschaft – „das Beste im Leben des Mannes“. Die deutschen Soldaten des Zweiten Weltkriegs in erfahrungs- und geschlechtergeschichtlicher Perspektive, in: GG 22 (1996), S. 504-529; ders., „... aus diesem Krieg werden nicht nur harte Männer heimkehren.“ Kriegskameradschaft und Männlichkeit im 20. Jahrhundert, in: ders., Männergeschichte, S. 174-192.

92 Kühne, Kameradschaft, S. 507 u. S. 513.

93 この点についてはとくに、Ziemann, Erinnerung も参照。

94 Kühne, „... aus diesem Krieg“, S. 188; ders., Kameradschaft, S. 516.

95 Kühne, Kameradschaft, S. 514.

96 Kühne, „... aus diesem Krieg“, S. 188 f.; ders., Kameradschaft, S. 528 f.

97 とりわけ、Ulrich Bröckling/Michael Sikora (Hrsg.), Armeen und ihre Deserteure. Vernachlässigte Kapitel einer Militärgeschichte der Neuzeit, Göttingen 1998 における諸論考と、Wilhelm Deist, Verdeckter Militärstreik im Kriegsjahr

1918?, in: Wolfram Wette (Hrsg.), Der Krieg des kleinen Mannes. Eine Militärgeschichte von unten, München 1992, S. 146-167; Christoph Jahr, Gewöhnliche Soldaten. Desertion und Deserteure im deutschen und britischen Heer 1914-1918, Göttingen 1998; Ulrike Maris, Selbstmorde im Militär in Württemberg am Ende des Kaiserreichs, Magisterarbeit Eberhard-Karls-Universität Tübingen 1998; Michael Sikora, Disziplin und Desertion. Strukturprobleme militärischer Organisation im 18. Jahrhundert, Berlin 1996; Benjamin Ziemann, Fahnenflucht im deutschen Heer 1914-1918, in: MGM 55 (1996), S. 93-130; ders., Fluchten aus dem Konsens zum Durchhalten. Ergebnisse, Probleme und Perspektiven der Erforschung soldatischer Verweigerungsformen in der Wehrmacht 1939-1945, in: Rolf-Dieter Müller/Hans-Erich Volkmann (Hrsg.), Die Wehrmacht. Mythos und Realität, München 1999, S. 589-613 を参照。

98 しかしながらここでは例外として、マルティン・レングヴィラーの研究が参照される。Martin Lengwiler, Jenseits der „Schule der Männlichkeit". Hysterie in der deutschen Armee vor dem Ersten Weltkrieg, in: Hagemann/Pröve, Landsknechte, S. 145-167. ジェンダー史的方向をもつのはさらに、Elisabeth Malleier, Die Kriegsneurose in der Wiener Psychiatrie und Psychoanalyse, in: Wiener Geschichtsblätter 49 (1994), S. 206-220.

99 Ulrich Bröckling, Psychopathische Minderwertigkeit? Moralischer Schwachsinn? Krankhafter Wandertrieb? Zur Pathologisierung von Deserteuren im Deutschen Kaiserreich vor 1914, in: ders./Sikora, Armeen, S. 187-221; ders., Disziplin, S. 199-240.

100 クリストフ・ヤールは、第一次世界大戦中のドイツ軍において、脱走を理由に宣告され執行された死刑判決が全部で一八回であるのに対し、イギリス軍ではそうした死刑判決が二六九回にものぼった点を、議論の前提に据えている。Jahr, Soldaten, S. 18. さらに Ziemann, Fahnenflucht, S. 113 f. は、当時のドイツ陸軍において、少なくとも一万から一万二〇〇〇人の兵士・下士官らが、脱走を理由に有罪判決を下されたと、バイエルンのケースから予測された数をもとに見積もっている。

101 Dieter Knippschild, Deserteure im Zweiten Weltkrieg: Der Stand der Debatte, in: Bröckling/Sikora, Armeen, S. 222-251, ここでは S. 231. Jahr, Soldaten, S. 318 ff. und ders., „Der Krieg zwingt die Justiz, ihr Innerstes zu revidieren". Desertion und Militärgerichtsbarkeit im Ersten Weltkrieg, in: Bröckling/Sikora, Armeen, S. 187-221, ここでは S. 213 ff. も参照。第二次世界大戦の数年間について前提とされうるのは、ドイツ国内において、総数三万五〇〇〇件から四万件と見積もられる有罪判決事例のうち、少なくとも一万五〇〇〇件が脱走兵に対して下された死刑だったということである。この点については最近、Ziemann, Fluchten, S. 594, S. 599 が最新の研究状況にもとづきながら、目下において可能な限りの見積もりを行っている。

102 Ziemann, Fluchten, S. 610 ff.

103 ドイツではそうした議論が一九七〇年代の終わりに行われ、一九九七年五月一五日に連邦議会が公式な形で、脱走兵、「国防力破壊者（Wehrkraftzersetzer）」、そして兵役拒否者に対するすべてのナチ判決を「不当」とし、それとともに取り消した。この点については、Knippschild, Deserteure, S. 144 ff.

104 Der Standard, 18. Mai 1998, S. 8.

105 Jahr, Soldaten, S. 131, S. 136 ff.

106 Loriga, Militärerfahrung, S. 28; Sikora, Disziplin, S. 317 ff. を参照。これらの研究は、実践において不統一かつ矛盾した形で運用された、兵士および当該女性たちへの結婚禁止令に対する、そうした評価の帰結について指摘している。

107 Gustav Spann, Das Zensursystem des Kriegsabsolutismus in Österreich während des Ersten Weltkrieges 1914-1918, in: Erika Weinzierl/Rudolf G. Ardelt (Hrsg.), Justiz und Zeitgeschichte. VIII. Symposion Zensur in Österreich 1780 bis 1989 am 24. und 25. Oktober 1989, Wien/Salzburg 1991, S. 31-58, ここではS. 49においては、「とくにゲマインデ・レベルでの官僚支配の恣意的行為」として描かれる。第一次世界大戦中のドイツ帝国について簡潔なコメントを行っているのは、Jahr, Soldaten, S. 131, ならびに、Ziemann, Fahnenflucht, S. 110. 一八世紀については、Michael Sikora, Das 18. Jahrhundert: Die Zeit der Deserteure, in: Bröckling/Sikora, Armeen, S. 86-111, ここではS. 96; ders., Disziplin, S. 144 ff., S. 321 ff. これらの研究はまた、脱走兵の妻から財産と土地を押収することで発揮されたであろう効果と、そうした法的規定にも目を配っている。

108 Irene Bandhauer-Schöffmann/Ela Hornung, Trümmerfrauen – ein kurzes Heldinnenleben? Nachkriegsgesellschaft als Frauengesellschaft in: Andrea Graf (Hrsg.), Zur Politik des Weiblichen. Frauen Macht und Ohnmacht, Wien 1990, S. 93-120; dies., Von der Trümmerfrau auf der Erbse. Ernährungssicherung und Überlebensarbeit in der unmittelbaren Nachkriegszeit in Wien, in: L'Homme 2/1 (1991), S. 77-105; Franz Severin Berger/Christiane Holler, Trümmerfrauen. Alltag zwischen Hamstern und Hoffen, Wien 1994 を参照。

109 Ingrid Bauer, Die „Ami-Braut“ – Platzhalterin für das Abgespaltene? Zur (De-)Konstruktion eines Stereotyps der österreichischen Nachkriegsgeschichte 1945-1955, in: L'Homme 7/1 (1996), S. 107-121, ここではS. 120.

110 エーラ・ホルヌングは、客観的・解釈学的な方法を用いたオーラル・ヒストリーを駆使しながら、こうした関係モデルが、帰還するオデュッセウスと待ち望むペーネロペーという神話的肖像の上に成り立っていることを指摘している。Ela Hornung, ‚Penelope und Odysseus'. Zur Paarstruktur von Heimkehrer und wartender Frau in der Nachkriegszeit, in: Ulf

Brunnbauer (Hrsg.), Eiszeit der Erinnerung. Vom Vergessen der eigenen Schuld. Wien 1999, S. 65-83.

111 Bauer, „Ami-Braut", S. 115-117は、同時代の読者からの手紙にもとづいている。

112 Bauer, „Ami-Braut", S. 113, S. 120. バウアーはここで、そうした「外圧と女性の自己遮断との混交」における戦後の平常化が、とりわけ職業的、社会的、そして性愛的な意味での女性解放のフェードアウトに立脚していたことを指摘している。

113 Opitz, Frauen, S. 38.

114 Däniker, Erziehungsstätte, S. 15 ffを参照。デーニカーがここで依拠しているのは、Tordis Batscheider, Friedensforschung und Geschlechterverhältnis. Zur Begründung feministischer Fragestellungen in der kritischen Friedensforschung. Marburg 1993; Seifert, Militär, S. 180 ff. である。

115 一九五〇年代については、Irene Stoehr, Phalanx der Frauen? Wiederaufrüstung und Weiblichkeit in Westdeutschland 1950-1957, in: Eifler/Seifert, Konstruktionen, S. 187-204. 一九世紀から二〇世紀初頭にかけての女性平和運動については、たとえば、Gisela Brinker-Gabler (Hrsg.), Frauen gegen den Krieg. Frankfurt/M. 1980; Hiltrud Häntzschel, „Nur wer feige ist, nimmt die Waffe in die Hand." München – Zentrum der Frauenfriedensbewegung 1899-1933, in: Sybille Krafft (Hrsg.), Zwischen den Fronten. Münchner Frauen in Krieg und Frieden 1900-1950. München 1995, S. 18-40; Susan Zimmermann, Die österreichische Frauen-Friedensbewegung vor und im ersten Weltkrieg, in: „Fraktische Ohnmacht" der Frauen? Analysen zum Verhältnis von Frauen zum sogenannten „Frieden". Arbeitsmaterialien für die Veranstaltung „Österreichische Frauen im 20. Jahrhundert" im Uni-Frauenzentrum Wien. Wien o. J. (1983), S. 6-14.

116 Thébaud, Weltkrieg, S. 38. たとえば、Barbara Guttmann, Weibliche Heimarmee. Frauen in Deutschland 1914-1918. Weinheim 1989; Sabine Hering, Die Kriegsgewinnlerinnen. Praxis und Ideologie der deutschen Frauenbewegung im Ersten Weltkrieg. Pfaffenweiler 1990も参照。オーストリアについては、Ingrid Bauer, Frauen im Krieg. Patriotismus, Hunger, Protest – Weibliche Lebenszusammenhänge zwischen 1914 und 1918, in: Brigitte Mazohl-Wallnig (Hrsg.), Die andere Geschichte 1. Eine Salzburger Frauengeschichte von der ersten Mädchenschule (1695) bis zum Frauenwahlrecht (1918). Salzburg 1995, S. 283-310, ここではS. 286-295; Christa Hämmerle, „Zur Liebesarbeit sind wir hier, Soldatenstrümpfe stricken wir ..." Zu Formen weiblicher Kriegsfürsorge im Ersten Weltkrieg. Dissertation Universität Wien 1996, とくにS. 159-182, S. 259-284.

117 Schulte, Schwester, S. 96.

118 Schulte, Schwester; Bolognese-Leuchtenmüller, Imagination; Herbert Grundhewer, Die Kriegskrankenpflege und das

Bild der Krankenschwester im 19. und frühen 20. Jahrhundert, in: Johanna Bleker/Heinz-Peter Schmiedebach (Hrsg.), Medizin und Krieg. Das Dilemma der Heilberufe 1865-1985, Frankfurt/M. 1987, S. 135-152; Dieter Riesenberger, Zur Professionalisierung und Militarisierung der Schwestern vom Roten Kreuz vor dem Ersten Weltkrieg, in: MGM 53 (1994), S. 49-72を参照。

119 Jakob Vogel, Samariter und Schwestern. Geschlechterbilder und -beziehungen im „Deutschen Roten Kreuz" vor dem Ersten Weltkrieg, in: Hagemann/Pröve, Landsknechte, S. 322-344. ここでは S. 326 ff. 一九〇八年の時点でドイツ帝国全土には二四六七の赤十字女性協会、一五七四の赤十字男性協会が存在していた（ebd., S. 322）。フォーゲルは第一次世界大戦直前の時代について、救護班がサマリア人の宗教色の濃い像に近づいていったことを確認している。

120 Vogel, Samariter, S. 328. ここにおいて理想像として機能したのはとりわけ、女性執事の団体だった。それは周知のように、従軍看護にも尽力した。この点については、Schulte, Schwester, S. 99. シュールテはここで、一八三六年に設立されたカイザースヴェルトの看護婦団体の女性執事養成所において、すでに第一次世界大戦前の段階でおよそ二万五〇〇〇ないしは一万一〇〇〇人の看護婦が働いていたことを指摘している。彼女たちはさらに、赤十字のもとで出征した。

121 Vogel, Samariter, S. 323.

122 Schulte, Schwester, S. 106を参照。シュールテはここでドイツ人看護婦が一九一五年以後、野戦病院でも働いていたことを指摘している。

123 それゆえ、ルート・ザイフェルトが最近ある議論のなかで強調したことは当を得ている。つまり、「前線」と「兵站」という二項対立がジェンダー史的かつ言説理論的な考察の対象とされる際には、それらが軍事的・機能的な境界を確定するものとして立ち現れることよりも、むしろ男性と女性とのあいだの象徴的な境界を確定するものとして立ち現れることのほうが重要である、と。

124 Wahre Soldaten-Geschichten. Erzählt von Roten-Kreuz-Schwestern u. freiwilligen Pflegerinnen 1914-1916, Wien o.J. (vermutlich 1916), hrsg. vom Kriegshilfsbüro des k.k. Ministeriums des Innern. Zu Gunsten der offiziellen Kriegsfürsorge. Vorwort S. 3.

125 Theweleit, Männerphantasien, Bd. 1, S. 107-158（テーヴェライト『男たちの妄想〈I〉』、一二五〜一八八頁）を参照。同時代のものとしてはたとえば、Magnus Hirschfeld, Sittengeschichte des Ersten Weltkrieges, Leipzig/Wien o.J. (1929), Kap. V; Arnold Zweig, Der Streit um den Sergeanten Grischa, Berlin 1994, S. 130 ff., S. 136 ff. がある。

126 この本の最初のタイトルは、Helene Mierisch: Kamerad Schwester 1914-1919, Leipzig 1934による。二番目のタイトル

は、五一本の個別論文を収録した論集 Elfriede von Pflugk-Hartung (Hrsg.), Frontschwestern. Ein deutsches Ehrenbuch, Berlin 1932 である。またこの他にもたとえば、Margarete von Rohrer, Im Krieg gegen Wunden und Krankheit, Brünn/München/Wien 1944. Eine Analyse dieser Texte leistet Schulte, Schwester, S. 102-114, ならびに、史料批判的な精度には欠けるものの、Bolognese-Leuchtenmüller, Imagination, S. 167-172 を参照。

127　Schulte, Schwester, S. 108-111, S. 113. ビアンカ・シェーンベルガーも近年、こうした市民的なジェンダー・ステレオタイプをもつ女性たちに注目し、彼女たちの表明した自画像について強調している。彼女はドイツ帝国とイギリスにおける第一次世界大戦期の赤十字看護婦に関する比較史的な博士論文を準備している。これまでの成果の一部を、彼女は「天使、母親、戦友?　第一次世界大戦における赤十字看護婦（Angels, Mothers, Comrades? Red Cross Nurses in First World War Germany）」というタイトルで「ジェンダー戦争（一九一四～一九四九）」の会議で報告した（なお、この報告はその後、Bianca Schönberger, Mütterliche Heldinnen und abenteuerlustige Mädchen. Rotkreuz-Schwestern und Etappenhelferinnen im Ersten Weltkrieg, in: Karen Hagemann/Stefanie Schüler-Springorum (Hrsg.), Hei- mat-Front. Militär- und Geschlechterverhältnisse im Zeitalter der Weltkriege, Frankfurt/M. 2002, S. 108-127 として活字化された）。同会議は一九九九年一〇月にベルリン工科大学の学際的女性・ジェンダー研究センターで開催された。ビアンカ・シェーンベルガーには、第一次世界大戦後のイギリスにおいて従軍看護婦の公的忘却がまったく起こらなかったという指摘をいただいたことにも、感謝申し上げたい。

128　この点について、たとえば関連研究をまとめているのは、Thébaud, Weltkrieg, S. 50 ff., 52 ff., 85 ff.; ならびに、Ingrid Bauer, „Im Dienste des Vaterlandes“. Frauenarbeit im und für den Krieg, in: Geschlecht und Arbeitswelten. Beiträge der 4. Frauen-Ringvorlesung an der Universität Salzburg, hrsg. vom Bundesministerium für Arbeit, Gesundheit und Soziales, Abteilung für grundsätzliche Angelegenheiten der Frauen, Salzburg 1998, S. 49-62; Susanne Rouette, Frauenarbeit, Geschlechterverhältnisse und staatliche Politik, in: Wolfgang Kruse (Hrsg.), Eine Welt von Feinden. Der Große Krieg 1914-1918, Frankfurt/M. 1997, S. 92-126 である。

129　この点をとくに詳細に検討しているのは、Birthe Kundrus, Kriegerfrauen. Familienpolitik und Geschlechterverhältnisse im Ersten und Zweiten Weltkrieg, Hamburg 1995 である。クンドルスはここで、軍務についた兵士が親族のために行った、いわゆる戦時・家族支援を例とするようなアンビヴァレンスを明示している。これはそれと結びついた国家の意向とは正反対に、ジェンダー秩序を揺るがす効果をも有していた。

130　Rouette, Frauenarbeit, S. 122.

131 この点については、戦争の最後の年に出版されたEin Frauenschicksal im Kriege. Briefe und Tagebuch-Aufzeichnungen von Schwester Maria Sonnenthal-Scherer. Eingeleitet und nach den Handschriften herausgegeben von Hermine von Sonnenthal. Berlin/Wien 1918を参照。マリア・ゾネンタール・シェーラーは一八八四年、ドイツ文学史家でありゲルマニストのヴィルヘルム・シェーラーとその歌手のマリー・レーダーとの婚姻によって生まれた娘である。彼女は一九〇五年にミュルツシュテークの王立病院の山林医師（Forstarzt）ホラーツ・ゾネンタール博士と結婚し、それからオーストリアで生活した。

132 とりわけ、Susanne Rouette. Nach dem Krieg: Zurück zur ‚normalen' Hierarchie der Geschlechter, in: Karin Hausen (Hrsg.), Geschlechterhierarchie und Arbeitsteilung. Zur Geschichte ungleicher Erwerbschancen von Männern und Frauen. Göttingen 1993, S. 167-190; dies., Sozialpolitik als Geschlechterpolitik: die Regulierung der Frauenarbeit nach dem Ersten Weltkrieg. Frankfurt/New York 1993. Für Österreich: Andrea Lösch, Staatliche Arbeitsmarktpolitik nach dem Ersten Weltkrieg als Instrument der Verdrängung von Frauen aus der Erwerbsarbeit, in: Zeitgeschichte 14 (1986/87), S. 313-329を参照。

133 Medick/Trepp, Vorwort, S. 9を参照。

134 Regina Schulte, Die Heimkehr des Kriegers. Das Phantasma vom Stillstand der Frauen, in: dies., Welt, S. 14-34, ここではS. 20; Thébaud, Weltkrieg, S. 38; Mosse, Gefallen, S. 79（モッセ『英霊』、六八～六九頁）. ウーテ・ダニエルもまた、「戦争のなかの女性」という社会的パラダイムが、戦争を経るなかでますますもって競合的な定義の対象となった点を議論の前提にしている。Daniel, Arbeiterfrauen, S. 25 f. Medick/Trepp, Vorwort, S. 9.

135 この点については、慈善的な施しを事例とした次の研究を参照。Christa Hämmerle, „Wir strickten und nähten Wäsche für Soldaten ...“ Von der Militarisierung des Handarbeitens im Ersten Weltkrieg, in: L'Homme 3/1 (1992), S. 88-128; dies., „Habt Dank, Ihr Wiener Mägdelein ...“: Soldaten und weibliche Liebesgaben im Ersten Weltkrieg, in: L'Homme 8/1 (1997), S. 132-154.

136 たとえば、(Max) Bauer, Der große Krieg in Feld und Heimat. Erinnerungen und Betrachtungen. Tübingen 1921, S. 153 ff.を参照。

137 Thébaud, Weltkrieg, S. 83 u. S. 90 ff. テボーはここで、新しい女性史・ジェンダー史を覆う、客体的かつ主体的に制限された戦時限定のジェンダー関係の変化に対する評価に目を向けている。この点についてはさらに、イギリス、フランス、そしてドイツにおけるこうした研究をめぐる議論を詳述しているRouette, Frauenarbeit, S. 92-95を参照。

138 たとえば、Daniel, Arbeiterfrauen, S. 150; Elisabeth Domansky, Der Erste Weltkrieg, in: Lutz Niethammer u.a., Bürgerliche Gesellschaft in Deutschland. Historische Einblicke, Fragen, Perspektiven, Frankfurt/M. 1990, S. 235-319, ここでは S. 317; Hämmerle, „... wirf ihnen alles hin", S. 454 を参照。「疎外化」概念に批判的なのは、Ziemann, Erinnerung, S. 259 f. である。

139 Thébaud, Weltkrieg. テボーはここで、複数のヨーロッパ諸国を例としながら、戦後にとってそれがもった意味に注目している。この点についてはさらに、Karin Hausen, Die Sorge der Nation für ihre „Kriegsopfer". Ein Bereich der Geschlechterpolitik während der Weimarer Republik, in: Jürgen Kocka/Hans-Jürgen Puhle/Klaus Tenfelde (Hrsg.), Von der Arbeiterbewegung zum modernen Sozialstaat. Festschrift für Gerhard A. Ritter zum 65. Geburtstag, München u.a. 1994, S. 719-739, ここでは S. 723 を参照。

140 Ziemann, Front, S. 21.

141 Gerd Krumeich, Kriegsfront – Heimatfront, in: Gerhard Hirschfeld u.a. (Hrsg.), Kriegserfahrungen. Studien zur Sozial- und Mentalitätsgeschichte des Ersten Weltkriegs, Essen 1997, S. 12-19, ここでは S. 18 f.

142 Klaus Latzel, Vom Kriegserlebnis zur Kriegserfahrung. Theoretische und methodische Überlegungen zur erfahrungsgeschichtlichen Untersuchung von Feldpostbriefen, in: MGM 56 (1997), S. 1-30, ここでは S. 2. ラッツェルがここでなお確認しているのは、女性からの手紙が従来の分析で注目されてこなかった点である。その例外として彼は、Detlef Vogel/Wolfram Wette herausgegebenen Band: Andere Helme – Andere Menschen? Heimaterfahrung und Frontalltag im Zweiten Weltkrieg. Ein internationaler Vergleich, Essen 1995 のなかのいくつかの論考を挙げている。この論集はとくにアングロアメリカ圏に関連するものである。これまでの研究のパースペクティヴに対する批判的評価については、Hämmerle, „... wirf ihnen alles hin", S. 431-437. また、「野戦郵便」をテーマとする WerkstattGeschichte 22 (1999) を参照。そこには、Inge Marsolek, „Ich möchte Dich zu gern mal in Uniform sehen". Geschlechterkonstruktionen in Feldpostbriefen, S. 41-60; Ulrike Jureit, Zwischen Ehe und Männerbund. Emotionale und sexuelle Beziehungsmuster im Zweiten Weltkrieg, S. 61-73 が収録されている。

143 Daniel, Arbeiterfrauen, とくに S. 14-17, S. 259-275. また、Rouette, Frauenarbeit, とくに S. 101-116 を参照。

144 Kundrus, Kriegerfrauen, S. 13 f. クンドルスがここで依拠しているのは、Michael Geyer, Krieg als Gesellschaftspolitik. Anmerkungen zu neueren Arbeiten über das Dritte Reich, in: AfS 26 (1986), S. 557-601, ここでは S. 558.

145 Thébaud, Weltkrieg, S. 91 u. S. 85, unter Bezugnahme auf die maßgeblichen Forschungen zur europäischen Frauen- und Geschlechtergeschichte.

146 Hausen, Sorge, S. 723, また Rouette, Sozialpolitik も参照。

147 とりわけ Birgitta Bader-Zaar, Das Frauenwahlrecht. Vergleichende Aspekte seiner Geschichte in Großbritannien, den Vereinigten Staaten von Amerika, Österreich, Deutschland und Belgien, 1860-1920, Wien/Köln/Weimar 2002; Thébaud, Weltkrieg, S. 77-81 を参照。

148 Thébaud, Weltkrieg, 57.

149 戦時限定のジェンダー秩序の変化を絶えず副次的なものとし続けた、ジェンダー・シンメトリーの継続の象徴化については、Margret R. Higonnet und Patrice L. R. Higonnet, The Double Helix, in: Margret R. Higonnet u.a. (Hrsg.), Behind the Lines. Gender and the Two World Wars, New Haven/London 1987, S. 31-47 が二重螺旋という概念を突き詰めている。固定化されていたジェンダー関係の長期的変化に対する支配的かつネガティヴな立場については、たとえば Kundrus, Kriegerfrauen, S. 15 f. 159 ff. が多くの指摘を行っている。

150 Nowosadtko, Soldatenpartnerschaften, S. 300 を参照。

151 Opitz, Frauen, S. 39.

152 Hauch, „Bewaffnete Weiber", S. 232.

153 Hanisch, Männlichkeit, S. 329 f. の Anm. 125 u. 126、ならびにその例証を参照。ここでは前線/兵站、そして将校/兵員という文脈で、赤十字看護婦が強烈な形で性的に対象化された姿として「十字架娼婦 (Kreuzhure)」が登場する。

154 Zipfel, Frauen, S. 462 f. ならびに Anm. 37 を参照。こうした職務を担っていた女性国防軍職員は全部でおよそ四五万から五〇万だった。

155 このことはたとえば、ウィーン大学経済史・社会史研究所の「伝記的手記の史料集」に収められた、被害女性たちの記憶をめぐるテクストが物語っている。

156 カナダ軍、アメリカ軍、そしてイギリス軍の事例としては、Cnossen, Frauen, S. 240 ff. がある。

157 カリン・ヤンソンはこうした公式化を、概して歴史的レイプ研究と関連づけている。Karin Jansson, Soldaten und Vergewaltigung im Schweden des 17. Jahrhunderts, in: Benigna von Krusenstjern/Hans Medick in Zusammenarbeit mit Patrice Veit (Hrsg.), Zwischen Alltag und Katastrophe. Der Dreißigjährige Krieg aus der Nähe, Göttingen 1999, S. 195-225, ここでは S. 214.

158 これと同時に、そうした性的対象化が「女々しい」あるいは「軟弱な」男性たちには向けられないと決めつけてはならない。それどころか彼らが身を置いていたのは、まさに「男らしさのための教育」によって特徴づけられる近代的な国民軍

（Massenheer）なのだから、なおさらである。たとえば回想録などが示すように、とくに軍務についている新兵は、性的に動機づけられた暴力行為の紛うことなき犠牲者となりうる。とくに強烈なのは、Schuster, „Immer wieder", S. 61である。

159　Heer/Naumann, Vernichtungskrieg における数多くの指摘を参照。

160　Sieglinde Reif, Das „Recht des Siegers". Vergewaltigungen in München 1945, in: Krafft, Zwischen den Fronten, S. 360-371. 一般的にこれまでごくわずかにしか究明されてこなかった、第二次世界大戦中のドイツ軍兵士によるレイプについては、Birgit Beck, Vergewaltigung von Frauen als Kriegsstrategie im Zweiten Weltkrieg, in: Andreas Gestrich (Hrsg.), Gewalt im Krieg. Ausübung, Erfahrung und Verweigerung von Gewalt in Kriegen des 20. Jahrhunderts, Münster 1996, S. 34-50（訳注：ビルギット・ベックの研究の論点をまとめたものとして、日本でも小野寺拓也「ドイツ国防軍と性暴力―ビルギット・ベックの最新の研究をめぐって」『戦争責任研究』五二［二〇〇六年］、三八～四七頁がある）。また第一次世界大戦については、Susan Brownmiller, Gegen unseren Willen. Vergewaltigung und Männerherrschaft, Frankfurt/M. 1980, S. 49 ff.（英語原著は一九七五年刊、邦訳はS・ブラウンミラー、幾島幸子訳『レイプ・踏みにじられた意思』勁草書房、二〇〇〇年、二九頁以下）; Françoise Thébaud, La femme au temps de la guerre de 14, Paris 1986, S. 58 f.

161　一九〇七年のハーグ協定以降、戦争におけるレイプは「戦争犯罪」と定義された

162　戦時レイプを研究するうえでの史料状況は、きわめて劣悪である。管見の限り、犯罪の規模についての見積もりは、二〇世紀に限ってしか存在しない。たとえばSeifert, Gender, S. 199によれば、一九四五年春の大ベルリンでは、九〇万の女性たちがレイプ被害にあっていた。またChristine Eifler, Nachkrieg und weibliche Verletzbarkeit. Zur Rolle von Kriegen für die Konstruktion von Geschlecht, in: dies./Seifert, Konstruktionen, S. 155-186, ここではS. 161が、数十万から二〇〇万の女性たちが、ソヴィエト占領区域でレイプされたと指摘している。一九四五年五月以降のオーストリアにおける「ロシア占領区域」については、Marianne Baumgartner, „Jo, des waren halt schlechte Zeiten ..." Das Kriegsende und die unmittelbare Nachkriegszeit in den lebensgeschichtlichen Erzählungen von Frauen aus dem Mostviertel, Frankfurt u.a. 1994, S. 93-120. 史料にもとづいたとしても、なお突き止めるのが難しいのは、この当時アメリカ軍、イギリス軍、ないしはフランス軍兵士によって行われたレイプである。ミュンヘンのケースについては、Reif, „Recht des Siegers", S. 365を参照。

163　Eifler, Verletzbarkeit, S. 160 ff.

164　Ebd., S. 179 f.

165　Seifert, Gender, S. 200, S. 211.

166　この点については、Brownmiller, Gegen unseren Willen（ブラウンミラー『レイプ・踏みにじられた意思』）, ならびにOpitz,

Frauen, S. 40 ff. といった従来の研究も参照。

167　「民族の身体」という構成概念については、Ruth Seifert, Der weibliche Körper als Symbol und Zeichen. Geschlechtsspezifische Gewalt und die kulturelle Konstruktion des Krieges, in: Gestrich, Gewalt, S. 13-33, ここでは S. 24; Nira Yuval-Davis, Militär, Krieg und Geschlechterverhältnisse, in: Eifler/Seifert, Konstruktionen, S. 18-43, ここでは S. 361. これらの研究では、レイプがジェンダーの慣習において特徴的に「名誉に対する犯罪（Verbrechen gegen die Ehre）」として定義された点が指摘されている。

168　Opitz, Frauen, S. 41.

169　John Theibault, Landfrauen, Soldaten und Vergewaltigungen während des Dreißigjährigen Krieges, in: Werkstatt Geschichte 19 (1998), S. 25-39, ここでは S. 35, とくに関連するものとして、Miranda Chaytor, Husband(ry): Narratives of Rape in the Seventeenth Century, in Gender & History 7 (1995), S. 378-407 がある。

170　Seifert, Gender, S. 200 と、とりわけ dies., Die zweite Front. Zur Logik der Sexuellen Gewalt in Kriegen, in: S+F. Vierteljahresschrift für Sicherheit und Frieden 11 (1993), S. 66-71 を参照。

171　この点について、戦時レイプを体系的に説明した試みとしては、Kerstin Grabner/Annette Sprung, Krieg und Vergewaltigung, in: Barbara Hey/Cécile Huber/Karin M. Schmidlechner (Hrsg.), Krieg: Geschlecht und Gewalt, Graz 1999, S. 161-176.

172　Herta Nagl-Docekal, Feministische Geschichtswissenschaft – ein unverzichtbares Projekt, in: L'Homme 1/1 (1990), S. 7-18, ここでは S. 18. また、Sieglinde Rosenberger, Women's History – ein Fach macht Geschichte, in: ÖZG 6 (1995), S. 187-200, ここでは S. 198 ff.; Herta Nagl-Docekal/Edith Saurer/Ulrike Döcker/Gabriella Hauch, Frauengeschichte, Geschlechtergeschichte, feministische Philosphie, in: ebd., S. 273-284 も参照。

173　Burschel, Söldner, S. 21 の「ドイツ軍事史における叙述の『脱軍事化』はまだ始まったばかりである」という一文を参照。

174　Wolfgang Schmale, Einleitung: Gender Studies, Männergeschichte, Körpergeschichte, in: ders., MannBilder, S. 7-33, ここでは S. 7.

175　Medick/Trepp, Geschlechtergeschichte, Vorwort S. 14, ならびに Karin Hausen, Die Nicht-Einheit der Geschichte als historiographische Herausforderung. Zur historischen Relevanz und Anstößigkeit der Geschlechtergeschichte, in: ebd., S 17-55 を参照。

第三部　展望

第十四章　『戦争論』——現代軍事史についての諸考察

シュティーク・フェルスター　鈴木健雄訳

一　歴史のなかの戦争

ドイツの歴史学界で、近年ある驚くべき発展が生じている。軍事史が再度注目されているのである。このような状況が生ずるに至った理由は、まさに多様であり、ここで検討することはできない。しかし確かにいえるのは、軍事および、それが国家と社会とにもつ関係性が、歴史のなかで再度重要な役割を果たすようになったということである。そしてこのことは、まさにドイツ史においても当てはまる。従って、現代の歴史学において、この重要な分野を無視することはもはやできない。従来より軍事史は、決して素人のみに委ねられていたわけではなかった。むしろ軍事史研究局（ＭＧＦＡ）のメンバーは長年にわたりこの分野で卓越した業績をあげてきたのである。しかし彼らが再三にわたり「ツンフト」内での相対的孤立を嘆いてきたのも無理からぬことであった。この孤立は今や、ＭＧＦＡに所属しない若手の歴史研究者の多くがそのテーマに取り組むことで、解消されつつある。

このような状況とともに生じた、軍事史のルネサンスは、今や、新たな立ち位置を確かめるための機会をもたらしている。そして喜ばしいことに、極めて多彩な方法論が今日見受けられるに至ったがためにいっそう、その機会はより重要なものとなっているのである。しかし、軍事史が歴史学のなかに存在する固有の分野として確立されることを望むのならば、そこには共通の土台が必要となるであろう。そして理論と結びつくそのような基盤は、異なるアプローチがもつ研究手法上の多様性を活かしきることのできる、方法論的枠組みを作り出すものでなければならないのはもちろん、軍事史において議論の対象となる主題が何であるかという、基本的な合意を備える必要性がある。

ただその主題という点について、目下異なる理解が存在しているように思われる。たとえば、「軍事と社会」というテーマについて、そのアプローチには二種類のやり方が存在している。まず狭義の意味でそれは、ある社会的環境下にある軍隊の歴史を集中的に扱うことである。このアプローチは確かに正統なもので、すでに興味深い研究成果が複数あがっている。ただそのアプローチがもつ明確な欠点は、その対象の限定性である。つまり、少なくとも現代史において、軍隊と市民社会との間に明確な境界線を引こうとすることは問題だろう。とりわけ一般兵役義務が課せられるようになり、総力戦へと向かう傾向を帯びつつ発展していく時代においては、そのような古典的境界線は、まさに現実に生じたこととして侵食され不明瞭なものとなったのである」。これに対して広義の意味で軍事的事象が果たす役割は、単に社会全体という観点から捉えられる。ただ、この手法は、最初から軍事史を社会史全般のうちへと導きかねない。そこでは軍事史が備える個々の特性が失われるであろう。過去数十年の間、社会史が軍事史的なテーマに対して継母のような仕打ちをしてきたという経験に鑑みても、そこでの成果は特段満足のいくものにはならないであろう。全く異なったやり方が、古典的な作戦史的アプローチであろう。しかしそれは、軍事史を戦争中の軍事的成り行きにのみ還元しかねず、そこでは、偏狭な戦史がまさに再度生じかねない。その種のアプローチがこの先の研究を用意するものとなるはずはなく、むしろそれどころか、軍事史を戦争の過程にのみ矮小化し、更なる弊害をもたらしうる。

このような目下存在する不明瞭さに鑑みたとき、以下のような提案がなされるべきであろう。すなわち、軍事史上の諸問題の出発点を再度思い出してみるということである。そこで重要となるのは、戦争という現象そのものである。戦争という現象は、煎じ詰めるならば、恒常的に戦争の可能性が存在し、また、繰り返し戦争が引き起こされることによって、軍隊の存在理由が平時においてもなお生じることといえる。さらにまた戦争は、社会に軍事的要素を引き込み、国家がそれ自身と社会とを軍事的目的に対して適応させようとする誘因そのものでもある。それゆえ、戦争と戦争準備は軍事史の中心的テーマであるといえる。だがここで意図されているのは、偏狭な作戦史への回帰といったものではない。こと戦争は、一、二の会戦がもつ衝撃よりはるかに暴力的な現象であるのと同時に、政治、軍隊、社会、経済、文化、心性それぞれの相互作用をも包摂する。そのため戦争は、軍隊の歴史に矮小化されえないものである。ただ他方で戦争は、軍事史を一般の社会史から取り上げて考えさせる特殊性をもつ。軍事史を組織化された暴力行使の歴史から切り離すのもまた、戦争という現象なのである。もっともここで、後者である暴力行使の歴史に含意されているのは、国内における警察暴力の問題や帝国主義の枠組みにおける構造的暴力の表出ではあるが。いずれにせよ再度強調すべきは、軍事史の中心的テーマである戦争は、戦史という矮小化でもって誤解されては決してならないということである。戦争はむしろ、軍隊と平時の社会という問題に取り組むうえで、その根底に存在する基準点なのである。このような考察がなされるとき、現代的意味における真の軍事史が問題となる。そして、このような立場をとるとき、軍隊がそれそのものとして優先的に探求されるのか、あるいは市民社会がもつ軍事関連領域との関係性について根本的に取り組まれるのかといった事柄は、比較的些細な問題となってくる。どちらにせよ、軍事史にかかわってくるのである。

そもそも戦争とは何であり、また、その現象と取り組むことでどのような方法論的帰結が生じるのであろうか。今やこのような問いが、素描的であれ論究されるべきである。その際、中心となるのがカール・フォン・クラウゼヴィッツである。戦争というテーマについて彼がおこなった諸考察は現代の軍事史に対してもなお、方向性を指し示すものだからである。そこでは、クラウゼヴィッツが過去の戦争と取り組んだ際の手法を精査すべく、その理論面での考察を思い起こすことがまず重要になる。彼の手法は当初からまさしく現代的なものであり、今もなお学ぶべき点があるのである。この考察の最後において、クラウゼヴィッツは紛れもなく、新たな軍事史家の世代が参照するうえで、言及するに値する始祖と呼べることになるであろう。

二　戦争と政治

「戦争とは異なった手段をもってする政治的努力の継続以外の何ものでもない。（…）この根本原則を通して全戦史が理解可能となる。この原則なしにはすべては全くばかげたものである[2]」。これは、カール・フォン・クラウゼヴィッツがフォン・レーダー少佐に対して宛てた手紙にある一節である。これは、度々引用され、それゆえまた度々誤解されてきた、彼の戦争と政治の関係性に関する言明の一ヴァリエーションという意味合い以上のものをもっている。むしろこの一節には、クラウゼヴィッツの著作のなかに存在する中心的認識を理解する鍵が含まれており、現代における軍事史の認識論的基盤をも、それはもたらしうるのである。クラウゼヴィッツはここで以下のことを明確にしている。すなわち、レイモン・アロンが前提とし[3]、エーリヒ・ルーデンドルフが猛烈な攻撃を加えた[4]、戦争遂行に対する政治の優先、この概念にのみ彼の関心が限定されているわけでは決してないということである。クラウゼヴィッツにとって戦争は、どのような形態をとろうが誰の指揮下にあろうが、根源的には常に政治的行動の一つである。そのため、その時々に存在する歴史的、政治的事情や諸前提条件を考慮に入れることによって、戦争の歴史はまさに理解することが可能となるのである。もっともこれは、現実を抽象化することで人を誤解に導く、という過ちを犯さないことを望まない限りにおいてであり、そのような抽象化の帰結は単なる不合理であるが。

クラウゼヴィッツの主著である『戦争論』は一八一六年から一八三〇年にかけて執筆されたものであるが、その間一度も完成することはなかった。同書のなかで彼は、同時代人であるハイリヒ・ディートリヒ・フォン・ビューローとアントワーヌ・アンリ・ジョミニの理解に対して、決然と反対の意見を述べる。彼らは戦争を硬直的で幾何学的な規則的作業と解釈しようとするか、少なくとも、不変の戦略原則がそれに備わっているかのように吹聴しようとする。ただいずれにせよ、そこで戦争は、歴史的な時代状況および個々の戦争が含まれる政治的枠組みの諸条件とは独立した存在として語られるのである[5]。このような理解に対してクラウゼヴィッツが主張したのが、戦争に課された政治的制約の存在であった。そしてこの新しい認識によって彼は、戦争の本質と戦争という現象に対する洞察を深めるとともに、将来戦争が起こった際、政治と戦争遂行の間に生じるであろうまさに実際的な関係性について重要な言明を行うに至ったのである。ただし、この言明は、その後長らくの間、正当にその価値を認められないままであった。彼の死後一八三二年から一八三四年にかけて出版された著作である『戦争論』は、確かに一八七一年以降のドイツにおいて幅広い承認を受けている。参謀本部の将校コルマール・フォン・デア・ゴルツはクラウゼヴィッツをして、全時代におけるもっとも偉大な軍事思想家と称し[6]、誰もが、戦争は他の手段をもってする政治の延長というその一節を口にすることとなったのである。しかしながら実際のところ、その著作は、その版数の多さ――第一次世界大戦中だけで六回も新版が出版された――にもかかわらず殆ど読まれることはなく、なおも不十分にしか理解されていなかったのである[7]。

仮に議論が生じたとしても、議論の中心は、政治と戦争遂行が実際にどのような関係性をとるか、という点に限られており、その傾向は現代まで続いた。すなわち、ヘルムート・フォン・モルトケ（大モルトケ）は、政治の優位に対して疑問を投げかけるとともに、プロイセン・ドイツ軍のうちに存在した、憂慮すべき自立的傾向を自ら先導した[8]。またルーデンドルフがその著作『総力戦』で最終的に主張したのは、政治が戦争準備と戦争遂行の必要性に――平時もなお――従属すべきという議論であった[9]。第二次世界大戦がもたらした破局の後、ゲルハルト・リッターはこれに対して、戦時における政治の優位こそが、国家理性（Staatsräson）という意味での理性的行動を保証する唯一の存在であると強調した。しかしこの主張は、以下のような事実、すなわち、ナチがかつて政治の優位の原則を要求し、実際に行使したという事実に鑑みたとき[10]、極めて皮肉なものであった[11]。

プロイセン・ドイツ軍の自立的傾向にみられる、クラウゼヴィッツの教えからの致命的逸脱を伴った政治の優位に関する議論こそが、彼の中心的認識である戦争は常にどのような場合であれ政治の一種であるという認識への接近を妨げるものであった[12]。この認識こそ、現代の軍事史にとっての諸前提条件をもたらすものにもかかわらず、である。

三　絶対戦争と現実の戦争

『戦争論』第一部の冒頭でクラウゼヴィッツは、戦争の「本質」を見定めようと試みる。その意図は、実際の戦争という現象の核心となるものを、抽象世界のなかで理解できるようにすることにあった。これは、彼が述べるように、「部分を考察するについては同時に終始全体を銘記しておく必要がある」からであった[13]。ただ、完全なる抽象世界というものは、ここでは決して問題とならない。むしろ戦争の原始状態であり、彼が実際の戦争という現象から抽出したすべての戦争のうちに存在する核心、すなわち敵意、暴力の行使、死への準備、これらが問題となるのである。クラウゼヴィッツはこのことに対応し、以下の定義へと行き着く。「戦争は従って、敵をしてこちらの意思に従わせしめるための、暴力の一種である[14]」

暴力は手段であり、敵の無力化は目標、敵に対してこちらの意図を強いるのが戦争の目的である。こう述べるクラウゼヴィッツが、そこで語る「純粋な」あるいは「絶対的」戦争は、抑制や限度を知らないものとなる。交戦状態にある両派の相互作用のさなか戦争は、極限状態を志向し、敵の徹底的な打倒、その完全な殲滅、すなわち敵の戦闘能力の無力化を求める。戦闘、つまり直接的な暴力の行使は、この目標を達成するための唯一の手段である[15]。ここで、再度明確に強調したいのだが、問題は戦争の「本質」、つまり現実世界において戦争がもつそれぞれの性格を決める、外的枠組みの諸条件とは切り離されたものを析出することにある。従ってクラウゼヴィッツはここで、「ものそれ自体」について語っており、その基本原則――敵意、暴力、殲滅――これらを彼は、戦争の歴史すべてに共通した、相互に関連する要素として捉えている。彼にとっての「純粋な」、「絶対」戦争は、マックス・ヴェーバーが後に「理念型」と呼んだものに対応すると理解すべきであろう。この種の抽象化は現実の戦争を分析するに際して、外部による影響力から戦争がもつ真なる要素を完全に切り離す、という目的に寄与するものである。その際、目指されるのは、全体を統合的に考察し、外部からの影響力を正確に把握することである。クラウゼヴィッツは、彼がかつてイマニュエル・カントから影響を受けたように、まさに同時代の科学的な理論認識の上に立っていたのである。

それにもかかわらず、彼はこれまでにあまりにも頻繁に誤解を受けてきた。理念型であるはずの「絶対戦争」が、実際の戦争におけるもっとも緊張の高まった状態、まさに「総力戦」という概念と、度々混同されてきたのである。同様にして、大モルトケから、フォン・デア・ゴルツ、シュリーフェン、フライターク゠ローリングホーフェン、ルーデンドルフに至るまでのプロイセン軍事思想学派は、クラウゼヴィッツが戦争のライト・モチーフとして抽象化して検討した殲滅という思想をそのコンテクストから引き離し、現代の軍事戦略の基本理念と説明した。その行き着く先は破滅的な結末であった[16]。ただクラウゼヴィッツ自身、そのような誤解が広まることを助長してきたともいえる。というのも、パナヨティス・コンディリスがその画期的な著作ですでに指摘したように、クラウゼヴィッツはその生涯の終わりに際して初めて、理念型と現実の戦争とを明確に区別することに迫られたからである。そのためその区分は、『戦争論』の第一部の改訂版にただ盛り込まれたにすぎなかった。そして、もしそうでなければ、「絶対戦争」は、たとえばナポレオン戦争が極めて近い例であるが、戦争が極限まで激化した形態としか捉えられなかったであろう。このようにして生じた「目の錯覚（optische Täuschung）」、これは理念型と総力戦との混同を指してコンディリスがそう称したものであるが、それこそが、まさにこれまでの誤解を招いてきたのである[17]。

ただここで話をもとに戻すと、クラウゼヴィッツは、「純粋な戦争」を暴力行使の貫徹されたやり方とみなしていた。そこにおいては、殲滅の原則は他の影響力というフィルターを通さないまま現れる。また、あわせて戦争の本質とは抑制を知らないものである。しかし戦争がそのようなものであるとすることは、クラウゼヴィッツからすると不合理そのものであった[18]。彼が何度も確認するように、歴史上存在する現実の戦争は、完全なる殲滅の原則を追い求めることはないのである。むしろ、戦争には抑制と障害とが本質的に伴う。軍事的な暴力は、特定の目的の実現を目指し、度を超さない程度に行使される。この認識がいかに正しいかは、近現代史上の、そしてまた、現代における二つの事例のうちに現れている。まず一九三九年から一九四五年の間に生じたまさに総力戦において、ナチは大量破壊兵器である化学兵器の使用を断念している。また、サダム・フセインも湾岸戦争において生物・化学兵器の投入を自制した。第二次世界大戦が紛れもなく示すように、殲滅戦という極端な事例でさえ本質的には制限されたものであり、たとえ抑止力として弱いものであったとしても、ある一定の良心の支配下にあるのである。そしてクラウゼヴィッツが続けるには、このような抑制要素は外部から戦争のうちに持ち込まれる。それこそが政治がもつ影響力の帰結である[19]。従って、これまたクラウゼヴィッツが再三再四強調するように、とりわけ現実の戦争がそれそのものとして現れることはなく、むしろ「中途半端なもの」、すなわち独自の文法は確かに備えるが独自の論理はもたない姿で現れるのである[20]。その論理を生み出すのが、戦争を引き起こし、戦争の性格を決める政治である。そのため、戦争がその観念的で純粋な原型をとることは決してなく、むしろ政治的な目的が戦争に対して付与する尺度にそって進行する。つまり、「戦争の根本的動機としての政治的目的なるものは、軍事行動によって達成されるべき目標に対しても、それに必要な力の発揮に対しても、同様に一つの尺度となり得るのである[21]」

このため戦争には、「殲滅戦から武装せる睨み合いに至るまで」すべての可能なやり方が存在する。後者には、たとえば冷戦が当てはまるだろう[22]。それゆえ政治がもつ支配的な影響力の存在を抜きにして、現実の戦争を考えることはできない。それどころか戦争それ自身が、クラウゼヴィッツが述べたように、政治的行動の一つに他ならないのである[23]。すでにこのような根本的考察から、現実の戦争の形態を解釈する上で、政治的な枠組みとなる諸条件を考察することが必ずもつに違いない、重要な役割が明らかとなる。ただ、クラウゼヴィッツが、戦争すなわち「暴力の脈動[24]」が、その進行過程でもまた、政治から影響力を受けると強調したとき、彼の考察はさらにもう一歩進んでいた。彼がそこでいうには、政治上の目的は「専制的立法者になり得るというわけではなく[25]」、むしろ自身その手段に対して身を合わせる必要があるのである。遅くともロシア侵攻に際し、ナポレオンとヒトラーが戦争遂行能力を政治の手段として過剰に要求した際、彼らはこの教訓を胸に留めていなかったといえる[26]。政治的目的はまず考慮されなければならないものであり、それゆえ、戦争行為全体を貫くものでもある。この立場から、クラウゼヴィッツはその高名な定式句に行き着いたのである。「かくてわれわれは次のごとき原則を了解するに至った。すなわち戦争は単に一つの政治的行動であるのみならず、実にまた一つの政治的手段でもあり、政治的交渉の継続であり、他の手段による政治的交渉の継続に他ならない、ということを[27]」

このことから、いよいよもって多様な戦争の形態が生じてくる。ただ、それらは、殲滅戦から武装せる睨み合いに至るまですべての形態において、等しく政治によって規定されるのである。

この文脈のもとでクラウゼヴィッツは、『戦争論』の第八部のなかで以下のように強調する。個々の戦闘から得た教訓であり、戦争の目的として彼が定義する戦略[28]をも超えて、政治は、戦争遂行に対して直接的な影響力を及ぼす、と。このことと、戦争の計画や戦略を立てる際に政治的統帥力が軍事的な指揮に関して最後の決定権をもたなければならないとする、彼による公準とは結びついている。従って、軍事が政治的統帥力から解放されることは決して許されえないし、それが軍事的必要性や必然性に応じて独自に戦略立案を行う自立性を保持することもありえないのである[29]。すでに示唆されたように、ゲルハルト・リッターやレイモン・アロンたちはこの一節をもって、クラウゼヴィッツの主たる関心とし、様式化した。なるほど、ここで確認されたことのもつ意味合いは実際、過大評価の産物というわけではあるまい[30]。ただ、戦争と政治の関係性に関するクラウゼヴィッツの発言は、本質的には、より先を見通していた。すなわち彼にとっての問題は、指揮官に対する個々の政治家の政治力の貫徹という点のみではなかったのである。それは彼の死後長きにわたって政治家たち、たとえばモルトケに対してビスマルクが（普仏戦争）、ティルピッツ、ルーデンドルフに対してベートマン＝ホルヴェークが（第一次世界大戦）、マッカーサー将軍に対してハリー・トルーマンが（朝鮮戦争）、それぞれ突き付けられた課題であった[31]。ただ、これはどちらかといえば側面的な問題にすぎなかった。彼の考察の中心にあったのはむしろ、現実に生じたすべての戦争の特性が、客観的な政治的諸条件によって規定されているという発見であった。この認識は政治的唯物論の立場とそう離れてはいないものであり、従ってレーニンがクラウゼヴィッツの著作を読んで以下のように類型化したとしても、驚くに値しないのである。すなわち、「戦争の社会的な性格、その真の意味合いは敵軍の位置によって決まるわけではない（…）。**どの**政治が戦争を前へと進め、**どの階級**が戦争を指揮し、どの目的がそこで求められているのか、戦争の性格はこれらの問題によって決定されるのだ[32]」。フリードリヒ・エンゲルスやウラディミール・イリイチ・レーニンといった人々に対して、クラウゼヴィッツがもった強い魅力[33]、それは以下の文章によってさらに輝きを増したに違いない。「それゆえ、政治的目的は大衆のなかにどれほど影響をもっているかという点で尺度となり得る。けだし政治的目的とは大衆を動かすべきものであるからであり、したがってこのことから大衆の性質を考慮に入れておくことも必要になってくる[34]」

クラウゼヴィッツはもちろんここで、史的唯物論や現代的な意味での社会史の枠組みで考えていたわけではない。彼はそれほどまでには時代に先んじてはいなかった。ただし、そして決定的なことであるが、戦争と政治の関係性に関する彼の分析のなかには、現代の社会史的アプローチへと繋がる余地が存在していたのである。なるほど、確かに以下のことはいえるだろう。彼が政治という言葉を用いるとき、伝統的な理想主義的意味合いのもと、外政と権力政治とをまず思い描いていたということである。しかし彼の定式化である、「政治は全社会の一切の利益の代弁者として」他国と対峙するものと理解されるべきという言葉は、社会の利害つまりは、社会の側からの政治に対する、そして戦争に対する影響力をも分析する可能性を拓くものであった。クラウゼヴィッツ以来の歴史学上の進歩、とりわけ歴史学の社会科学がもつより広範な枠組みへの編入の結果、今やこの可能性を用いることは必然的なものになっている。そしてそのようなアプローチを、クラウゼヴィッツはすでに持ち合わせていたのである。これこそまさに、彼の戦争論の成果である。戦争は、第一に、決して自立的な事柄ではなく、むしろ常に政治の一手法にしかすぎず、従って政治から生じるものである。そして第二に、個々の異なる戦争がもつ本質は常に、それぞれの戦争をもたらし特徴づけた関係性がもつ本質と対応している。そしてそうである以上、それらの関係性を分析することは、戦史を理解するうえで極めて重要なことである[35]。すなわち、現代的に定式化するならば、戦史は常に社会史でなければならないのである。

興味深いのは、クラウゼヴィッツ自身、彼独自の戦史を執筆するなかですでにそのような道を刻んでいたことが見て取れることである。確かに、彼がおこなった検討の多くは不十分なものに止まっている。それは、同時代の歴史学が、彼にとっての現実的な参照軸として機能するには極めて不十分にしか発展していなかったことに起因している。ただそうであるからこそ、彼はまさにその社会的背景を超え出る形で戦史を理解しようと試みていたといえるのである。

四　クラウゼヴィッツの方法論

クラウゼヴィッツの戦争論は、フランス革命軍およびナポレオン軍と対峙した個人的な従軍経験とともに、戦史に関する集中的な研究になにより依拠していた。その研究の過程で彼は一三〇以上の作戦の分析に取り組んだ[36]。一〇冊にのぼる彼の初期著作集第一版のうち、その七冊はもっぱら、グスタフ・アドルフからナポレオンに至るまでの戦史上での諸作戦の分析に捧げられている[37]。今日彼によるこれら研究の多くがすでに忘れ去られてしまっているが、これらの研究はクラウゼヴィッツが自身の理論を発展させるうえでの経験的な基盤を作ることとなった。

このようにクラウゼヴィッツは、適切にもイギリス人軍事史家であるヒュー・ストローンが述べるように、それ以降、戦争理論のみならず理論的な軍事教育にとっても、重要な土台となる歴史学的手法を用いていた[38]。ただクラウゼヴィッツの歴史学的手法は極めて特別な性格を有しており、彼の同時代人による、そして残念ながら今日もなお時として通常の手法として実践されている戦史研究とは決定的に異なるものであった。戦史上の純粋な軍事的成り行きを記述し、それを分析するという方法でクラウゼヴィッツが満足することは決してなかったのである。彼にとって戦争は、単なる各部隊の作戦や、会戦での決着以上のものであった。そしてそれらすべての成り行きは、政治的な枠組条件を織り込んで初めて、説明できるのである。このことを考慮しないあらゆるアプローチは、彼にとっては無意味で見当違いのものと映っていた。このことに対応して彼は、一七九九年にあった軍事行動を分析した著作のなかで、以下のように強調する。「特別な行為の発展に取り組んでいる人物のとった振る舞いに対して、周囲の一般的、ならびに、より高次な関係性が与えた影響力の存在を認めず、あたかも偶然かのように扱おうとする人々が、その人生のなかで戦争を理解することはまずないであろう。そしてそのような人々に関して我々が、その内面で発展する力の効果を認めることは、まずもってないであろう[39]」

「関係性」という言葉によって意図されているのは、まさしく、軍事に対する外部からの影響力、すなわち政治的諸条件が、軍人たちのとる行動に対して与える影響力のことである[40]。このような歴史学的考察の成果は、彼の著作『戦争論』にもまた明確に認められる。このことは、クラウゼヴィッツの理論がその歴史理解に対してもった意味合いを説明するためにも、幾つかの事例に基づき明らかにする必要があろう。クラウゼヴィッツは、近代において騎兵の重要性が低下したことを扱った箇所で、その歴史的進展について論じたうえで、以下のように結論づける。中世において騎兵が優先されたのは、それが市民のうちの最良の部分から構成されていたからであり、対照的に、歩兵を構成した大衆たちは、軍事的にはほとんど使い物にならなかった、と。そして封土による紐帯が崩れ、傭兵たちが現れることで初めて、歩兵がそれまで以上の重要性を帯びることになったのであり、その重要性は火器の発展によってさらに強められることになったというのである[41]。

別の箇所でクラウゼヴィッツは、「未開民族」はその発展水準のため、多数では極めて好戦的な気質を示すかもしれないが、その低い教育水準のために独創的で思慮に富んだ軍事指導者を生むことはないと主張する。また彼によると、教養ある国民はたいていその逆である[42]。その第八部で、手段と目的の関係性について語るべく以下のように述べたとき、彼がこのような観点に立っていたことは明らかである。「半ば開明化したタタール人、古代世界の共和国、中世の領主や商業都市、一八世紀の諸王、最後に一九世紀の君主や国民――これらすべてはそれぞれ独自の方法で戦争を遂行し、それぞれ異なった手段をもって異なった目的を追求してきた[43]」

その後に続くのが、ヨーロッパにおける戦史上の発展を扱った考察である。彼はその発展を、それ自体徐々に変化する、社会政治的基盤から解明することを試みた。彼によると、中世に殲滅戦が存在しなかったのは封建制のもつ弱さに起因するものであった。また一八世紀において生じた君主の独断による戦争は、彼の見解によると、金がかかる傭兵たちの存在と絶対主義国家がもつ財政面での弱さ、そして国民の大多数が戦争から締め出されていたこと、これらによって引き起こされたのである。しかしこれらすべてはフランス革命によって変化した。そこで「戦争は突如として再び国民の、公民をもって自認する三〇〇〇万の国民の事業となった[44]」のである。そしてこれこそが、革命戦争が激烈なものとなった理由であった。確かに今日の歴史家たちは、これら言明の多くを誤ったものとみなすであろう。たとえばモンゴルの未開民族と称される人々から卓越した軍事的指導者が生まれることはない、などとは誰も実際に信じることはない。チンギス・ハーン、バトゥ、フラグのことを考えるだけでよいのである。彼らは驚くほど現代的かつ参謀本部的な作戦立案能力でもって、完全に組織化された大軍を駆使し、中国北部、中央アジア、ロシア、ペルシア地域を征服したのである[45]。あるいは、中世の貴族が、実際に民衆の最良の部分を構成していたかどうかという点についていえば、彼が言うところの歩兵の重要性の低さと同様に、疑わしいものである。たとえばクレシー（一三四六年）やアジャンクール（一四一五年）におけるイギリス軍の勝利のことを思い出したとき、このことは明らかである。フランス騎兵隊のプライドはそこで、イギリスおよびウェールズの低い身分階層に出自をもつ、長弓を備え徒歩で戦う部隊によって、文字通り馬上から引きずり落とされたのである[46]。ここで中世という条件下、平民や農民たちが、どのようにしておおよそ無敵の軍隊を構成しえたのかということを示すのに、スイス人部隊を超える存在はない。徹底的に組織化されたその重装歩兵部隊は、ラウペンの戦いにおいてハプスブルク家側の騎士領主に対して壊滅的な打撃を与えるとともに、それに伴い、以後数世紀にわたり全ヨーロッパで感嘆されることとなるスイス軍の軍事遂行能力の地歩を築いたのである[47]。

もっともここで、歴史に関するクラウゼヴィッツの言明が正しいか否かという問題は、さほど重要ではない。決定的なのは彼の手法、すなわちその時々の社会政治的諸条件から戦史を解き明かそうとする、その手法である。クラウゼヴィッツは、ナポレオン戦争を分析するうえで、その手法をまさに存分に駆使したのである。もちろん同戦争は、その個人的経験から、彼にとってはもっとも近しい存在であった。彼自身「戦争の権化」と呼んだナポレオンですら[48]、そこでは、ジョミニが言うところの戦略の永久のルールといった意味での、攻撃と内線の優位を有効に用いる天才的な司令官といった単純なものではなかった。むしろ彼もまた、その時代の社会政治的諸条件によって規定されていたのである。

従ってクラウゼヴィッツは、フランス革命の結果生じ、その後二〇年以上続いた戦争に対して、以下のような全体的判断を下している。「事実、戦争そのものもその本質や形式の面でも著しい変化を蒙り、絶対的形態に近づいていたとはいえ、この変化はフランス政府が政治の絆を断ち切って、戦争をいわば解放したために生じたのではなく、フランス革命がフランスおよび全ヨーロッパに引き起した政治の変化から生じたものなのである。この政治は新たな手段、新たな兵力を生み出し、それによって、以前には考えも及ばなかった猛烈果敢な兵術が可能となったのである[49]」

ところでこの一節は、ナポレオンの殲滅戦争と「絶対戦争」という理念型とを取り違えることに対してクラウゼヴィッツが手を貸しているという点で、先ほど言及した「目の錯覚」という現象の一事例となるものである。ただ、我々の議論全体の文脈においてより重要なのは、以下の点、すなわちクラウゼヴィッツがここで、ナポレオンの勝利とナポレオン戦争がもつ性質とを、革命下フランスの社会的関係性から解き明かしているという点である。すなわち、その当時における先駆的手法のうちに、現代の軍事史叙述に繋がる手がかりが存在しているのである。

五　今日における軍事史叙述

それにもかかわらず、軍事史という学問分野において、この手法がそれ自身のものとして用いられるには長い時間、もしかしたら長すぎるともいえる時間を要したのである。プロイセン参謀本部の戦史部においては、政治的影響力や社会政治的に枠組みとなる諸条件を考慮に入れたうえでドイツ統一戦争を叙述することは、いずれにせよ拒否された。その代わりにそこでは、単なる詳細な作戦分析が行われた[50]。ヘルムート・フォン・モルトケがその普仏戦争に関する論文において行ったのは、さらにその歩みを進めることであった。彼はそこで、重要性を帯び、かつ政治指導者と戦争指導者の関係という点で基盤であるはずの、ビスマルクとの論争についてその存在そのものを握りつぶしてしまったのである[51]。クラウゼヴィッツの手法を意識的に用いた歴史家であるハンス・デルブリュックは、このような状況下で、ドイツにおける支配的な「学説」に鑑みたとき孤立した存在であった[52]。結局は、マイケル・ハワード卿やジェフリー・ベストとブライアン・ボンドに率いられるアングロサクソン系の「戦争と社会学派」の助けによって初めて、六〇年代後半以降、軍事史叙述のなかでクラウゼヴィッツ的な手法が台頭することになったのである[53]。それ以来、多くの場所において、社会文化的、社会政治的環境のもと戦史が体系的に研究されてきた。そこでは経済史や日常史、性の関係史、テクノロジーの発達といった、クラウゼヴィッツにおいては扱いが少なかった諸領域[54]が、全面的に考慮された。ポール・ケネディはその著書『大国の興亡』において、その種の歴史叙述に関して卓越した事例を提供してくれている[55]。またこれまでにＭＧＦＡが公開した第二次世界大戦に関する諸論集は、クラウゼヴィッツが端緒を開いた現代的な意味での軍事史叙述方法の最高峰に位置するものである[56]。

ただ戦史を、他と切り離して純粋軍事的に考えるという方法もまた、完全になくなったわけではない。その典型例が、ジョン・キーガンによる『提督の真価』である。同書ではたとえば、トラファルガーの海戦におけるイギリスの勝利は、ネルソン監督の抜きんでた戦略と戦術とに帰されて語られる。しかしその際、革命の結果、人員の確保という点で、質的にまた、とりわけ量的に、フランス軍艦が決定的に弱体化していたことや、物量という点で優位に立っていたにもかかわらず、戦術面ではイギリス海軍が絶望的に劣勢だったことは言及されないままである[57]。同様に、アメリカ人軍事史家ラッセル・ワイグリーはその著作『戦争の時代』で、社会史的、政治史的説明というアプローチを激しく拒絶している[58]。その代わりにワイグリーはグスタフ・アドルフからウェリントンへと至る戦争の歴史を、軍事作戦にのみ還元して語る。そこにおいて彼は決然と、ただ同時に、目を覆いたくなるほどに簡略化された政治の説明モデルを引っ張り出す必要に迫られるのである。この「新戦史学派」の新実証主義は、そこここで難じられているように、どうやら独自の方法論を持っているようである。というのもそれはアングロサクソン諸国において憂慮すべき復活を遂げているからである。そして、それと同方向に向かっているのが、最近ドイツでディーター・シュトルツが企てている「軍隊固有の歴史叙述」に対する要請である。そこで軍隊は、広く政治的、社会的、経済的、文化的背景から度外視された、唯一の研究対象として様式化されるべしと説かれる。しかしながら、一九一四年以前にヨーロッパの軍隊が備えた戦争観を扱うシュトルツの研究は、いかにそのようなアプローチが間違っているかを、極めて明確な形で例示している。というのも、ヨーロッパの軍隊の思想とその行動のうちに存在する矛盾や、まさに不条理そのものともいえる事例を説明する試みにおいて、その「軍隊に固有の」手法は即座に、真理を発見するうえでの限界性に突き当たってしまうのである。このことに関する決定的な事例を提供してくれるのが、シュリーフェン・プランと第二帝政期における陸軍の軍備政策に関する叙述である[59]。この種の歴史叙述は最終的に、バジル・リデル・ハート卿が行った手痛く厳しい非難にさらされるだろう。彼によると、「大隊や砲兵中隊の位置を確かめ、その行動を追うことには、骨董品蒐集家に与えられるほどの価値しかなく、むしろ贋作のセールスマンの方がより価値ある営みである」というのだ[60]。

さらに多くの問題を孕み、またより危険なのは、実際の軍事計画の立案や軍事教育にのみ関心を向け、それらにとって有用なものにしようと軍事史に取り組むことである[61]。純粋な作戦過程にのみ関心を向けることは、「戦争学的」な観察方法を確立するとともに、現役将校の行動を規定する思考様式を生み出すかもしれない。しかしそのような手法は、西洋においてすでにほぼ克服されたはずの、知的な側面における、軍隊の他からの独立と偏りとを助長しうるものである。将校らが実際にその本職がもつ政治的基盤から遊離して、ただ戦争の文法のみをもてあそんで良いというのだろうか。またこれと関連して、将校らを精神的に教育することを目的とすれば、過小評価されることのないドイツ国防軍の軍事的能力が、その周囲の犯罪的環境から再度抽出されうるというのであろうか。次世代に向けた疑わしい模範例を作り出すために。その環境こそが、国防軍の特徴そのものを最終的に決定付けていたにもかかわらず。実際、そこではどの種の兵士像が採用されるのか。その種のイメージは、恐らく歪曲され、些末化された戦争像を描くことにかなうものとなろう。その際、推測せざるをえないのは、戦争への心構えをさせる意図が、そこに働いているということである。

イスラエルの軍事史家、マーチン・ファン・クレフェルトがクラウゼヴィッツに対して向けた批判もまた、ことの本質を無視したものである。その著作『戦争の変遷』でクレフェルトはクラウゼヴィッツを難じて、以下のように論じる。クラウゼヴィッツは戦争を単なる国家間の現象、すなわち、国家による暴力の独占という観点から捉えようとする。従ってそこでは、国家が管理しない小規模な戦争に向かおうとする将来的な傾向が過小評価されている、と[62]。ただこのような非難は、一八〇八年のスペイン反乱の事例におけるゲリラ戦をクラウゼヴィッツが徹底的に研究していたという事実からみても、公平なものではない。さらにファン・クレフェルトは、個々の戦争における政治条件を理解することがクラウゼヴィッツにとって、まさにその解釈学上の前提をなすものであったことを完全に見落としている。彼にとってこれは、それぞれ異なった形で生じる戦争の形態――従って、それが国家による暴力の独占の内であれ外であれ――をその政治的・社会的前提条件に基づいて解明するためであった。依然としてクラウゼヴィッツの基本認識のうちには、現代における個々の軍事史叙述にとっての前提となるものが存在しているのである。

ところで、このことが歴史叙述の実践においてどのような意味を持ちうるのか、それは更なる事例が例証してくれるであろう。一七九六年九月三日、カール大公率いる四万四〇〇〇のオーストリア軍とジュールダン将軍率いる三万のフランス軍は、ヴュルツブルクで激しい会戦を行った。そこでは数に勝るオーストリア軍がフランス軍を押し戻すことになる。対してジュールダンが命じたのは、歩兵による敵の中心に向かっての反攻であった。

この攻撃はしかしながら、オーストリア軍の騎兵によって手痛い反撃を受け、フランス軍は、甚大な被害のもと後退を余儀なくされることとなる。ヴュルツブルクの敗北の後、革命軍は、ライン左岸の背後へと撤退すべく、ドイツ国内での戦役の中止を強いられた。

ただここで、確かに惑わされてしまいがちではあるが、無意味であるのは、一七九六年におけるフランス軍のドイツ戦線での失敗の理由を、ヴュルツブルクの戦いないしはカール大公の卓越した戦争遂行能力に帰すという行為である。というのも、フランス軍は実際には、一七九六年春の段階で、侵攻のために一五万人もの兵力を動員しているのである。この侵攻軍が一堂に集結して進軍していれば、オーストリア軍はその数の相対的劣勢という観点からして、戦場で抵抗できるはずがなかったのである。しかし、その遠征の過程で明らかになったことには、フランス軍はその兵力の三分の二を戦線後方の防備に割くことを強いられており、それに応じて侵攻部隊の力は弱まらざるを得ない状態であった。このような状態に陥った事情は、以下の通りである。パリの総裁政府はフランスの国内政治情勢を理由に当時ドイツにあった遠征軍に対して補給物資を供給することができず、その代わりに同地の司令官に対して、被占領地域での略奪によって軍を養うよう求めたのである。物資の徴発は極度に粗暴な方法でもって行われ、乱暴、狼藉行為が常時頻発した。そこで生じたのが、無統制の略奪行為から強姦にまで至る、フランス軍兵士側の規律の崩壊である。これらは、革命軍が抱える内部構造上の問題の、直接的な帰結であったため、それを阻止することはできなかった。これによりドイツ人民は絶望的な状況に陥った。当時の国家秩序の全面的崩壊という事態を前にして、この絶望は、広範囲に及ぶ反乱や突発的な襲撃に繋がり、そして最終的には本格的なゲリラ戦へと行き着いたのである。そのため攻撃隊の大部分は、駐屯地や兵站基地に配属されざるを得なかった。更なる進軍においてこの軍勢は参加できず、そのためにオーストリア軍はヴュルツブルクの戦場において突如、数的優位のもと対峙することができたのである。フランス軍の攻勢は、実際の攻撃より前にその頂点を超えてしまっていたのだ。このことの重要性については、クラウゼヴィッツが繰り返し指摘している通りである。

従って、もっぱらヴュルツブルクの戦いの推移と経過とをみるのみでは、フランス軍の敗北を解明することはできない。その関係性の諸相を理解するためにはむしろ、革命軍に関して軍事社会学的な分析がなされるのと同様に、フランスの国内政治情勢に関する精査がなされるべきである。その精査を通じて、補給物資の供給が拒否されるに至った背景が明らかとなるのである。またここであわせてなされるべきは、南ドイツにおけるゲリラ戦の原因と経過とを、経済的、社会的、政治史的な側面から洗い出し、再構成することであろう。従って、ただ会戦だけを取り上げて叙述するというのはいずれにせよ不十分なのだ。歴史の全体的な文脈を考慮することなくして、そしてまた広い意味での戦争がもつ政治的な前提条件を認める準備なくして、ここでいうような、あるいはまたどのような形のものであれ、軍事史叙述がその題材に関する深い理解に行き着くことはあり得ないのである[63]。

ようやくここで、我々はことの本質へと行き着いたようである。すなわち、クラウゼヴィッツによって、戦争が備える顕著な政治的特徴が発見されて以来、純粋な、孤立した軍事史叙述というものは馬鹿げた存在になってしまった。今日、軍事史叙述が何かしらのものに達しようと望むならば、すなわち、真っ当なものと受け取られ、自身単なる骨董品蒐集に矮小化されないことを期待するならば、歴史全体、すなわち広い意味の社会史という大きな領域のなかで自らを位置づけなければならない。この方法でもってのみ、すなわちクラウゼヴィッツの学問手法に再度思い至らせて初めて、軍事史叙述は現代の歴史学に対して、有用でありまた他の関心をひくような貢献を果たしうるのである。もっとも、ここで潜在下に存在する基準点は戦争という現象であるが。突き詰めると、幸運にも歴史は戦争の歴史のみに限らないのである。ただ残念ながら、戦争と戦争準備というものは、人類が発展するうえで決定的な役割を果たしてきた。そして、それゆえ、社会史的志向性を備えた軍事史は他分野の歴史家たちにとって、またそれ以外の人々にとっても、重要なパートナーの一つとなるのである。

いずれにせよ、軍事史叙述における統合的なアプローチのみが、戦争という問題を、それがもつ全きの歴史的複雑性と重要性とのうちに把握するうえでの、助けとなりうるのである。ロジャー・チカリングは総力戦という観点から以下のように述べている。「総力戦は全体史を要する[64]」。確かに、異なる歴史時代、たとえば古代や中世に関する専門家は、この一文が備える根本思想そのものに対して苦情を申し立てるかもしれない。ただ実際のところ、我々が見識を備えなければならないであろうものは、軍事指導者がもつ思想世界や武装部隊がとった行動にのみ限られているわけではない。むしろ、それら思想世界や行動が包含される、歴史的関係性の枠組み全体に関して詳細な知識をもち、非軍事領域との相互作用全体がもちうる射程のすべてに目を配りながら、その思想世界や行動を解釈することでしか、我々が戦争の歴史的現実を捉えることはできないのである。このことは戦場で生じる事象それ自体にも当てはまる。すなわち、我々が現代の将軍の立場を受け入れ、机上から数十万、数百万の兵士を匿名の「人間材料（Menschenmaterial）」として捉えるというのは、不十分な行為なのだ。従って、もし我々が、戦争における暴力行使が、個々の歴史的事例においていかに行われたかを本当に理解したいと思うなら、個々の一兵卒たちがもった経験世界と心性とに立ち入って考える努力をなさねばならないのである[65]。

なかんずく戦争は、客観的で純粋な事件として抽象化することを通じて、あたかも些細なことのように見せかけられてはならないものである。それゆえ、作戦計画と戦術的決断について研究されるのとともに、一般市民に対してなされた戦争についてもまた考察されなければならない。つまり、食糧封鎖や絨毯爆撃、大規模な強姦、そして究極的には大量虐殺の問題も、また必然的にとりあげざるを得ないのである。そして、軍事史を学ぶことで人は、最終的に以下のことに気付くに違いない。通常、兵士は、「正確な」射撃を胸に受けて死ぬといった英雄的な死を遂げるのではなく、焼け焦げ、四肢が千切れ、顔の半分が砲弾で失われ、あるいはただグシャグシャに潰れて死ぬのである。従って、戦争の現実がそのすべての残虐性のもと検討されたとき、軍事史は最良の貢献を果たすことになるであろう。なぜなら、いつか遠い先の日においてもなお、その研究対象が歴史的な意義をもつと思われるからである。

1　一九九二年より私が「総力戦の時代」というテーマで開催している一連の学術会議のうちの一つで、極めて明瞭な形で示されたように、軍隊と市民社会との間の境界線が崩れていくことこそ、一八六一年から一九四五年における戦争遂行の総力戦化がもつ本質的な特徴の一つであった。軍隊だけに関心を集中させて考察するという手法では、このような状況を適切に評価することはできなかっただろう。その点で、「総力戦」というテーマはまさに軍事史が扱う対象そのものである。この一連の学術会議の成果は報告論文集という形で、Stig Förster/Jörg Nagler (Hrsg.), On the Road to Total War. The American Civil War and the German Wars of Unification, 1861-1871, Cambridge 1997 und Manfred F. Boemeke/Roger Chickering/Stig Förster (Hrsg.), Anticipating Total War. The German and American Experiences, 1871-1914, Cambridge 1999がすでに出版されている。今後さらに三巻が発行予定である。

2　Carl von Clausewitz an Major i.G. v. Roeder, 22.12.1827, in: Carl von Clausewitz, Vom Kriege, Bonn 1952, S. 1119 f. (hrsg. von Werner Hahlweg).

3　Raymond Aron, Penser la guerre. Clausewitz, 2 Bde., Paris 1976. とくにBd. 1, S. 427 f.

4　Erich Ludendorff, Der totale Krieg, München 1935. とくにS. 3-10.

5　ビューローについては、R. R. Palmer, Frederick the Great, Guibert, Bülow: From Dynastic to National War, in: Peter Paret (Hrsg.), Makers of Modern Strategy from Machiavelli to the Nuclear Age, Princeton 1986, S. 91-119を見よ。またジョミニについては、シャイによる以下の優れた研究を見られたい。John Shy, Jomini, in: Ebd., S. 143-185.

6　Colmar von der Goltz, Das Volk in Waffen. Eine Studie über Heerwesen und Kriegsführung unserer Zeit, Berlin 1883, S. 1.

7　この点については、Ulrich Marwedel, Carl von Clausewitz. Persönlichkeit und Wirkungs geschichte seines Werkes bis 1918, Boppard am Rhein 1978, S. 119-125を参照。

8　これについては、とくにHelmuth v. Moltke, Über Strategie, in: Stig Förster (Hrsg.), Moltke. Vom Kabinettskrieg zum Volkskrieg. Eine Werkauswahl, Bonn 1992, S. 630-632を参照。ここではS. 630. その他、Die Einleitung von Werner Hahlweg zu Clausewitz, Vom Kriege, S. 16-28 und Stig Förster, Optionen der Kriegführung im Zeitalter des "Volkskriegs". Zu Helmuth von Moltkes militärisch-politischen Überlegungen nach den Erfahrungen der Einigungskriege, in: Detlef Bald (Hrsg.), Militärische Verantwortung in Staat und Gesellschaft. 175 Jahre Generalstabsausbildung in Deutschland, Koblenz

1986, S. 83-109, hier S. 92 f も参照。

9 Ludendorff, Krieg, S. 115.

10 このことと対応したナチ的な見解の事例としては、Karl Linnebach, Vom Geheimnis des kriegerischen Erfolges, in: Wissen und Wehr 21 (1940), S. 444-480; F. Willieh, Clausewitz und der jetzige Krieg, in: Militär-Wochenblatt 125 (1940/41), S. 5-11; Ernst Rudolf Huber, Reichsgewalt und Reichsführung im Kriege, in: Zeitschrift für die gesamte Staatswissenschaft 101 (1941), S. 560-581; W. Scherf, Die Einheit von Staatsmann und Feldherr, in: Militärwissenschaftliche Rundschau (1941), S. 192-201 を見られたい。

11 Gerhard Ritter, Staatskunst und Kriegshandwerk. Das Problem des "Militarismus" in Deutschland, 4 Bde., München 1954-1968, Bd. 1, S. 89-96.

12 このような観点からの卓越した分析としては、Panajotis Kondylis, Theorie des Krieges. Clausewitz-Marx-Engels-Lenin, Stuttgart 1988 を参照。とくにS. 19,31-34,62 f, 74. なお、このコンディリスによる、印象深くまた本質的に新しい、理論面でのクラウゼヴィッツ解釈は、付説AとBでなされる経験的・歴史的分析の多くがすでに時代遅れとなった文献に依っているために、分析として弱いという課題を抱えている。

13 Clausewitz, Vom Kriege, S. 89.

14 Ebd., S. 89 f.

15 Ebd., S. 90-94.

16 帝政期のプロイセン・ドイツ軍で伝統的に喧伝され、それ以降も続いた、クラウゼヴィッツを援用して殲滅思想を絶対化する事例としては、Von der Goltz, Volk in Waffen, S. 7, 10, 130 を参照。なかでも明らかにクラウゼヴィッツに向けられたものとしては、Ludendorff, Der totale Krieg. とくにS. 3. ルーデンドルフはそこでクラウゼヴィッツを時代遅れと評しつつ、その殲滅の原則の発見については以下のように述べる。「そのことが、彼がもつ大きな重要性を絶えず支え続けている」。またプロイセン・ドイツの軍事思想学派とその周囲がクラウゼヴィッツをどう理解したかについては、Marwedel, Clausewitz, S. 126-133. も参照されたい。クラウゼヴィッツにとって絶対戦争と殲滅思想がもった意味合いについて、重要な歴史家やその分野に精通した人々すら根本的な誤解を犯した事例としては、たとえばRitter, Staatskunst, Bd. 1, S. 76-87 を参照。

17 この点については、Kondylis, Theorie, S. 11-28 を参照。

18 Clausewitz, Vom Kriege, S. 91.

19 Ebd., S. 94-98.

20 Ebd., S. 888 f.
21 Ebd., S. 98.
22 Ebd., S. 99.
23 Ebd., S. 107.
24 Ebd., S. 108.
25 Ebd.
26 Hahlweg, Einleitung zu Clausewitz, Vom Kriege, S. 43 f を参照。
27 Clausewitz, Vom Kriege, S. 108.
28 Ebd., S. 169.
29 Ebd., S. 889-894.
30 Aron, Penser la guerre, Bd. 1, S. 427 f.; Ritter, Staatskunst, Bd. 1, S. 89-96 を参照。
31 クラウゼヴィッツにおける個々の政治家の政治力という点については、Kondylis, Theorie, S. 62 f を参照。
32 Wladimir I. Lenin, Ausgewählte Werke, 4 Bde., Moskau 1947, Bd. 2, S. 128. 強調は原文。
33 この点については Kondylis, Theorie, Kapitel 4 und 6 を参照。
34 Clausewitz, Vom Kriege, S. 98.
35 Ebd., S. 110 を参照。
36 Kondylis, Theorie, S. 64.
37 Hinterlassene Werke des Generals von Clausewitz über Krieg und Kriegführung, 10 Bde., Berlin 1832-1837.
38 この点については、Hew Strachan, European Armies and the Conduct of War, London 1983, S. 6 を参照。
39 Clausewitz, Werke, Bd. 6: Die Feldzüge von 1799 in Italien und in der Schweiz, 2. Teil, Berlin 1837, S. 336.
40 Kondylis, Theorie, S. 76 f を参照。
41 Clausewitz, Vom Kriege, S. 412.
42 Ebd., S. 130.
43 Ebd., S. 860.
44 Ebd., S. 868 f.
45 この点については、たとえば以下を参照されたい。Paul Ratchnevsky, Cinggis-Khan. Sein Leben und Wirken, Wiesbaden

1983; Leo de Hartog, Genghis Khan. Conqueror of the World, New York 1989. また一般的な記述としては、David Morgan, The Mongols, Oxford 1986 を参照。 なおバトゥとフラグに関してはとくに、S. 136-158.

46 アジャンクールの戦いに関しては、たとえば John Keegan, The Face of Battle. A Study of Agincourt, Waterloo, and the Somme, Harmondsworth, Middlesex 1978, S. 78-116 を見よ。 ここではとくに S. 92-107.

47 簡潔ながら、社会歴史的背景をよく押さえた分析としては、Archer Jones, The Art of War in the Western World, New York 1987, S. 175-178 を参照。

48 Clausewitz, Vom Kriege, S. 857.

49 Ebd., S. 896.

50 この点に関して典型的なものとして、Der Deutsch-Französische Krieg, 1870-71, hrsg. von der Kriegsgeschichtlichen Abteilung I des Großen Generalstabs, 5 Bde., 3 Kartenbde., Berlin 1874-1881 を参照。

51 以下を参照せよ。Helmuth v. Moltke, Geschichte des Krieges 1870/71, in: Förster, Moltke, S. 183-594. また、モルトケとビスマルク間の論争については、Stig Förster, The Prussian Triangle of Leadership in the Face of a People's War. A Reassessment of the Conflict between Bismarck and Moltke, in: Förster u.a., On the Road, S. 115-140 を参照。

52 この点について包括的に扱った研究として、Arden Buchholz, Hans Delbrück and the German Military Establishment: War Images in Conflict, Iowa City 1985; Peter Paret, Clausewitz, in: ders., Makers of modern Strategy, S. 186-213 を参照。ここでは S. 210-213.

53 たとえば Michael Howard, Total War in the Twentieth Century: Participation and Consensus in the Second World War, in: Brian Bond/Ian Roy (Hrsg.), War and Society. A Yearbook of Military History, London o.J. (1975), S. 216-226 を参照。ここでは S. 216 f. また Geoffrey Best, War and Society in Revolutionary Europe, 1770-1870, o.O. (London) 1982. を参照。とくに S. 7-10. さらに Brian Bond, War and Society in Europe, 1870-1970, o.O. (London) 1984. も参照。 ここではとくに S. 11 f.

54 この点に関係する記述として、Paret, Clausewitz, S. 208 f.

55 Paul Kennedy, The Rise and Fall of the Great Powers. Economic Change and Military Conflict from 1500 to 2000, London 1988.

56 Das Deutsche Reich und der Zweite Weltkrieg, hrsg. vom Militärgeschichtlichen Forschungsamt, 6 Bde. (geplant 10 Bde.), Stuttgart 1979-1999 を参照。

57 John Keegan, The Price of Admiralty. War at Sea from Man of War to Submarine, London 1988 S. 9-95. ここではとくに S. 20 f.

58 Russel F. Weigley, The Age of Battles. The Quest for Decisive Warfare from Breitenfeld to Waterloo, Bloomington 1991. ここではとくに S. XVII.

59 Dieter Storz, Kriegsbild und Rüstung vor 1914. Europäische Landstreitkräfte vor dem Ersten Weltkrieg, Herford 1992, S. 11-23 を参照。

60 Basil H. Liddell Hart, Sherman. Soldier, Realist, American, New York 21958, S. VIII.

61 この点に関しては、マイアーによる重要論文である Hans A. Maier, Überlegungen zur Zielsetzung und Methode der Militärgeschichtsschreibung im Militärgeschichtlichen Forschungsamt und die Forderung nach deren Nutzen für die Bundeswehr seit der Mitte der 70er Jahre, in: MGM 52 (1993), S. 359-370 を参照。

62 Martin van Creveld, Die Zukunft des Krieges (zuerst 1991), München 1998.

63 この点に関する卓越した研究として、T. C. W. Blanning, Die französischen Revolutionsarmeen in Deutschland: Der Feldzug von 1796, in: Ralph Melville u. a. (Hrsg.), Deutschland und Europa in der Neuzeit. Festschrift für Karl Otmar Freiherr von Aretin zum 65. Geburtstag, 2 Bde., Stuttgart 1988, Bd. 1, S. 489-504 を見よ。

64 Roger Chickering, Total War. The Use and Abuse of a Concept, in: Boemeke u. a., Anticipating Total War, S. 13-28. 引用箇所は S. 27.

65 この点については、以下の重要な研究の序論が提起するとおりである。Wolfram Wette, Militärgeschichte von unten. Die Perspektive des ‚kleinen Mannes', in: ders. (Hrsg.), Der Krieg des kleinen Mannes. Eine Militärgeschichte von unten, München 1992, S. 9-47.

第十五章 社会のなかの軍隊——近世における新しい軍事史の視点

ベルンハルト・R・クレーナー 斉藤恵太訳

歴史学が「暴力の時代」——ウィーンの歴史家ハインリヒ・ルッツはすでに一九六〇年代半ばに二〇世紀をそう呼んでいる——を探究するにあたっては、軍事史特有の方法論的な知見を無視するわけにはいかない。これはドイツ連邦共和国において、少なくとも第三帝国と第二次世界大戦の歴史が本格的に取り組まれるようになってからは、議論の余地のないことだった[1]。それに対応して、ライナー・ヴォールファイルの先駆的論文の後に軍事史研究局で数年続いた議論は、何より世界大戦の時代の軍事、戦争、社会を研究するうえでの方法論的な諸問題に関心を向けていた[2]。

近世の軍隊と社会の関係についての研究が同じように方法論上の「離陸」を果たしたのは、時期的にだいぶ遅れてようやく一九七〇年代末のことである[3]。旧来の「戦史」がナチズムのもとで「国防史」として歪められ、包括的なイデオロギー上の道具として利用されたという経験から、伝統的な外交史は一九四五年以降、デルブリュック学派による〔戦争と政治の〕総合的なアプローチから意識的に距離を置くようになった。そして「戦争の手法」は「国事」に属するものとされたことで、戦史は再び、もっぱら参謀本部が扱う分野へと追いやられたのである[4]。一〇年ほど時間のずれがあるとはいえ、このことはフランスの旧来の「戦史（histoire bataille）」や英米の伝統的な戦史記述にもあてはまる[5]。それらは、〔開いてみると〕「あまりにあっけなく、うんざりするような戦いに次ぐ戦いの記述に軍服の解説が加えられた程度の代物に成り下がったものである」[6]。

歴史研究が社会史的な問題提起や方法に門戸を開いたことは、近世の軍事史にもいくつかの意外な視点をもたらすことになった。西欧とアメリカの歴史研究における軍事史が新たな研究分野を開拓していたのに対し、ドイツにおいて、軍隊は旧来の理解に従って「経済や社会、さらには公的な生活全体〔＝国家〕の一部として」研究されねばならないとされた[7]。このような立場は、戦後まもない時期のオットー・ビュッシュの博士論文やフリッツ・レートリヒの諸研究を通り越して、一九世紀の国制史・制度史へと、一歩後ずさりするものであった[8]。歴史家たちはさしあたりなお、近世の軍隊――まず第一にその指導層――を、ためらうことなく国家の執行権力へと引きつけて理解していたのであり、実際、近世の軍事を社会的次元から考察した〔当時のドイツの〕研究にはこの傾向が見受けられるのである。こうした姿勢では、軍隊を近世の社会全体の構成要素として位置づけるのは難しかった。

すでに一九六四年の時点で、アンドレ・コルヴィジェは自身の先駆的な博士論文に、目標設定ともいえる表題をつけている。すなわち、『一七世紀末からショアズール陸軍卿時代までのフランス軍――兵士』である[9]。そして軍隊という社会的システムとそれが軍隊以外の社会と結び合った諸関係が本格的にテーマとして取り上げられていくなかで、着実に、個人、つまり任務に関わる特有の規範に従属していた個々の人々に考察の焦点が合わされるようになっていった。エルンスト・ヴィッリ・ハンゼンは、一九七九年に公表された研究動向論文のなかですでに、目下の近世軍事史のこうした課題、すなわち「兵隊の社会的実態の再構成」のために、いっそうの尽力が必要であると唱えている。にもかかわらず、一九八〇年代末に至るまで、当該研究で中心的に扱われたのは軍隊と社会の関係の制度的な側面だった[10]。国制と軍制の少なからず緊張をはらんだ関係を比較的に考察することは、さしあたり、たとえばゲルハルト・エストライヒが前近代社会の人間集団に関して導入した「社会的規律化」概念の射程をめぐる論争よりも有意義にみえた[11]――ちなみにマックス・ヴェーバーはまだ、この前近代社会の人間集団を「規律の苗床」とみなせると信じていた[12]。驚くべきことに、ミシェル・フーコーは、監視と罰が作用する仕組みをとくにアンシアン・レジームのフランスの軍隊社会を例に明らかにするという試みにおいて、コルヴィジェが膨大な史料に基づいて提示したフランス軍に関する社会史的な成果を顧慮していない[13]。その意味でフーコーの知見は、近年ますます盛んになっている、暴力をめぐる歴史人類学の議論にとって、疑いなく先駆的なものではあるが、軍隊における規律化のメカニズムが持つ作用に関していえばまったく修正を必要とする[14]。

他方で英語圏の研究は早くから軍隊と社会の相互的な社会関係の重要性を認識しており、一九七〇年代の終わりには、非常にわかりやすくこのジャンルを示す概念「新しい軍事史」が打ち出された。それは端的に「軍事史の社会化」とも言い表された[15]。

これによって英語圏の研究は、旧来の伝統的な戦史から発展した方向性――これは戦争をどう定義するかをめぐって行われた、かなり複雑な論争に由来する――を補った。一七世紀のスウェーデン史に関心を置くマイケル・ロバーツは、一九五六年に公刊された就任講演のなかで、すでに政治・社会・技術の変化を追究している。ロバーツによればこの変化を通じて、軍事的紛争のあり方は一六世紀半ばから一七世紀後半のヨーロッパ史において、国家間の関係を根底から変容させるものへと移り変わった[16]。ロバーツはこの過程に「軍事革命」という、学術用語としての緻密さには欠けるが、わかりやすくもある名をつけた。というのも、この過程を経て一七・一八世紀の、軍隊を基盤としたヨーロッパ国家の世界が生まれたからである。ロバーツが提示したこのモデルには、ここ数十年の間にさまざまな補足や修正、解釈の組み換えが試みられてきた。しかしその際、近代国家は第一に軍事国家であり、その主要な関心事は軍事的機関を作り上げ、拡大・維持し、運用することにあったという、根本的な理解は反論されずにきた[17]。近世ヨーロッパの諸強国に対するこうした評価が妥当であるとするならば、同時代人にとって、近代国家の潜在的な力はきわめて大きなものであった。しかもそれは、ここ数十年のあいだに多くの歴史家たちがさまざまな動機から認めようとしてきたのよりも、はるかに大きな重みを持っていたのである[18]。

近世における国家形成と戦争の増加の明確な連関性は、戦争——その現象の表層に過去の世代の戦史家はとりわけ惹きつけられた——が、こうした機関の耐久テストに過ぎなかったことを示している。たしかに戦争は、「軍隊」という特殊な社会システムが著しくその暴力を発揮する時期にあたるが、それは比較的短い期間にすぎない。このことを踏まえるとテーマ的に、またそれとともに方法論のうえでも研究の幅が広がるのである。そしてこの新たな領域のために「新しい軍事史（Moderne Militärgeschichte）」という概念が定着してきた。戦時の例外的で耐久テストのような状態だけでなく、平時における軍隊の役割や、軍隊社会内に規範と規律を根づかせようとする前近代国家の取り組み、それが他方で軍隊社会を取り巻く「一般社会」に及ぼした影響といった問題は、「目下拡張中」の社会史的な研究にとって素晴らしい起点となる。たとえば、軍隊社会に生きた人々の生活世界を文化人類学的に再構成することは、そうした研究の一つとなりえよう[19]。

ドイツ語圏で近世の軍事史研究が数年前まで置かれていた状況は、次の事実が端的に示している。すなわち、社会的規律化の濃淡については教会規範から福祉政策、衣服条例に至るまで、極めて多角的に研究されたのに対し、軍隊社会——それは原則的に兵士だけでなく軍隊に関わる人々のミクロコスモス全体を含む——の生活環境は長らく盲点であり続けたのである[20]。

似たようなことは、「軍事革命」と関連して論じられた、解釈をめぐる議論についても当てはまる。英米の学界では、継続的で時に白熱した議論が「軍事革命」という現象の規模や期間、地理的広がりをめぐって繰り広げられ、ここ数年はフランスの研究者もそれに加わっているというのに、ドイツの歴史学はこのテーマに関してもほとんど口を閉ざしたままなのである。しかし「社会的規律化」と「軍事革命」は、軍隊の内部構造や政治手段化といった問題を解明し、そうした事柄が前近代社会において有した意味を突きとめるための二つの起点となっている。これらはいわば模範として、近世に関する新しい軍事史がテーマ的・方法論的に多様なアプローチを持つことを鮮やかに示しているのである。

旧来の戦史は通常、〔戦略・戦術といった〕その研究対象に即して、兵士が国家の執行機関である軍隊の一員として命令通りに用いられた時にのみ、彼らに目を向けた。そのため、考察範囲は自ずと戦争への動員時に限られた。そこでは何より、兵士が兵士としての機能においてどこまで国家の拡張的な目標設定を満たしたか、ということばかりが問われたのである[21]。こうした視野の狭い見方によって、軍隊はいわば社会全体とは別に存在し、ある種の排他的な社会的関係によって一般社会から締め出されていたとする解釈が裏付けられたかのように思われた。すでにオットー・ビュッシュはこうした解釈を支持しており、しかもそれを、中央で国家によって継承されてきた史料群――たとえば「プロイセン史料集（Acta Borussica）」のような――から導き出しうると信じていたのである。

これと対照的に新しい研究は、近世の人々はどのような状況下で兵士になることを選んだのか、という根本的な問題を提起している。近世の数百年を通じても、生まれながらにして兵士だった者はいなかった。つまり、あらゆる軍事的経歴の始めには、自由意思のもとであれ強制のもとであれ、一定の期間にわたって兵士になるという決断があった。したがって、「募兵」という概念を一様に強制的な措置とみなせないことは即座に明らかであろう。募兵の強制的なイメージは、一九世紀の歴史ジャーナリズムが一般兵役義務を一八世紀の状況と対比して肯定的に意味づけようとした結果生じたものであり、またそれがある程度の説得力を獲得したのだった[22]。「暴力的な募兵」という同時代的な概念は、新兵候補に対する扱いが実際には多様だったことを明らかに踏まえているのであって、こうした立場をとることで、一つの広い問題領域が開かれる[23]。その領域とは、兵士になるという個人的決断の根底にあった社会的・経済的な動機を解明することであり、そうした動機が解明されれば、更に前近代社会における兵隊稼業の社会的地位を逆推論することもできるのである。

さてこのように、募兵がいつも暴力的に行われていたわけでなかったからには、兵士が除隊する際の許可の形式や契約上の取り決めについても改めて問い直す必要がある。この点に関しても近年、少なくともその輪郭においては明らかに従来と異なる像が描かれている。それによれば前近代社会の下層に属する人々にとって、兵隊稼業に就くことは、経済的な停滞期において極めて魅力的な選択肢だった。

このように、募兵と除隊の再評価を通じて近世における軍隊と社会の関係を一九世紀的な解釈の足枷から解放してみれば、研究の視野は軍隊社会の生活条件全体へと広がる。婚姻関係や家族の規模、副業、職業訓練の度合い、さらには居住環境や食料事情といった事柄は、これまで看過されてきた諸領域、すなわち軍隊という社会的ミクロコスモスの内部構造に属する問題である。こうした研究領域は多様な観点からの考察を可能にする。それは「一般社会」が軍隊に対して何かを期待して示す態度や拒絶反応であったり、あるいは軍隊社会が駐屯地の住民に対して持つ利害だったりするが、それらの何に着目するかによるのである。これと関連して利用可能な史料は枚挙にいとまがなく、また極めて多様な出自を持つ。たとえば教会簿冊に婚姻契約書、売買証書に遺言、裁判記録や議事録、会計書や建築に関する書類が用いられうるが、これらもそのごく一部にすぎない。

一九四五年四月半ばの連合軍によるポツダム爆撃以来、プロイセン兵事文書館の所蔵史料は取り返しがつかないといっていいほど失われた。そのため現在、プロイセン領ヴェストファーレンを対象とした試験的プロジェクトの成功を経て、数年にわたる研究プロジェクトが進められることになっている。国立枢密文書館（プロイセン文化財団）、ブランデンブルク州立中央文書館、そしてポツダム大学軍事史講座が主導するこのプロジェクトにおいて試みられるのは、エルベ河とオーデル河の間に位置する地方・地域の諸文書館に現存し、ブランデンブルク・プロイセンの近世軍事史に関わる史料を網羅することである。これを足がかりとして、将来的には個別研究のなかで、軍隊の内部構造だけでなく、それが当時のブランデンブルク・プロイセンの社会のなかで政治的・社会的に占めた位置に関しても本質的な証言に行き当たる可能性が見込まれている。このように期待されている成果が、文化史的な解釈にとっても基礎となることは間違いない。そこではとりわけ、初期近代社会のなかでも基本的に〔日記や自伝のような〕自己叙述史料を残せる境遇になかった人々の生活世界を再構成することが課題とされている。史料を選び吟味するうえで厄介な点、すなわち、ある特定の人間集団の生活環境に関する証言が、しばしば、異なる社会層に属する第三者からしか得られないという問題は、近世の社会史研究ではよく知られていることである。こうした問題は、一つの事柄に関して異なった利害を持つ人々の証言を取り入れることで、少なくとも部分的には解決される[24]。

軍隊社会が集団として置かれていた生活環境について、近世の多種多様な行政文書から証言を抽出するには、その時代――これを理解するのは歴史家にとってそもそも簡単なことではない――の兵士の社会的地位に関する特殊な知識が必要とされる。そのために不可欠な方法論上の知見をもたらすことが最新の軍事史の課題なのである。そして近世における軍隊生活の構造的な諸条件――それは個々の側面の足し算的な羅列に留まってはならない――を根本的に理解することによって、今日的な価値観に合わせた性急な解釈を避けることが可能になる。そうした短絡的な解釈を一つだけ挙げるなら、三十年戦争の傭兵はただ「他人を殺すことで生計を立てていた者」ということになるだろう。しかしたいていの場合、こうした傭兵はむしろ、戦争の苦難のなか、軍隊の宿営社会の庇護下でしか生き延びられないと信じていた者だったのである[25]。

軍隊と社会の関係をとくに如実に映し出しているのは、軍隊と駐屯地の住民が狭い空間で共に暮らし、互いに折り合いをつけねばならなかったケースである。その意味で、諸都市に駐屯した守備隊のありようを解明することは、ドイツにおいてとりわけ意義深い課題といえる。それはドイツの軍事史でよく嘆かれるプロイセン中心主義に歯止めをかけうるだけになおさらである。〔これと関連して〕まさに旧帝国〔＝神聖ローマ帝国〕における守備隊駐屯地の総数が、多様な社会的・経済的構造とともに明らかにされてきている[26]。そこに含まれるのは、君主の居城都市、帝国都市、要塞都市、領邦都市、大学都市である。これらの都市では、それぞれ質的にも量的にも多様な軍隊関係者が、同様に雑多な住民と向き合っていた[27]。すでに平時から緊張に満ちた相互関係がこれら二つの人間集団の間にあったとしたら、たとえば攻囲戦の諸条件のもとでは、両者の関係は異なる利害のためにあからさまな対立にまで発展しただろう。最新の軍事心理学は、兵士と非戦闘員から成る閉鎖的な人間集団が生命を脅かされる条件下で示す心因性の反応を解析するため、近世の状況にも応用可能な手法を用意している[28]。戦時と同様に平時の都市民と軍隊の関係についてもさらに多くの個別研究が出されれば、両者の相互的な影響はくっきりとその輪郭を描かれるようになるだろう。

端緒的にではあるが、すでに現時点でも確認されていることがある。とくに一八世紀を通じて実施されていったように、兵士を比較的大きな都市の、通例は市民のところに宿営させるという習慣は、兵士の行動様式にも影響を及ぼさずにはいなかったということである[29]。軍務に拘束される時間が比較的短く、職業教育と訓練の期間も年に数カ月で済んだことは、兵士たちに、比較的少ない給金をあらゆる種類の副業で補うためのさまざまな可能性をもたらした。また義務的な歩哨任務も彼らから十分な余暇を奪うものではなかった。こうして彼らは、自分たちの大半が生まれ出た社会層と絶えず接触し続けることになる。その点では下士官や尉官、佐官も事情は変わらなかったはずである。この接触に伴って軍隊に政情不安などの有害要因が持ち込まれるのではないか、というお上(かみ)の側の危惧――それはさまざまなかたちで史料に記されている――を実態に即して究明することは意義深いといえよう。というのも、軍隊を都市から十分に離れた兵営に入れるという、一九世紀前半には大々的に実行された決定を、この点の検討を通じて事実に即した文脈に位置づけられるかもしれないからである[30]。その一方で、一八世紀における守備隊の成員はむしろ、都市社会内のよそ者ではなかったのではないか、という推論が生じる。では七年戦争終結後の、緊張から大幅に解放された数十年の間に、兵士は次第に都市社会と同化したのだろうか。いやそれどころか、兵士が自分たちを取り巻く都市民の社会的構成に統合されたという意味で、彼らの部分的な「市民化」が起きたのだろうか[31]。仮にそうだとすれば、兵士たちが身につけていた社会的な規範や外見、あるいは規範からの逸脱行為は、彼らの大多数が出自とする社会集団のそれに近似していた、とする結論が導き出されたとしても驚くには値しないだろう。

すでにアンドレ・コルヴィジェは、一七世紀後半のフランスにおける地方長官の報告書を分析する際に、都市経済の発展にとって守備隊が有した意義を指摘している[32]。軍隊の駐屯に伴う消費が都市の経済的発展に及ぼした影響について、今のところまだ包括的な比較研究はなされていないが、駐屯地の撤収をめぐる現代の議論の基調となっている見解は、近世に関しても妥当するように思われる。つまり、守備隊が存在するかぎり兵士たちの振る舞いに対する苦情は絶えないが、その撤収が議題になったらなったで、都市の施政者は決まって購買者および就職先の喪失を危惧する、というものである。

軍隊と社会を研究する視線の先、つまり軍隊内の社会的な諸関係および住民・軍隊間の相互的関係が交わるところには、近世の軍事史のなかでもとくにジェンダーと関わる相がある[33]。婚姻戦略や家族の規模、洗礼親、内縁関係、売春といった事柄は、長らく戦史研究において看過されてきた。というのも、戦史研究の関心は第一に兵士の戦闘員としての能力に向けられていたからである。軍隊に関わる人々、すなわち一八世紀ヨーロッパの諸大国において数十万人から成っていた一つの社会集団が、軍事史の視野に入ってきたのは、ようやく近年のことに過ぎない。そのなかでも比較的初期の研究では、男性が圧倒的優位を占めた軍隊や、戦争による暴力の対象としての女性の立場に目が向けられていた[34]。それに対して、戦闘ではなく軍隊という組織の持つ機能が主要な研究対象に格上げされると、軍隊に随行した女性の重要な役割が考察の焦点になった。しかし、近世の〈戦地における〉宿営社会の不可欠な要素として女性を捉える視点からは、必然的に、戦争から離れたところにいた女性の役割が見えにくかった[35]。研究のまなざしが一七世紀後半と一八世紀における常備軍そのものを超えて、軍隊に関わった人々全体に向けられるようになって初めて、兵士の家族にも関心が向けられるようになったのである[36]。

それでも、扶養者、あるいは共稼ぎのパートナーとしての兵士が出征した後に残された家族の厳しい運命は、いまだ調査が進んでいない。同様に今後取り組まれるべき軍隊孤児院の社会史は、間違いなく、残された家族の特質を、大きなリスクを抱えた家族として描き出すことになるだろう[37]。また、啓蒙期の合理主義が児童労働や若年労働者の搾取を助長したことは、少なくともフリードリヒ大王治世下のポツダムの軍隊孤児院に関していえば否定できない。軍の医療制度と傷病兵扶助の問題も、こうした搾取と生活扶助の文脈に位置づけられるべきである[38]。この場合も、廃兵院〔傷病兵扶助施設〕の外見的な華やかさは、妻帯ないしそれに似た境遇にあった元兵士の行く末を見るうえでは、目くらましに過ぎない。

兵士と放浪者の違いが曖昧だったことは、拭いがたいほどの偏見を生んだ。それによれば、一七世紀後半と一八世紀の軍隊を構成したのは何より犯罪者であり、それゆえ軍務はある種の刑罰に過ぎないという。詳細な研究はこれに対して以下のことを指摘している。つまり刑務所の監督官が募兵隊に引き渡したのは、とくに短い禁固刑を言い渡された者たちであり、たいていの場合は窃盗の廉でその判決を受けた者たちだった[39]。また兵士たちの給金とそれに対応する社会的地位は、下層民の領域に属するものだった。この人間集団に属する人々は兵隊稼業を、とくに経済的な停滞期に生活を保障するための、期間限定の手立てとみなしていたのである。だから彼らの一部が、入隊の手付金を受け取る以前に法に触れることをしていたとしても、驚くには値しない[40]。こうした問題領域に関する研究はまだ進んでいないが、わずかに散見される記述からは次の推論が可能である。すなわち、兵士によるものとされた違法行為は、脱走のように軍隊特有の罪状を別とすれば、一般の下層民が犯していた犯罪とだいたい一致する。そこに含まれるのは、とりわけ食料泥棒、恫喝的な物乞い、窃盗、公序良俗に反する素行、あるいは密猟や違法伐採である[41]。したがってこの領域に関しても、近世の軍隊はある程度「正常な」人々の集まりだったといいうるのである。

こうした文脈で浮かび上がるのは、戦争が頻繁に起きたために軍隊の兵員数が増大し、それに伴って「街角が次第に軍事色に染まる」ようになったのか、という問題である[42]。さしあたり確かなことは、人口に対する軍隊の兵員の実質的な比率はほとんどのヨーロッパ諸国でスペイン継承戦争後に停滞、あるいはそれどころか低下したということである[43]。したがって、とくに収入面で底辺に位置する層では全般的に人口の増加が顕著だったと考えられよう。軍隊や「街角のならず者集団」、刑務所や矯正院、あるいは盗賊団に人員を供給したのはこの社会層だった。また軍隊が「犯罪者の巣窟になった」わけではないように、街角が「軍事色に染まった」とも考えにくい。なんとなれば、仮にかつての兵士が辻強盗になったとしても、彼らが身につけていたのは〔軍隊を特徴づける〕形式的な規律というより、〔単に技能としての〕銃器の操作に過ぎなかったからである。そもそも軍隊が国家権力の執行機関であるからには、お上(かみ)の側としては、せいぜいのところ軽微な前科を持ち、不十分にしかできない監視のもとでも公共の秩序をひどく脅かす恐れのない男たち〔――したがって規律的な「軍事色」に染め上げる必要のない者たち――〕を入隊させるのが得策だった。

他方でなお残るのは、戦争の状況下、とりわけ敵地では、重罪人も兵役へと減刑されたのではないかという疑問である。「軽装の」非正規部隊の人的構成を詳細に分析することは、こうした研究上の欠落を埋めるのに役立つかもしれない[44]。

マックス・ヴェーバーによれば、社会的規律化は軍隊を経由して、あるいは少なくとも軍隊によって社会に根づいたが、こうした考え方は、軍隊を国民の学校とみなす一九世紀の観念に規定されているかもしれない。事実、軍隊という統制された集団から生まれた組織的用兵術や教練は、日常生活を秩序づける際の規範的機能をいくつか備えているといえる。しかし、兵士がもともと生まれついた社会層に固有のステレオタイプの方が、さらに強い影響力を持っていた可能性もある。軍服を着せ、軍事教練をさせることはむしろ、すでに別の社会化を通じて形作られていた兵士の人格に、せいぜい上辺だけの飾りをつけていたかのようにみえるのである。先が見通せる軍務期間や短い訓練期間は、とても人格に影響するようなものではなかった。その点で、たとえばヴィルヘルム期に、すでに社会の側にも軍事的な規範が根づいたなかで、二〜三年も絶え間なく兵士として養成されるのとは事情が違うのである[45]。

一六世紀から一七世紀前半にみられた軍隊のストライキや、一七世紀後半から一八世紀における反乱や脱走といった問題からは、以下のことが読み取れる。すなわち、規律化と抑圧は確かにお上(かみ)によって企図されたが、その対象となった兵士たちを規範に反する行為から遠ざけることはほとんどできなかった[46]。一八世紀の放浪者たちの大半が退役兵や脱走兵だったこと、また一八世紀末の盗賊団ではさらに多くの者がかつて兵士だったことからは、次のことがわかる。たいていの場合、兵隊稼業が犯罪者を創りだしたのではなく、犯罪者が一時的に軍隊に身を寄せたということである[47]。このように兵士が放浪者や犯罪者に加わっていたことと関連して、少なくとも同じくらい有益にみえるのは、軍隊社会の残りの家族、すなわち兵士の妻や子供がこうした人々のなかで占めた割合を調査することである[48]。この多様で相関的な生活様式の絡み合い――その共通の土台は社会的出自であった――は、いまだ学問的に探求されていない。

自己叙述史料が不足していることや、お上(かみ)の視点――利用可能な史料の証言ではたいていこれが顕著である――から規範観念を捉えるやり方は、近世の軍隊社会像をひどく歪めるには十分な条件である。〔他方で〕ここ何年かの間、歴史図像学は体系的な手法を練り上げてきた。それはいくつかの最新の研究が見事に証明しているように、近世の軍隊社会のなかでも、文字が書けず、したがって自分たちの言葉を伝えてこなかった人々の実生活を部分的に解き明かすことを可能にしている[49]。また歴史学内部でもようやくはっきり意識されるようになったのは、軍服がそれを着る者の社会的地位にとって有した意義である。これはたとえば、君公が王朝的な権力拡大を追求する際に、軍服の有した統合作用がそれぞれの君主にとって重要だったのと同じである[50]。また一六世紀の貴族が意識的に衣装にこだわっていたことや、一八世紀後半の男性のモードとナポレオン帝国期の女性のモードに適宜、軍隊の装飾が取り入れられたことなどは、もともとの軍服研究の枠組みを大きく超えた領域を指し示している[51]。

当時の軍隊の武具や装備品は、ベツレヘムの子殺しのように聖書を主題とした芸術作品や、神話の場面、死の舞踏と「メメント・モリ」を扱った近世の作品群のなかで、どのように描かれたのか。このことが指し示すのは、道徳的あるいは政治的な意味内容――それは同時代人には容易に読み取れたが、その内的連関を解きほぐすのは今日の観察者にとって簡単なことではない――に限らない[52]。「王の装束」が、地域的伝統や忠誠関係に刻印された社会において、強力なアイデンティティを創出する手段として持った意味は、これまで比較史的・ヨーロッパ史的な視点のなかではほとんど研究されてこなかった。行動心理学や社会史、美術史のアプローチを連携させた学際的な諸研究は、歴史研究にとって多様な史料、それも軍事史に即した文脈ではこれまで看過されてきた史料を開拓する可能性を有している。そこにはヨーロッパ水準の芸術作品も含まれるし、あらゆる出所からの、装飾用の量産版画も同様に含まれる。そこで得られた研究成果をわかりやすく説得力あるかたちで公衆に伝えていくことは、将来的に歴史博物館やその手になる特別展のますます大きな課題となるだろう。戦争と暴力について博物館で適切に紹介することは、情報学に基づく博物館展示と関連して、ここ数年の間にその必要性が認識されるようになり、たとえばヴィットシュトックの三十年戦争博物館で数年にわたる研究プロジェクトとして試されることになっている[53]。

似たようなことは同時代の文学や戯曲、あるいは道徳的・教育的な小冊子における兵士の位置づけを例にも証明できる。一八世紀ドイツの舞台芸術に軍人が登場した頻度は一つの指標になるかもしれない。それは〈軍隊と社会の〉統合の度合いを示し、同時に軍隊が日常生活で自然に受容されていたことを映し出している。これは一九世紀の歴史研究が、一八世紀の軍隊の社会的位置づけに関して描いてきた像とはなかなか一致しない認識である[54]。このような文脈で微妙に暗号化され公衆に伝えられた時事的・政治的なメッセージが持つ射程は、レッシングの『ミンナ・フォン・バルンヘルム』から読み取れる。そこでは、プロイセン将校団のいささか強すぎる名誉心が暗に批判されている一方で、七年戦争におけるフリードリヒ大王のザクセン占領政策、さらには大王による〔ザクセン〕軍の動員解除政策が否定的に強調されている。これは同じくレンツの『兵士』という、基本的に貴族批判を主題とした作品にもあてはまる。また一八〇六年以降の軍制改革に関わる事柄を見事に異化して観衆に伝えているのは、ハインリヒ・フォン・クライストの戯曲である[55]。文学研究と軍事史は、共同作業を通じて、この種の史料が軍隊の社会的位置や受容と拒絶のあり方を究明するために持つ意義を見究めていくことができる。その際、軍事的な規範体系と一般社会の行動規範が互いの境界でどのように接続ないし断絶していたのか、明確に姿を現すことになるだろう。この分野でもまた、学際的なアプローチを通じて、軍隊が近世国家の社会構造のなかで占めていた位置を見究めることができるのである。

この研究紹介では意識的に、新しい軍事史の中心的なテーマ、すなわち社会における軍隊の位置づけに焦点を絞ってきた。軍隊と社会の両方を取り上げ、この研究分野を充実させる他の問題領域について同じくらい詳しく記すことは、紙面の都合で諦めねばならない。とはいえ、近世の軍事史全体にとって有益ないくつかの点については、多少なりとも言及しておくべきだろう。たとえば、相補的な研究を展開して、軍事力の内部構造を長期的な観点から捉えることは必要かと思われる。ことに、一五世紀の傭兵隊の内部構造から一八世紀の連隊制度に至るまでの規範の移り変わりが研究されねばならない[56]。それによって、イタリア・ルネサンス期の傭兵隊長の自尊心から、フランス革命前夜の開明将校の理想まで、通時的な解釈の輪郭を描くことができるのである[57]。その暁には、政治の手段としての戦争という問題が視野に入ってくるだろう。戦闘隊形や職業教育、戦争像といった事柄が、包括的な社会変容の過程に内在する要素として認識できるようになるのである。なんとも興味深いことに、こうしたアプローチをとることで、考察の地平は再び伝統的な戦史の分野にも開かれることになる。一九・二〇世紀を対象とした新しい軍事史にはしばらく前からそうした研究の動向が現れているのだが、新たな視野を切り開くアプローチは、近世の作戦史を〔社会や文化の変容と絡めて〕総合的に描く方向へと進展しているのである。[58] 戦争像と戦争経験、あるいは軍司令部が官房の作戦を遂行する際に有した裁量、また軍事力を対外政治の手段として利用する可能性や限界といった諸問題は、焦点距離を長くとった、より広い角度からの分析がなされねばならない。

このような理解のもとで推進された研究テーマもある。武器の使用や職業教育、戦闘という条件下での教練・規律のあり方と限界、意思なき道具あるいは部分的に自律した戦争の職人としての兵士像などがそれである。要するに、近世の戦争史――その意義の大きさを歴史学は過去の数十年間どちらかといえば低く評価してきた――は、今日の新しい文化史の観点に立つと、まだ答えの見つかっていない多くの問題を投げかけているように思われるのである[59]。

近世軍事史研究のこうしたさまざまな不備が認識されるなかで、数年前、若い研究者が中心になって「近世の軍隊と社会」研究会が発足された。会員たちは隔年で研究集会を開催しており、その成果はさらなる議論を喚起することになろう。発表された個々の研究報告からは、近年のドイツで近世軍事史が到達したテーマや方法の奥行きをうかがい知ることができる[60]。

こうした動向から、そもそも「軍隊と社会」という二つの言葉の組み合わせ自体が、独特の緊張関係を含意した構成になっていて、公理でもあるかのような表現だということが明らかになってきた。この表現に代わるものとして提起しうるのが、「社会のなかの軍隊」という、発見的で統合的な研究モデルなのである。

1 Heirinch Lutz, Über die Verantwortung der Gläubigen im Zeitalter der Gewalt, in: Hans Maier (Hrsg.), Deutscher Katholizismus nach 1945. Kirche, Gesellschaft, Geschichte, München 1964, S. 163-189.

2 Rainer Wohlfeil, Wehr-, Kriegs- oder Militärgeschichte? in: MGM 1 (1967), S. 21-29; Dieter Bangert u.a., Zielsetzung und

Methode der Militärgeschichtsschreibung, in: MGM 2 (1967), S.9-19; Klaus A. Maier, Überlegungen zur Zielsetzung und Methode der Militärgeschichtsschreibung im Militärgeschichtlichen Forschungsamt und die Forderung nach deren Nutzen für die Bundeswehr seit der Mitte der 70er Jahre, in: MGM 52 (1993), S. 359-370.

3 Ernst Willi Hansen, Zur Problematik einer Sozialgeschichte des deutschen Militärs im 17. und 18. Jahrhundert, in: ZHF 6 (1979); S. 425-446; Bernhard R. Kroener, Vom „extraordinari Kriegsvolck" zum „miles perpetuus". Zur Rolle der bewaffneten Macht in der europäischen Geschichte der Frühen Neuzeit. Ein Forschungs und Literaturbericht, in: MGM 43 (1988), S 141-188. 最近のものとしては、包括的で示唆に富む次の概観が雑誌『啓蒙』の特集号に間もなく掲載される予定である〔既刊〕Daniel Hohrath, Die Kriegskunst im Lichte der Aufklärung. Militär und Aufklärung im 18. Jahrhundert, 2 Bde., (Aufklärung, 11, Heft 2; 12, Heft1), Hamburg 2000. この場を借りて、原稿に目を通させて頂いた著者に感謝したい。

4 Gerhard Ritter, Staatskunst und Kriegshandwerk. Das Problem des „Militarismus" in Deutschland, 4 Bde., München 1968-1970; Otto Haintz, Vorrede zur Neuausgabe der ersten vier Bände von Hans Delbrück, Geschichte der Kriegskunst im Rahmen der politischen Geschichte, Bd. 1, Berlin 1962, S. 3.

5 André Martel, Le renouveau de l'historie militaire en France, in: Revue Historique 245 (1971), S. 107-126.

6 Colin Jones, New Military History for old? War and Society in Early Modern Europe, in: European Studies Review 12 (1982), S. 97-108, S. 97.

7 Wohlfeil, Militärgeschichte, S. 29.

8 Otto Büsch, Militärsystem und Sozialleben im alten Preußen 1713-1806. Die Anfänge der sozialen Militarisierung der preußisch-deutschen Gesellschaft, Berlin 1962 (TB 1981); Fritz Redlich, The German Military Enterpriser and his Work Force, 2 Bde., Wiesbaden 1964-1965.

9 André Corvisier, L'Armée Française de la fin du XVIIème siècle au ministère de Choiseul. – Le soldat, 2 Bde., Paris 1964.

10 Johannes Kunisch (Hrsg.), Staatsverfassung und Heeresverfassung in der europäischen Geschichte der frühen Neuzeit, Berlin 1986. エーバーハルト・ケッセルとヴェルナー・ゲンブルッフの論文も同様にこうしたアプローチをとっているようにみえる。Eberhard Kessel, Militärgeschichte und Kriegstheorie in neuerer Zeit. Ausgewählte Aufsätze, hrsg. U. Eingel. V. Johannes Kunisch, Berlin 1987; Werner Gembruch, Staat und Heer. Ausgewählte historische Studien zum ancien régime, zur Französischen Revolution und zu den Befreiungskriegen, hrsg. v. Johannes Kunisch, Berlin 1990.

11 Gerhard Oestreich, Strukturprobleme des europäischen Absolutismus., in: ders., Geist und Gestalt des frühmodernen

Staates. Ausgewählte Aufsätze, Berlin 1969, S. 179-197, ここでは S. 194; Stefan Breuer, Sozialdisziplinierung. Probleme und Problemverlagerungen eines Konzeptes bei Max Weber, Gerhard Oestreich und Michel Foucault, in: Christoph Sach/Florian Tennstedt (Hrsg.), Soziale Sicherheit und soziale Disziplinierung, Frankfurt 1986, S. 45-69.

12 Max Weber, Wirtschaft und Gesellschaft. Grundriss der verstehenden Soziologie, hrsg. v. Johannes Winckelmann, 2. Halbband, Tübingen 1956, S.694.

13 André Corvisier, Les contrôles de Troupes de l'Ancien Régime. 4 Bde. Paris 1968-1970; Michel Foucault, Surveiller et punir. Naissance de la prison, Paris 1974, S. 137 ff.

14 Markus Meumann/Dirk Niefanger (Hrsg.), Ein Schauplatz herber Angst. Wahrnehmung und Darstellung von Gewalt im 17. Jahrhundert, Göttingen 1997, S. 7ff.

15 Jones, History, S. 97.

16 Michael Roberts, The Military Revolution, 1560-1660, Belfast 1956; Geoffrey Parker, The Military Revolution. Military Innovation and the Rise of the West, Cambridge 1988; Jeremy Black, A Military Revolution? Military Change and European Society 1550-1800, London 1991; Clifford J. Rogers (Hrsg.), The Military Revolution Debate: Readings on the Military Transformaiton of Early Modern Europe, Boulder, San Francisco, Oxford 1995; René Quatrefages, La Revolucion militar moderna. El crisol espagnol, Madrid 1996; Jean Bérenger (Hrsg.) La Révolution militaire en Europe (XVe - XVIIIe siècles), Paris 1998.

17 Jan Lindegren, Les hommes, l'argent et les moyens.(Danemark, Finlande, Norvège, Suède, XVIe - XVIIIe siècles), in: Philippe Contamine (Hrsg.), Guerre et concurrence entre les Etats européens du XIVe au XVIIIe siècles, Paris 1998; Wolfgang Reinhard, Kriegsstaat - Steuerstaat - Machtstaat, in: Ronald G. Asch/Heinz Duchhardt (Hrsg.), Der Absolutismus - ein Mythos? Strukurwandel monarchischer Herrschaft, Köln/Weimer/Wien 1996, S. 277-310.

18 近年、ヨハネス・ブルクハルトは、近世という時代が構造的に平和を欠いていたことを説得力あるかたちで再検討している。Johannes Burkhardt, Die Friedlosigkeit der Frühen Neuzeit. Grundlegung der Bellizität Europas, in: ZHF 24 (1994), S. 509-574.（鈴木直志訳「平和なき近世―ヨーロッパの恒常的戦争状態に関する試論」（上・下）『桐蔭法学』八-二（二〇〇二）、一九七〜五五頁：一三―一（二〇〇六）、九一〜一四六頁）

19 研究動向や目標設定、方法論に関しては以下を参照。Bernhard R. Kroener/Ralf Pröve (Hrsg.), Krieg und Frieden. Militär und Gesellschaft in der Frühen Neuzeit, Paderborn 1996; Ralf Pröve (Hrsg.), Klio in Uniform? Probleme und Perspektiven

einer modernen Militärgeschichte der Frühen Neuzeit, Köln/Weimar/Wien 1997.

20　Peter Burschel, Zur Sozialgeschichte innermilitärischer Disziplinierung im 16. und 17. Jahrhundert, in: ZfG 42 (1994), S. 965-969.

21　そうした戦史研究の事例には事欠かないが、その一つとして以下を参照。Karl Linnebach (Hrsg.), Deutsche Heeresgeschichte, Hamburg 1935.

22　Harmut Harnisch, Preußisches Kantonssystem und ländliche Gesellschaft: Das Beispiel der mittleren Kammerdepartmements, in: Kroener/Pröve, Krieg und Frieden, S. 137-166. 一八世紀末プロイセンの守備隊駐屯都市における状況については、Martin Winter, Preußisches Kantonsystem und städtische Gesellschaft. Frankfurt an der Oder im ausgehenden 18. Jahrhundert, in: Ralf Pröve/Bernd Kölling (Hrsg.), Leben und Arbeiten auf märkischem Sand. Wege in die Gesellschaftsgeschichte Brandenburgs 1700-1914, Bielefeld 1999, S. 243-265; Jürgen Kloosterhuis, Zwischen Aufruhr und Akzeptanz: Zur Ausformung und Einbettung des Kantonssystems in die Wirtschafts- und Sozialstrukturen des preußischen Westfalen, in: Kroener/Pröve, Krieg und Frieden, S. 167-190.

23　ユルゲン・クロースターフースは地域・地方の文書館にある膨大な関連史料を紹介しており、それらの史料に基づいてビュッシュに代表される見解が修正されていくことが待たれる。Jürgen Kloosterhuis, Bauern, Bürger und Soldaten. Quellen zur Sozialisation des Militärsystems im preußischen Westfalen, 2 Bde., Münster 1992; Ralf Pröve, Zum Verhältnis von Militär und Gesellschaft im Spiegel gewaltsamer Rekrutierungen (1648-1789), in: ZHF 22 (1995), S. 191-223.

24　歴史人類学と社会構造史（Gesellschaftsgeschichte）のコンセプトについては、Martin Dinges, „Historische Anthropologie“ und „Gesellschaftsgeschichte“. Mit dem Lebensstilkozept zu einer Alltagskulturgeschichte der frühen Neuzeit, in: ZHF 24 (1997), S. 179-214; Rudolf Vierhaus, Die Rekonstruktion historischer Lebenswelten. Probleme moderner Kulturgeschichtsschreibung, in: Hartmut Lehmann (Hrsg.), Wege zu einer neuen Kulturgeschichte, Göttingen 1995, S. 7-28.

25　たとえば、Peter Burschel, Himmelreich und Hölle. Ein Söldner, sein Tagebuch und die Ordnungen des Krieges, in: Benigna von Krusenstjern/Hans Medick (Hrsg.), Zwischen Alltag und Katastrophe. Der Dreißigjährige Krieg aus der Nähe, Göttingen 1999, S. 181-194. ここでは S. 181. ほかならぬ三十年戦争の傭兵の日記を編纂するにあたって、ヤン・ペータースはこうした見方に立っていない。Jan Peters, Ein Söldnerleben im Dreißigjährigen Krieg. Eine Quelle zur Sozialgeschichte, hrsg. v. Jan Peters, Berlin 1993.

26 方法が模範的なものとして以下を参照。Ralf Pröve, Stehendes Heer und städtische Gesellschaft im 18. Jahrhundert. Göttingen und seine Militärbevölkerung 1713-1756, München 1995; Stefan Kroll, Stadtgesellschaft und Krieg. Sozialstruktur, Bevölkerung und Wirtschaft in Stralsund und Stade 1700 bis 1715, Göttingen 1997.

27 Daniel Hohrath, Der Bürger im Krieg der Fürsten: Stadtbewohner und Soldaten in belagerten Städten um die Mitte des 18. Jahrhunderts, in: Kroener/Pröve, Krieg und Frieden, S. 305-330.

28 G. W. Baker/C. Chatman, Man and Society in Disaster, New York 1987; R. S. Leufer, Human Response to War and War Related Events in the Contemporary World, in: Mary Lystad (Hrsg.), Mental Health Response to Mass Emergencies. Theory and Practice, New York 1988, S. 96-129; Bernd Roeck, Der Dreißigjährige Krieg und die Menschen im Reich. Überlegungen zu den Formen psychischer Krisenbewältigung in der ersten Hälfte des 17. Jahrhunderts, in Kroener/Pröve, Krieg und Frieden, S. 245-279.

29 この点に関して模範的なのは、Jean Chagniot, Paris et l'armée au XVIIIe siècle. Etude politique et sociale, Paris 1985.

30 Ebda, S. 643 ff.; Jutta Nowosadtko, Ordnungselement oder Störfaktor? Zur Rolle der stehenden Heere innerhalb der frühneuzeitlichen Gesellschaft, in Pröve, Klio in Uniform?, S. 5-34, ここでは S. 21.

31 Holger Gräf, Militarisierung der Stadt oder Urbanisierung des Militärs? Ein Beitrag zur Militärgeschichite der frühen Neuzeit aus stadtgeschichtlicher Perspektive, in: Pröve, Klio in Uniform?, S.89-108.

32 André Corvisier, Les Française et l'Armée sous Louis XIV. D'après les mémoires des Intendants, Vincennes 1975, S. 276-284; Henning Eichberg, Zirkel der Vernichtung oder Kreislauf des Kriegsgewinns? Zur Ökonomie der Festung im 17. Jahrhundert, in: Bernhard Kirchgässner/Günther Scholz (Hrsg.), Stadt und Krieg, Sigmaringen 1989, S. 105-124; Pröve, Stehendes Heer, S. 402 ff; Kroll, Stadtgesellschaft, S. 252 ff.

33 ジェンダー史的な側面は新しい軍事史においてここ数年来、活況を呈している。これは近世に関してもあてはまることである。Peter H. Wilson, German Women and War, 1500-1800, in: War in History 3 (1996), S. 127-160; Karen Hagemann, Venus und Mars. Reflexionen zu einer Geschlechtergeschichte von Militär und Krieg, in: dies./Ralf Pröve (Hrsg.), Landsknechte, Soldatenfrauen und Nationalkrieger. Militär, Krieg und Geschlechterordnung im historischen Wandel, Frankfurt/Main 1998, S. 13-50; dies., Militär, Krieg und Geschlechterverhältnisse. Untersuchungen, Überlegungen und Fragen zur Militärgeschichte der Frühen Neuzeit, in Pröve, Klio in Uniform?, S. 35-88; Claudia Opitz, Von Frauen im Krieg zum Krieg gegen Frauen. Krieg, Gewalt und Geschlechterbeziehungen aus historischer Sicht, in: L'Homme 3 (1992), S. 31-44.

34 Markus Meumann, Soldatenfamilien und uneheliche Kinder: Ein soziales Problem im Gefolge stehender Heere, in: Kroener/Pröve, Krieg und Frieden, S. 219-236; Jutta Nowosadtko, Soldatenpartnerschaften. Stehendes Heer und weibliche Bevölkerung im 18. Jahrhundert, in: Hagemann/Pröve, Landsknechte, S. 297-321; Martin Dinges, Soldatenkörper in der frühen Neuzeit. Erfahrungen mit einem unzureichend geschützten, formierten und verletzten Körper in Selbstzeugnissen, in: Richard van Dülmen (Hrsg.), Körper-Geschichten, Frankfurt/M. 1996, S. 71-9; Ralf Pröve, Zwangszölibat, Konkubinat und Eheschließung. Durchsetzung und Reichweite obrigkeitlicher Ehebeschränkungen am Beispiel Göttinger Militärbevölkerung im 18. Jahrhundert, in: Jürgen Schlumbohm (Hrsg.) Familie und Familienlosigkeit. Fallstudien aus Nidersachsen und Bremen vom 15. bis 20. Jahrhundert, Hannover 1993, S. 81-95.

35 Bernhard R. Kroener, „...und ist der jammer nit zu beschreiben“. Geschlechterbeziehungen und Überlebensstrategien in der Lagergesellschaft des Dreißigjährigen Krieges, in: Hagemann/Pröve, Landsknechte, S. 279-296.

36 Sabina Loriga, Soldaten in Piemont im 18. Jahrhundert, in: L'Homme 3 (1992), S. 72-87, とりわけ S. 87. 同様に以下も参照。Sabina Loriga, Soldati. L'istituzione militare nel Piemonte del Settecento, Venedig 1992, S. 16-39.

37 Bernhard R. Kroener, Bellona und Caritas. Das Königlich-Potsdamsche Große Militär-Waisenhaus. Lebensbedingungen der Militärbevölkerung in Preußen im 18. Jahrhundert, in: ders.(Hrsg.), Potsdam. Staat, Armee, Residenz in der preußisch-deutschen Militärgeschichte, Berlin 1993, S. 231-252.

38 Jean-Pierre Bois, Les anciens soldats dans la société française au XVIIIe siècle, Paris 1990; Achim Hölter, Die Invaliden. Die vergessener Geschichte der Kriegskrüppel in der europäischen Literatur bis zum 19. Jahrhundert, Stuttgart/Weimar 1995.

39 Nowosadtko, Ordnungselement, S. 25; Michael Sikora, Disziplin und Desertion. Strukturprobleme militärischer Organisation im 18. Jahrhundert, Berlin 1996, S. 232 ff.

40 Ralf Pröve, Herrschaftssicherung nach „innen“ und „außen“, in: MGM 51 (1992), S. 297-315.

41 Nowosadtko, Ordnungselement, S. 27-28.

42 Peter Burschel, Söldner im Nordwestdeutschland des 16. und 17. Jahrhunderts. Sozialgeschichtliche Studien, Göttingen 1994, S. 303.

43 Bernhard R. Kroener, „Das Schwungrad an der Staatsmaschine“ ? Die Bedeutung der bewaffeneten Macht in der europäischen Geschichte der Frühen Neuzeit, in: Kroener/Pröve, Krieg und Frieden, S. 1-23, S. 7.

44 Frank Wernitz, Die preußischen Freitruppen im Siebenjährigen Krieg 1756-1763. Entstehung, Einsatz, Wirkung, Wolfersheim/Berstadt 1994. 一八世紀とナポレオン戦争の時代における「小さな戦争」の要素としての軽装兵に関しては、次の未刊行博士論文（ミュンヘン大学）がその運用を包括的に調査している。Martin Rink, Vom „Parteygänger" zum Partisan. Die Konzeption des kleinen Krieges in Preußen 1740-1813.

45 軍服の研究はこれまで議論の余地なく兵学（Heereskunde）の分野であり、軍事史の関心とはほとんどそぐわなかった。しかし近年ではここにおいても歩み寄りが見られる。Martin Dinges, Der „feine Unterschied". Die soziale Funktion der Kleidung in der höfischen Gesellschaft, in: ZHF 19 (1992), S. 49-76. 軍服の社会的な機能に関してはとくに、Philip Mansel, Monarchy, uniform and the rise of the frac. 1760-1830, in: PP 96 (1982) S. 103-132; Daniel Roche, La culture des apparences. Une histoire du vêtement (XVIIe-XVIIIe siècle), Paris 1989, S. 211-244; Hans Bleckwenn, Die Montierung und Ausrüstung der preußischen Armee in der Mitte des 18. Jahrhunderts, in: Bernhard R. Kroener (Hsrg.), Europa im Zeitalter Friedrichs des Großen. Wirtschaft, Gesellschaft, Kriege, München 1989, S. 289-304.

46 Hans Michael Möller, Das Regiment der Landsknechte. Untersuchungen zu Verfassung, Recht und Selbstverständnis in deutschen Söldnerheeren des 16. Jahrhunderts, Wiesbaden 1976, S. 71 ff.; Reinhard Baumann, Landsknechte. Ihre Geschichte und Kultur vom späten Mittelalter bis zum Dreißigjährigen Krieg, München 1994, S. 109 ff.; Peter Wilson, Violence and the Rejection of Authority in Eighteeth-Centry Germany: The Case of the Swabian Mutinies in 1757, in: German History 12 (1994), S. 1-26; Sikora, Disziplin.

47 Carsten Küther, Menschen auf der Straße. Vagierende Unterschichten in Bayern, Franken und Schwaben in der zweiten Hälfte des 18. Jahrhunderts, Göttingen 1983, S. 73-76; Uwe Danker, Räuberbanden im Alten Reich um 1700. Ein Beitrag zur Geschichte von Herrschaft und Kriminalität in der Frühen Neuzeit, Frankfurt/M. 1988, S. 239-270; Nowosadtko, Ordnungselement, S. 8 ff.

48 この点に関しては、以下のフライブルク大学の修士論文（未刊行）におけるいくつかの偶然の発見を参照。Silja Gros, Die Lebens- und Erfahrungswelt von Marktdiebinnen und Sachgreiferinnen im 18. Jahrhundert. Eine Untersuchung zur Alltags- und Sozialgeschichte krimineller Vagantinnen, durchgeführt anhand von Verhörprotokollen dieser Prozesse aus Schwaben und dem Bodenseeraum, Maschinenschriftlich, Freiburg 1998.

49 「歴史的図像学」の方法論については、Heike Talkenberger, Von der Illustration zur Interpretation: Das Bild als historische Quelle. Methodische Überlegungen zur Historischen Bildkunde, in: ZHF 21 (1994), S. 289-313; Brigitte Tolkemitt/Rainer

Wohlfeil (Hrsg.), Historische Bildkunde. Probleme - Wege – Beispiele, Berlin 1991.

50 Matthias Rogg, „Zerhauen und zerschnitte, nach adelichen Sitten“ . Herkunft, Entwicklung und Funktion soldatischer Tracht des 16. Jahrhunderts im Spiegel zeitgenössischer Kunst, in: Kroener/Pröve, Krieg und Frieden, S. 109-135. ただし、ここに挙げた論文は、同著者の極めて資料に富んだ博士論文の一部に過ぎない。Matthias Rogg Soldatenbilder. Studien zur bildlichen Darstellung von Kriegsleuten im 16. Jahrhundert. 軍服の発展については注四四に挙げた文献を参照。

51 Ruth Bleckwenn, Beziehungen zwischen Soldatentracht und ziviler modischer Kleidung zwischen 1500 und 1650, in: Zeitschrift für Kostümkunde 16 (1974), S. 107-118; Erika Thiel, Geschichte des Konsüms. Die europäische Mode von den Anfängen bis zur Gegenwart, Berlin (Ost) 1974; Sabina Brändli, Von „schneidigen Offizieren“ und „Militärcrinolinen“ : Aspekte symbolischer Männlichkeit am Beispiel preußischer und schweizer Uniformen des 19. Jahrhunders, in: Ute Frevert (Hrsg.), Militär und Gesellschaft im 19. und 20. Jahrhundert, Stuttgart 1997, S. 201-228.

52 この点に関して、以下の文献は非常に説得力に富む例を提示している。Martin Knauer, „Bedenke das Ende“ . Zur Funktion der Todesmahnung in druckgraphischen Bildfolgen des Dreißigjährigen Krieges, Tübingen 1997; Helge Siefert, Zum Ruhme des Helden. Historien- und Genremalerei des 17. und 18. Jahrhunderts, München 1993; Centre d'études d'histoire de la Défense (Hrsg.), L'Art de la Guerre. La vision des peintres aux XVIIe et XVIIIe siècles, Paris 1998; Arlette Farge. Les fatigues de la guerre - XVIIIe siècle – Watteau, Paris 1996.

53 Beate Käser, Das Wittstocker „Museum des Dreißigjährigen Krieges“ – Eine Neugründung in Brandenburg, in: GWU 49 (1998), S. 620-624; Wolfgang Cillessen (Hrsg.), Krieg der Bilder. Druckgrafik als Medium politischer Auseinandersetuzung im Europa des Absolutismus (anläßlich der Ausstellung Krieg der Bilder, vom 18.12.1997 – 3.3.1998 im Deutschen Historischen Mueseum), Berlin 1997. 一九九八年の九月に新しく開かれた三十年戦争博物館のコンセプトについては、Zur Konzeption des im September 1998 neueröffneten Museums des Dreißigjährigen Krieges: Landkreis Ostpringnitz-Ruppin, Museum des Dreißigjährigen Krieges. O.O. o. J.(1998); Krieg und Frieden, (= Der Mensch im Spiegel der Kunst, hrsg. Kunstkreis Luzern), Luzern 1967; Schrecken des Krieges, Kunsthalle Bielefeld, 16. Januar-5. März 1972, Bielefeld 1992.

54 これまでのところ新しい諸研究にも超えられていないものとして、Karl-Hayo v. Stockmayer, Das deutsche Soldatenstück des 18. Jahrhunderts, Weimar 1898.

55 Gerd Mattenklott, Drama – Gottsched bis Lessing, in: Horst Albert Glaser (Hrsg.), Deutsche Literatur. Eine

Sozialgeschichte, Bd. 4, Zwischen Absolutismus und Aufklärung: Rationalismus, Empfindsamkeit, Sturm und Drang 1740-1786, Hamburg 1980, S. 292-293; Edward McInnes, Jakob Michael Reinhold Lemnz, „Die Soldaten", Text, Materialien Kommentar, München/Wien 1977; Bernd Wegner, J. M. R. Lenz als Militärreformer. Ein Beitrag zur Militär- und Gesellschaftskritik im „Sturm und Drang", in: Michael Busch/Jörg Hillmann (Hrsg.) Adel – Geistlichkeit – Militär. Festschrift für Eckardt Opitz zum 60. Geburtstag, Bochum 1999, S. 249-263; Wolf Kittler, Die Geburt des Partisanen aus dem Geist der Poesie. Heinrich von Kleist und die Strategie der Befreiungskriege, Freiburg 1987; Elisabeth Madlener, Die Kunst des Erwürgens nach Regeln. Von Staats- und Kriegskünsten preußischer Geschichte und Heinrich von Kleist, Pfaffenweiler 1994.

56 研究状況をまとめたものとして、J. R. Hale, War and Society in Renaissance Europe (1450-1620), London 1985; 中世後期フランスの軍事史については以下の文献の、フィリップ・コンタミーヌが担当した関連章を参照。Philippe Contamine (Hrsg.), Histoire Militaire de la France, des Origines a 1715, Paris 1992, とくに S. 125-232; Rainer Wohlfeil, Das Heerwesen im Übergang vom Ritter zum Söldnerheer, in: Kunisch, Staatsverfassung und Heeresverfassung, S. 107-127.

57 Rainer Wohlfeil, Ritter, Söldnerführer, Offizier. Versuch eines Vergleichs (1966), in: Arno Borst (Hrsg.), Das Rittertum im Mittelalter, Darmstadt 1976, S. 315-348; Roger Sablonier, Rittertum, Adel und Kriegswesen im Spätmittelalter, in: Josef Fleckenstein, Das ritterliche Turnier im Spätmittelalter. Beiträge zu einer vergleichenden Formen- und Verhaltensgeschichte des Rittertums, Göttingen 1986, S. 532-567. 後の局面、すなわち一八世紀後半については、ダニエル・ホーラートによる視野の広い論文を参照。Daniel Hohrath, Die Bildung des Offiziers in der Aufklärung. Ferdinand Friedrich von Nicolai (1730-1814) und seine Enzyklopädischen Sammlungen. Eine Ausstellung der Württembergischen Staatsbibliothek, Stuttgart 1990. (Bibliographie S. 155-169). この論文は彼の近年の研究動向・文献紹介にも所収されている。ders., Kriegskunst.

58 Nouvelle histoire-bataille. Cachiers du Centre d'Études d'histoire de la Défense, 6. Paris 1999; ベルント・ヴァーグナー「作戦史の目的とは何か」（本書第五章参照）

59 John Lynn, The Embattled Future of Academic Military History, in: Journal of Military History 61(1997), S. 777-789, ここでは S. 783-789. 結論部分がいささか飛躍しているものの、次の文献は研究の基礎として刺激に富んでいる。John Keegan, Die Kultur des Krieges, Berlin 1995. 二一世紀における文化間の暴力的な衝突の原因と形態については、Samuel P. Huntington, Der Kampf der Kulturen. Die Neugestaltung der Weltpolitik im 21. Jahrhundert, München/Wien 1996.

60　「近世の軍隊と社会研究会 Arbeitskreis Militär und Gesellschaft in der Frühen Neuzeit (AMG)」のこれまでの成果や、進行中ないし予定されている計画や催しに関しては、以下のウェブサイトから情報が得られる。ht-p://www2.hu-berlin.de/fgp/amg.

第十六章　総力戦争時代における全体史としての軍事史

ロジャー・チカリング　柳原伸洋訳

軍事史は「全体史」として定義されうる。本稿のタイトルで掲げたこのテーゼには、議論の余地のある二つの概念が含まれていることから、疑義もあろうかと思う。その二つの概念とはつまり、「全体の歴史」と「全体の戦争（総力戦）」である。本稿では以下、軍事史研究における両概念を建設的に接合させ、重要な方法論上の議論を提起してみたい。

「全体史」は、フランス発祥の比較的新しい概念である。しかしながら、一九世紀の歴史家ジュール・ミシュレを経由して、一八世紀のモンテスキューやヴォルテールの作品にまで、その系譜をたどることができる知の伝統に起源をもつ。ここ数十年間、「全体史 histoire totale」は、とりわけ雑誌『アナール』の研究者集団によって取り組まれ、社会的あるいは文化的に構成された日常空間全体を歴史的に分析しようとする彼らの試みに代表されてきた[1]。すでに一九世紀のドイツでも、「文化史」としての全体史を求める声が高まっていたが、フランスと比べて、当初から史料編纂の伝統がその発展の障害となっていた。ドイツの諸大学で一九世紀に生み出された歴史学の新たな方法論上の原則によって、とりわけその類の全体論的な歴史叙述は組織的に否定されていた[2]。その代わりに、歴史家ギルドははっきりと政治史に限定された歴史研究に取り組んでいた。歴史家たちは、国家のみが歴史学本来の研究領域だという前提に立っていた。つまり、国家が特有の歴史を構築するという原則のもとで、歴史研究が行われていたのである。過去の諸領域がどれほど政治的に重要なのか、つまり国家との結びつきを分析し、それをどれほど論証できるかという度合いによって、その領域が歴史的に有意義かどうかを判断していた。過去の諸領域とは、人口史、科学史、社会階層史、宗教史、美術史、あるいは軍事史であるとされ、これらの学問的研究は他の学術領域の専門家、とりわけ国民経済学の研究者に委ねられていた。

一九世紀には、広範囲におよぶ生活領域を統一的な歴史像に組み込もうとするさまざまな企てに対して歴史研究者は疑心を抱きはじめ、それはより強固となっていった。当時、流通していた「文化史」は、そのほとんどが「アマチュア歴史家」の歴史的好奇心によって体系化されずに集められたものだった。たとえば、クリスマス菓子であるレープクーヘン、教会での祭事、そして墓標などについてである。それらは研究対象の因果関係あるいは構造を明らかにしようと書かれたものではなく、ましてや国家との関わりを浮き彫りにするものではなかった[3]。これらを体系的にまとめ、相関的かつ包括的な歴史記述を発展させようとする試みはあったものの、それらも職業歴史家たちの目には、いかがわしい研究だと映っていた。つまり、彼らにとって、これらの研究は歴史科学というよりも歴史哲学の範疇であると思われていたのである。たとえば、一方では、哲学者とくにヘーゲル学派がこれらを執筆し、彼らは精神による造形物を演繹的に人類史へと統合しようと試みた。他方では、国民経済学でも全体的な歴史叙述がまとめられた。異なる歴史的現象の基盤として経済的・社会的組織を重視する点にかぎっては、彼らはむしろ帰納的だった。全体的な歴史記述を試みる国民経済学の伝統を継承する顕著な事例が、物質的な下部構造と思想的な上部構造の関係をそのテーゼとし、二〇世紀の終わりまで全体史記述のさまざまな試みに、長く影響を与えてきたマルクス主義であったといえよう。

全体史記述におけるイデオロギーの中心的な重要性と同様に、方法論の困難さは、一九世紀末の著名なドイツの文化史家、カール・ランプレヒトの業績の中にはっきりと読み取ることができる[4]。ランプレヒトは、経済史家として研究キャリアを築いた。彼は、師である国民経済学者ヴィルヘルム・ロシャーの薫陶を受け、ドイツ史上の各時代における構造的な連関性を明らかにしようという壮大な計画を企図していた。これによって、国民生活の経済、社会、政治そして文化の部分的側面を、歴史的な総体に体系的に位置づけようとした。そして、その歴史的総体を、ランプレヒトは「文化時代」と定義していた。そのために彼は、とりわけ国民経済学、地理学、人類学そして美術史などのあらゆる研究ディシプリンや知見を用いようとしたのである。

最初に、ランプレヒトは歴史的な唯物主義に接近する必要があった。彼によると、それぞれの文化時代の基盤は、活動の共同組織に見いだしうるという。ここから政治的制度、イメージ、そして出来事がどのように結びついているのかという点についての、直接的な因果関係が導き出される。たとえばそれは、肖像画から民謡にいたるまでの文化的な表現形態についてである。しかしながら、ランプレヒトは、とくに社会民主主義系の新聞で好意的に受け止められたことによって、この方法論のイデオロギー的な含意を責められることとなった。そこで彼は別の方法で全体史の叙述にアプローチしようとし、結果的にヘーゲル主義に近づくことになった。ランプレヒトは、各時代を特徴づけ、すべての生活領域に一貫して浸透するような、いわゆる精神の「基調音階」と呼ばれる思想の分野において、あらゆる時代の構造的基盤を探し求めた。

以上の二つの構想が挫折してしまったことで、全体史への試みは二〇世紀後半までドイツでは、実質的に外部に追いやられたままとなってしまう。ランプレヒトの歴史理論は一八九〇年代に方法論上の大論争を巻き起こしたが、彼の考え方は敗れ去った。その理由のひとつには、同業者の抱くイデオロギー上の嫌悪感があった。それは、ほんのわずかでも史的唯物論の雰囲気がしている歴史解釈はすべて退ける傾向である。他方で、ランプレヒトが拙速に計画を進めてしまったことを、説得的に示すことができた。また、ランプレヒトの構想自体にそもそも方法論上の困難さがあったことも軽視はできない。一方でこの難しさは、研究の俎上に載せられる歴史の「全体性」を、歴史家が時間的かつ空間的にどのように把握するのかをめぐる方法の困難さにも当てはまる。他方で、ある問題も浮かび上がる。つまり、全体性を構成する諸領域相互の結合・依存・類似をいかに説明づけるのか、そしてそもそもこの連関を分析的関係として、あるいは原因結果の関係として説明可能かどうかという問題である。

ランプレヒトの研究範囲は、部族の時代からヴィルヘルム帝政期にいたるドイツ史全体に及ぶものだった。この長い時間を分析上の区分として、「象徴主義（の時代）」や「主観主義（の時代）」のように、深遠な響きは伴うが、誰もが納得するとはいえない関係でまとめあげたことは、歴史家による過剰な想像の結果にほかならないという、もっともな理由によって退けられた。ランプレヒトの大胆な試みが受けた評価は、まさにこのようなものであった。彼は、異なった文化時代における多様な生活世界の間の因果関係を明らかにしようとした。たとえば、封建的な社会秩序の没落とキリスト教的な奇蹟信仰の発生との結びつきを、政治や文化における一般的な個人主義の伸長のあらわれとして説明しようとしたのである。多くの場合、ランプレヒトの研究成果は、空想的で同時に恣意的な類推に基づくものに過ぎず、それらの類推は分析的説得力を欠いているとして、各分野の専門家によって排撃されうるものであった。

同様の方法論上の困難さは、この後二〇世紀、とくにドイツ以外で試みられた全体史叙述への試みにものしかかっていく。全体史叙述のプロジェクトは、まるで家畜の一群といった様相を呈していた。つまり、羊一頭（たとえば「政治の相対的な独立性」）が群れから逃げだすと、次に別の一頭（「言語の作為的な力」）が逃げだすといったように。だが、大きなチャレンジが、その中には潜んでいるように思われる。そのチャレンジとは、別のたとえを用いるならば、物質的な構造や制度（経済と社会）と、「観念上の」文化（観念、経験、「精神性」）の間を分析的に架橋しようとする試みであり、それと同時にこの両分野と政治的出来事の世界とを架橋しようとする試みである。これはレイモンド・ウィリアムズの言葉を借りるならば、「存在と意識の諸様態の能動的なあらゆる関係性」として定義される分析的なプロセス、つまり「媒介」の問題である[5]。しかしそれゆえに、全体史叙述はすぐさま激しい理論上の議論を巻き起こすのである。その議論とは、第二インターナショナル期のマルクス主義や今日における「言語論的転回」の強固な支持者のように物質もしくは観念の絶対的優位に全体性を限定せずに、ヘーゲルとマルクスが仲介可能なのかを明らかにしようとした議論である[6]。

この種の問題群も、一九四五年以来、三つの異なる歴史記述の伝統から生じた重要な全体史叙述の事例で取り扱われている。E・P・トムスンの『イングランド労働者階級の形成』は、「西洋的」もしくは「文化的」なマルクス主義歴史記述の古典的事例として、まさにふさわしい。しかし、一八世紀後半と一九世紀前半のイングランドにおける階級意識の形成を促進したとされる文化制度とその実践について、トムスンは洞察に富んだ分析を行ったが、それでも諸手を上げて賞賛されたわけではない。トムスンの「文化主義」は、階級形成の物質的な諸要因からこの制度と実践がかけ離れていると、批判者たちは主張した。

アナール学派による「全体史 histoire total」あるいは「グローバルな歴史 histoire globale」は、もっとも卓越した試みとして差し支えないだろう。この批判においても、全体における各部分の独自性は、中心的な論点となったのである。フェルナン・ブローデルは、『フィリップ二世時代の地中海と地中海世界』（浜名優美訳『地中海』普及版全五巻、藤原書店、二〇〇四年）の中で、長期・中期・短期的な持続という異なった時代区分を用いて、地中海空間の「劇場」における人間生活のさまざまな局面を明らかにしようとしている。そこでブローデルは、全体史の共時的・統一的な次元のほかに、方法論上の試みをさらに複雑にするかとしか思えないような「通時的な」要素もまた強調している。何人かの批判者が指摘するように、今なおブローデルの研究に向けられる批判は、この明確かのような時代区分（持続 durée）の相互連関について納得のいく説明がなされていないのではないかという点である。

全体的な歴史（Gesamtgeschichte）を志向する最近の注目すべきドイツの研究にも、全生活領域の完全な統合には成功していないといった批判が向けられている。ハンス＝ウルリヒ・ヴェーラーの『ドイツ社会史』は、ヴェーバーのもたらした知見に基づき、経済、支配そして文化といった等位の「軸」に沿って、全体史を記述する必要性を説いた。この卓越した研究は、経済、社会そして政治の構造的な「基層となる歴史プロセス」に関して満遍なく述べられているが、しかし象徴的な文化行為をいかに分析するかについての見通しはこれまで立ってはいない。

今日、明らかに全体史をめぐる状況はそれほど芳しくない。これまで、少なくとも問題設定に関しては、直接的であれ間接的であれマルクス主義に頼っていた。マルクス主義は確かに物質の優位を前提としていたが、しかし同時に、物質と文化の相互関係の統合的なモデルを提供していた。一九八九年以来、マルクス主義の政治上そしてイデオロギー上の崩壊が、歴史研究において顕在化した。とくにエスノグラフィーと「言語論的転回」の受容、そして文化の優位を示唆するポストモダン批判のなかにおいて、である。このような傾向は、すでに数十年前からフランスにおける「心性史」に対する関心の高まり中で培われ、文化史をめぐるドイツの議論でも見受けられるようになっている。このような傾向が、全体史の有用な基盤を形作ることができるかどうかは分からない。

ここでは、以下に挙げるような誰もが思いつきそうな問いはもはや避けて通れない。方法論的に解決の方途がほぼ見えないにもかかわらず、なぜ全体史に関心が寄せられるのだろうか。そもそも歴史世界というものは、「全体性」が説得的に分析しうるものなのだろうか。ある時代の生活世界全体を統一的に描くことが、歴史記述の理論や方法論に可能なのだろうか。単に同じ時代という性質を超えて、特定の歴史的な時代もしくは歴史的な構造の全く異なった生活領域相互の分析上の関連性というものが、実際に存在するのか。全体史は、部分と差異を原則として賛美するポストモダン的な脱構築の時代においては、もはや存在しない歴史像、つまり洗練され、まとまった歴史の像という「近代主義の夢」でしかないのだろうか。そして最後に、本論の中心的な問いが浮かび上がってくる。全体史はそもそも軍事史とどう関連しているのだろうか。

「総力戦」という概念は、「全体史」と同様に問題を孕んでおり、議論を呼び起こすものである。その際に問題になるのは、とくにその不明確な定義ゆえの困難さである。つまりシュティーク・フェルスターとイェルク・ナークラーが最近指摘したように、今や総力戦という語はある種の「インフレ」を迎えており、その厳密さを欠く使用例ゆえの困難さをともなっている[9]。クラウゼヴィッツとマックス・ヴェーバーは、もはや限定のない「絶対」戦争の形態を指摘した者として、頻繁に引用されている。つまり、二〇世紀にその実現を見たような、理念型的つまり境界線の消失した戦闘が問題となっているのだ。これを指摘した功績によって、この二人のドイツ人思想家を方法論上の牽引者としてみなしてよいかどうかの問題は措くとして、大体において総力戦の性質についての意見は一致しているように思われる。いわば、フランス革命以来、そしてとくにアメリカ独立戦争以来の「戦争の近代化」の流れのなかで、どのように総力戦が進展してきたかについては見解の一致をみている。総力戦は、それ以前の戦争形態とは異なり、徹底性と拡張性という性質によって特徴づけられている。つまり、境界が消失したのである。一八世紀までは、比較的小規模で厳格に規律化された職業軍人が、人里離れた戦場で王家の利益のために戦争を行い、広く認知されていた規則が戦争を規定していた。それに対し、総力戦下では地球全体が戦場となったのである。戦闘は、とてつもない大きさの軍隊同士が繰り広げる行為であり、大規模で、持続し、徹底的なものとなった。さらに、イデオロギー的に動機づけられた市民が軍服を着て戦うことで、戦闘が感情的なものとなった。戦争を遂行する国家の全ての成員が、近代軍を維持するのに必要な経済的かつ精神的な戦争遂行努力に参加せねばならないので、戦争のための動員はもはや生活の境界を踏み越えてきた。したがって、今や戦争遂行国の全成員は同時に軍事的暴力を行使する正当な攻撃目標となり、海上封鎖や空爆の目標となった。総力戦における戦争の目標は敵の殲滅である。倫理、礼節、あるいは国際法といった戦争の暴力を伝統的に制限してきたものは、もはや無効となった。

一九世紀半ば以降の「総力戦 Total War」を主題に掲げて、近年開催されている数々の国際学会では、このよく知られた総力戦概念をめぐって精緻な議論が繰り返されてきた[10]。そこでは、総力戦思想の歴史そのものが、学問的な慎重さを要するという点が明らかとなった。一九一七年以降に総力戦あるいは絶対戦争(La guerre integrale)という概念を使用した指導者は、政治指導者であれ軍事指導者であれ、その概念を政治や社会を動員したり、軍事行動を実行したりする理由とした。歴史家たちは、総力戦を特徴づけるために、官僚主義的な競争に加わった個人あるいは知識人の発言を踏まえた主張をしばしば行ってきたが、もはやそれらは学術的な分析に堪えられるものではない。たとえば従来、総力戦と近代化は同時進行的なものとして描かれてきたが、両者の間には説得的な意味連関は存在しない。アメリカ独立戦争では、むしろ「発展の遅れた」戦場において、「総力戦的な」戦争形態が進行したのである。つまり、南部では北部よりも経済的な動員が徹底的に実施されたし、西部では小規模だが残虐な戦闘によって、兵士と民間人の境界は広範囲にわたって消え去っていた。

逆に、二〇世紀の大規模な諸戦争においても、さまざまな境界は存在していた。ソ連を除けば、女性は正規軍には組み入れられていなかった。たとえば、戦闘行為を行う男性とその男性を補佐する女性の役割といった、ジェンダーによる「伝統的な」役割分担において、軍人と女性民間人という、おそらく最も根深く強固な境界は保持されていたのである。二〇世紀の最初の総力戦である第一次世界大戦の財政は、すべての国家において旧来の予算手続きを踏んだ。それは、第二次世界大戦よりもむしろナポレオン戦争時の財政に似通っていたといえよう。

総力戦概念の扱い方の最大の困難はおそらく、ときどき浮かび上がる戦争の「徹底性(集中性)Intensität」を示唆するものに由来し、それは全体性を示す状況証拠だとされる。「徹底性」がどのような意味なのかは決して明白ではなく、ましてそれをどのように測定することができるのかは言わずもがな不明確である。クラウゼヴィッツにしたがうなら、戦争自体は「憎悪や敵愾心といった本来的激烈性」の徹底的な遂行として理解されうる[11]。たとえば、一定の期間内の戦闘回数、戦闘による損失数、または戦場での重火器力などをものさしに、徹底性を計測しても、ある矛盾につきあたる。つまり、戦場の拡大や戦争の長期化は、全体性の主たる根拠として最も多く引き合いに出される。しかし、字義そのものを見れば、これらは諸現象すべての徹底性（集中性）の低下だと捉える必要もあろう。

それでもなお、総力戦という概念は、一八世紀の終わりから二〇世紀中葉における軍事史の流れを研究するツールであることには変わりない。しかし、この概念を慎重に使用するためには、修辞的な過剰さから距離を置いた実践的な定義とすることが前提となる。細心の注意を払う必要があるが、ここでマックス・ヴェーバーを援用できるだろう。つまりは、理念型としての戦争の「全体性」は、戦闘員として、物質的および精神的な援助の提供者として、軍事的行為による犠牲者および目標として戦時下で地球上の全人類が直接的に巻き込まれるといったような、実現され得ないものとして表される。これに従えば、総力戦は、徹底性ではなく「拡張性」、つまりその広がりによって特徴づけられる。それはとりわけ、兵士と民間人の最終的な差異の消失などによってである。この見解に従うならば、総力戦の特徴は、計算され計画的にすべての人々を戦争参加者というカテゴリーに組み入れてしまう点だといえる。ただし、二〇世紀の両大戦を総力戦として描きたいと思うのであれば、両大戦中に戦争参加国家の各個人が直接的に戦争に関係したという歴史的な事実を示させねばならないだろう。

このような取り組みは、考察すべき方法論を浮かび上がらせる。戦場の拡張性の度合いを知りたいなら、「戦争参加者」についてだけではなく、「戦争」それ自体についてへと考察を広げなければならない。それは結果的に、軍事史の対象についての想像力にもつながる。「総動員」についての有名なエッセイで、エルンスト・ユンガーは一九三〇年に同様の方法から結論を導き出している。第一次世界大戦の最終局面において、「少なくとも間接的にさえ戦争遂行と関わりをもたない運動は――たとえ自分のミシンで作業する女性家内労働者のそれであれ――、もはや存在しないのである」と述べている[12]。この状況を説明するためには、軍事史は戦場の兵士について研究するだけではなく、軍需工場労働者、商人、手工業者、看護師、農民、ワイン農家、そして教師を含む、銃後の女性労働者や、他の総力戦下の男性および女性戦闘員全員について研究せねばならない。前線と銃後の相互関係は今や強固にすべてを包み込んでいる。総力戦においては、この点が問題となるのだ。戦闘行為の結果によって、銃後の女性労働者は影響を受け、そして彼女たちの縫製工場で起きていることもまた戦闘行為に影響を与えるのである。戦争が全住民の関係する要件になれば、それはとどのつまり、軍事史が全体史になることにほかならない。

総力戦は全体史の叙述を必要とする。専門的理解のために戦闘行為の中心性に注意を向けるならば、もはや軍事史研究者は全体史の方法論上の挑戦に答えることは適わないだろう。だが、軍事史家は今までの研究蓄積から有用な視点を引き出すことができる。つまり、今まで培われてきた軍事史の成果によって、全体史のもっとも困難な方法論上の問題を、ひょっとすると解決できるかもしれないのである。全体史記述の大きな挑戦として言及される、歴史的生活の諸部分領域の大きなつながりは、総力戦においてはあらかじめ前提とされている。そしてその中心は、戦争そのものである。ブローデル批判者のひとりが（ブローデルの研究に不足しているものとして）「それぞれを結ぶ全体像」を挙げているが、これを戦争は含んでいる[13]。同様の経験のなかで民衆全体をつなぎ合わせるとき、戦争の影響は歴史的な統一体を形成するのである。

総力戦の歴史的分析においては、他の方法論上の問題も無意味となる。物質的事象と精神的事象とがともに戦争の呪縛に囚われているかぎり、両者の相互関係のどちらが優位なのかという問題は後景に退くこととなる。それはむろん、戦争自体からあらゆる物質的な現実をはぎとることができると主張しないかぎりにおいて、つまりは、そうした現実が言語によってあらかじめ構成されているという、軍事史家が代表するには極めて困難かもしれない主張が通らない限りにおいてである[14]。エルンスト・ユンガーの叙述したドイツにおける「最初」の総力戦に依拠すれば、戦争の影響は、各工業団体の合同、教会への礼拝者の増加、工業的な闘争の増大と、さらには戦争文学において終末論的なモチーフが好まれたことから読み取ることができる。戦争に関するこのような物質的かつ文化的な現象の諸連関は、少なくとも歴史研究者が常に作業しているような方法を用いて分析できる。つまり、歴史研究者が人の動機への想像力を働かせて、因果関係を納得のいくように説明する手法である。同時代の叙述の中でも言われているように、「戦争によって説明しうる」範囲は広範囲に及んでいる。第一次世界大戦時、物的資源を計画的に工業部門に向けたことは、結果的にドイツ国民全体の貧困化を招いたと説明されうる。しかも、よりによってその目的は、（敵の）資源の破壊にあったのである。また、一九一五年にバーデン辺境伯領（マルクグレーファーラント）の遅摘みのブドウ収穫量が激減したことは、徴兵でブドウの摘み手が減少したことによって、ブドウハマキ蛾の幼虫が激増したことに起因していた[15]。またそのほか、同時代的に発生した誤解を招くような説も、説明のための具体的な根拠として戦争を持ち出していた。気象学者が反証するまで、ドイツの「カブラの冬」とされる一九一六年から一九一七年にかけての飢饉は、一九一六年に北フランス戦での砲撃戦の煙によって日光が遮られたことによる気候変化が原因だという説が、最も信じられていた[16]。

総力戦の規模と特徴を浮き彫りにするような歴史叙述を行おうとすると、必ずや実践上の困難さに逢着することになろう。第一には、全体史において「空間」が喫緊の問題として立ち現れる。総力戦とは、それぞれ異なった経験を有する無数の人間が、何千もの役割を担って参加する歴史的事象であるということである。全体史を叙述することは、研究者ひとりの能力を遙かに超えてしまっている。ブローデルに対する批判者たちが指摘しているように、はなからこのような無謀な試みは「馬鹿げていて、大それた」[17]試みなのかもしれない。おそらく、総力戦の影響について叙述しようとした最も有名な試みは、一九二〇年代にカーネギー財団の助成のもとに行われたものであり、それは第一次世界大戦の社会的・経済的な帰結をみごとに調査したものであった。本研究は、かつての戦争遂行国すべての研究者や専門家が何十人も集まって実施され、一〇〇冊を超える規模の刊行が予定されていたが、完成をみることはなかった[18]。このようなプロジェクトが今日において行われるとして、戦争体験の意味やそのさまざまな表現方法に歴史研究上の関心を向けた文化史的な視点を含めば、それは意義のある研究となるだろう。

総力戦の全体史において、原則として瑣末な現象はひとつもない。社会、経済、政治の構造に戦争が及ぼした影響と同様に、イデオロギーそして文化実践として加工され出版されているような多様な戦争体験の相互連関に、総力戦の全体史は見いだされるべきであろう。今日の実証研究の状況に鑑みて、さしあたり、ミクロヒストリー的なアプローチだけがこの要求に対する有益な回答をいくぶん提供しているように思われる[19]。ローカルなレベルでは、戦争が田舎の生活に浸透し集合的な行動様式に影響を及ぼしている、多種多様で、部分的には全く予期しなかった経路について調査研究されている。それらは、社会的な抗議もしくは経済構造の変化、転居や子供の遊び、服装や話し方、「暑い」「寒い」、そして「美味しい」「近い」「遠い」、愛と憎しみなどの認識にも浸透し、影響を与えていた。この問題の克服を将来期待できる研究としては、ベンヤミン・ツィーマンの研究が挙げられよう。彼は、空間をめぐる問題を別の角度、つまり前線と銃後の横のつながりの問題として捉えた研究に着手している。彼の研究では、バイエルン第一軍副司令部の前線兵士が戦争体験を複層的に克服していく様を、農村が多くを占める同地域における民間人の戦争体験と関連付けている[20]。

第二に、総力戦を全体史として描くことには「時間」の問題が浮上する。しかもそれは二重の意味においてである。個々人が一定の期間について叙述することは、ほぼ問題がない。というのも、少なくともここで想定されているミクロな視点の中で、研究対象の期間は、研究している戦争によって規定されているからである。より困難であるのは、対象の全体的な時間性に関して問うた場合、社会や文化に及ぶ全体的な戦争の影響を追跡するような「全体的な」問いは、必然的に「総力戦」の時期区分、つまり「短期的持続 durée plus courte」に限定されるべきか否かの問いにつながる。「総力戦」という概念はまさにこの問題も意識化させる。というのも、この問いに対する答えを先取りしているかのようなはっきりとした分析上の区分に結びつくからである。この見解に従えば、初期近代においては前線と銃後、つまり戦争と社会の区別がまだはっきりと保持されている制限された戦争であったのに対して、近代においては総力戦が常態化したことになる。

こういった見方は、総力戦という概念が広く知れ渡っていることの最も残念な結果であろう。というのも、この概念は初期近代の戦争形態について根本的な誤解をもたらしているからである。三十年戦争のみならず、その後一〇〇年にわたってほぼ途切れることなく継続した戦争も、国家、社会そして文化に対して戦争が及ぼす影響をあまりにもはっきりと証明している。この時代の軍事史を研究し、総力戦という概念に相応の疑念を抱く歴史学者は、この現象を「軍事革命」として分析している。これはむろん、近代における総力戦とまったく同じ徴候を調査研究対象としている。たとえば、ヨーロッパにおける軍の拡大、戦闘領域の拡張、「官房学」あるいは「啓蒙専制君主」の名の下に軍の維持のために増大する民間人の負担に対する研究である[21]。この限りにおいては、近世と一九、二〇世紀の戦争形態の違いは、質的というよりもむしろ量的な側面に現れてくると言えるだろう。近代における総力戦の中心的な特徴とみなされている、戦争と社会の境界線の融解は、すでに近世において実質的に消え去っていたのである。

総力戦が全体史記述を要求するというテーゼは、要するに歴史的な視野が、戦争がその都度、独自の形態で発生する社会的かつ文化的な領域全体に拡張することを意味している。いわば「理念上の」認識目標と言える、この「全体的な」問いなしに、歴史的事象としての戦争は、適切に叙述することはできない。この点に関して、ブローデルは正当にも「われわれは皆、グローバルな事象について、つまり『歴史の全体化』について語る使命を担っている」と述べている[22]。

このような要請は、作戦面以外にも、経済、社会、文化面での戦争の相互作用に光を当てるような学際的研究としての軍事史に対する賛意と受け止めることも十分に可能だろう。ただし、軍事史を単に一般史へと組み込むような語りが適切かどうかは別問題である。しかし、もう一度強調しておきたい。軍事史はあくまで戦争に関する研究なのである。このような研究の主題があるからこそ、研究の焦点が定まる。そして、研究方法の一貫性も生まれ、それが軍事史と一般史を区別しているのである。さりとて、軍事史は、その対象そのもののようにテーマ的にも方法論的にもあまりに広範囲に、もしくは、換言するならばまさに全体的に理解されるべきものである。

この要求に応えるためには、多種多様な考察が必要とされる。それらは、ひとつには審美的な性質を備えている。なぜなら、全体史叙述の基本原則は、対象・認識関心・問題提起の均整によって成り立つからだ。そして、そこに加えられるのが倫理的な主張の根拠である。学術的に戦争を研究しようとすれば、これまで戦争が「きれいな」行為として遂行され、その影響が測定可能で、完全に制御可能であり、戦場だけですべてが起きているかのような幻想を捨て去らねばならない。戦闘行為の変遷を明らかにしようとするだけでも、戦争と社会の相互関係を考究することは必要不可欠となってくる。

軍事史家ハンス・デルブリュックや文化史家カール・ランプレヒトは、同じ時代を生きた人物であった[23]。ランプレヒトの歴史叙述を多くの研究者が否定する方向へと向かう、方法論をめぐる論争の中で、ふたりは互いに敵対していくにもかかわらず、もともと両者の関係は決して非友好的なものではなかった。というのも、決定的な点は、彼らは二人ともにアウトサイダーであり、彼らの歴史叙述における類似点は目立ったものであったからである。彼らは歴史的な分析の対象をできる限り広範囲に捉えて研究しようと試みていた。デルブリュックは、著書『戦争術の歴史』の中で、ほとんどランプレヒトの叙述法と見誤りそうな優れた叙述を行っている。早い時期にこの軍事史家は、戦争の歴史は社会的および政治的な背景を抜きにしては研究できないと気づいており、軍事史は全体史として理解されるべきだと考えていたのである。ドイツの軍事史の伝統において、長らく「全体的な問いかけ」は含まれていた。この流れの中で一九七六年には早くも、西ドイツの軍事史研究局（ＭＧＦＡ）の内部では、「軍事史の目標設定と手法」が定義づけられたのである。それは、軍事史とは「多種多様な現象や関係性のなかに現れる軍事的事象について取り組む歴史学の一分野の研究手法」という定義である。さらにこの定義によると、「絡み合う諸前提のなかの普遍的な関係枠組みを見据えつつ、軍事的な事象を考究すること」がその使命であるとされている[24]。ブローデルでさえ、これほどうまくは表現できなかったであろう。

1　Peter Burke, The French Historical Revolution. The Annales School, 1929-1989, Cambridge 1990, S.32-53（ピーター・バーク著、大津真作訳『フランス歴史学革命　アナール学派1929-1989年』岩波書店、二〇〇五年）;Traian Stoianovich, French Historical Method. The Annales Paradigm, Ithaca and London 1976, S.102-133を参照。

2　Georg Iggers, The German Conception of History. The National Tradition of Historical Thought from Herder to the Present, Middletown, CT 1986（第二版）.

3　Hans Schleier, Deutsche Kulturhistoriker des 19. Jahrhunderts. Über Gegenstand und Aufgaben der Kulturgeschichte, in: GG 27 (1997), S.70-98; ders., Kulturgeschichte im 19. Jahrhundert. Oppositionswissenschaft, Modernisierungsgeschichte, Geistesgeschichte, spezialisierte Sammlungsbewegung, in: Wolfgang Küttler u.a. (Hrsg.), Geschichtsdiskurs, Bd.3. Die Epoche der Historisierung, Frankfurt/M. 1997, S.424-446.

4　Roger Chickering, Karl Lamprecht. A German Academic Life (1856-1915), Atlantic Highlands, NJ 1993.

5　Raymond Williams, Marxism and Literature, Oxford 1977, S.97-98.

6　Martin Jay, Marxism and totality. The Adventures of a Concept from Lukács to Habermas, Berkeley und Los Angeles 1984.（マーティン・ジェイ著、荒川幾男ほか訳『マルクス主義と全体性　ルカーチからハーバーマスへの概念の冒険』国文社、一九九三年）を参照。

7　Harvey J. Kaye und Keith McClelland (Hrsg.), E. P. Thompson, Critical Perspectives, Philadelphia 1990; Harvey J. Kaye, The British Marxist Historians. An Introductory Analysis, New York 1984.（ハーヴェイ・J・ケイ著、桜井清訳『イギリスのマルクス主義歴史家たち』白桃書房、一九八九年）を参照。

8　Stoianovich, Method, S.102-33; J. H. Hexter, Fernand Braudel and the Monde Braudellien... in: JMH 44 (1972), S.480-539.（J・H・ヘクスター著、赤井彰・高橋正男訳「ブローデルとブローデルの世界」『ブローデルとブローデルの世界』刀水書房、一九九一年）

9　この問題に関してはRoger Chickering, Total War. The Use and Abuse of a Concept, in: Manfred F. Boemeke u.a. (Hrsg.), Anticipating Total War. The German and American Experiences, New York 1999, S.13-28を参照。

10　Boemke: Anticipation Total War; Stig Förster/ Jörg Nagler (Hrsg.), On the Road to Total War. The American Civil War and the German Wars of Unification, New York 1997; Roger Chickering/ Stig Förster (Hrsg.), Great War, Total War.

Combat and Mobilization on the Western Front, 1914-1918, New York 2000.

11 Karl von Clausewitz, Vom Krieg, Leipzig 1917, S.9.（クラウゼヴィッツ著、清水多吉訳『戦争論　上巻』現代思潮社、一九六六年［第二版、一九六八年］、四六頁）。

12 Ernst Jünger, Die totale Mobilmachung, Berlin 1934 (2.Ausgabe), S.11.（エルンスト・ユンガー著、川合全弘編訳『追悼の政治　忘れえぬ人々／総動員／平和』月曜社、二〇〇五年、四四頁）。

13 Hexter, Braudel, S.531.

14 戦争における「言葉の問題」を最も触発的に分析したポール・ファッセルに関しても、このことは当てはまらない。Paul Fussel, The Great War and Modern Memory, London 1975.

15 「バーデンのワイン農場について」『フライブルク通信』（一九一五年八月一三日）

16 たとえば以下の記事を参照：「気圧計の値と砲声」『フライブルク通信』（一九一六年三月六日）

17 Hexter, Braudel, S.530.

18 Carnegie Endowment for International Peace, Economic and Social History of the World War, Washington 1924.

19 Roger Chickering, Ein Begräbnis in Freiburg 1917. Stadtgeschichte und Militärgeschichte im Zeitalter des „Totalen Krieges", in: Zeitschrift des Breisgau-Geschichtsvereins (Schau-ins-Land) 118 (2000) を参照。

20 Benjamin Ziemann, Front und Heimat. Ländliche Kriegserfahrungen im südlichen Bayern 1914-1923, Essen 1997.

21 Michael Roberts, The Military Revolution, 1560-1660, Belfast 1956; vgl. Otto Büsch, Militärsystem und Sozialleben im alten Preußen 1713-1807. Die Anfänge der sozialen Militarisierung der preußischen-deutschen Gesellschaft, Berlin 1962; Charles W. Ingrao, The Hessian Mercenary State. Ideas, Institutions, and Reform under Frederick II, 1760-1786, Cambridge 1987.

22 Fernand Braudel, The Identity of France, Bd.1: History and Environment, New York 1988, p17.（フェルナン・ブローデル著、桐山泰次訳『フランスのアイデンティティ〈第一篇〉空間と歴史』論創社、二〇一五年、四頁）なお、「歴史の全体化」はジャン＝ポール・サルトルの言葉である。

23 Wilhelm Deist, Hans Delbrück, Militärhistoriker und Publizist, in: MGM 57 (1998), S.371-383 を参照。

24 Heinz Hürten u.a., Zielsetzung und Methode der Militärgeschichtsschreibung (zuerst 1976), in: Militärgeschichtliches Forschungsamt (Hrsg.), Militärgeschichte. Probleme-Thesen-Wege. Stuttgart 1982, S.48-59, hier S.48, 58.

第四部　総括

第十七章 ドイツにおける軍事史の展開に関する覚書

ヴィルヘルム・ダイスト　伊藤智央訳

本書の寄稿論文は、一般的な歴史学の下位領域としてここで論じられる問題提起の下、軍事史が過去の再構築にどれだけ貢献できるかについて説得力をもって明らかにしている。研究上とりうるさまざまな切り口を示すことで、将来の研究領域は相当に拡大された。しかしながらこの調査結果に反映されている軍事史に関する問題提起への関心の高まりは、最近になって初めて定着するようになった。この発展の特徴を探り、整理するためには、概略的に過去を振り返ってみることが望ましいように思われる。

一〇〇年以上前、マックス・イェーンスによる三巻からなる『戦争科学の歴史』[1]が出版された。その中でこのプロイセン退役中佐でありハイデルベルク大学名誉博士は、古代から一八世紀末までの戦争科学の文献に関する「目録作りという試み」を行った。彼はその際クラウゼヴィッツと同じく、戦争科学の課題を、「戦史をもとに過去の経験を突きとめ、現在のそれと比較すること[2]」と見た。戦争科学は「経験科学」として「実践」を出発点とし、「新たな実践のために改めて準備を整えること」をその目的としている[3]。戦争科学はそれゆえ、戦力の調達、軍組織、軍行政、戦時国際法、戦術、戦略といったテーマに取り組む。戦史も、「応用を目的として語られ、（…）従って将帥術や戦術の授業として現れる」限りにおいてのみ考慮されねばならなかった[4]。それによって戦史はその実践との関連性と応用的な〔研究〕方法によって、軍事教育、とりわけヘルムート・フォン・モルトケの下で行われたようにとくに参謀将校向け軍事教育の一つの要素となった。しかしイェーンスはたとえば兵制史が「諸民族の文化史や政治史」との関連で考察され、描かれなければならないということを自覚していた。一般兵役義務だけでも、多くの「行政、統計、教育に関する極めて重要な問題」を投げかける[5]。この考え方は、「純粋な」戦史以上のものをすでに示唆している。

次に、歴史上の各時代における軍事・戦争関連の出来事を歴史学の対象とすることを語気を強めて主張し、ありとあらゆる抵抗にもかかわらずそれに固執したのは、ハンス・デルブリュックであった。一九〇〇年に第一巻が出版された『政治史的枠組みにおける戦争術の歴史[6]』によって、彼はすでにその書名の中で、何を重要視しているのかを明らかにした。クラウゼヴィッツは以下のように命題を立てていた。「戦争は単独で存在するものではない。大規模なあらゆる戦略構想における主要な輪郭は政治的な性質をもっており、それも、その構想が戦争と国家全体を含むほど、ますます政治的な性質を帯びる[7]」。デルブリュックはここから過去の再構築のために結論を導き出した。軍と戦争を一方とし、政治、国家・社会・軍のあり方、経済的状況や発展を他方とすると、彼はその間に存在する関連性を研究調査の中で解き明かすことに成功した。しかし彼は、ハインリヒ・フォン・ジーベルの下、ボンで提出した博士論文『ランベルト・フォン・ヘルスフェルトの信頼性について（Über die Glaubwürdigkeit Lamberts von Hersfeld）[8]』によって歴史批判という〔研究〕手法を身につけていることを証明しており、とりわけこの手法をもとに研究を行っていた。

デルブリュックはそれによって軍事史を――戦史とそれの応用的な〔研究〕方法に関する当時の理解とは異なって――対象と方法の点で一般的な歴史学の下位領域とした。知られているように彼のこの考えは、大学の同僚の側からも、軍人の側からも理解を得られかった。むしろその反対であった。彼の学問的な関心の対象〔であった戦争や軍隊〕は大学に場違いなものとして受け取られ、彼が導入し、伝統的な戦闘叙述を〔単なる〕伝説として正体を明らかにした際に用いた「客観的批判」は常に認められたわけでは決してなかった[9]。フリードリヒ二世の戦略を消耗戦略と解釈することで、彼はいわゆる「戦略論争」の中で参謀本部戦史部との長期にわたる論争をも引き起こした。というのも参謀本部は、国民の軍事史を独占できるという自らの要求が脅かされていることを見て取ったからであった[10]。

したがって軍事史というデルブリュックの企ては、すでに挙げた諸機関において大部分拒絶に遭った。そしてその帰結は、数十年後もまだ歴然としていたのであった。これに関する最初の有力な事例は、第一次世界大戦の「公式」叙述という構想とその成果である。デルブリュックは一九二〇年に「国立史料館（Reichsarchiv）歴史委員会」に招聘されたが、軍事的な出来事の経過が中心を占める叙述の中で、政治的、経済的、社会的、文化的な側面にささやかではあるが一定の紙幅を割り当てるという彼の尽力は——とりわけフリードリヒ・マイネッケやヘルマン・オンケンによる後ろ盾にもかかわらず——実を結ばなかった[11]。「歴史委員会」の一員でもあった退役将軍カール・フォン・ボリエスは、この委員会および国立史料館自体において支配的な意見をとりわけ直接的な形で表現した。「戦争は旧軍によって行われ、それゆえまた旧軍関係者が叙述に当たらなければならない[12]」。そして全一四巻にわたる第一次世界大戦の叙述は、『陸上軍事作戦（Die militärischen Operationen zu Lande）』という、特徴的で的を射た副題をも掲げている。確かに、戦場の鉄道組織に関して、軍備や戦時経済というテーマに関する補完的な叢書が予定されていたが、しかしながらどちらも初巻のみにとどまった[13]。

軍隊によるこの「純粋な」戦史を新たに克服しようとしたのはゲルハルト・エストライヒであった。ただしそれは、当時の民族主義的なイデオロギーという前提条件の下においてであった。彼は一九四〇年に刊行された論文の中で、すべての学問と同様に「民族の生存維持と強化、保全と増強のために」存在している国防学の中心的な部分として「国防史」を位置づけた[14]。「評価を下し、秩序を与えるという、国防や戦争の中の観点」が、「国防学研究の範疇や手法」を規定する[15]。「すべての歴史叙述の教師である[16]」国防史は——伝統的な戦史のように——戦争の軍事的な部分を叙述することで満足するのではなく、「歴史的経過の中における国防力創出や国防思想に関するあらゆる領域」を捉え、「国防の観点から国家活動と民族生存を賭けた闘争」を観察し、それによって「国防政治に関する必要不可欠な教育を国民に施すことに」寄与する[17]。国防史のとる方法の基礎には、「史料学と批判」によって規定された「歴史学の技術」、および評価・秩序原理としての「国防的な観点」が置かれる[18]。ライナー・ヴォールファイル（Rainer Wohlfeil）の言葉を借りるとこの構想は、「歴史に対する一種の軍国主義的な見解」、——国防史としての歴史という——「一般的な歴史学の転換[19]」を体現している。この綱領はナチ体制の崩壊とともにそのイデオロギー的な基盤を失い、歴史学に対して影響を残すことなく終わった。そして一九四二年五月に設置された「軍事史叙述総監」、少将ヴァルター・シェルフによる軍の側からのプロパガンダ目的の歴史利用も一九四五年以降崩れ去った[20]。

　次の二〇年間は、——直近の過去を扱う軍事史に関する限りでは——第一次世界大戦後の状況と並んで、国防軍の高級将校による回顧録[21]や、連合軍の側から提案・促進された参謀本部史に特徴付けられた。ナチ政権下の国防軍が果たした役割への評価に関してこの形での歴史叙述が及ぼした影響は、個別にはまだ調査されていない。しかしこれは——とくにアングロサクソン語圏において——過小評価すべきではない。こうした進展は、とりわけ軍事的伝統の根強さを示す一例である。ベルント・ヴェーグナー[22]は一九三八年から一九四二年まで参謀総長を務めたフランツ・ハルダーおよび「歴史部門」（第二次世界大戦後にアメリカ陸軍内に設けられた戦史部門。ハルダーはそのドイツ部長に任命された）についての説明の中で、元陸軍元帥ゲオルグ・フォン・キュッヒラーが一九四七年三月に将校連への命令として発した「歴史叙述のための方針」を引用している。そこでは何より基本原則として以下のことが要求された。「第一次世界大戦に関する国立史料館刊行物が決定的な模範となる。これに準じて、指揮に関する措置に批判を加えてはならない。ただ事実のみを叙述しなければならない」。キュッヒラーの指示は、すでに引用した退役将軍フォン・ボリエスの発言と一致している。伝統的なこの参謀本部史に対する一五年にわたる助言・監督活動の締めくくりに、ハルダーには一九六一年、文民功労賞（Civilian Service Award）が授与された[23]。これは文民の外国人職員に与えられるアメリカで最高の賞であった。

これを背景とすれば、連邦共和国における組織的な軍事史叙述の黎明期がこの伝統的な戦史の擁護者との論争の影響下にあったことは、さらに驚くべきことではない。この伝統的な戦史は、雑誌『国防学（Wehrkunde）』の一九六〇〜六一年の一連の論文にとくに明白に現れていた[24]。そこでは連邦軍における戦史講義の意義と目的、すなわち将校教育全体にとって戦史がもつ「内在的な」、もしくは「実践的な」有益性が問題となっていた。さらに一〇年後には、伝統的な戦史の理想像に応じた類似の考えが防衛省の側から述べられた[25]。概念史的な背景には争う余地がないであろうにもかかわらず、「国防史」という概念もいまだに連邦軍の中で用いられている。決して論拠のみを用いて行われたわけではなかった軍事史の定義過程が長引いたのは、そもそも大学の歴史学がこの議論を認識していたとするならば、これとの関わりを否定した態度をとっていたということにも関係している。ドイツの大学では一九七〇年代に入ってからも長い間、軍事史関連のテーマへの、言及に値するほどの関心はほとんど存在していなかった。中でもゲルハルト・リッターやアンドレアス・ヒルグルーバーの指導的研究のような軍事史関連の出版物がこの〔大学という〕領域から出現したとしても、それは一般的なものからの例外と言っていいであろう。

しかし一九六〇年代末には軍事史研究局の中で、一九六七年の『軍事史報（Militärgeschichtliche Mitteilungen）』の創設や、返還された軍事文書に基く研究所による出版物[26]によって軍事史が徐々に一般的な歴史学の下位分野として認められていくことにつながっていく発展が始まった。この道程での決定的な通過点の一つとなったのは、ライナー・ヴォールファイルが『軍事史報』の第一巻で早々に提示した軍事史の概念規定であった。それによれば、軍事史とは「ある国家における武装勢力の歴史である。（…）軍事史は、政治の道具としての武装勢力を問題とし、平時および戦時におけるこの勢力の管理という問題に取り組む。しかし軍事史は戦時の場合、純粋に軍事に関する懸案のみを観察するだけではなく、戦争を一般史の中に組み入れる。その結果、戦争は歴史的現象として理解・把握・解明され、そして徹底して検討される。（…軍事史は）加えて軍隊を（…）経済生活、社会生活そして全公共生活の〔ひとつの〕要素として研究する。しかし軍事史は、とりわけ政治勢力としての武装勢力に向き合う。だが、軍事史の中心にあるのは（…）全生活領域における兵士である」[27]。私にとってこれは、軍事史の対象についての依然として満足のでき、的確かつ包括的な記述であるように思われる。

軍事史研究局の研究員内のあるグループはその一〇年後に、軍事史叙述の目標と方法に関するテーゼを発表した。このテーゼはハインツ・ヒュルテン（Heinz Hürten）の指揮の下で比較的長期にわたって行われた議論の中で彼らによって文章化されたものであった[28]。ここで同意を与えられる形でヴォールファイルの定義は引用されたが、〔定義の有効性に〕制限を加えるように、その定義は「比較的近年の軍事史における現象に対する観察から」得られたものであり、すなわち時代性をもったものであるということが記されている。ところで、絶え間ない「構造変化によって惹起されて軍事史の対象が質的な変化を遂げたこと」を考慮すると、時代を超えた定義は固く慎まなければならない[29]。方法については簡潔に以下のように述べられている。「学問として軍事史は、歴史批判の方法のみを基礎としてもちうる。この方法を放棄することは、軍事史の学術的性格を放棄することを意味する」[30]。さらにこのテーゼにおいては、一般的な歴史学の発展傾向の中に軍事史を位置づけることや、それが軍事史研究局内の歴史研究に与えた影響がとりわけ扱われている。

軍事史の対象領域に関するこのむしろ形式的な記述は、過去二〇年間における研究の発展を通して方法上新しい取り組みや理論構想の多くによって補われてきた。このようにして、一般的な歴史学の問題意識や方法に関する論争を吸収し、それによって軍事史叙述を内容的にも方法的にもできる限り幅広く進めていくという試みがなされている。この幅広い取り組みと問題意識は、さまざまな部分領域がもつ問題意識を組み合わせることによって知見をどのように前進させることができるのかを提示している本書に反映されている。それによって生じるテーマの多様性は、ここでの〔議論の〕枠組みでは触れることができない。ただし、問題となりうる研究領域がどれほど多数存在しているのかということは、平時および戦時における兵士の日常史に関するこれまでの文献を見れば一目でわかる[31]。

しかしながら〔研究上の〕明白な欠落も確認できる。二〇世紀の軍事史にとって技術史との連携は、確かに争いの余地はなくともまだあまりにも実行に移されていない必要事項である[32]。そのため、これまでの成果でもって満足するわけにはいかない。すでに軍事史研究局の要綱に、学際的な共同研究、とくに軍事社会学や軍事心理学とのそれの必要性が指摘されていた。軍事史がこれらの共同研究や、平和・紛争研究、また社会学との共同研究から得ることができるものは大きいであろう。しかし軍事史に元来固有の領域においてもまた、新しい、もしくはこれまで個別にしか用いられてこなかった切り口を今まで以上に徹底的に使っていくことが重要である。先の歴史家会議の部会で紹介されたように、特定の現象に関する時代横断的な研究が例として挙げられるかもしれない[33]。同様に、国民国家的なテーマへの限定を少なくとも和らげ、比較研究のもつ〔新たな〕洞察の可能性を利用することが重要である[34]。それによってたとえば、同盟による戦争指導を主に国民国家の視点から研究するというこれまで用いられてきた方法ではもはや満足することができない。ある意味これと対照的なのが、過去の数十年間手がつけられていなかった軍指導層についての伝記的な研究も断念されてはならないということである。ただしこのような研究のための史料は、整理が行き届いた数多く存在する個人所蔵の史料だけではない。同様によく整理されてはいても歴史家がまだあまり開拓していないものとして、部分的に史料館に保管されている近代国家の大量の文書や、それとともに徴兵検査や罹患者関連の文書といったような軍事文書もある。この領域では、ドイツの軍事史は第一歩を踏み出したにとどまっている[35]。

この二〇世紀を俯瞰してみると、いかなる留保にもかかわらず以下のことが言えるであろう。軍事史を歴史学の部分領域として大学に定着させるという、当時失敗に終わったデルブリュックの試みは、今や成功しているように思われる。軍隊のあらゆる表現形態は、批判的な歴史学研究の対象となったのである。

1 Max Jähns, Geschichte der Kriegswissenschaften vornehmlich in Deutschland, 3 Bde., München, Leipzig 1889-1891.
2 Ebd., Bd. 3, S. 2875.
3 Ebd., Bd. 1, S. V/VI.
4 Ebd., S. XI.
5 Ebd., Bd. 3, S. 2876.
6 Hans Delbrück, Geschichte der Kriegskunst im Rahmen der politischen Geschichte, 4 Bde., Berlin 1900-1920.（第四巻の部分訳に関しては小堤盾編著『デルブリュック（戦略論大系⑫）』芙蓉書房出版、二〇〇八年に掲載されている）
7 フォン・レーダー（Von Röder）少佐への一八二七年の手紙から。引用元 Jähns, Geschichte, Bd. 3, S. 2856.
8 Bonn 1873.
9 これに関しては、私の素描 Hans Delbrück. Militärhistoriker und Publizist, in: MGM 57 (1998), S 371-383, 更なる文献については ebd., S. 374, Anm. 19 を参照。
10 これに関してとくに Arden Bucholz, Hans Delbrück and the German Military Establishment: War Images in Conflict, Iowa City 1985; Sven Lange, Hand Delbrück und der ‚Strategiestreit'. Kriegführung und Kriegsgeschichte in der Kontroverse 1879-1914, Freiburg 1995; Martin Raschke, Der politisierende Generalstab. Die friderizianischen Kriege in der amtlichen deutschen Militärgeschichtsschreibung 1890-1914, Freiburg 1993 を参照。
11 これに関して、Hans Schleier, Die bürgerliche deutsche Geschichtsschreibung der Weimarer Republik, Berlin 1975, S. 128-133, 531-573; Reinhard Brühl, Militärgeschichte und Kriegspolitik. Zur Militärgeschichtsschreibung des preußisch-deutschen Generalstabes 1816-1945, Berlin 1973, S. 227-315; Karl Demeter, Das Reichsarchiv. Tatsachen und Personen, Frankfurt/M. 1969 を見よ。
12 引用元 Schleier, Geschichtsschreibung, S. 133.
13 Der Weltkrieg 1914 bis 1918. Bearbeitet im Reichsarchiv bzw. von der kriegsgeschichtlichen Forschungsanstalt

des Heeres, Abt. A: Die militärischen Operationen zu Lande, 14 Bde., Berlin 1925-1944; Abt. B: Das deutsche Feldeisenbahnwesen, Bd. 1: Die Eisenbahnen zu Kriegsbeginn, Berlin 1928; Abt. C: Kriegsrüstung und Kriegswirtschaft, Bd. 1: Die militärische, wirtschaftliche und finanzielle Rüstung von der Reichsgründung bis zum Ausbruch des Weltkrieges, Berlin 1930. マルクス・ペールマン（Markus Pöhlmann）（ベルン）は『国立史料館と第一次世界大戦。公式戦史と軍事専門教育（Das Reichsarchiv und der Erste Weltkrieg. Amtliche Kriegsgeschichte und militärfachliche Ausbildung)』というテーマについての博士論文に取り組んでいる。Newsletter AKM 3 (1997), S. 12 f を参照。〔このペールマンの博士論文は以下の題名で刊行済みである。Markus Pöhlmann: Kriegsgeschichte und Geschichtspolitik. Der Erste Weltkrieg. Die amtliche deutsche Militärgeschichtsschreibung 1914-1956, Paderborn u. a. 2002〕

14 Gerhard Oestreich, Vom Wesen der Wehrgeschichte, in: HZ 162 (1940), S. 231-257, S. 231.

15 Ebd., S. 233.

16 Ebd., S. 248.

17 Ebd., S. 235.

18 Ebd., S. 241.

19 Rainer Wohlfeil, Wehr-, Kriegs- oder Militärgeschichte, in: MGM 1 (1967), S. 21-29, S. 22.

20 これについては Brühl, Militärgeschichte, S. 372-378 を参照のこと。

21 Erich v. Manstein, Verlorene Siege, Bonn 1955 は第一一版が出版された。一九五八年の英語への翻訳も版を重ねた。Heinz Guderian, Erinnerungen eines Soldaten, Heidelberg 1950, これも一九七九年までそれでも第四版まで出版された。彼は英語圏で、伝記や第二次世界大戦での戦車部隊の指揮官としての活動に関する調査を通して知られている。

22 これに関して以下の題名での彼の重要論文 Erschriebene Siege. Franz Halder, die ‚Historical Division' und die Rekonstruktion des Zweiten Weltkrieges im Geiste des deutschen Generalstabes, in: Ernst Willi Hansen/Gerhard Schreiber/Bernd Wegner (Hrsg.), Politischer Wandel, organisierte Gewalt und nationale Sicherheit. Beiträge zur neueren Geschichte Deutschlands und Frankreichs. Festschrift für Klaus-Jürgen Müller, München 1995, S. 287-302, Zitat S. 294を参照。

23 Ebd., S. 291, Anm. 12.

24 極めて重要な諸論文は以下に改めて掲載されている。Manfred Messerschmidt u.a. (Hrsg.), Militärgeschichte. Probleme-Thesen-Wege, Stuttgart 1982, S. 17-47.

25 Rainer Wohlfeil, Militärgeschichte. Zu Geschichte und Problemen einer Disziplin der Geschichtswissenschaft (1952-1967), in: MGM 52 (1993), S. 323-344, hier S. 323-326を参照。

26 この関連で指摘されなければならないのは、とりわけKlaus-Jürgen Müller, Das Heer und Hitler. Armee und nationalsozialistisches Regime 1933-1940, Stuttgart 1969 (2. Aufl. 1988), とManfred Messerschmidt, Die Wehrmacht im NS-Staat. Zeit der Indoktrination, Hamburg 1969の研究である。

27 Wohlfeil, Wehr-, Kriegs- oder Militärgeschichte, S. 28f.; ders., Militärgeschichte, S. 329から引用。彼は後に、戦争は平和と同様に歴史的な状態であり、決して歴史的対象ではないと強調した。そして状態というのは、それ自体単独で描くことはできず、「ただ歴史的対象が位置している特異な状況としてのみ」描くことができる。全く違った考えをもっているのは、マルティン・ホッホの小論文である。Krieg-Geschichte-Militärgeschichte, in: Newsletter AKM 7 (1998), S. 6-9, 8 (1999), S. 6-9. 彼は、戦史という概念を、「個々の戦争の歴史という意味ではなく、一般的な戦争の歴史という意味で」使うことを唱えている。「(…)というのもこの概念は、より根本的であり、包括的かつ的確であるからである」。しかし、学問の共通言語において確立している概念、military history〔という存在自体〕も「軍事史」という言葉を使い続けることを後押ししている。

28 Dieter Bangert u.a., Zielsetzung und Methode der Militärgeschichtsschreibung, in: MGM 20 (1976), S. 9-19.

29 Ebd., S. 13.

30 Ebd., S. 9.

31 これに関してはたとえば以下の中での概観Gerd Krumeich, Kriegsgeschichte im Wandel, in: Gerhard Hirschfeld/Gerd Krumeich (Hrsg.), Keiner fühlt sich hier mehr als Mensch... Erlebnis und Wirkung des Ersten Weltkriegs, Essen 1993, S. 11-24を参照。

32 本書のシュテファン・カウフマンによる論文を参照。

33 ミュンヘンでの歴史家会議における、ゲルト・クルマイヒ主導の「戦闘の神話（Schlachtenmythen）」部会（Berichtsband. Geschichte als Argument. München 1997, S. 33-36）および一九九八年にフランクフルトで開催された歴史家会議でのシュティーク・フェルスターとヴィルヘルム・ダイストによって進められた「つかの間の幻想—長い戦争　制御を逸した戦争の軍事的・政治的現実（Kurze Illusionen – lange Kriege. Militärisch-politische Wirklichkeit des unkontrollierten Krieges）」部会を参照。

34 これに関してはたとえばStig Förster/Jörg Nagler (Hrsg.), On the Road to Total War. The American Civil War and the

German Wars of Unification, 1861-1871, Cambridge 1997; Manfred F. Boemeke/Roger Chickering/Stig Förster (Hrsg.), Anticipating Total War. The American and German Experiences, 1871-1914, Cambridge 1999; および Christoph Jahr, Gewöhnliche Soldaten. Desertion und Deserteure im deutschen und britischen Heer 1914-1918, Göttingen 1998 を参照。

35 これに関してはとくに、Bernd Wegner, Kliometrie des Krieges? Ein Plädoyer für eine quantifizierende Militärgeschichtsforschung in vergleichender Absicht, in: Messerschmidt u.a., Militärgeschichte, S. 60-78; および基礎的な研究である、Rüdiger Overmans, Deutsche militärische Verluste im Zweiten Weltkrieg, München 1999 を参照。

第十八章　市場の権利を巡る争いと理論のマニ車
――新たな軍事史を巡る諸々の論争に対するいくつかのコメント

ディーター・ランゲヴィーシェ　齋藤正樹訳

歴史人口学がその研究領域を専門分野に発展させようとするとき、あるいは農業史ないしは企業経営史が専門家団体を設立するとともに専門誌を創刊しようとするとき、はたまた議会史や政党史のために、ポストと出版助成を伴う委員会が設けられるとき、そして軍事史が独自の雑誌と論集を備えた研究所及び文書館を備えるとき、これらの場合において、歴史学という場で争いが生じないのは何故であろうか。そしてまた同様のことは、冷戦下、中立国オーストリアにおいて国際運動史家たちが資金援助のもと会合をひらいたときにもいえる。そうでなければ得られなかったであろう対話の機会を彼らが得たことに対して、立腹した人間はひとりもいなかったのである。

このような専門化、あるいは場合によっては一団体から始まり、出版組織となり、そして一つの副領域へと至るような機構化、これらはどの分野にもいえることだが、歴史家たちの共同体内においても喜んで受け入れられるものである。これに対して対照的なのが、改革を訴える者たちの一群――これは個々人では実現出来ないからであるが――が学問領域全般を刷新する必要性を訴えたときである。そのような訴えが発せられるや否や、しばしば感情的な個人攻撃をも伴う激烈な議論が生じてしまう。勿論のこと、その訴えは議論の旗ふり役をする幾人かの存在があってなされるものではあるのだが。

なぜ反応がかように対照的な結果となるのか、答えは簡単である。誰かが自身の領域に新たな性格を与えようとするとき、必ず権力を巡る問題が生じるのである。すなわち自身の領域の規範を定めるものは、以下のことをも決めるのである。何がより価値あるもので、何がそうでないのか、何に対して費用を投じるべきで何に対してがそうでないのか、誰に権力構造の階梯をのぼる機会があり、誰に対してそうでないのか。そしてその階梯をのぼったものが手にするのは、その学問上の考え方を強固なものとするより頻繁な機会である。従って、未来に向けての大きな一歩を伴って学問の歴史を進展させようとする者は、同様に権力の問題とも取り組むことを求められるのであり、このことは本書にも当てはまることである。そしてそれらの問題がただ学問的な基準によってのみ規定されることは、決してない。というのも競合しあう学者たちは互いの議論のさなかに、学問を機構化するための援助を提供してくれるようなものの助けに頼らざるを得ないからである。そしてこれは一つの社会的プロセスといえる。従って、学者たちがある新しい方向性を貫徹しようとしたところで、社会からの十分な支援を得ることが出来ない限り、その実現の可能性はゼロである。

ところで市場の隙間を狙うことは比較的簡単である。そのために必要なのは、ただ、学問市場のある一部分に対して同様の関心をもつ人々を一定数、必要程度に集めることである。そしてインターネットを通じたコミュニケーションの存在は、同市場内において小規模市場の存在が認められることをより容易くするであろう。なぜならば、それによって、従来、雑誌や論集の出版を通じて市場を開拓するとともに、シェアの確保に対して支援してきた出版社を探す必要がもはやなくなるかもしれないからである。それに対して、ある分野がもつ市場全体や、あるいはその大部分を獲得しようと試みるとき、事情は全く異なってくる。確かに「近代社会史研究会（Arbeitskreis für moderne Sozialgeschichte）」は、他から邪魔されることなく社会史の新たな形態を作ろうと努力することが出来たし、それは今日他の諸々の端緒と並ぶものであると理解されている。しかしながら、かつて「社会構造史（Gesellschaftsgeschichte）」及び「歴史的社会科学（Historische Sozialwissenschaft）」の旗印のもと、「近現代史（Geschichtswissenschaft der Neuzeit）」の市場全体での支配的な権力が求められたとき、その挑戦は猛烈な抵抗を引き起こすことになった。というのも、一度市場の支配者となった者は、再びニッチの領域に追いやられることを望みはしないからである。その後、そうこうするうちに、社会史を基礎とする研究との平和的な共存が進み、これにより、かつて存在した境界線も不明瞭なものとなった。そして今度は歴史学という市場全般における優越性を巡り、新たな挑戦を挑む者がでてきた。その挑戦者たちのうちでもっとも勢力をもつ者としては、「歴史文化学（Historische Kulturwissenschaft）」の擁護者の存在が挙げられよう。彼らは一般読者からの人気が高く、とりわけ新聞、雑誌等の文芸欄において好評を受けており、同欄によって保護されているといっても良い。そして彼らはまた、数多くの学問領域を包含する広い国際的なネットワークに含まれている。ただ、この幅広さがゆえに、その輪郭は不鮮明のままとなっている。「文化学（Kulturwissenschaft）」という屋根の下で共存する多様な亜種の存在に鑑みたとき、それらはオルタナティブとしては乱雑かつ雑多なもののように思われる。もっともそれがゆえにそれらの研究はひとつの分野として確立することが容易となったのであるが――なにしろ少しでも文化と関係があったら、何であれその枠内に入れてしまえるのだから――他方でそれによって市場内での覇権を握ることは困難となっている。

これら研究の方向性を指し示す潮流の継承順位上位者たちのうちに、「軍事史（Militärgeschichte）」は含まれていない。むしろそれは、本書の幾つかの章が多かれ少なかれ詳細な記述でもって思い出させてくれるように、東西両ドイツにおいてニッチの分野として成立しており、他分野からの要請をうけることもなければ、いわゆる一般史家たちの大部分がその中に踏み込もうとすることもかつて一度もなかったのである。そして彼ら「一般」史家たちから離れ、他方で学問上名誉あるサブ・ディスプリンとして確立するとともに、「一般」史の関心、研究領域へと参入しようとする、これらの試みは成功裏に進んでいるといえる。すなわちヴォルフラム・ヴェッテは個人的な体験から、西ドイツにおける軍事史の歩みは、新連邦共和国となることで幸運な終わりを迎えた苦難の道であったと描いている。これに対して、ユルゲン・アンゲロウは同様に自身の意見とした上で、以下のように評価している。軍事史が「東ドイツの歴史叙述という企業集団（コンビナート）のなかでもその脚注」として発展してきたのと同様に、ドイツ（再）統一が軍事史に対してもたらした帰結もまた、将来に向けての改革のチャンスを残した、一つの職業グループとしての周縁化であったと。そして東ドイツの専門家集団が、その機構の解体とりわけドイツ民主共和国（ＤＤＲ）の軍事史研究所の解体と繋がり、ほぼ完全に排除されるに至ったこと、そして今日もなお彼らによる研究成果が周縁化されていること、これら双方の出来事が同時に現れたことが、本書を通じて明らかとなるであろう。

ただ本書によってなかんずく明らかにされるのは、今日多くの人々が売り込みをかける一方で、歴史学全体の市場の一部に過ぎない軍事史という領域において、そのサブ・ディスプリンがもつ輪郭に関する新たなコンセンサスが見つけられうるかどうか、あるいはそれが完全にその種のもの（すなわち、サブ・ディスプリン：訳者補足）のままとなるかについて、今なお先行きが見通せないということである。

本書の著者のうち、その幾人かは、近代史や経済史、ジェンダー史という個々の史学の領域における、軍事史叙述上の成果や傾向に関して有用な展望を提示してくれている。また他の著者たちの幾人かは再度、「政治史（Politische Geschichte）」と「社会史（Sozialgeschichte）」の両者が如何に発展し、それぞれ多様な形態を備えるに至ったのか、そしてそれら変種に対してどのような理論上のアプローチと問題点とが結びついてきたのかを報告してくれる。これらによって目指されるのは、従来の研究が備えていた能力を見定めるために、そして何より、将来の軍事史がもつ可能性を評価するために必要となるポートフォリオを作り出すことである。このような、かつてなされた理論を巡る論争を振り返り再確認することは、軍事史家たちの自己理解を深める上では有用かもしれない。しかしながら過去そして今日における、理論を巡っての議論に対して何ら新しいものを付け加えはしない。本書の主題にそった比喩を用いて語るならば、そこで問題となるのはせいぜいのところ、理論面での後衛戦であり付随的な小競り合いに過ぎないのである。

これに対して魅力的であると私が感じるのは、理論のマニ車を回し続けるような論考でも、あるいはそれが仮に止まっているならば、それを再度動かそうとするような論考でもない。むしろ軍内外の愛好家的な歴史家たちに、軍事的作戦行動に関する、そして個々の戦闘に関する歴史叙述を仮に任せてしまったとき、歴史学は如何なる認識上の可能性を失うことになるのかを示すような論考である。デニス・E・ショーウォルターやベルント・ヴェーグナーによるテーゼの全てに同意せずとも、彼らの意見は確からしく感じられるとともに、ドイツの歴史学内での「作戦史（Operationsgeschichte）」の位置をこれ以上保守的な位置に留まらせることを許そうとはしなくなるはずである。ゲルト・クルマイヒも、第一次世界大戦の「事実に基づく情報を伝える」、「実用的ではない」作戦史を提唱するに際して両者に同調している。そして彼によれば、他の戦争にも同じことがいえるというのである。また彼は以下のことについて注意を喚起してくれる。古いタイプの軍事史は、歴史を将来の戦争のための教訓の場としてみなす軍人たちによって支配されていたが、そこで残された極めて膨大な史料に基づく多数の著作は、その後著者たちが意図していたのとは違う形で読まれ、評価されてきたという点である。ただもっともこれは軍事史に限ったことではないのだが。

さて、軍事史を独自のディスプリンとしてテーマ面でまた何より理論面で定着させたいと望むような論考においては、かつて新しい社会史が確立する際に生じた議論で見られたものが再度生じているように思われる。それは頻繁に辿られるとともに、本書の幾つかの論考においては、刷新されている。従って、ここでは幾つか指摘するだけで十分であろう。

「社会史（Sozialgeschichte）」には、ある特定の視点から、そしてその視点と調和する形で措定された研究手法と学説とによって歴史的事象を整理し、かつ把握可能とするような、一つの限定領域としての役割に満足する分派がこれまで存在したし、今もなお存在している。それらの研究は、過去という混沌を整理するために特有の視点からもっぱら分析を行いつつ、その一方でその視点が、ヨハン・マルティン・クラデニウスの『歴史学概論（Allgemeine Geschichtswissenschaft, Leipzig 1752）』で言われるところの数ある「視点（Sehepunckten）」の一つに過ぎないことを理解している。「社会史（Sozialgeschichte）」のこの種の形態は、過去に対する他のアプローチと折り合いがつくものであり、あるいはまた統合しうるものであるとされている。それがゆえに、西ドイツにおける社会史の先駆者の一人であるヴェルナー・コンツェは「拡大する社会史」について語ったのである。彼自身この拡大に対して貢献を果たしており、そこで例えば彼は女性史、家族史に関わる研究を提唱した。これは、彼がそれ以前に既に概念史研究の分野で先駆的な役割を果たしたあとのことであった。その転換を、彼は何かしらのオルタナティブとして捉えたのではなく、むしろ研究の拡大として捉えていた。このような定式化については、本書の共同編著者たちがそれぞれ取り上げるところである。ただ、もっとも彼らはその定式化を認める一方で、全てがコンツェの社会史に対する考え方に回収出来るとは考えていない。というのも、彼ならば、願わしい研究の拡大の中に軍事史を数え入れることに特段の困難を感じないであろうからである。

　もっともヴェルナー・コンツェは社会史を「構造史（Strukturgeschichte）」、すなわち、解釈主体としての及び学問市場を司る権力を求める歴史でかつ、重要度のより低い個別領域としての一分派とは異なるものとして捉えていた。このような潮流が頂点へと達したのは、包括的な「社会構造史（Gesellschaftsgeschichte）」という根本要請が生じたときである。同社会史はそれ以外のアプローチに対して、それらに割り振られた役割に甘んじることを要請するものであった。その種の社会史による優位性の主張を分かりやすく表現したものが、「全社会的（gesamtgesellschaftlich）」という言葉であった。この旗印のもとで歴史を描くことが出来ない者は、せいぜいが準会員としてしか認められなかったのである。ツンフト内部では当然衝突が生じた。その争いは、両陣営からの求めによって拡大した。ただその争いの中に軍事史家が加わることはなかった。というのもそこに加わるには、彼らの仕事はあまりにも周縁的過ぎたからである。彼らに対して関心が払われることはなかったし、彼らもそこでともに語ることはなかった。

　本書の執筆者たちの中でも、歴史学全体の支配力を巡る闘争の場たる本競技場への入場権を得るべく、軍事史の地位を向上させんと、最も強く願うのがロジャー・チカリングである。すなわち彼によれば、「総力戦（トータル・ウォー）を描くには総合的（トータル）な歴史叙述が必要」というのである。戦争が「全国民の問題」となって以降、軍事史は「総合史（トータル・ヒストリー）」として描かれる必要があるというのだ。私の理解が正しいとするならば、彼はそこで二〇世紀の問題を考えているのであろう。軍事史家の中でも、近世を専門とする者たちは、三〇年戦争の時期を通じて、彼らの専門領域の地位向上を求めている。そしてフス戦争期のボヘミア史をして、その種の「総合史（トータル・ヒストリー）としての軍事史（Militärgeschichte als Totalgeschichte）」が機能する領域であると主張するのに、まず問題はないであろうとみなしている。そして実際そのような事例は増えつつある。ただ、先述のチカリングによる宣伝は必ずしも上手くいっていないように思われる。本書ひとつをとってみても、彼の主張に対して賛同の意を示すものはいない。そのため彼の提案は歴史研究の学説史が織りなすアラベスクの一つになお留まっている、とみなして良いように思われる。

　発展という観点において今日の軍事史がその間を行きつ戻りつしている研究の新たな可能性についてその概要を描くのは、私の見方ではアナ・リップ及びシュティーク・フェルスターによる論文である。フェルスターは巨人――彼の分野においては最高峰に位置する巨人の肩に立つことで議論を進めている。すなわち彼はクラウゼヴィッツによる天才的著作『戦争論』から話を始めるのだ。同書は、パナヨティス・コンディリスがその著書『戦争の理論』においてそう呼んだように[1]、過去においても未来においても必ず参照されるべき「傑作」の一つである。そしてフェルスターが正しくも記すように、クラウゼヴィッツは「戦史」（Kriegsgeschichte）を「社会構造史（Gesellschaftsgeschichte）」として理解していた。ただしフェルスターは前者を後者に埋没させてしまうような手法に対しては賛同していない。彼はむしろ戦争という現象を忠実に描くような、社会構造史的「軍事史（eine gesellschaftsgeschichtliche Militärgeschichte）」を提唱しているのである。そして「戦争と戦争準備」（ここには恐らく戦争によってもたらされる影響も含まれるのではなかろうか）、これらこそが「軍事史の中心主題」であるとする。そして軍事史は戦時にのみ限定されるべきではなく、再度クラデニウスによる明晰な言葉を援用するならば、平時においても戦争を「視点」として用いるべきものであるというのだ。

ただ、「社会構造史としての軍事史（Militärgeschichte als Gesellschaftsgeschichte）」とは何を意味するのだろうか。この重要な問いかけは、我々に以下のことを確認することを要請する。すなわち、「統合史」としての「社会構造史（Gesellschaftsgeschichte als Integrationsgeschichte）」を巡る議論は、歴史学の市場全体における解釈の方向付けに対して極めて大きな影響を及ぼしたが、それらの議論は果たして何をもたらしたのか、という点である。この挑戦的な歴史学の刷新計画においてかつてスポークスマンであった人々は、この間、有効性という点で明確なヒエラルキーをもはや認めることの出来ない、「拡大」という方向にその主張の向きを変えている。社会史に依拠したいと考える軍事史家たちは、たとえそこに足を踏み入れたとしても、そこが極めて漠とした空間であることを再度認めることになるであろう。

そこが如何に示唆的な場であるかについては、アンネ・リップとクリスタ・ヘメルレによる各章において例示的に描かれている。後者において極めて多様な視点から示されるのが、軍事史という男性にとっての最後の砦においても、ジェンダー史がこれまで提示してきた問題提起と挑戦とを完全に放棄することは出来ないという点である。従って軍隊を「経済的、社会的、公的生活の一要素」として定義するだけではもはや不十分であり、そうではなく、「その全ての生活領域を生きる兵士たち」を「軍事史の中心」に据える必要があるというのである。このような定式化は、一九六七年に刊行されたライナー・ヴォールファイルによる『軍事史通信』第一号で述べられ、その後大きな影響力を持ちかつ、それが故に本書においても再三引用されている立脚点から生じたものである。行為者であり犠牲者としての兵士という問題に触れることのない軍事史は、その役割を果たしていないといえよう。ただし、その問題にのみ埋没してしまうべきでもない。また軍事史が、歴史学全体及びそこでの言説や権力を巡る争いのある重要地点へと達するのは、そこでの理論を巡る議論に参加することに成功して初めてであるといえよう。ところで今日、最も強い影響力を及ぼしているのが、この間絶えず定義付けが繰り返されてきた「文化史（Kulturgeschichte）」である。アナ・リップが確信をもって言明しているように、その影響力を受け止めることによって、軍事史がともに作用するに違いない、戦争の文化史の一つが成立するというのである。ただ、もっとも軍事史のみによって文化史が規定されることはありえない。彼女が説得力のある根拠でもって警鐘を鳴らすように、軍事史を開いたものとすればするほど、軍事史の対象領域の境界線が不明瞭なものとなるという対価が生じるのである。その際、仮に「新たな」軍事史が生まれたとしても、そのような軍事史には早期の終わりが訪れるであろう。それは軍事史にとっても望むところではないはずである。その点に対して、軍事史は提示すべき問題をあまりにも多く備えているのである。なおそこで何が失われるであろうかという点については、本書において技術と軍隊の関係性についてまとめた諸研究に関する分析を通じて、シュテファン・カウフマンが具体的に描いている。その研究領域では英米系の研究が主流を占めているものの、それらはドイツ語圏の軍事史においても花開く必要があるものである。そして今後そうならねばならない。

1 Panajotis Kondylis, Theorie des Krieges. Clausewitz-Marx-Engels-Lenin, Stuttgart 1988, S. 9.

訳者あとがき

中島浩貴

本書はトーマス・キューネ／ベンヤミン・ツィーマン編著『軍事史とは何か（Thomas Kühne/Benjamin Ziemann (Hg.), Was ist Militärgeschichte?, [Paderborn 2000]）』の全訳である。ただし残念ながらドイツ語原著の巻末についていた研究のための文献リストは紙数の都合上割愛せざるを得なかった。必要な方は原著を参照していただきたい。二〇一七年現在トーマス・キューネ氏はアメリカ・クラーク大学教授であり、ホロコーストとジェノサイド研究センター長とホロコースト史研究のストラスラー記念講座（the Strassler Chair in the Study of Holocaust History and the Director of the Strassler Center for Holocaust and Genocide Studies）を担当している。また、共編者のベンヤミン・ツィーマン氏はイギリス・シェフィールド大学教授（ドイツ現代史）であり、一九世紀から二〇世紀のドイツ社会、文化、政治史、平和研究を専門としており、本書以降も積極的な研究出版を続けている。

著者であるツィーマン氏から提示された近年の文献リストによれば、本書のテーマ領域における新たな研究として、トーマス・キューネ氏には、『戦友意識の生成と解消——ヒトラーの兵士たち、二〇世紀における男の絆と集団暴力（The Rise and Fall of Comradeship. Hitler's Soldiers, Male Bonding and Mass Violence in the 20th Century (Cambridge: Cambridge University Press, 2017))』、『絆とジェノサイド――ヒトラーのコミュニティ一九一八―一九四五（Belonging and Genocide. Hitler's Community, 1918-1945, (New Haven: Yale University Press, 2010))』、またすでに邦訳されているものとして、トーマス・キューネ編、星乃治彦訳『男の歴史――市民社会と「男らしさ」の神話（Kühne (ed.), Männergeschichte - Geschlechtergeschichte. Männlichkeit im Wandel der Moderne [Men's History—Gender History: Masculinities in Modern History], (Frankfurt/New York: Campus, 1996))』柏書房、一九九七年がある。

ベンヤミン・ツィーマン氏には、『競合する追悼――共和派退役軍人とヴァイマル共和国の政治文化（Contested Commemorations. Republican War Veterans and Weimar Political Culture, (Cambridge: Cambridge University Press 2013))』、『世界大戦における暴力とドイツ兵――殺すこと、殺されること、生き残ること（Violence and the German Soldier in the Great War. Killing, Dying, Surviving, (London: Bloomsbury, 2017))』が挙げられる（一章の注一を参照）。両者ともに、すでに国際的に名を知られたドイツ近現代史の研究者であり、本書はその評価を確固たるものにした一冊でもある。

日本でも邦訳や研究論文などで紹介され、ある程度名前が知られた研究者としては、ヴォルフラム・ヴェッテ、ゲルト・クルマイヒ、ベルント・ヴェーグナー、デニス・E・ショウォルター、ヨスト・デュルファー、シュティーク・フェルスター、ベルンハルト・R・クレーナー、ロジャー・チカリング、ヴィルヘルム・ダイスト、ディーター・ランゲヴィーシェが挙げられるが、本書は、ドイツ近現代史、軍事史の名声赫々たる研究者から気鋭の若手研究者に至るまでが肩を並べており、軍事史に関連するさまざまなテーマの論考を寄稿している。

本書の特徴として、軍事史というものをそれぞれの学術的な分析手法のなかでどのようにとらえるかという問題を検討している。これだけでも類書がほとんど見当たらない文献であろう。戦争と歴史の問題として伝統的によく議論されるものとして、政治と戦争の問題や戦略戦術やクラウゼヴィッツ『戦争論』の解釈といった問題があげられるが、本書はこうした問題はもちろんのこと、さらに広範かつより深い戦争そのものの解釈の領域にまで進んでいく。当時、人文社会科学に大きな影響力のあった言語論的転回の影響を強く受けた議論の進展がみられており、歴史的解釈に伴う「大きな物語」、つまりドイツ特有の道やプロイセン・ドイツ軍国主義といった問題に対して再検討を前提としながら、歴史学のなかで軍事史をどのように扱っていくべきかという問題が議論されているのである。個別研究としても、東ドイツの軍事史研究、経済史、文化史、技術史、軍隊と社会との関連性、総力戦やジェンダーなどといった歴史学一般とつながっていく問題提起が刺激的な形で行われている。

テーマによっては平易な表現で読みやすい論文がある一方で、緻密かつ多岐にわたる論理展開のもとに議論が行われており、論理構成が難解なものもあることを断っておきたい。本書では一般的な歴史学との関連性のなかで軍事史をどのようにとらえていくべきなのかが、多角的な観点から扱われており、戦争や軍隊と歴史の問題を考えるうえできわめて示唆的な提案が豊富にちりばめられている。その視野の多様性は軍事史を極めて広範な歴史的、社会的、人間的事象に開いてくれるものであるといえよう。新しい軍事史の視座を確認させてくれる意味でも重要であるように思われる。

各章の内容においては、若干の対立関係も垣間見られる。たとえば、ランゲヴィーシェの指摘にもあるように、作戦史の重要性を強調する視点に関しては、必ずしも積極的に同意されていないし、旧来のドイツ近現代史のなかで大きな影響力のあった「ドイツ特有の道」や社会構造史は批判的に取り上げられている傾向がある。その一方で、言語論的転回から生じた言説研究から派生した文化史や、ジェンダー史、総力戦は注目されており、今後の展望をもたらしているように思われる。これには二〇〇〇年という本書が出版された時代状況が反映されているが、いずれにせよ本書で提起された問題が一過性のものではなかったことが重要である。本書以降、新しい軍事史研究はポツダム大学やテュービンゲン大学（鈴木直志「新しい軍事史の彼方へ？——テュービンゲン大学特別研究領域「戦争経験――近代史における戦争と社会」」同『広義の軍事史と近世ドイツ――集権的アリストクラシー・近代転換期』彩流社、二〇一四年、六九―八八頁を参照）などで積極的に行われており、研究対象のすべてに新旧含めた膨大な研究蓄積がなされていることも重要である。本書の出版以降、提示された問題意識の多くが新たな研究において回収されている点も見逃せない。その意味で、本書は二〇〇〇年以前のドイツ軍事史、そして歴史学一般の研究動向の特徴を示すばかりか、二〇〇〇年以降の現在にいたる研究指標としての意味も強くもった研究である。

なお本書以降に出版されたドイツ近世から近代史の研究動向に関しては、すでに日本でも「軍隊と社会の歴史研究会」における阪口修平、丸畠宏太、鈴木直志による研究・翻訳で紹介がなされているが（たとえば、阪口修平「近世ドイツ軍事史研究の現況」『史學雑誌』第一一〇編第六号、二〇〇一年、一一三二―一一五一頁。丸畠宏太「下からの軍事史と軍国主義論の展開――ドイツにおける近年の研究から」『西洋史学』第二二六号、二〇〇七年、一二八―一四一頁。ラルフ・プレーヴェ、阪口修平監訳、丸畠宏太・鈴木直志訳『19世紀ドイツの軍隊・国家・社会』創元社、二〇一〇年ほか）、本書も歴史学のなかの軍事史を考える際に興味深い問題提起を今なお有しているものといえる。

翻訳については、訳者一同できる限り平易な翻訳になるよう努力したが、当初の意図通りにいかなかったかもしれない。また相当注意をしたつもりだが、誤訳もあると思われる。この点、不備を謝したいと思う。個人的には、論理的な議論に慣れていない読者には、まずは関心を持った章から読むことをお勧めしたい。本書は個別の論文として読むこともできるし、立脚点が異なるそれぞれの領域がどのように軍事史をとらえているのかという点でも興味深いものである。

追記

本書も出版より二年を迎えた。その後、本書には多くの反響があり、いくつかの大学でテキストとして利用された。二〇一七年一二月二四日（日）には、ドイツ現代史研究会（キャンパスプラザ京都第一会議室）で本書の合評会が行われ、丸畠宏太氏、鈴木直志氏による講評が行われ、訳者の中からも斉藤恵太、鈴木健雄の両氏から応答が行われた。私事ながら当日中島は第二子の誕生に忙殺されており、残念ながら参加できなかったが、当日は何人かの訳者に加えて、ドイツ現代史、軍事史に関心を持つ多くの参加者があり、盛況な会となったと聞いている。

丸畠宏太氏には、本書を書評（『西洋史学』二六六号、二〇一八年、八七―八九頁）でも取りあげていただいた。本書の意義や視点が有意なものであり、「本書の魅力は、軍事史との関連を軸に歴史学のさまざまな分野が交錯していることであり、読者が好きな関心から軍事史という、多くの読者にとっては未知の分野にアプローチできるところにある。その意味でも、一読をおすすめしたい」（八九頁）と言及いただいた。また書評では、訳者が気づかなかった翻訳上のいくつかの問題点についてもご指摘をいただいた。丸畠氏の指摘は、今後本書が多くの読者に読まれることを考慮するうえで放置できない問題であり、訳者間の話し合いでできるだけ修正することになった。幸いなことに、原書房からは本書の売れ行きから考慮して重版の話が持ち上がったため、問題点を修正した重版の形をとることになった。本書では、全体像を説明した第一章は、訳文を大幅に見直し、第十八章についても、編集作業中にページの一部が欠けてしまった部分があることがわかったため、今回この部分を補訂している。この点、ミスの責任は調整役である中島が負うものである。訳者である齋藤正樹氏には、ご迷惑をおかけしたことをここに深く謝罪しておきたい。また、この第十八章ならびに第十一章のクロスチェックと訳出にあたっては、鈴木健雄氏から多大な協力を受けており、格段のご尽力をいただいたことを御礼申し上げたい。

齋藤正樹（さいとう・まさき）早稲田大学政治経済学部・商学部非常勤講師

早稲田大学第一文学部卒業、早稲田大学大学院文学研究科修士課程修了、ベルリン自由大学歴史・文化学部留学（ドイツ学術交流会）、早稲田大学大学院博士後期課程満期退学。
業績:『ドイツの歴史を知るための50章』明石書店、2016年（共著）、「ドイツにおけるデジタル化と歴史学――仮想研究コミュニティ H-Soz-u-Kult について――」『現代史研究』第60号、現代史研究会、2014年（論文）、「ヴィルヘルム期ドイツにおけるフェルキッシュ運動と宗教――雑誌『ハイムダル』における人種と宗教――」『現代史研究』第59号、現代史研究会、2013年（論文）

鈴木健雄（すずき・たけお）京都大学高等教育研究開発推進センター特定研究員

京都大学卒業、京都大学大学院博士後期課程指導認定退学。
業績:「『帰還者』と戦後ドイツ―フリッツ・エーバーハルトとラジオ放送への関与を参考に―」『世界史研究論叢』第5号、2015年（論文）、ヨアナ・ザイフェルト「《…マルクス主義者らによる煽動の残滓を掃討すべく》――ナチス記憶文化における、ルール戦争とルール赤軍――」『世界史研究論叢』第4号、2014年（翻訳）、「主旨説明:68年を通して考える日独比較研究の意味――日独若手研究者からの提言――」『ゲシヒテ』第8号、2015年（シンポジウム報告書）ほか。

斉藤恵太（さいとう・けいた）京都教育大学講師

東京都立大学卒業、東京大学修士課程修了、東京大学博士課程単位修得済退学、ポツダム大学博士
業績:「近世バイエルンにおける都市貴族の変容と軍務――カトリック・リーガ（1609～1635）の軍務官を例に」『比較都市史研究』第34号、2015年（論文）、「三十年戦争末期の神聖ローマ帝国における軍隊と政治―傭兵隊長ヴェルトの反乱を手がかりに」『歴史学研究』第922号、2014年（論文）、「歴史のなかの三十年戦争」『史学雑誌』第120号6編、2011年（論文）。

伊藤智央（いとう・ともひで）**ボン大学研究員**

東京大学卒業、ジーゲン大学大学院修士課程修了。ボン大学大学院博士課程修了。
業績：『ルーデンドルフ　総力戦』原書房、2015年（訳・解説）、「解説　グイド・クノップと歴史学――非歴史家による歴史叙述との向き合い方に関する試論」『ヒトラーの共犯者』下巻、原書房、2015年、„Die Befreiung des Johann Moritz von Nassau-Siegen von der Lokalgeschichte. Vergleich der drei niederländischen Kolonien im 17. Jahrhundert“『世界史研究論叢』第3号、2013年（論文）、„Adel und Hof im Deutschen Kaiserreich“ 同上、第2号、2012年（論文）

小堤盾（こづつみ・じゅん）　**軍事史研究家**

早稲田大学大学院博士課程満期退学。
業績：『戦略思想家事典』（共著、芙蓉書房出版、2003年）、『戦略論大系デルブリュック』（編著、芙蓉書房出版、2008年）、ウィリアムソン・マーレー、リチャード・シンレイチ著『歴史と戦略の本質（上・下）』（共訳、原書房、2011年）、ジョン・キーガン著『戦いの世界史』（共訳、原書房、2015年）、『ヨーロッパ史のなかの思想』（共著、彩流社、2016年）、その他。

大井知範（おおい・とものり）**清泉女子大学文学部准教授**

明治大学卒業。明治大学大学院博士後期課程修了。博士（政治学）。
業績：『世界とつながるハプスブルク帝国　海軍・科学・植民地主義の連動』彩流社、2016年（単著）、『ドイツ史と戦争』（共著）、「ハプスブルク帝国と『植民地主義』――ノヴァラ号遠征（1857-1859年）にみる『植民地なき植民地主義』――」『歴史学研究』第891号、2012年（論文）、「20世紀初頭のハプスブルク帝国海軍と東アジア――寄港地交流を通じた帝国主義世界への参与――」『史学雑誌』第124編第2号、2015年（論文）、「東アジア国際秩序における海軍の協働――辛亥革命時の国際連携とドイツ東アジア巡洋艦隊――」『専修史学』第60号、2016年（論文）ほか。

新谷卓（あらや・たかし）　**立教大学、宇都宮共和大学非常勤講師**

明治大学大学院政治経済学研究科博士後期課程修了（政治学博士）。
業績：『終戦と近衛上奏文――アジア・太平洋戦争と共産主義陰謀説』彩流社、2016年（単著）、『冷戦とイデオロギー 1945～1947――冷戦の起源論再考』つなん出版、2007年（単著）、『ドイツ史と戦争――「軍事史」と「戦争史」』彩流社、2011年（共編著）、『比較外交政策――イラク戦争への対応外交』明石書店、2004年（共著）、「エルンスト・ノルテ研究のために――イデオロギーの内戦としての20世紀」『戦略研究』芙蓉書房、第6号、2008年（論文）。

訳者略歴

（2019年3月現在）

中島浩貴（なかじま・ひろき）**東京電機大学理工学部共通教育群講師**

立正大学卒業、立正大学大学院文学研究科修士課程修了、早稲田大学大学院教育学研究科博士後期課程単位取得退学、博士（学術）。東京電機大学助教を経て現職。
業績：「ドイツ第二帝政期の軍隊内部における一般兵役義務をめぐる言説　1871～1914──自己正当化から軍事的合理性の追求を中心として」『19世紀学研究』第9号、2015年（論文）、「義務・平等・安定──ドイツ統一戦争直後の帝国議会における一般兵役義務言説」『世界史研究論叢』第4号、2014年（論文）、「比較のなかの軍隊──独仏戦争後の一般兵役義務とその軍事的価値観の正当化をめぐる軍内部の言説」『西洋史論叢』第35号、2013年（論文）ほか。

今井宏昌（いまい・ひろまさ）**九州大学人文科学研究院講師**

福岡大学卒業、福岡大学大学院博士課程前期修了、東京大学大学院博士課程修了、博士（学術）。日本学術振興会特別研究員PD（九州大学大学院比較社会文化研究院）を経て現職。
業績：『暴力の経験史──第一次世界大戦後ドイツの義勇軍経験 1918～1923』法律文化社、2016年（単著）、「ドイツ革命期における義勇軍と『東方』」『九州歴史科学』第38号、2010年（論文）、『教育が開く新しい歴史学（史学会125周年リレーシンポジウム2014〈1〉）』山川出版社、2015年（共著）、ジェフリー・ハーフ『ナチのプロパガンダとアラブ世界』2013年（共訳）。

柳原伸洋（やなぎはら・のぶひろ）**東京女子大学現代教養学部准教授**

北海道大学文学部卒業、東京大学大学院総合文化研究科修士課程修了、在ドイツ日本大使館専門調査員、東京大学大学院博士課程単位取得退学。東海大学文学部専任講師を経て現職。
業績：『教養のドイツ現代史』ミネルヴァ書房、2016年（共編著）、『日本人が知りたいドイツ人の当たり前』三修社、2016年（共著）、『ドイツの歴史を知るための50章』明石書店、2016年（分担執筆）、「ドレスデン空襲の公的記憶の変遷と拡がり ─コヴェントリーとの関係を中心に」石田勇治・福永美和子編『想起の文化とグローバル市民社会』勉誠出版、2016年（論文）、「日本・ドイツの空襲と「ポピュラー・カルチャー」を考えるために──『君の名は』『ガラスのうさぎ』『ドレスデン』などを例に」『マス・コミュニケーション研究』88号、2016年（論文）

Jahrbuch für historische Friedensforschung 7 (Hrsg. mit Gerhard Hirschfeld, 1999); Great War – Total War. Combat and Mobilization on the Western Front, 1914-1918 (Hrsg. mit Roger Chickering, 2000).

ベルンハルト・R・クレーナー (Bernhard R. Kroener)

1948年生まれ、博士、ポツダム大学教授（軍事史）、軍隊と社会の歴史研究会会長。
業　績： Krieg und Frieden. Militär und Gesellschaft in der Frühen neuzeit (Hrsg. mit Ralf Pröve, 1996); ‚Menschenbewirtschaftung', Bevölkerungsverteilung und personelle Rüstung in der zweiten Kriegshälfte 1942-1944, in: Das Deutsche Reich und der Zweite Weltkrieg (1999); Generaloberst Friedrich Fromm. „Der starke Mann im Heimatgriegsgebiet". Eine Biographie (2005).

ロジャー・チカリング (Roger Chickering)

1942年生まれ。博士、ジョージタウン大学ドイツ・ヨーロッパ研究センター教授。
業績： Imperial Germany and the Great War, 1914-1918. 2d ed. Cambridge UP, 2004. Great War, Total War : Combat and Mobilization on the Western Front, 1914-1918. German Historical Institute Washington, DC. Ed. with Stig Förster, A World at Total War: Global Conflict and the Politics of Destruction, 1937-1945. German Historical Institute. 2005, Ed. with Stig Förster.

ヴィルヘルム・ダイスト (Wilhelm Deist)

1931年生まれ。博士、フライブルク大学名誉教授。1988-1993年軍事史研究局主任歴史家。軍事史研究会理事長。
業績: Militär, Staat und Gesellschaft. Studien zur preußisch-deutschen Militärgeschichte (1991); Ursachen und Voraussetzungen des Zweiten Weltkrieges (zus. Mit Manfred Messerschmidt u.a., 1991)

ディーター・ランゲヴィーシェ (Dieter Langewiesche)

1943年生まれ。博士、ドイツ・テュービンゲン大学教授（中世・近世史）。
業績："Liberalismus in Germany" (2000), "Föderative Nation" (Hrsg., 2000).

マルクス・フンク (Marcus Funck)

1967年生まれ。ベルリン工科大学歴史・芸術史研究所研究員。19・20世紀のドイツ貴族史に関する著作あり。1860-1935年のプロイセン・ドイツ将校団における貴族と市民層の関係について博士論文を計画。

ステファニー・ヴァン・デ・ケルクホーフ (Stephanie van de Kerkhof)

1971年生まれ。ケルン大学経済・社会史研究所研究員。
業　績：Der Millitary-Industrial Complex in den USA, in: Jahrbuch für Wirtschaftsgeschichte 1991/1. Dissertationsprojekt: Strategisches Handeln von Schwerindustriellen im Deutschen Kaiserreich, 1890-1918.

シュテファン・カウフマン (Stefan Kaufmann)

1961年生まれ。博士、フライブルク大学社会学部研究員を経て、フライブルク大学員外教授（社会学)。
業　績 :"Kommunikationstechnik und Kriegsführung 1815-1945. Stufe telemedialer Rüstung" (1996)

アンネ・リップ (Anne Lipp)

1967年生まれ。博士、テュービンゲン大学特殊研究領域「戦争体験――近代における戦争と社会」研究員。
業　績：Stadtgeschichte Waldenbruch(1996); Meinungslenkung im Krieg—Soldatische Kriegserfahrung und ihre Deutung 1914-1918 (ungedr. Diss., Publiklation i Vorb.)

クリスタ・ヘメルレ (Christa Hämmerle)

1957年生まれ、博士、ウィーン大学歴史研究所助手、雑誌『ローム（L' Homme)』編集委員。著書としてKindheit im Ersten Weltkrieg (Hrsg., 1993); „…wirf ihnen alles hin und schau, daß Du fort kommst." Die Feldpost eines Paares in der Geschlechter(un)ordnung des Ersten Weltkrieges, in: Historische Anthropologie 6 (1998), S. 431-458; „Zur Liebesarbeit sind wir hier, Soldatenstrümpfe stricken wir…". Zu Formen weiblicher Kriegsfürsorge im Ersten Weltkrieg (ungedr. Diss., erscheint vorauss. 2001). Habilitationsprojekt: Zwischen Akzeptanz und Verweigerung: Männlichkeit und Millitär in der Habsburgermonarchie 1848-1918.

シュティーク・フェルスター (Stig Förster)

1951年生まれ、博士、ベルン大学教授（現代史一般)。軍事史研究会（Arbeitskreis Militärgeschichte e.V.）役員。
業績 :„Barbaren" und „Weiße Teufel". Kulturkonflikte und Imperialismus in Asien vom 18. bis zum 20. Jahrhundert (Hrsg. mit Eva-Maria Auch, 1997); Genozid in der modernen Geschichte.

Gleichgewicht (1815–1866). Oldenbourg, München, 1996. Kalkül und Prestige. Der Zweibund am Vorabend des Ersten Weltkrieges. Böhlau, Köln u.a. 2000.Der Weg in die Urkatastrophe. Der Zerfall des alten Europa 1900–1914. Berlin 2010.

ゲルト・クルマイヒ (Gerd Krumeich)

1945年生まれ。博士、デュッセルドルフ大学教授（近代史）。Comite Directeur du Centre de Recherche de L'Historial de la Grande Guerre（ペロンヌ）メンバー。
業績：Guerre et Cultures (Hrsg. Mit Jean-Jacques Becker u.a.); Nation, Religion, Gewalt (Hrsg. mit Hartmut Lehmann, 2000). 研究プロジェクト：Englische und französische Berichte über Zerstörung an der Somme (1914-1918)；Variationen des „Dolchstoßes".

ベルント・ヴェーグナー (Bernd Wegner)

1949年生まれ。博士、ハンブルク連邦軍大学教授（近代史）。第二次世界大戦史ドイツ委員会委員長。
業績：Hitlers Politische Soldaten:Die Waffen-SS 1933-1945(6.Auf.1999,engl.1990)；Wie Kriege entstehen.Zum historischen Hintergrund von Staatenkonflikten(Hrsg.,2000). ドイツ軍事史研究局（MGFA）のプロジェクト Das Deutsche Reich und Zweite Weltkrieg の協力者。

デニス・E・ショウォルター (Dennis E. Showalter)

1942年生まれ。博士、コロラド大学教授（近代史）。アメリカ軍事史学会会長。
業績:The Wars of Frederick the Great(1996); History in Dispute: World War II（2Bde., Hrsg. ,2000); The Wars of German Unification(2015); Soldiers of Germany(i.Vorb.).

ヨスト・デュルファー (Jost Dülffer)

1943年生まれ、博士、ケルン大学教授（現代史、平和・紛争史研究専攻）。
業績:Vermiedene Kriege. Deeskalation von Konflikten der Großmächte zwischen Krimkrieg und Erstem Weltkrieg(zus. Mit Martin Kröger、Rolf-Harald Wippich, 1997); Jalta, 4. Februar 1945. Der Zweite Weltkrieg und die Entstehung der bipolaren Welt(1998, 2. Aufl. 1999, イタリア語、ポーランド語版もあり).

トーマス・メルゲル (Thomas Mergel)

1960年生まれ、博士、ボーフム大学私講師（近現代史）。
業　績：Zwischen Klasse und Konfession. Katholisches Bürgertum im Rheinland 1794-1914(1994)、Geschichte zwischen Kultur und Gesellschaft. Beiträge zur Theoriedebatte(Hrsg. Mit Thomas Welskopp, 1997); Parlamentarische Kultur in der Weimarer Republik. Politische Kommunikation, symbolische Politik und Öffentlichkeit 1919-1933(i Vorb.).

著者略歴

（2017年2月現在）

トーマス・キューネ (Thomas Kühne)

1958年生まれ。博士（テュービンゲン大学、1992年）、教授資格（ビーレフェルト大学、2003年）。アメリカ合衆国マサチューセッツ州のクラーク大学ホロコースト・ジェノサイド研究センター長とホロコースト史研究のためのストラスラー記念講座を担当。近年の研究領域は、20世紀ドイツに着目した戦争とジェノサイドの文化史のなかで、ナチの犯罪者や傍観者、集団暴力を通しての集合的アイデンティティの構築を研究している。受賞歴としては、ジョン・サイモン・グッゲンハイム記念財団、プリンストン大学高等研究所、ドイツの近現代史センター、ドイツ研究振興協会のフェローが含まれ、およそ20年前に1914年のプロイセンにおける選挙文化に関する博士論文で、ドイツ連邦議会研究賞を獲得している。

ベンヤミン・ツィーマン (Benjamin Ziemann)

1964年生まれ。博士（ビーレフェルト大学）、イギリス・シェフィールド大学教授（ドイツ現代史）。ヨーク大学、フンボルト大学、テュービンゲン大学、オスロ大学、ビーレフェルト大学でフェロー及び客員教授。2000年に、ドイツ・ノルトライン＝ヴェストファーレン州学校、生涯教育、科学、研究省よりベニングセン＝フェーダー賞を受賞。1870年代から1970年代までのドイツ史に関する幅広い著作があり、平和の歴史、第一次世界大戦史、宗教史に注目している。告白教会の名目上の指導者であったマルティン・ニーメラー（1892-1984年）の伝記が2019年に出版予定である。

（※以下は、原著2000年当時の経歴、業績を掲載）

ヴォルフラム・ヴェッテ (Wolfram Wette)

1940年生まれ。博士、フライブルク大学員外教授（現代史専攻、1971-1995）、軍事史研究局所属歴史家、歴史的平和研究会広報。

業　績：Pazifistische Offiziere in Deutschland 1871-1945 (Hrsg., 1999); Militarismus in Deutschland 1871-1945. Zeitgenössische Analysen und Kritik, in: Jahrbuch für Historische Friedensforschung 8 (1999).

ユルゲン・アンゲロウ (Jürgen Angelow)

1961年生まれ。博士、ポツダム大学私講師兼軍事史学講座助手。

業績：Von Wien nach Königgrätz. Die Sicherheitspolitik des Deutschen Bundes im europäischen

ま

や

ら

わ

索　引

軍事史とは何か

●

2017年3月10日　第1刷
2019年4月10日　第2刷

編著者…………トーマス・キューネ／ベンヤミン・ツィーマン

訳者…………中島浩貴ほか

装幀…………川島進

発行者…………成瀬雅人
発行所…………株式会社原書房

〒160-0022 東京都新宿区新宿1-25-13
電話・代表03（3354）0685
http://www.harashobo.co.jp
振替・00150-6-151594

印刷…………新灯印刷株式会社
製本…………小髙製本工業株式会社

ISBN978-4-562-05380-3, Printed in Japan